21世纪高等教育新理念精品规划教材

Visual FoxPro 程序设计基础

田俊华　赵　蕾　段　群　编著

内 容 简 介

本书是根据教育部高等教育司组织制定的《高等学校文科类专业大学计算机教学基本要求（2008年版）》公共课程教学内容的模块15“数据库系统基础”及模块16“程序设计基础”的课程要求，结合最新的《全国高等学校计算机水平考试（二级）大纲》和《全国计算机等级（二级）考试大纲》，介绍关系数据库的基础知识以及利用Visual FoxPro开发数据库应用系统的方法，给出了大量的应用实例。全书共分12章，内容包括数据库系统基础知识、Visual FoxPro概述、Visual FoxPro的数据与数据运算、表的操作、数据库操作、SQL基础、查询和视图、结构化程序设计、面向对象程序设计、表单的设计与应用、菜单和工具栏设计、报表设计等。

本书融理论与实例为一体，深入浅出，通俗易懂，所有操作步骤都按实际操作界面逐步讲解，读者可一边学习，一边上机操作。希望通过本书的学习，读者能够对使用Visual FoxPro进行数据库软件开发有一个较完整的认识，并能掌握开发数据库系统的基本思想和方法，逐步具备数据库管理系统的设计、应用和开发能力。

本书可作为普通高等学校和高职高专Visual FoxPro程序设计课程的教材，也可作为计算机等级考试（二级）的培训教材以及计算机技术爱好者的自学参考书。

图书在版编目（CIP）数据

Visual FoxPro程序设计基础/田俊华，赵蕾，段群编著. —天津：天津大学出版社，2013.8 (2015.1 重印)

21世纪高等教育新理念精品规划教材

ISBN 978-7-5618-4761-9

Ⅰ. ①V… Ⅱ. ①田… ②赵… ③段… Ⅲ. ①关系数据库系统—程序设计—高等学校—教材 Ⅳ. ①TP311.138

中国版本图书馆CIP数据核字（2013）第198699号

出版发行 天津大学出版社
出 版 人 杨欢
地　　址 天津市卫津路92号天津大学内（邮编：300072）
电　　话 发行部：022-27403647
网　　址 publish.tju.edu.cn
印　　刷 天津泰宇印务有限公司
经　　销 全国各地新华书店
开　　本 185mm×260mm
印　　张 19.75
字　　数 493千
版　　次 2013年8月第1版
印　　次 2015年1月第2次
定　　价 39.50元

前　言

满足社会与专业本身需求的计算机应用能力已成为合格大学毕业生必须具备的素质。文科类专业与信息技术的相互结合、交叉、渗透，是现代科学技术发展趋势的重要方面，是不可忽视的新学科的一个生长点。加强文科类专业的计算机教育是培养能够满足信息化社会对文科人才要求的重要举措，是培养跨学科、综合型文科通才的重要环节。因此，使用一定层次、一定内容的计算机科学与技术知识来武装文科类专业（包括哲学、经济学、法学、教育学、文学、外语、历史学等学科和管理学中的一些专业）的学生（包括研究生、本科生和高职高专生），开设具有文科专业特色的计算机课程是十分必要的。为了指导文科类专业的计算机教学工作，教育部高等教育司组织制定了《高等学校文科类专业大学计算机教学基本要求（2008年版）》，该要求把文科类计算机教学的知识结构分为两大部分：一是大学计算机公共基础课；二是在开设计算机公共基础课之后，体现专业特色或与专业教学相结合的后续课程。

数据库技术是计算机应用科学中发展最快、目前应用最广泛的技术。计算机数据库系统的应用也最为普遍，它具有开发成本低、简单易学、方便用户等优点。Visual FoxPro就是目前比较优秀的计算机数据库管理系统之一，它采用了可视化的、面向对象的程序设计方法，大大简化了应用系统的开发过程，并提高了系统的模块性和紧凑性。虽然Visual FoxPro已面临淘汰，但它却是文史类学生学习计算机程序设计最好的入门语言，由于它与SQL语言一脉相承，所以学习Visual FoxPro也可以为以后学习其他编程语言以及其他体现专业特色的计算机知识打下坚实的基础。

本书是根据教育部高等教育司组织制定的《高等学校文科类专业大学计算机教学基本要求》编写而成的。书中针对文科学生的特点，充分强调“抓住基础，少讲技巧”，同时注意“强化应用，淡化语法”。书中先从数据库基本原理、概念出发，介绍数据表以及数据库对象的建立、查看、修改、使用与维护等操作，然后介绍结构化程序设计的结构与基本方法，并由浅入深地引入了面向对象程序设计的思想。在本书的有关章节中，分别通过大量的实例，介绍解决问题的方法和思路，逐步讲解Visual FoxPro中最实用、最常用的技术。

目前全国计算机等级考试认证是社会上比较有权威的认证，也是人事部门录用和考核人员的一种测试手段，因此引起了各高等院校师生的高度重视，本书在编写过程中也兼顾了学生参加等级考试的的需求，教材内容涵盖了《全国计算机等级考试二级Visual FoxPro考试大纲》的全部内容。

在本书的编写过程中，充分考虑到学历教育、全国计算机等级考试与职业技能培训之间的关系，在重视等级考试的基础上，融合了实用性较强的典型实例，以加强培养学生在应用程序开发方面的技能。

本书突出操作实践，淡化理论阐述，实用性强，在编写本书的过程中，我们本着“知识与能力并重”的编写原则，在内容上紧扣《全国计算机等级（二级）考试大纲》并渗透各知识点，既考虑到如何使学生顺利通过计算机等级考试，又力求从满足社会对技术人才需求的角度出发，重点培养学生利用计算机解决专业问题的能力。在主干内容的编写上，以通俗浅显的语言诠释各知识点要领，给读者以最明确、直观的认识，既有计算机语言教学的参考性、可操作性，又有实际开发应用的借鉴性、实用性。

本书第1、5、9、10章由田俊华执笔，第2、3、4、11章由赵蕾执笔，第6、7、8、12章由段群执笔，全书的总纂工作由田俊华负责。

本书是作者在数据库教学与开发实践的基础上编写的，难免会有错误与不足之处，敬请同行和读者批评指正。

作　者

2013年3月

目　录

第 1 章

数据库系统基础知识

内容导读

数据库系统（DataBase System, DBS）是指引进数据库技术的计算机系统，数据库技术是从20世纪60年代末逐步发展起来的计算机软件技术。本章介绍有关数据库的一些基本概念和知识，主要内容有：数据库的基础知识、数据库系统的组成、关系模型、关系完整性约束等。

教学目标

随着计算机技术的蓬勃发展，计算机应用已经涉足人们的日常生活、工作的各个领域。学习Visual FoxPro就是希望能够利用计算机完成对大量数据的组织、存储、维护和处理，从而方便、准确和迅速地获取有价值的数据，作为进行各项决策活动的依据。所以，首先应该了解和掌握有关数据库的一些基本概念和知识。通过学习这些知识，读者可以了解数据库技术的相关概念、知识和技能，从而为进一步学习数据库技术及其应用奠定基础。

重点难点

- 数据与信息
- 数据库系统的组成
- 数据模型
- 关系数据库

1.1 数据库基础知识

客观世界由信息、能源和材料这三大要素构成。在当今世界，信息是一种非常重要、有价值的资源。信息是企业进行生产活动、经济活动和社会活动必不可少的基本资源，是企业赖以生存和发展的根本。信息也是决定一个国家的建设和发展的重要因素。因此，人们想要获取对其决策有价值的信息，就必须对信息和用于表示信息的数据进行处理和管理。通常，把用计算机对数据进行处理的应用系统称为计算机信息系统，其核心是数据库。本节将介绍数据库中的一些基本知识。

1.1.1 信息与数据

信息和数据是两个不同的概念。信息是客观事物属性的反映，是事物之间相互联系、相互作用的状态描述。为了认识客观世界和彼此进行交流，人们需要各种信息。如一位教师的信息可以用如下格式的数据来描述："李明，男，1975，陕西，副教授，信息工程学院。"该数据包含的信息为：一位叫李明的男教师，1975年出生，陕西人，职称是副教授，是该校信息工程学院的教师。

信息具有如下重要特征。

（1）信息具有表征性。它能够表达事物的属性、运动特征及状态。

（2）信息具有可传播性。它可以获取、存储、传递和共享。

（3）信息具有可处理性。它可以压缩、加工以及再生。

（4）信息具有可用性、可增值性和可替代性。

与信息相关的是数据。数据是信息的具体表现形式，是信息的载体。一般认为，数据是人们用于记录事物情况的物理符号。为了描述客观事物而用到的数字、字符以及所有能输入到计算机中并能被计算机处理的符号都被认为是数据。在实际应用中，数据的表示形式有两种：一种是可以参与数值运算的数值型数据，如表示工资、成绩的数据；另一种是不能参与数值运算的数据，如字符（文字和符号）、图表（图形、图像和表格）、动画、影像、声音等多媒体数据。但其中使用最多、最基本的仍然是文字数据。数据以格式化的形式来表示事实和概念，这种形式有助于通信、解释和处理。

数据有两方面的特征：一是客体属性的反映，这是数据的内容；二是记录信息的符号，这是数据的形式。形式是内容的表现方式，内容是形式的实质。

信息和数据既有区别，又有联系。一方面，信息是有价值的数据，它以数据为载体，依靠数据来完成信息的传播，而数据却不一定具有价值。信息是向人们提供关于现实事物的知识，数据则是载荷信息的物理符号。另一方面，信息可以用不同的数据来表示，它不会因数据的形式不同而不同；数据具有任意性，在实际应用中可以用不同的数据来表示同一信息。例如，一个城市的天气预报情况是一条信息，而描述该信息的数据形式可以是文字、图像或声音等。在一些非严格的场合中，信息和数据之间没有做严格的区分，甚至可以混用，如信息处理就是数据处理，信息采集就是数据采集等。

1.1.2 数据处理

数据处理是指将数据转换成信息的过程，数据处理也可称为信息处理。它包括对数据的采集、整理、存储、分类、检索、排序、统计、维护、传输等一系列活动。对数据进行处理的主要目的就是从大量杂乱无章的、难以理解的、原始的数据中整理出对人们有价值、有意义的信息，作为日常工作和决策的依据。例如，公务员考试中，全体考生的考试成绩记录了考生的考试情况，属于原始数据，对考试成绩进行分析和处理，如对成绩从高到低排序，可以根据招考人数确定分数线。所以日常工作中，财务、人事、审计、办公自动化等方面离不开数据处理。反过来，要想使所获得的信息能够充分地发挥作用，就必须对所拥有的数据进行处理。

通常将数据处理分为两个操作层次：一是数据采集、分类、组织、编码、存储、检索、传输、维护等基本操作，这些基本操作称为数据管理；二是加工、计算、输出等操作，管理对象不同，操作的要求也不同，由于这些操作主要由应用程序来实现，因此称为应用操作。严格地说，信息处理中包含数据处理，而数据处理仅仅是信息处理中最主要的内容。

数据处理有以下四种不同的分类方式。

（1）按处理设备的结构方式，可分为联机处理方式和脱机处理方式。

（2）按数据处理时间的分配方式，可分为批处理方式、分时处理方式和实时处理方式。

（3）按数据处理空间的分布方式，可分为集中式处理方式和分布处理方式。

（4）按计算机中央处理器的工作方式，可分为单道作业处理方式、多道作业处理方式和交互式处理方式。

数据处理有不同的方式，不同的处理方式要求不同的硬件和软件支持。因此，每种处理方式都有自己的特点，应当根据应用问题的实际环境选择合适的处理方式。

数据处理是系统工程和自动控制的基本环节，贯穿于社会生产和社会生活的各个领域。目前，随着数据处理技术的发展及其应用的广泛和深入，数据处理已经极大地影响了人类社会发展的进程。当然在数据处理中离不开软件的支持，常见的数据处理软件包括：各种程序设计语言及其编译程序，管理数据的文件系统和数据库系统，各种数据处理方法的应用软件包。同时，为了保证数据的安全，还应具有一整套数据安全的保密技术。

1.1.3　数据库管理技术的发展

1. 数据库的概念

数据库（DataBase，DB）是依照某种数据模型组织起来的、相互关联的、存放于二级存储器中的数据集合。在数据库中集中了一个部门或单位的完整的数据资源，这些数据能够为多个用户同时共享，且具有冗余度小、独立性强和安全性高的特点。这种数据集合以最优方式为某个特定组织提供多种应用服务。换句话说，在日常工作中，需要处理的数据量往往都很大，为便于计算机对这些数据进行有效的处理，可以将采集的数据存放在磁盘、光盘等外存媒介的“仓库”中，这个“仓库”就是数据库。由于数据库本身的数据结构特征，使得数据库独立于使用它的应用程序，对数据的增加、删除、修改和检索则由相关的软件进行管理和控制，从而实现了数据和操作的分离。

将所有数据集中存放在数据库中，一方面便于人们对其进行统一管理，另一方面也便于人们提炼出对决策有用的数据和信息。例如，一个学校把采购的大量书籍存放在资料室（书库）中，以供教师和学生借阅；一个汽车企业生产制造出的汽车要先存放在仓库中，这样既便于统计和管理，又便于以后分批地把汽车销售给客户。因此可以说，数据库就是在计算机存储器中用于存储数据的仓库。从历史的发展角度看，数据库系统是数据管理的高级阶段，它是由文件管理系统发展起来的。

2．数据库的产生

实际上，数据库系统并不是和计算机同时出现的，而是随着计算机硬件技术和软件技术的发展以及社会对数据处理需求的不断发展而产生的。计算机数据管理的方式也在不断改进，经历了从人工管理到文件系统再到数据库系统三个阶段。

1）人工管理阶段

20世纪50年代中期以前，计算机主要用于科学计算，数据量较少，一般不需要长期保存。硬件方面，没有磁盘等直接存取的外存储器，数据只能存放于卡片、纸带或磁带上。软件方面只有汇编语言，没有专门的数据管理软件，数据由计算或处理它的程序自行携带。因此数据的管理是靠人工进行的，当计算机运行结束后，便将结果输出，由人工保存，计算机并不存储数据。在此阶段，对数据的管理是由程序员个人考虑和安排的，他们既要设计算法，又要考虑数据的逻辑结构、物理结构、输入/输出方法等，应用程序的设计和维护的负担繁重。

该阶段主要存在以下几方面的问题。

（1）数据不能长期保存。数据被包含在程序中，程序运行结束后数据和程序一起从内存中释放。

（2）数据不独立。编写的程序是针对程序中的数据。所以，当数据修改时程序也得随之修改，而程序修改后，数据的格式、类型也得做相应的变化。

（3）数据不能重复使用。由于没有数据管理软件，程序和数据是一个整体，一个程序的数据不能被其他程序使用，导致程序与程序之间存在大量的重复数据。

2）文件系统阶段

20世纪50年代后期到60年代中期，计算机开始大量用于数据管理。计算机硬件和软件技术得到了飞速的发展。其中，硬件方面有了磁盘、磁鼓等大容量且能长期保存数据的存储设备，这为计算机系统管理数据提供了物质基础；软件方面有了操作系统，其中包含文件系统，后来还出现了高级语言，这又为计算机系统管理数据提供了操作基础。操作系统中设有专门的文件系统，用于管理外部存储器上的数据文件，不同数据用不同的文件名表示，程序只需用文件名访问数据，不必关心记录在存储器上的地址和内外存交换数据的过程。

文件系统提供了在外存储器上长期保存数据并对数据进行存取的手段。文件的逻辑结构与存储结构有一定的区别，即程序与数据具有一定的独立性。数据的存储结构变化，不一定影响程序，因此程序员可集中精力进行算法的设计，大大减少了维护程序的工作量。可以说，该阶段做到了数据与程序分开。该阶段是按照数据文件的形式来存放数据的。在一个文件中包含了若干个“记录”，一个记录又包含若干个“数据项”，用户通过对文件的访问实现对记录的存取。这种数据管理方式称为文件系统。文件系统使计算机在数据管理方面有了长足进步。时至今日，文件系统依然是一般高级语言普遍采用的数据管理方式。

当数据量增加、使用数据的用户越来越多时，文件系统便不能适应更有效地使用数据的需求了。文件系统的一个严重不足就是数据的管理没有实现结构化组织，数据与数据之间没有联系，文件与文件之间也没有形成有机的联系，数据不能脱离建立其数据文件的程序，这也致使文件系统中数据的独立性和一致性较差，冗余度较大，从而限制了大量数据的共享和有效应用。文件系统阶段存在着以下三个问题。

（1）数据冗余度大。数据没有合理和规范的结构，使得数据的共享性极差，即使不同程序使用部分相同数据，也要创建各自的数据文件，造成数据的重复存储。

（2）数据独立性差。在文件系统中，虽然数据和程序分开，但是数据文件是为了满足特定业务领域或某部门的需要而专门设计的，该数据只服务于某一特定应用程序。这样，所设计的数据是针对某一特定程序，所以无论是修改数据文件还是修改程序文件，都会相互影响。

（3）缺乏对数据的集中管理。在同一个项目中的各个数据文件没有统一的管理机制，数据的安全性和完整性都很难得到保证。各数据之间、数据文件之间缺乏联系，数据处理很不方便。数据的保护等都交给应用程序去解决，使得应用程序的编写非常烦琐。

3）数据库系统阶段

20世纪60年代后期，随着计算机技术的发展，计算机在管理中的应用越来越广泛，规模越来越庞大，数据量急剧增加，数据共享性更强。为了克服文件系统的缺点，人们对文件系统进行了扩充，研制了一种结构化的数据组织和处理方式，即数据库系统。在数据库系统中，有一种叫作数据库管理系统（DataBase Management System, DBMS）的系统软件将所有的数据集中到一个数据库中，形成一个数据中心，对数据进行统一的控制。它使数据的存取独立于使用数据的程序，从而有效地减少了数据冗余，满足了多用户、多应用程序共享数据的需求，实现了数据的独立和集中管理。用户的应用程序与数据的逻辑结构及数据的物理存储方式无关，用户只需通过数据库管理系统来使用数据库中的数据。

在数据库系统阶段，应用程序和数据完全独立，应用程序对数据管理和访问更加灵活，一个数据库可以为多个应用程序共享，使得程序的编制更加容易、效率大大提高。同时还减少了数据的冗余度，实现数据资源共享，提高了数据的完整性、一致性以及数据的管理效率。

3．数据库的特点

数据库就是在数据库管理软件的集中控制下，按照一定的组织方式存储在一起的、相互关联的数据的集合。它不仅存储数据本身，而且还存储数据之间的联系。数据库技术在20世纪60年代后期发展起来后，在计算机应用中得到了迅速的发展。数据库技术先后经历了层次数据库、网状数据库和关系数据库几个阶段，其中占主导地位的是关系数据库。随着应用的不断深入，数据库技术已经成为信息管理最新、最重要的技术。

数据库具有数据共享、数据独立性强、数据冗余度小、数据结构化、数据安全、数据完整、灵活性强、可恢复性强等特点。

下面仅介绍其中的主要特点。

（1）数据共享。因为数据库中的数据是按某种数据模型组织为一个结构化的数据，因此能够实现多个应用程序、多种语言及多个用户共享一个库中的数据，甚至可以在一个单位或更大范围内共享。数据共享不仅可以提高数据的利用率，同时也可以提高工作效率。数据共享是数据库技术先进性的重要体现。

（2）数据独立性强。在数据库技术中，数据与程序相互独立，互不依赖。数据和程序之间不因一方的改变而改变，减少了应用程序设计与维护的工作量，而且数据也不会因程序的结束而消失，数据可长期保留在计算机系统中。

（3）数据冗余度小。在数据库技术出现之前，许多应用系统都需要建立各自的数据文件，即使是相同的数据，都需要在各自的系统中保留，从而造成大量的数据重复存储，这一现象称为数据的冗余。数据库实现了数据共享后，便减少了存储数据的重复，节省了存储空间，减少了数据冗余。

（4）数据结构化。由于数据库中的数据不再像文件管理系统中的数据那样从属于某个特定的应用，而是按照某种数据模型组织成为一个结构化的数据整体。它不仅描述了数据本身的特性，而且描述了数据与数据之间的种种联系，这使数据库具备了复杂的内部组织结构。

1.2 数据模型

数据模型是描述数据及数据之间联系的结构形式，它主要研究如何组织数据库中的数据，这是数据库的核心内容。通常，数据模型可以用图解的方法来表示数据库中的数据结构形式。要建立数据模型，就必须首先对需要描述的事物进行抽象。

1.2.1 基本概念

现实世界是存在于人们头脑之外的客观世界，现实世界的现实事物经过人们头脑的认识、整理、分类之后进入信息世界，以实体模型的形式表现出来。人们把客观存在的事物以数据的形式存储到计算机中，经历了对现实生活中事物特征的认识、概念化到计算机数据库里的具体表示形式的逐级抽象过程。实体模型也称概念模型或信息模型，它是按用户的观点对现实世界中的事物所建立的一种模型。这类模型概念简单、清晰、与计算机无关，且用户易于理解，是用户与数据库设计人员之间交流的语言。实现实体模型的过程就是实现现实世界到计算机世界的两级抽象中的第一级抽象——信息抽象过程。

（1）实体。从数据处理的角度看，现实世界中的客观事物称为实体，实体可定义为客观存在的并相互区分的“事物”。它可以指人，如一个教师、一个演员等，也可以指物，如一本小说、一把椅子等。它既可以指实际的物体，也可以指概念性的东西，如借书、奖励等。

（2）属性。一个实体具有不同的属性，属性描述了实体某一方面的特性。例如，教师实体的姓名、性别、年龄、职称、学位等都是教师的属性。图书实体用总编号、分类号、书名、作者、单价等多个属性来描述。属性有“型”和“值”的区分，如教师属性的姓名、性别、年龄、职称、学位等是属性的型。而属性的值是其型的具体内容，如“李明、男、35、副教授、博士”分别是姓名、性别、年龄、职称、学位的值。

（3）实体集。性质相同的同类实体的集合称为“实体集”，也称为实体整体，如所有的教师、所有的椅子、所有的工厂、所有的小说等。

由上述可见，若干个属性值所组成的集合表征一个实体，相应的属性型的集合表征一种实体的类型，称为实体型。例如，上面的教师姓名、性别、年龄、职称、学位等表征教师实体的实体型。同类型实体的集合称为实体集。

在Visual FoxPro中，用“表”来存放同一类实体，如教师表存放教师实体，成绩表存放成绩实体。每一个“表”包含若干个字段，“表”中所包含的“字段”就是实体的属性，字段值的集合组成表中一条记录，代表一个具体的实体，即表中的一条记录表示一个实体。数据库中的数据是结构化的，即建立数据库就需要考虑如何去组织数据、如何表示数据及数据之间的联系，并将其合理地存放在计算机中，以便于对其进行有效的处理。

1.2.2 实体之间的关系

实体之间的对应关系称为实体间的联系，它反映现实世界事物之间的相互关联。例如，教师和课程之间的关联关系为：一个教师可以讲授多门课程，一门课程可以由多位教师讲授。

实体间联系是指一个实体集中可能出现的每一个实体与另一个实体集中多少个具体实体存在联系，实体之间有各种各样的联系，归纳起来有以下三种类型。

1）一对一的联系（1:1）

如果对于实体集*A*中的每一个实体，实体集*B*中有且只有一个实体与之联系，反之亦然，则称实体集*A*与实体集*B*的联系为一对一的联系。例如，一所学校只有一个校长，一个校长只能在一所学校任职，因此校长和学校之间便存在一对一的联系。

在Visual FoxPro中，一对一的联系表现为主表中的一条记录只与相关表中的一条记录关联。即表*A*的一条记录在表*B*中只有一条对应的记录，表*B*中的记录最多只能有一条与表*A*的记录相对应。

2）一对多的联系（1:*n*）

如果对于实体集*A*中的一个实体，实体集*B*中有多个实体与之联系，反之，对于实体集*B*中的一个实体，实体集*A*中至多有一个实体与之联系，则称实体集*A*与实体集*B*的联系为一对多的联系。例如，一所学校有多个学生，而一个学生只能就读于一所学校，学校与学生的联系就是一对多的联系，还有公司与员工、母亲与子女都是一对多的联系。

在Visual FoxPro中，一对多的联系主要表现为主表中的每一条记录，在相关表中有多条记录相关联，即表*A*中的一条记录在表*B*中可以有多条记录与之对应，但表*B*中的一条记录在表*A*中最多只能有一条记录与之对应。

3）多对多的联系（*m*:*n*）

如果对于实体集*A*中的每一个实体，实体集*B*中有多个实体与之联系，而对于实体集*B*中的每一个实体，实体集*A*中也有多个实体与之联系，则称实体集*A*与实体集*B*的联系为多对多的联系。例如，教师与课程的联系即为多对多的联系，还有教师与学生、学生与课程、工厂与产品等都是多对多的联系。

在Visual FoxPro中，多对多的联系表现为一个表中的多个记录在相关表中同样有多个记录与其匹配。即表*A*中的一条记录在表*B*中可以对应多条记录，而表*B*的一条记录在表*A*中也可以对应多条记录。

1.2.3 数据模型及其类型

数据是描述客观事物的载体，而现实世界中事物总是彼此联系的，因此数据与数据之间必然存在一定的联系，我们可以用数据模型来描述这种联系。

数据模型是反映事物间联系的数据组织的结构和形式。一个具体的数据模型应当正确地反映出数据之间存在的整体逻辑关系。数据模型包含两个方面的内容：一为数据的静态特性，即数据的基本结构、数据间的联系和数据的约束；二为数据的动态特性，即定义在数据上的操作，如教师记录中包含姓名、职工编号、性别、出生年月、职称等字段，每个字段都有数据和长度约束，对教师记录也可以进行添加、修改、删除、查询、统计等操作。

由于采用的数据模型不同，相应的数据库管理系统也就完全不同。在数据库管理系统中，常用的数据模型有层次模型、网状模型、关系模型三种。因此，使用支持某种特定数据模型的数据库管理系统开发出来的应用系统，相应地称为层次数据库系统、网状数据库系统、关系数据库系统。其中，关系模型对数据库的理论和实践产生很大的影响，它已成为当今最流行的数据库模型。

1）层次模型

层次模型用树形结构来描述实体及它们之间的关系。在这种模型中，数据间的联系是一种从属关系，数据被组织成由"根"开始的"树"，每个实体由根开始沿着不同的分支放在不同的层次上。树中的每一个节点代表实体型，连线表示它们之间的关系。除根之外，所有的子节点都应有唯一的父节点。

实际生活中，许多实体间的联系本身就是自然的层次关系，比如一个单位的行政机构、一个家庭的世代关系等。图1-1所示为一个层次模型的例子。

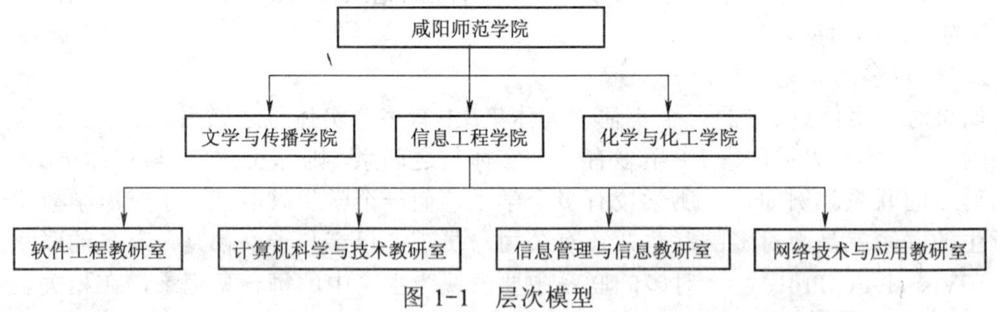

图 1-1　层次模型

层次模型层次清晰、构造简单、易于实现。它可以比较方便地表示实体间一对一和一对多的联系，但不能直接表示出多对多的实体联系。对于多对多的联系，必须先将其分解为几个一对多的联系，才能表示出来。因此，对于复杂的数据关系，层次模型实现起来比较麻烦。

采用层次模型的数据库管理系统称为层次数据库管理系统，在这种系统中建立的数据库是层次数据库。层次数据库管理系统是世界上最早出现的大型数据库系统，其典型代表是IBM的IMS（Information Management System）。

2）网状模型

网状模型用网状结构表示实体及其之间联系。网中的每一个节点代表一个实体类型。网状模型的特点是：一是可以有一个以上的节点没有父节点，二是至少有一个节点有多于一个的父节点。因此，网状模型可以方便地表示各种类型的联系。简单的网状模型示例如图1-2所示。

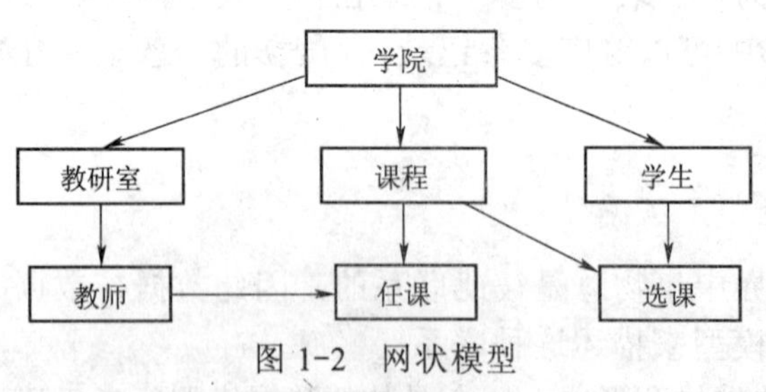

图 1-2　网状模型

网状模型和层次模型在本质上是一样的，树形结构可以看成是网状模型的特例，所以网状模型要比层次模型复杂。网状模型的主要优点是表示多对多的联系具有很大的灵活性，但这种灵活性是以数据结构复杂为代价的。网状模型中，每一个联系都代表实体之间一对多的联系，系统用单项或多项链接指针来具体实现这种联系。支持网状模型的数据库管理系统称为网状数据库管理系统，在这种系统中建立的数据库是网状数据库。

从逻辑上看，层次模型和网状模型都是用节点表示实体，用“→”表示实体间的联系，实体和联系用不同的方法来表示；从物理上看，每一个节点都是一个存储记录，用链接指针来实现记录之间的联系。这种用指针将所有数据记录都“捆绑”在一起的特点，使得层次模型和网状模型存在难以实现系统的修改及扩充等缺陷。

3）关系模型

关系模型与以上的两种模型相比，有着本质的区别，它是用二维表格来表示实体以及实体之间联系。在关系模型中，操作的对象和结果都是二维表，这种二维表就是关系。

如表1-1所示，表中每一列是一个属性，每一行称为一个元组，即一条记录，可以采用传统的集合运算（如并、交、差）和专门的关系运算（如投影、选择和连接）来完成数据的处理。

表 1-1 关系模型

职工编号	姓名	性别	出生年月	职称	学位
000206	王丽	女	1982-5	讲师	硕士
000217	李明	男	1975-12	副教授	硕士
000228	冯志强	男	1979-8	讲师	硕士
000230	李倩云	女	1973-10	副教授	博士
000232	张辉	男	1964-6	教授	硕士
000239	吴江波	男	1985-3	助教	学士

关系模型与层次模型、网状模型的本质区别在于数据描述的一致性，关系模型概念单一。描述实体的数据本身能够自然地反映它们之间的联系。而传统的层次和网状模型数据库是使用链接指针来存储和体现联系的。

在关系模型数据库中，无论实体本身还是实体间的联系，均用“关系”二维表来表示，每一个实体都是一个二维表，每一个二维表都是一个关系。每个关系均有一个名字，称为关系名。

虽然关系数据模型出现得比层次模型和网状模型都晚，但由于关系模型是建立在严格的关系数学理论基础上的，所以是目前十分流行的一种数据模型。关系数据库以其完备的理论基础、简单的模型、说明性的查询语言、使用方便等优点得到了最广泛的应用。自20世纪80年代以来，新推出的数据库管理系统几乎都支持关系模型，本书讨论的Visual FoxPro就是一种关系数据库管理系统。

1.3 数据库系统

以数据库为核心、以管理为目的的计算机系统称为数据库系统（DataBase System，DBS）。数据库系统其实就是以数据应用为基础的计算机系统，它在今天的信息社会中有着广泛的应用。

1.3.1 数据库系统的组成

数据库系统是把有关计算机硬件、软件、数据和人员组合起来为用户提供信息服务的系统。

1．硬件

数据库系统对硬件的要求是：CPU处理速度高；有足够大且安全的磁盘等直接存储设备用于安全地存储庞大的数据；有较高的通信能力，以提高数据传输率；系统支持联网，以实现数据的共享。

2．软件

数据库系统的软件包括操作系统、数据库管理系统（或编译系统）和应用程序系统。数据库管理系统是数据库系统的核心软件之一。目前的计算机数据库系统软件大都是建立在Windows操作系统之上的。在数据库系统中，各层次之间的相互关系如图1-3所示。

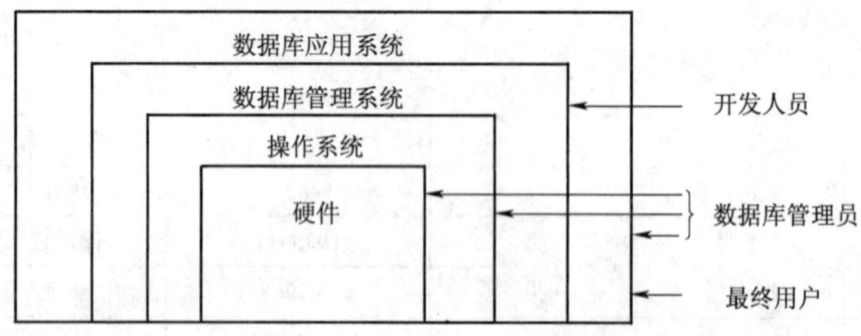

图 1-3 数据库系统层次关系

3．数据库

数据库系统的核心是数据库。数据库是按照一定规则存储在计算机外存储器中的大量相关数据的集合。它包括描述事物的数据本身，还包括相关事物的联系。大量的数据按一定的数据模型组织存储在数据库中，从而便于进行数据管理、实现数据共享。

数据库中的数据不像文件系统那样只面向某一特定应用，而是面向多种应用，可以被多个用户、多个应用程序共享。其数据结构独立于使用的程序，对于数据的增加、修改、删除和检索由系统软件统一进行控制。

通常情况下，应用程序员利用计算机数据库，将商家提供的数据库管理系统中的某一工具创建成库结构，数据库管理人员利用数据库管理系统（或应用程序系统）提供的工具将有用的数据填入设计好的库中，进而形成一个有效的数据库，最终提供给多个终端用户共享和使用。

4．数据库管理系统

数据库管理系统（DBMS）是对数据库进行管理和实现对数据库的数据进行操作的管理系统。如图1-3所示，DBMS是建立在操作系统基础上，位于操作系统与用户之间的一层数据管理软件。

DBMS需要利用操作系统提供的输入/输出控制和文件访问功能，因此它需要在操作系统的支持下运行。DBMS负责对数据库的数据进行统一的管理和控制。用户发出的或应用程序中的各种操作数据库及其中数据的命令，都要通过DBMS来执行，如数据库的创建以及数据的定义、查询、更新（增加、删除和修改）等操作都要通过DBMS进行。

一般来说，DBMS都是由专业的软件商家开发，形成商业软件包，并提供一套完整的数据库语言（相当于一种高级语言）。本书讨论的Visual FoxPro就是一种常用的数据库管理系统软件。在数据库管理系统支持下，数据和程序的关系如图1-4所示。

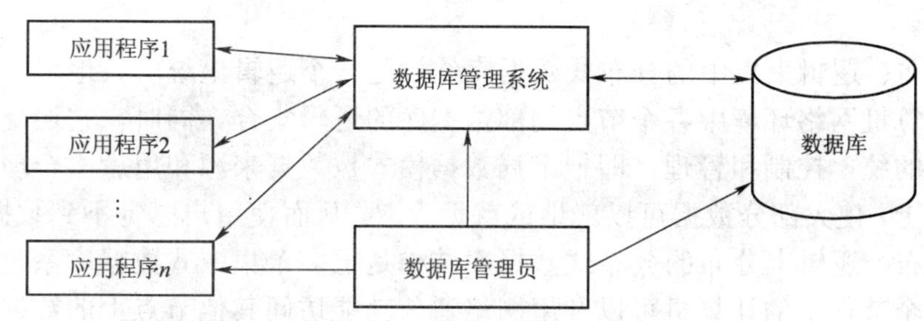

图 1-4　数据库管理系统中数据和程序的关系

5. 数据库应用系统

数据库应用系统是指系统开发人员利用数据库系统资源开发出来的，面向某一类实际应用的应用软件系统。数据库应用系统建立在DBMS基础上，通常具有良好的交互操作性和用户界面。例如，职工信息管理系统、学籍管理系统、财务管理系统等均为数据库应用系统。人们把数据库应用系统、数据库管理系统和数据库合称为数据库软件系统。

6. 数据库管理员

数据库系统中的有关人员主要有三类：最终用户、应用系统开发人员和数据库管理员。其中，负责对数据库进行总体规划、控制、维护和管理，以保证数据库正常运行的一组人员称为数据库管理员（DataBase Administrator，DBA）。DBA是拥有最高特权的数据库用户。DBA既要有很高的专业水平，又要有一定的管理知识；要对系统有一定的了解，又要非常熟悉用户的需求：

一般来说，DBA的任务主要有如下几方面。

（1）在了解数据库设计的基础上，组织完成数据库的建立和安装。

（2）进行数据的完整性维护。

（3）保证数据库的安全。

（4）了解用户需求，解决有关技术问题。

（5）指导用户正确使用数据库。

（6）对数据库进行适当的调整，以保证其正常运行。

1.3.2　数据库系统的分类

按照数据存放位置的不同，可以将数据库系统分为以下两类。

1）集中式数据库系统

集中式数据库系统就是将所有的数据集中在一个数据库中。在逻辑上，数据是集中存放的，在物理上也是。任何用户在存取和访问数据时，都要访问这个数据库，以此来实现数据共享。集中式数据库系统的特点是访问方便，但数据通信量大、访问速度慢。

2）分布式数据库系统

分布式数据库系统是数据库技术和计算机网络技术相结合的产物。分布式数据库系统是将多个集中式数据库通过网络连接起来，从而使各个节点的计算机可以利用网络通信功能访问其他节点上的数据库资源，使各个数据库系统的数据实现高度共享。它可分为物理上分布、逻辑上集中的分布式数据库结构和物理上分布、逻辑上分布的分布式数据库结构两类。

物理上分布、逻辑上集中的分布式数据库结构是一个逻辑上统一、地域上分布的数据集合，是计算机网络环境中各个节点局部数据库的逻辑集合。同时，它还受分布式数据库管理系统的统一控制和管理，即把全局数据模式按数据来源和用途，合理分布在系统的多个节点上，使大部分数据可以就地或就近存取，从而使用户感觉不到数据的分布。

物理上分布、逻辑上分布的分布式数据库结构是把多个集中式数据库系统通过网络连接起来，各个节点上的计算机可以利用网络通信功能访问其他节点上的数据库资源。其主要特点有：系统具有更高的透明度，可靠性更高、效率更高，局部与集中控制相结合，系统更加易于扩展。

1.3.3 数据库系统的结构

从最终用户角度来看，数据库系统可以分为：单用户结构、主从式结构、分布式结构和客户/服务器结构。

1. 单用户数据库系统

单用户数据库系统是一种早期的、最简单的数据库系统。在单用户数据库系统中，整个数据库系统包括应用程序、DBMS和数据，都集中安装在一台计算机上，由一个用户独自使用，不同计算机之间不能共享数据。单用户数据库系统的结构如图1-5所示。

图 1-5 单用户数据库系统

2. 主从式数据库系统

主从式数据库系统比单用户数据库系统出现得晚一些。主从式结构是指一个主机连接多个终端的多用户结构。在这种多用户结构的数据库系统中，数据库系统的应用程序、DBMS、数据等都集中存放在主机上，能够实现数据资源共享，所有处理任务都由主机来完成，各个用户通过主机的终端并发地存取数据。主从式数据库系统的结构如图1-6所示。

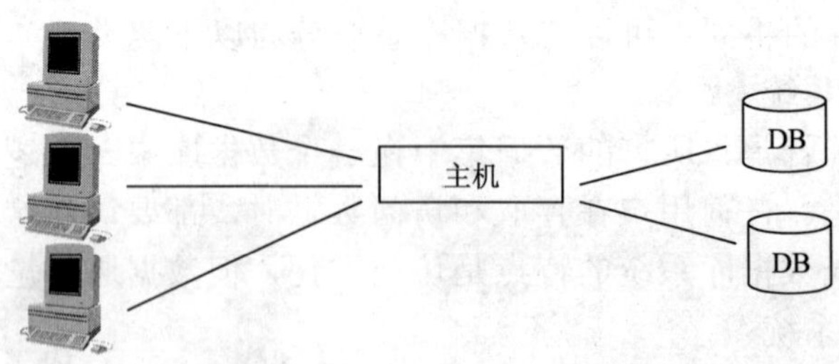

图 1-6 主从式数据库系统

主从式结构的优点是简单、数据易于管理维护；缺点是当终端用户数目增加到一定程度后，数据的存取通道会形成瓶颈，从而使系统性能大幅度下降。

3．分布式数据库系统

在分布式数据库系统中，数据在逻辑上是一个整体，而在物理形式上则分布在计算机网络的不同节点上，每个节点上的主机又带有多个终端用户，如图1-7所示。网络中的每个节点都可以独立地处理数据库中的数据，执行全局应用。

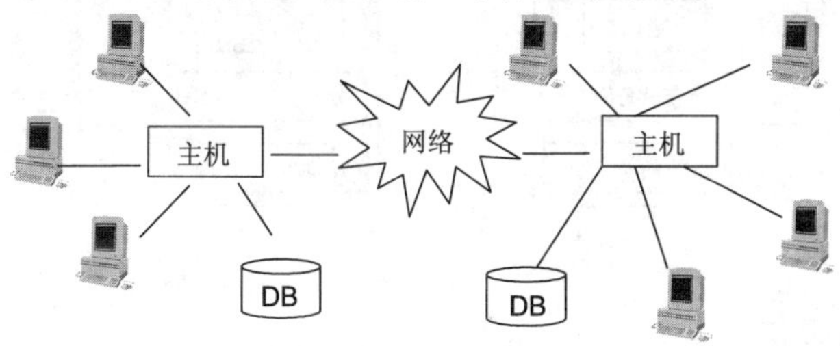

图 1-7　分布式数据库系统

分布式结构的数据库系统是计算机网络发展的必然产物。其优点是能够适应某些机构和组织不断扩展对分布在不同地点工作的要求；缺点则是由于系统中数据是分布式存放的，所以数据的处理、管理和维护都有一定的困难。

4．客户/服务器数据库系统

在前面所提到的主从式数据库系统中的主机和分布式数据库系统中，每个节点的计算机都是一个通用计算机，既执行DBMS功能，又执行应用程序。随着工作站功能的增强和广泛使用，人们开始把DBMS功能和应用分开。在网络中把某个（些）节点的计算机专门用于执行DBMS核心功能，这台计算机就称为数据库服务器。而其他节点上的计算机便称为客户机。客户机主要支持用户的应用。这种把DBMS和应用程序分开的结构就是客户/服务器数据库系统。

在客户/服务器结构系统中，客户端的用户将数据传输到数据库服务器，服务器进行处理后，只将结果返回给用户，从而减少了网络上的数据传输量，提高了系统的性能和负载能力。客户/服务器数据库系统也可以分为集中式服务器结构（见图1-8）和分布式服务器结构（见图1-9），其中分布式服务器结构是客户/服务器结构与分布式数据库结构的结合。集中式服务器结构的特点是数据集中、处理分布，而分布式服务器结构的特点是数据分布、处理分布。

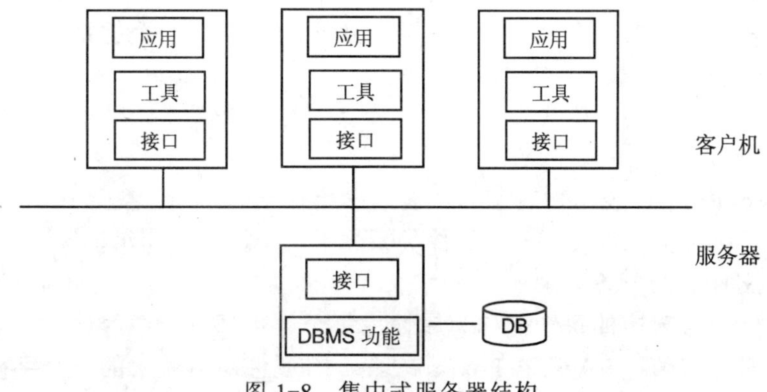

图 1-8　集中式服务器结构

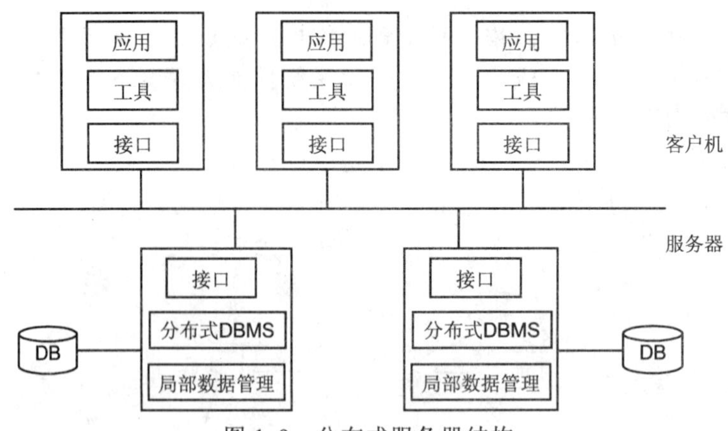

图 1-9　分布式服务器结构

1.4　关系数据库

关系数据库是支持关系数据模型的数据库系统，现在普遍使用的数据库管理系统大多都是关系数据库管理系统。

关系数据库是由若干个利用关系模型设计的数据表文件组成的集合。换句话说，关系数据库包含若干张二维数据表，每一个表格由若干条记录组成，而每一条记录又是由不同字段属性值构成。每一个数据表以一个独立的表文件形式存在，在同一个数据库中不允许表文件重名，但一个数据库中的表文件是彼此相关的，这种相关性恰好表现了数据表所描述的事物之间的联系。Visual FoxPro使用的就是关系数据库，所以有必要理解和掌握有关关系数据库的基本概念。

1.4.1　关系模型

用二维表的形式表示实体和实体间联系的数据模型称为关系数据模型。一个关系的逻辑结构就是一张二维表，所以关系模型的用户界面是非常简单的。

1．基本术语

在关系模型中，一个“表”就是一个关系，每个表都有唯一的标识。两个表或多个表可以通过一定的关系运算关联起来。

（1）关系。一个关系就是一张二维表，通常将一个没有重复行、重复列的二维表看成一个关系，每个关系有一个关系名。在Visual FoxPro中，一个关系存储为一个文件，其扩展名为.dbf，称为“表”。

对关系的描述称为关系模式，一个关系模式对应一个关系的结构。其格式为：关系名（属性名1，属性名2，…，属性名*n*）。

在Visual FoxPro中，表结构表示为：表名（字段名1，字段名2，…，字段名*n*）。

（2）元组。在一个二维表（一个具体关系）中，一行称为元组，每一行是一个元组。一个元组对应文件中的一条记录。

（3）属性。二维表中的每一列称为属性，每个属性都有一个属性名，属性值则是每个元组属性的具体取值。在Visual FoxPro中，一个属性对应表中的一个字段，每个字段的数据类型和字段名组成整个表的结构。

（4）域。属性的取值范围称为域，域规定了不同元组对同一属性的取值所限定的范围。域作为属性值的集合，其类型与范围由属性的性质及其所表示的具体意义确定。例如，出生地的取值范围是文字符号，成绩的取值是数值，性别的取值只能从“男”、“女”两个汉字中选其一。

（5）关键字。关系中能唯一区分、确定不同元组的属性或属性组合，称为该关系的关键字。单个属性组成的关键字称为单关键字，多个属性组合的关键字称为组合关键字。特别要注意的是，关键字取值不能为空。在Visual FoxPro中，关键字表示为字段或字段的组合。有时候记录中可能存在多个关键字，从中取出一个作为主关键字，简称主键。例如，表1-2所示的教师信息表中字段“学号”可以作为唯一标识一条记录的主关键字。由于具有相同姓名的人可能不只一个，姓名字段就不能作为唯一标识作用的关键字。在Visual FoxPro中，主关键字和候选关键字就起到唯一标识一个元组的作用。

表 1-2 学生信息表

学号	姓名	性别	出生年月	所属院系	专业	班级
120101001	王美玲	女	1993 年 9 月	信息工程学院	软件工程	软件 1201
120102002	李青青	女	1994 年 10 月	信息工程学院	计算机科学与技术	计科 1201
120201003	刘强	男	1994 年 5 月	美术学院	美术学	美术 1201
120201025	张丽娜	女	1993 年 12 月	美术学院	美术学	美术 1201
120301005	张波	男	1994 年 7 月	外国语学院	英语	英语 1201
120403006	吴迪	男	1995 年 1 月	化学与化工学院	材料化学	材料 1201

（6）外部关键字。如果表中的一个字段不是本表的主关键字或候选关键字，而是另外一个表的主关键字或候选关键字起到唯一标识一个元组的作用，就称之为该表的外部关键字，简称外键。例如，学生表和班级表，在班级表中，班级编号是唯一标识一个记录的关键字，但在学生表中就不是唯一标识记录的关键字，那么就称学生表中的“班级编号”为外部关键字。

从集合论的观点来定义关系，可以将关系定义为元组的集合。关系模型是命名的属性集合，元组是属性值的集合。一个具体的关系模型是个有联系的关系模型的集合。

在Visual FoxPro中，常把相互之间存在联系的表放到一个数据库中统一管理。其中数据库文件的类型是.dbc。例如，在学生成绩管理数据库中可以加入学生表、班级表，在图书管理数据库中可以加入读者表、图书表、借阅表。

2．关系的特点

关系数据库是由若干个数据表构成的，而这些数据表是依照关系模型设计完成的，数据表之间既相互联系，又彼此独立，从而使关系数据库具有极大的优越性。

在关系模型中对关系有一定的要求，关系必须具有以下特点。

（1）关系必须规范化，属性不可再分割。规范化是指关系模型中的每一个关系模式都必须满足一定的要求，最基本的要求是每个属性必须是不可分割的数据单元，即表中不能再包含表。如表1-3所示的复合表，这种表格不是二维表，不能直接作为关系来存放，但去掉其中的“应发工资”表项就可以了。

表 1-3 不能直接作为关系的复合表格

姓 名	部 门	职 称	应 发 工 资		
			基 本 工 资	奖 金	津 贴
李明	信息工程学院	教授	2800	1700	800
张辉	信息工程学院	讲师	1800	1200	500
李倩云	信息工程学院	副教授	2200	1200	500

（2）在同一个关系中不能出现相同的属性名，不允许同一个表中存在相同的字段名，即二维表中的每一列均有唯一的字段名。

（3）关系中不允许有完全相同的元组。也就是说，二维表中不允许出现完全相同的两行。

（4）在一个关系中元组的次序无关紧要，换言之，就是任意交换两行的位置并不影响数据的实际含义。

（5）在一个关系中列的次序无关紧要。任意交换两列的位置都不影响数据的实际含义，不会改变关系模式。

以上是关系的基本性质，也是衡量一个二维表格是否构成关系的基本要素。在这些基本要素中，有一点最为关键，即属性不可再分割，也就是表中不能套表。

1.4.2 关系数据库

所谓关系数据库（Relational DataBase，RDB），就是以关系模型建立的数据库。关系数据库中包括若干个关系，每一个关系都由关系模式确定，每个关系模式包含若干个属性和与之对应的域。因此，所谓定义数据库就是逐一定义关系模式，对每一个关系模式都逐一定义其属性和对应的域。

由于在关系数据库中，一个关系就是一张二维表，而表格则是由表格结构和数据两部分构成，表格的结构对应关系模式，表的每一列对应关系模式的一个属性，该列的数据类型和取值范围就是该属性的域。所以，当用户定义了表格，其实也就定义了对应的关系。

在Visual FoxPro中，与数据库对应的是数据库文件（.dbc文件），一个数据库文件包含若干个表（.dbf文件），表由表的结构和若干个数据记录组成，表的结构对应关系模式。每个记录由若干个字段构成，字段对应关系模式的属性，字段的数据类型和取值范围对应属性的域。

1.4.3 关系运算

在关系数据库中查询用户所需要的数据时，需要对关系进行一定的关系运算。关系的基本运算有两类：一类是传统的集合运算（并、差、交等），另一类是专门的关系运算（选择、投影、连接），有些复杂的查询甚至需要几个运算的组合。

1．传统的集合运算

能够进行并、差、交集合运算的两个关系必须具有相同的关系模式，即两张表具有相同的结构。

1）并

两个相同结构关系的并是由属于这两个关系的元组组成的集合。例如，两个相同结构的教师关系*R*1和*R*2，分别存放计算机系和物理系的教师信息，把物理系的教师记录追加到计算机系的教师记录后面，就是这两个关系*R*1和*R*2的并集。

2）差

设有两个相同结构的关系*R*1和*R*2，*R*1差*R*2的结果是由属于*R*1但不属于*R*2的元组组成的集合，即差运算的结果是从*R*1中去掉*R*2中也有的元组。例如，设报名参加羽毛球球队的学生关系为*R*1，报名参加篮球队的学生关系为*R*2，求参加羽毛球队但不参加篮球队的学生，就应当进行差运算。

3）交

两个具有相同结构的关系*R*1和*R*2，它们的交是由既属于*R*1又属于*R*2的元组组成的集合。交运算的结果是*R*1和*R*2的共同元组。例如，求同时参加羽毛球队和篮球队的学生，就应当进行两个关系的交运算。

在Visual FoxPro中没有提供直接进行传统集合运算的操作，而是通过其他操作或编写程序来实现。

2．专门的关系运算

在Visual FoxPro中，查询是高度非过程化的，用户只需要明确提出“要干什么”，而不需要指出“怎么去干”。系统将自动对查询过程进行优化，可以实现对多个相关联的表进行高速存取。然而，要正确表示较复杂的查询并非是一件易事。要想正确给出查询的表达式，就必须了解和熟悉Visual FoxPro中专门的关系运算。

1）选择运算

选择运算就是从关系模式中找出满足给定条件的元组的操作。以逻辑表达式给出选择的条件，选择运算将选取逻辑表达式的值为真的所有元组。选择运算是从行的角度进行的运算，即从水平方向抽取记录。选择运算的结果可以形成新的关系，是原关系的一个子集，是关系中的部分元组，其关系模式不变。

选择运算是从二维表格中选取若干行的操作，在表中是选取若干个记录的操作。例如，要从教师信息表中找出职称是“副教授”的教师，所进行的查询操作就属于选择运算。

2）投影运算

投影运算是从关系模式中指定若干个属性组成新关系的操作。投影是从列的角度进行的运算，相当于对关系进行垂直分解。经过投影运算可以得到一个新的关系，其关系模式所包含的属性个数往往比原关系少，或者属性的排列顺序不同。投影运算提供了垂直调整关系的手段，从而体现了关系中列的次序无关紧要这一特点。

投影运算是从二维表格中选取若干列的操作，在表中是选取若干个字段。例如，要从教师信息表中查询职称是“副教授”的所有记录的职工编号、姓名、年龄，所进行的查询操作就属于投影运算。

3）连接运算

连接运算是将两个关系模式拼接成一个更宽的关系模式，生成的新关系中，包含满足连接条件的元组。连接是关系的横向结合。连接过程是通过连接条件来控制的，连接条件中将出现两个表中的公共属性名，或者具有相同的语义、可比的属性。连接结果是满足条件的所有记录，相当于Visual FoxPro中的内部连接。

选择和投影运算的操作对象只是一个表，相当于对一个二维表进行切割。连接运算需要两个表作为操作对象。若需要连接两个以上的表，则应当两两进行连接。

4）自然连接

在连接运算中，按照字段值对应相等为条件进行的连接操作称为等值连接，而去掉重复属性的等值连接便是自然连接。自然连接是最常用的连接运算。

连接运算是将两个二维表格的若干列按同名等值的条件拼接成一个新的二维表格的操作，在表中则是将两个表的若干字段按指定条件（通常是同名等值）拼接生成一个新的二维表。

总之，在对关系数据库的查询中，利用关系的投影、选择和连接运算可以很方便地分解或构造新的关系。

1.4.4 关系完整性

数据库的完整性是指数据的正确性和相容性。例如，一个人的年龄应该为0～150，不能出现负数或者太大的数值。另外，表与表之间存在着一定的联系和约束，如成绩表中出现的字段“学号”应该是学生信息表中存在的“学号”，否则会出现错误。

数据库系统在运行的过程中，数据输入错误、使用者的错误操作及非法访问等各种情况，都会导致数据错误和混乱。所以，要通过建立数据完整性约束机制来进行控制，以保证关系中数据的正确性、有效性和相容性。关系模型的完整性规则是对关系的某种约束条件。完整性通常包括实体完整性、参照完整性和用户定义完整性（又称域完整性），其中实体完整性和参照完整性是关系模型必须满足的完整性约束条件。

1．实体完整性

实体完整性是指关系主关键字中的属性值不能为空。一个数据表（或关系）通常对应现实世界中的一个实体集，如图书信息表对应图书集合。现实世界中的实体是可以区分的，同样的数据表中的数据也应该可以区分，区分的依据是主关键字。在关系模型中，以主关键字作为唯一标识，而主关键字中的属性值不能为空。主关键字是唯一决定元组的，若为空则其唯一性失去意义。因此，实体完整性要求关系主关键字中的属性值不能为空，这也是数据库完整性最基本的要求。

如在表1-2所示的学生信息表中，将“学号”作为主关键字，那么该列不得有空值，否则无法对应某个具体的学生，这样的表格就不完整，不符合实体完整性的约束条件。

2．参照完整性

参照完整性是定义建立关系之间联系的主关键字和外部关键字应用的约束条件。

实体之间一般存在着某种联系，这种联系同样可以用数据表（或关系）来描述。这样就必然存在表与表之间的引用。如课程安排表中引用了教师信息表中的主关键字“职工编号”，简单地说，课程安排表中“职工编号”属性的取值就要参照教师信息表中主关键字“职工编号”的取值。

参照完整性约束是关系之间相关联的基本约束，它不允许关系引用不存在的元组，即在关系中的外键要么是所关联关系中实际存在的元组，要么是空值。

3. 域完整性

数据表中的每一个属性（或字段、列）对应着一个值的集合，作为其可以取值的范围，称为该属性的域。属性值应该是域中的值，一个属性能否为空都是域完整性约束的内容。域完整性约束是最简单和最基本的约束，一般DBMS中都有域完整性约束检查功能。例如，在教师信息表中的属性“性别”只能取值“男”或“女”，为了满足域完整性，用户在输入性别项的数据时，必须是“男”或“女”，否则就是违法的数据，此时系统应予以提示。

实体完整性、参照完整性和域完整性约束是关系数据模型的三个最基本、最普遍的完整性约束。实体完整性和参照完整性是关系数据库中必须满足的完整性约束条件，称之为关系的两个不变性，适用于任何关系数据库系统。域完整性则是根据应用环境的要求和实际的需要，对某一集体应用所涉及的数据提出约束性条件。不同的DBMS有一些其他的完整性约束。为保证数据库的一致性和正确性，必须使数据库中的数据满足完整性约束。在实际应用中，完整性约束的检查具体由用户完成还是由DBMS来完成，要根据实际采用的技术来确定。

1.5 数据库系统的体系结构与开发工具

要开发一个数据库应用系统，就需要了解数据库应用系统的体系结构，掌握一种数据库管理系统并熟悉一种开发工具。数据库技术发展飞速，可供选择的方案很多。本节介绍一些目前常用的数据库系统的体系结构。

1.5.1 数据库系统的体系结构

数据库系统的体系结构大致上可以分为四种模式：单用户模式、主从式多用户模式、客户机/服务器（Client/Server，C/S）模式和Web浏览器/服务器（Browser/Server，B/S）模式。

1. 单用户数据库系统

单用户数据库系统是最早的、最简单的数据库系统。它将数据库、DBMS和应用程序安装在一台计算机上，由一个用户独占系统，不同系统之间不能共享数据。

2. 主从式多用户数据库系统

主从式多用户数据库系统将数据库、DBMS和应用程序安装在主机上，多个终端用户使用主机上的数据和程序。在这种结构中，所有处理任务都由主机完成，用户终端没有任何应用逻辑。但是当终端数目增加到一定程度时，主机的任务过于繁重，就会形成瓶颈，对用户的请求响应非常缓慢。

3. C/S数据库系统

计算机网络技术的发展，使得计算机资源共享成为可能。C/S数据库系统不仅可以实现对数据库资源的共享，而且可以提高数据库的安全性。在这种数据库系统中，客户机提供用户操作界面，运行业务逻辑；服务器专门执行DBMS功能，提供数据的存储和管理。在C/S结构中，客户端应用程序通过网络向数据库服务器发出操作命令，服务器根据命令执行相应的操作后，仅将结果返回给用户，减少了网络上的数据传输量，从而提高了系统的性能。C/S数据库系统如图1-10所示。

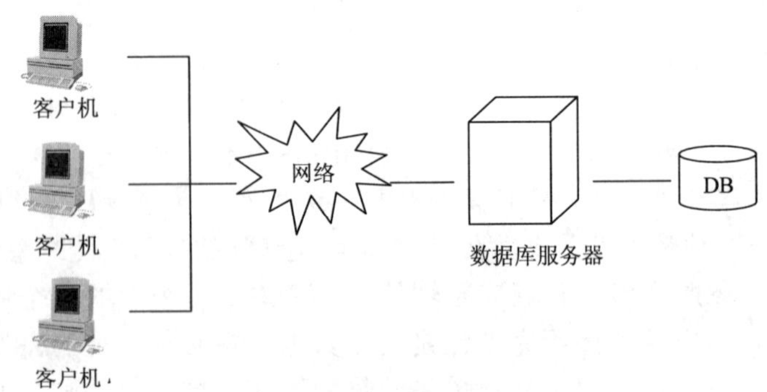

图 1-10　C/S 数据库系统

4. B/S数据库系统

随着Internet技术的发展，出现了Web数据库。在B/S结构中，客户端采用标准通用的浏览器，服务器端有Web服务器和数据库服务器。用户通过浏览器，按照HTTP标准向Web服务器发出请求，Web服务器对浏览器的请求进行处理，然后将用户所需信息返回给浏览器。

Web服务器端通常提供中间件来连接Web服务器和数据库服务器。中间件的主要功能是提供应用程序，负责Web服务器和数据库服务器之间的通信。B/S数据库系统如图1-11所示。

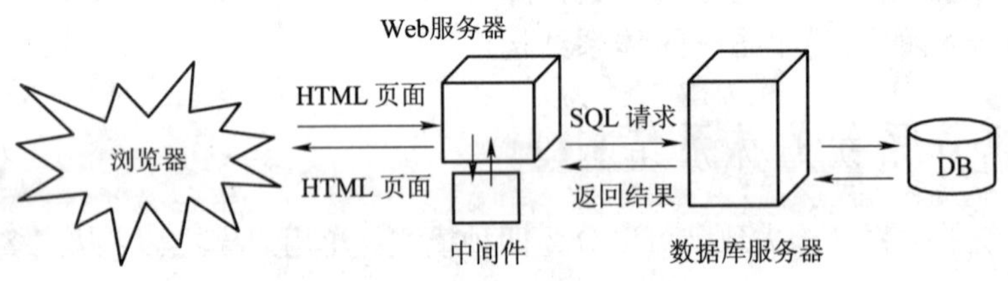

图 1-11　B/S 结构的数据库系统

1.5.2　常见的数据库管理系统

目前常用的数据库管理系统有许多种，如Microsoft Access、Visual FoxPro、SQL Server、Oracle、Sybase、Informix等。根据其功能可分为两大类：小型数据库管理系统和大型数据库管理系统。

1. 小型数据库管理系统

1）Access

Access是目前非常流行的小型桌面数据库管理系统，是办公软件中的重要组成部分之一。Access具有关系数据库管理系统的基本功能，用户使用它可以方便地利用各种数据源，生成窗体（表单）、查询、报表和应用程序等。

Access支持大部分SQL标准，通过开放式数据库互连标准（ODBC）与其他数据库相连，它提供灵活、方便、安全、可靠的客户/服务器解决方案。而且随着Internet网络应用的发展，Access还增加了使用信息发布Web向导和HTML格式导出对象的功能。

2）Visual FoxPro

Visual FoxPro是新一代小型数据库管理系统的典型代表，具有强大的功能、完整而丰富的工具、较高的处理速度、友好的界面及较好的兼容性。从出现以来，Visual FoxPro一直受到广大用户的喜爱和欢迎。

Visual FoxPro提供了一个集成化的可视化系统开发环境，方便用户对数据的组织和操作。它不仅支持传统的结构化程序设计，而且支持面向对象程序设计，提供强大的可视化程序设计工具，方便用户快速实现表单、菜单、查询、打印报表等操作。

Visual FoxPro和其他数据库管理系统的最大区别是自带编程工具，其程序设计语言和DBMS相结合，特别适合初学者学习和使用。本书就以Visual FoxPro 6.0为例，介绍数据库的基本操作和数据库系统开发的方法。

2．大型数据库管理系统

1）SQL Server

SQL Server是Microsoft公司在Windows平台上开发的数据库。和其他小型数据库不同，SQL Server是一个大型分布式/服务器结构的关系数据库管理信息系统，目前市场上应用的版本是SQL Server 2000。SQL Server 2000不仅支持传统的关系数据库组件，如数据库、表，也支持存储过程、视图等现代数据库组件。SQL Server不能单独构成一个完整的应用，不能提供图形用户界面、报表的设计工具，这些工作通常是由数据库前端的开发工具完成的，开发好的数据库客户端应用程序接收用户的数据输入和查询请求，通过网络传给SQL Server，存储在数据库中或由SQL Server执行查询操作，把结果返回给前端程序。

2）Oracle

Oracle是20世纪70年代末发行的一个最早的、商品化的数据库管理系统。Oracle是一个通用的数据库管理系统，它不仅具有完整的数据管理功能，还是分布式数据库系统，特别支持Internet应用。Oracle支持大量多媒体数据；在数据库完整性检查、安全性等方面表现更加出色；提供了与第三代高级语言的接口软件，如能在C、C++语言中嵌入SQL语句，对数据库的数据进行操纵。

Oracle有许多优秀的前台开发工具，如PowerBuilder、Visual Basic等，可以快速开发基于客户端PC平台的应用程序，且具有很好的可移植性。

1.5.3　常见的数据库开发工具

随着计算机技术的不断发展，数据库编程工具也在不断发展。程序开发人员可以利用高效的、具有良好可视化的编程工具开发各种数据库软件，达到事半功倍的效果。比较流行的数据库编程工具很多，如Visual Basic、Delphi、PowerBuilder、Visual FoxPro等通用语言，各有所长、各具特色和优势。Visual Basic简单易学，结合力很强；Delphi组件技术出色、编译速度快；PowerBuilder拥有强大的数据库窗口技术，提供与大型数据库的专用接口；Visual FoxPro也有大量的用户。用户应该在了解各种数据库编程工具的特点的基础上，根据自己的实际情况和需要，选择适合的开发工具。

常用的Web数据库开发技术主要有：ASP（Active Server Page）、JSP（Java Server Page）和PHP（Personal Home Page）。ASP是一个Web服务器端的开发环境，采用脚本语言VB

Script或JavaBeans作为自己的开发语言。JSP是Sun公司推出的新一代Web应用开发技术，它可以在Servlet和JavaBeans的支持下，完成功能强大的Web应用程序。PHP是一种跨平台的服务器端的嵌入式脚本语言，能帮助开发者写出动态页面。三者都是面向Web服务器的技术，客户端浏览器不需要任何附加的软件支持。

习 题 1

一、选择题

1. 数据库系统中，DBMS是一种（　　）。
   A. 采用了数据库技术的计算机系统
   B. 包含操作系统在内的数据管理软件系统
   C. 位于用户和操作系统之间的一层数据管理软件
   D. 包括数据库管理人员、计算机硬件以及数据库的系统

2. 为了以最佳方式为多种应用服务，将数据集中起来以一定的组织方式存放在计算机的外存储器中，就构成了（　　）。
   A. 数据库　　B. 数据库操作系统
   C. 数据库系统　　D. 数据库管理系统

3. 数据库、数据库系统、数据库管理系统这三者之间的关系是（　　）。
   A. 数据库系统包括数据库和数据库管理系统
   B. 数据库包括数据库系统和数据库管理系统
   C. 数据库管理系统包括数据库和数据库系统
   D. 数据库系统就是数据库，也就是数据库管理系统

4. 关系数据库系统中所使用的数据结构是（　　）。
   A. 树　　B. 图
   C. 表格　　D. 二维表

5. 在关系数据库的基本操作中，从表中选出满足条件的元组的操作称为（　　）。
   A. 连接　　B. 比较
   C. 选择　　D. 投影

6. 在关系数据库的基本操作中，从表中抽取属性值满足条件的列的操作称为（　　）。
   A. 连接　　B. 比较
   C. 选择　　D. 投影

7. 数据库管理系统中，目前十分流行的数据模型是（　　）。
   A. 网状型　　B. 层次型
   C. 共享型　　D. 关系型

8. 如果一个关系中的一个属性或属性组能够相当于唯一地标识一个元组，那么该属性或属性组称为关系的（　　）。
   A. 主关键字　　B. 候选关键字
   C. 外关键字　　D. 关系

9. 关系中的主关键字不允许取空值是指（　　）约束规则。

A. 实体完整性　　　　B. 数据完整性

C. 引用完整性　　　　D. 用户定义完整性

10. 在关系型数据库管理系统中，一个关系对应一个（　　）。

A. 记录　　B. 字段　　C. 表文件　　D. 数据库文件

二、填空题

1. 关系数据库管理系统的三种基本关系运算是______、______、______。要改变关系的属性的排列顺序，应使用关系运算中的______运算。

2. 数据库常用的数据模型是______、______、______。Visual FoxPro属于______。

3. 关系的完整性约束包括______、______、______ 三种。

4. 两个关系中相同属性的元组连接在一起构成新的二维表的操作称为______。

5. 对某个关系中进行选择、投影或连接运算后，运算的结果仍是一个______。

6. 域完整性包括数据类型、宽度以及______。

三、问答题

1. 简述数据库发展经历的阶段。

2. 什么是数据库、数据库管理系统、数据库系统？

3. 数据库系统的特点是什么？

4. 简述数据库管理系统的功能。

5. 简述实体完整性约束的含义，并举例说明。

6. 简述关系模型的特征。

四、上机操作题

1. 设置Visual FoxPro系统环境，如系统默认目录、系统日期和时间的格式等。

2. 使用Visual FoxPro的向导。

3. 使用Visual FoxPro的设计器。

4. 使用Visual FoxPro的生成器。

5. 使用Visual FoxPro的项目管理器。

第 2 章

Visual FoxPro概述

内容导读

应用程序设计在Visual FoxPro的应用中占有很重要的地位。Visual FoxPro 6.0程序运行方式很有特点，程序可以被修改并重新执行，而且可以从菜单、表单和工具栏启动，还能够调用其他程序。本章介绍的主要内容有：Visual FoxPro应用程序的安装、启动与退出，Visual FoxPro的操作界面，Visual FoxPro的命令规则，Visual FoxPro的向导、设计器、生成器等可视化编程工具等知识。

教学目标

数据库技术是在20世纪60年代末兴起的一种数据管理方法，也是信息管理中的一项非常重要的新技术。Visual FoxPro数据库程序设计将过程化程序设计与面向对象的程序设计结合在一起，提供了强大而又灵活的应用程序设计工具。本章将在前面所学有关数据库知识的基础上，进一步学习Visual FoxPro的操作。通过对本章内容的学习，读者可以了解Visual FoxPro的发展过程和安装步骤，熟悉Visual FoxPro的操作界面、命令规则，熟练应用Visual FoxPro的向导、设计器等工具。

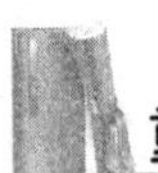

重点难点

- Visual FoxPro的启动与退出
- Visual FoxPro的菜单
- Visual FoxPro的文件类型
- Visual FoxPro的命令规则
- Visual FoxPro中向导的使用

2.1 Visual FoxPro的发展过程

数据库出现以前，应用程序的数据是以文件的形式存储在外存储器中的，这在一定程度上解决了数据的组织管理和共享。随着处理数据数量的增加和人们对处理数据质量的要求不断提高，数据文件对应用的依赖性、查询效率低和不便维护等缺点就暴露了出来。数据库正是为解决这些问题而提出的。

1984年美国Ashton-Tate公司推出了DBASE Ⅲ，后来又推出它的改进型DBASE Ⅳ，产品的功能越来越强。DBASE由于使用方便，性能优越，被广泛用于PC进行数据管理和事务处理，赢得了“大众数据库”的美称。但是，DBASE存在以下一些缺陷，极大地限制了其应用：其一，运行速度慢，尤其是在建立大型数据库时更为突出；其二，早期的DBASE不带编译器，仅是解释执行，虽然后来增加了编译器，但编译与解释执行时存在许多差异；其三，DBASE没有统一的设计标准，由于各版本之间互不兼容，其标准变得越来越模糊。

1984年诞生在美国Fox Software公司的FoxBASE是PC关系数据库中Fox早期的产品。作为一款XBASE产品，FoxBASE在运行速度上大大超过DBASE Ⅲ，并且第一次引入了编译器，逐步抢占了市场份额。后来，Fox Software公司又于1986年推出FoxBASE+，1987年推出FoxBASE+ 2.0和它的最高版本FoxBASE+2.1。Fox Software公司在1989年推出FoxPro 1.0作为XBASE的升级换代产品。FoxPro 1.0首次引入了基于DOS操作系统的窗口技术，支持鼠标操作。而且FoxPro 1.0还扩充了XBASE语言命令，同时它又是一个全兼容DBASE和FoxBASE的伪编译型集成环境的数据库开发系统。Fox Software公司的FoxPro 2.0，成为新的XBASE的事实标准。

Fox Software公司1992年被Microsoft公司收购。凭借自身的技术优势和巨大资源，Microsoft公司在很短的时间里开发出FoxPro 2.5等大约20个软件及其相关产品，包括DOS、Windows、MAL和UNIX四个平台的软件产品。自1995年起，Microsoft公司相继推出了Visual FoxPro 3.0、Visual FoxPro 5.0及其中文版、Visual FoxPro 6.0、Visual FoxPro 7.0、Visual FoxPro 8.0和Visual FoxPro 9.0。本书将以Visual FoxPro 6.0中文版为基础进行介绍。

2.2 Visual FoxPro的安装、启动与退出

软件一般都要安装到硬盘上才能运行。本节主要介绍Visual FoxPro 6.0中文版的运行环境，Visual FoxPro 6.0的安装、启动与退出等内容，这将为以后方便地应用Visual FoxPro程序打下基础。

2.2.1 Visual FoxPro的运行环境

Visual FoxPro 6.0功能强大，但是它对系统的要求并不很高，对运行环境有以下几个基本要求。

（1）处理器：PⅡ 233 MHz相当或以上。

（2）内存：64 MB RAM（最好在128 MB以上）。

（3）硬盘：随具体的安装的组件而定。最小安装需115 MB，最大安装需165 MB。

（4）显示器：VGA或更高分辨率的显示器。

（5）操作系统：Windows 95/98/2000/XP或更高版本。

2.2.2 Visual FoxPro的安装

Visual FoxPro 6.0可以从CD-ROM或网络上进行安装。下面介绍在Windows XP环境下从CD-ROM安装Visual FoxPro 6.0的方法，具体安装步骤如下。

（1）将Visual FoxPro 6.0安装光盘插入光驱中，通常会自动弹出安装界面。若没有弹出，用户可在“我的电脑”或“资源管理器”中双击光盘根目录下的Setup图标，打开安装向导。

（2）单击“下一步”按钮，打开用户安装协议界面，选择“接受协议”后，单击“下一步”按钮。

（3）在产品号和用户ID界面中输入相应的内容后，单击“下一步”按钮。需要注意，只有输入正确的产品ID号以后，安装过程才能继续。

（4）接下来，用户需要选择所要安装的类型，若单击“典型安装（T）”按钮，则仅安装默认的组件；若单击“自定义安装（U）”按钮，则用户可以有选择地安装某些组件。

（5）单击“继续”按钮，进入系统安装界面，开始复制文件。在复制过程中安装程序会弹出对话框显示当前软件的安装进度，直至系统安装完毕。

2.2.3 Visual FoxPro的启动

Visual FoxPro 6.0的启动与Windows环境下的其他软件一样，有如下四种常见方法。

（1）在Windows桌面上创建Visual FoxPro 6.0系统的快捷方式图标，然后只需双击该快捷图标就可启动Visual FoxPro。

要创建桌面快捷方式，可通过“开始”菜单，找到Microsoft Visual FoxPro 6.0程序，单击鼠标右键，在弹出的快捷菜单中选择“发送到”/“桌面快捷方式”命令。

（2）在Windows桌面上单击“开始”/“程序”/“Microsoft Visual FoxPro 6.0”。

（3）运行Visual FoxPro 6.0系统的自动启动程序vfp6.exe。在“我的电脑”或“资源管理器”中查找这个程序，双击它即可。

（4）单击“开始”按钮，选择“运行”选项，在弹出的“运行对话框”中输入Visual FoxPro 6.0启动程序的完整文件名（应包含路径），单击“确定”按钮即可。

2.2.4 Visual FoxPro的退出

使用完Visual FoxPro后，应当按步骤正常退出系统。退出Visual FoxPro 6.0常用的四种方法如下。

（1）选择Visual FoxPro“文件”/“退出”命令。

（2）单击Visual FoxPro主窗口控制菜单中的“关闭”按钮。

（3）在Visual FoxPro“命令”窗口中，输入“QUIT”，然后按Enter键。

（4）按Alt+F4组合键。

2.3 Visual FoxPro的用户界面

用户界面指软件启动后屏幕上显示的提示画面。要熟练地使用软件就必须首先熟悉用户界面。本节将主要介绍Visual FoxPro 6.0窗口中工具栏和菜单栏的基础知识。

2.3.1 Visual FoxPro的窗口介绍

启动Visual FoxPro 6.0后，其主界面如图2-1所示。下面将分别介绍各组成部分。

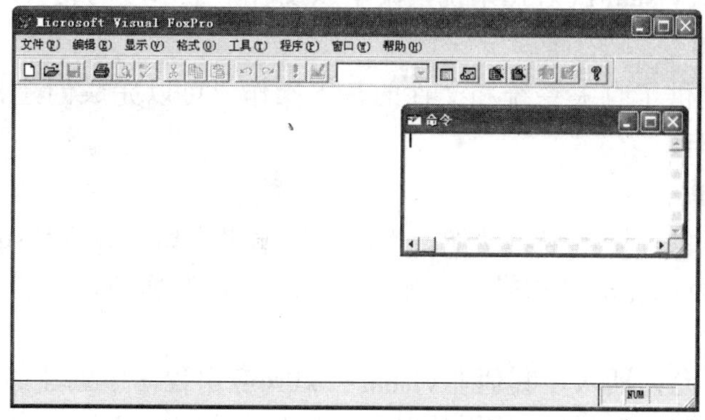

图 2-1 Visual FoxPro 6.0 的主界面

1. 标题栏

标题栏位于系统窗口的顶部，用于显示Visual FoxPro 6.0的有关信息，其中包括系统程序图标，标题以及最小化、最大化和关闭三个控制按钮。

2. 菜单栏

菜单栏位于标题栏下方，用于显示Visual FoxPro 6.0的所有菜单选项。单击某一菜单，屏幕中将出现一个下拉菜单，下拉菜单上会列出该菜单中包含的一系列命令。用户可直接利用菜单进行相应的操作。

3. 工具栏

Visual FoxPro 6.0工具栏默认位于菜单栏下方，由若干工具按钮组成。每个按钮对应于一项特定的功能。实际上，工具栏是将菜单栏中一些常用的命令进行了提取，从而方便用户的使用。

4. 命令窗口

命令窗口是输入和编辑Visual FoxPro系统命令的窗口。其显示与否，可以通过单击工具栏上的□按钮来控制。

5. 状态栏

状态栏位于窗口的最底端，其中显示某一时刻管理数据的工作状态。

6. 工作区

在工具栏与状态栏之间的空白区域就是系统工作区，工作区主要用于显示当前操作的状态信息。

2.3.2 Visual FoxPro的系统菜单

在Visual FoxPro应用程序中，为用户提供了一个可以直接操作的菜单系统，几乎涵盖了系统的所有功能。利用它可以很方便地建立和操作数据库，而不需要详细了解相关命令和函数的意义。

需要注意的是，在Visual FoxPro 6.0中，各个菜单的菜单选项不是一成不变的，在不同的使用环境中，菜单选项也不同。同时菜单选项的子菜单也可能发生变化，这种情况称为上下文敏感。

下面将简单介绍Visual FoxPro系统主菜单以及各个菜单项的相关功能及用法。

1. “文件”菜单

“文件”菜单提供了有关系统和文件的基本操作，可以完成创建、打开、保存、打印文件、退出等操作。

2. “编辑”菜单

“编辑”菜单提供了许多编辑功能。当用户在编辑窗口中编辑Visual FoxPro程序时，选取某个菜单项就可以完成某项操作，如对文本或控件的剪切、复制、粘贴、编辑、查找、替换等。

“编辑”菜单还允许插入在其他非Visual FoxPro应用程序中创建的对象，如文档、图像、电子表格等。用户可以通过使用的对象链接与嵌入（OLE）技术，在通用型字段中嵌入一个对象或者将该对象与创建它的应用程序链接起来。

3. “显示”菜单

“显示”菜单主要是显示Visual FoxPro的各种控件和设计器，如表单控件、报表控件、表单设计器、查询设计器、视图设计器、报表设计器、数据库设计器等，允许定制操作表的工作方式，菜单中的选项由当前工作环境确定。

4. “工具”菜单

“工具”菜单提供了表、查询、表单、报表、标签等项目的向导模块，还包括Visual FoxPro向导菜单选项、编程工具、程序调试器、系统环境设置等。

5. “程序”菜单

“程序”菜单主要用于Visual FoxPro程序运行控制、程序调试等，在后面将有具体的介绍。

6. “窗口”菜单

“窗口”菜单用于对已打开Visual FoxPro窗口的控制。选择“窗口”/“命令窗口”命令，可打开命令窗口，进入命令编辑方式。

2.3.3 Visual FoxPro的工具栏

工具栏是指将大多数常用的功能或工具操作放入该栏中，以方便用户的操作和查询。在Visual FoxPro 6.0中有许多设计器，每个设计器都有一个或多个工具栏。操作时用户可根据需要对工具栏进行设置，定制个性化的工具栏。

1. 显示或隐藏工具栏

若要显示或隐藏一个工具栏，可选择“显示”/“工具栏”命令，打开如图2-2所示的“工具栏”对话框，从中可设置哪些工具栏需要在主窗口中显示。

利用工具栏能够快速地使用常用的命令和功能。根据当前操作对象的不同，工具栏显示不同的按钮图标。将鼠标移至这些图标上时，系统会自动显示该图标的含义或名称。

2. 创建新工具栏

Visual FoxPro系统工具栏所提供的工具按钮是不能进行添加或删除操作的，但用户可以根据不同的工作任务，定制一个适合具体问题需要的新工具栏，具体操作步骤如下。

（1）打开“工具栏”对话框，单击“新建”按钮，弹出“新工具栏”对话框。

（2）在“新工具栏”对话框中输入新建工具栏名称，然后单击“确定”按钮，打开“定制工具栏”对话框，如图2-3所示。

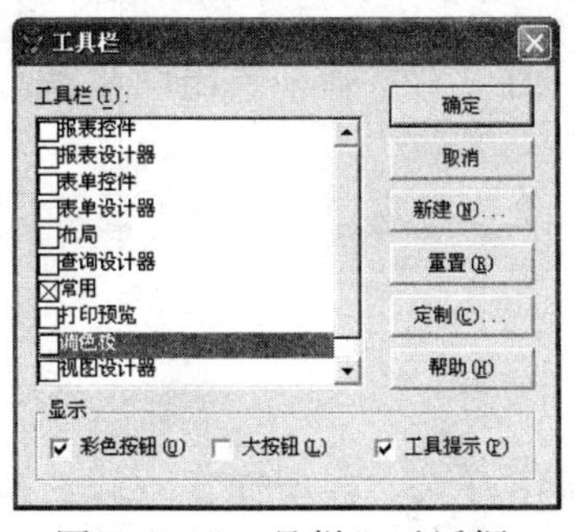

图 2-2 “工具栏”对话框

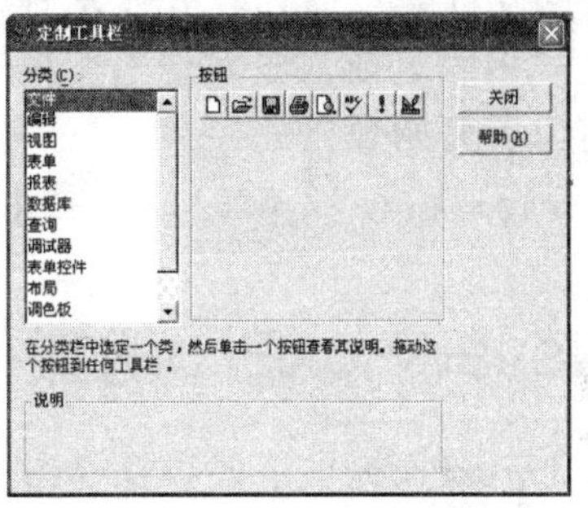

图 2-3 “定制工具栏”对话框

（3）在“定制工具栏”对话框的“分类”列表框中选择某一工具类别，然后在右侧“按钮”选项组中单击某按钮，此时该按钮的功能将显示在对话框下方的“说明”中，用户可根据需要拖曳所需按钮至新建的工具栏中。

（4）定制结束后单击“关闭”按钮即可。

3. 删除定制的工具栏

要删除定制的工具栏，用户可以在“工具栏”对话框的“工具栏”列表框中选择定制的工具栏，然后按Del键删除。

2.3.4 Visual FoxPro的状态栏

Visual FoxPro状态栏位于屏幕底部，显示当前操作的相关信息。

1. 菜单选项的功能

当用户选择了某一菜单选项时，系统就会在状态栏显示该选项的功能，让用户及时了解所选命令的作用。例如，若用户选择“文件”/“打开”命令，状态栏将显示“打开已有文件”；若用户选择“退出”命令，状态栏将显示“退出Visual FoxPro”。

2. 系统对用户的反馈信息

执行Visual FoxPro相关命令后，系统会在状态栏向用户反馈执行情况。

2.3.5 Visual FoxPro的命令窗口

1. 命令窗口的隐藏与激活

Visual FoxPro启动后，命令窗口被自动设置为活动窗口，在窗口左上角出现插入光标，等待用户键入命令。选择“窗口”/“隐藏”命令，或单击命令窗口右上角的“关闭”按钮，即可隐藏命令窗口。命令窗口隐藏后，选择“窗口”/“命令窗口”命令，或者按快捷键Ctrl+F2，则命令窗口被激活。

2. 命令窗口的使用

在命令窗口中，输入一条命令后，按下Enter键，Visual FoxPro就即刻执行该命令，在主窗口中显示命令的执行结果，并返回命令窗口，等待用户的下一条命令。

这里介绍Visual FoxPro中的一条非常简单的命令——表达式输出命令。

命令格式：

```
? |?? <表达式表>
```

该命令的功能是以此计算并显示各个表达式的值。“？”与“??”的区别是：“？”在显示表达式内容之前，先发送一个回车换行符；而“??”则不发出回车换行符，直接从光标当前位置开始输出。

如在命令窗口输入“？ 6*5+12”，按下Enter键，就会在主窗口左上角中显示执行结果42。

2.4 Visual FoxPro的操作概述

在Visual FoxPro提供了多种操作方式：命令操作方式、程序操作方式、菜单操作方式和工具操作方式。学习Visual FoxPro，首先要了解其操作方式，熟悉系统环境设置和寻求联机帮助等操作。

2.4.1 Visual FoxPro的操作方式

1. 菜单操作方式

菜单操作方式是Visual FoxPro的一种重要的工作方式。Visual FoxPro的一些常用的命令指定到菜单或命令按钮上，用户可以通过选择菜单栏的菜单项执行Visual FoxPro的各种命令。菜单操作直观易懂，对不熟悉Visual FoxPro命令的用户十分适合。不足之处是操作环节多，步骤烦琐，因此速度慢、效率不高。

2. 命令操作方式

启动Visual FoxPro后，操作命令窗口就出现在主窗口上，光标停留在命令窗口等待用户输入命令，这时就进入了命令操作方式。在命令窗口可以直接运行程序，也可以直接键入命令。在Visual FoxPro系统的命令窗口中输入一条命令，然后按Enter键即可立即执行，从主屏幕窗口中可以看到程序执行的结果。用户需要熟练掌握Visual FoxPro命令，这样才能编写程序，开发应用系统。

命令式操作对于初学者来讲比较方便，但用户操作与机器执行相互交叉，从而降低了执行速度。

3. 程序操作方式

Visual FoxPro提供的程序操作方式是指系统将一系列命令存储到一个程序文件（又称命令文件）里，当用户需要执行这一系列命令时只需通过特定的命令（如DO命令）来调用这个程序文件，Visual FoxPro不需用户介入就能自动逐条执行程序文件中的每一条命令。

程序操作方式的优点是：运行效率高，且可重复执行。此外，程序文件还可以实现代码的重复利用。用户不必知道程序内部结构和其中的命令，只需了解程序的允许步骤和运行过程中的人机交互要求，就可以使用此程序文件。

4. 工具操作方式

Visual FoxPro还提供了向导、设计器等辅助设计工具，可以让用户进行一些选择和操作，从而完成某些命令的执行，这些直观的可视化界面大大方便了初学者的学习。

2.4.2 Visual FoxPro的可视化设计工具

Visual FoxPro还提供了多种可视化设计工具，使用各种向导、设计器和生成器可以更简便、快速、灵活地进行应用程序开发。

1. Visual FoxPro向导

Visual FoxPro系统为用户提供了许多功能强大的向导。用户通过系统提供的向导设计器，不用编程就可以创建良好的应用程序界面并完成对许多数据库的操作。

1）向导的种类

Visual FoxPro系统提供的向导种类及功能如表2-1所示。

表 2-1 向导种类及功能

名 称	功 能
表向导	引导用户在Visual FoxPro表结构的基础上快速创建新表
报表向导	引导用户利用单独的表快速创建报表
一对多报表向导	引导用户从相关的表中快速创建报表
标签向导	引导用户快速创建标签
分组/总设计报表向导	引导用户快速创建分组统计报表
表单向导	引导用户快速创建表单
一对多表单向导	引导用户从相关的表中快速创建表单
查询向导	引导用户快速创建查询
交叉表向导	引导用户创建交叉表查询
本地视图向导	引导用户快速利用本地数据创建视图
远程视图向导	引导用户快速利用ODBC数据源快速创建视图
引入向导	导入或添加数据
文档向导	引导用户从项目文件和程序文件的代码中产生格式化的文本文件
图表向导	引导用户快速创建图表应用程序
SQL升迁向导	引导用户尽可能利用Visual FoxPro数据库功能创建SQL Server数据库
数据透视表向导	引导用户快速创建数据透视表，数据透视表是一个交互式工作表工具，用于总结和分析已有表的数据
安装向导	引导用户从文件中创建一整套安装磁盘

2）向导的启动与操作

向导的操作由一系列对话框组成，在用户完成每一步对话框提出的问题后，向导将创建相应的文件或执行相应的任务。

选择“文件”/“新建”命令，在弹出的“新建”对话框“文件类型”选项区中，单击“查询”单选按钮，然后单击“向导”图标按钮，如图2-4所示。随即便可启动查询向导，从而进一步建立查询。启动向导后，用户需要回答每一个对话框的问题，直至完成。

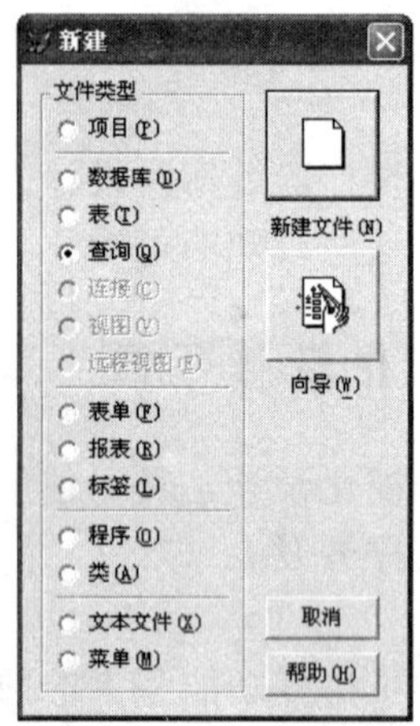

图 2-4　菜单方式启动查询向导

2. Visual FoxPro设计器

Visual FoxPro系统提供的设计器，为用户提供了一个友好的界面。利用各种设计器，用户可以轻易地完成创建表、数据库、表单、查询、报表等操作。

1）设计器的种类

Visual FoxPro系统提供的设计器的种类及功能如表2-2所示。

表 2-2　设计器种类及功能

名　　称	功　　能
表设计器	创建表并设置表索引
查询设计器	创建基于本地表的查询
视图设计器	创建基于远程数据源的可更新的视图
表单设计器	创建表单以便查看并编辑表中的数据
报表设计器	创建报表以便显示和打印数据
标签设计器	创建标签布局以便打印标签
连接设计器	为远程视图创建连接
菜单设计器	创建菜单栏或者快捷菜单
数据环境设计表	建立数据库，查看并创建表间的关系
数据环境设计器	帮助用户可视地创建和修改表单、表单集以及报表的数据环境

2）设计器的启动

选择菜单栏中“文件”/“新建”命令，出现“新建”对话框，选择待创建文件的类型。然后单击“新建文件”按钮，系统将打开相应的设计器。

3. Visual FoxPro生成器

Visual FoxPro系统提供的生成器，可以简化创建和修改用户界面的设计过程，提高软件开发的质量。

1）生成器的种类

Visual FoxPro系统提供的生成器的种类及功能如表2-3所示。

表 2-3 生成器种类及功能

名 称	功 能
自动格式生成器	用于格式化一组控件
组合框生成器	用于建立组合框
命令生成器	用于建立命令按钮
编辑框生成器	用于建立编辑框
表达式生成器	用于创建并编辑表达式
表单生成器	用于建立表单
网格生成器	用于建立网格
列表框生成器	用于建立列表框
选项组生成器	用于建立选项组按钮
文本框生成器	用于建立文本框
参照完整性生成器	用于建立参照完整性准则

2）生成器的启动

首先进入设计用户界面状态（如表单设计器界面），然后选择组合框、命令组、编辑框等控件，拖到表单界面上，想选择哪一个生成器，只要选中此控件，单击鼠标右键出现快捷菜单，选择“生成器”，则这个控件相应的生成器即被启动。

2.4.3 Visual FoxPro的系统环境设置

1．系统环境

Visual FoxPro安装完毕后，系统允许每个用户根据自己的习惯定制开发环境，包括以下几项。

（1）主窗口标题的设置。

（2）默认选项的设置。

（3）临时文件的设置。

（4）拖放操作的映射设置。

（5）其他选项的设置。

这些设置决定了Visual FoxPro的行为和外观。例如，可以建立Visual FoxPro所用文件的默认位置，指定如何在编辑窗口显示源代码以及日期和时间格式等。

用户可以采用交互式的方法或编程来改变Visual FoxPro的设置，也可以构建自己的配置文件，Visual FoxPro会在启动时自动载入该文件。用户对于Visual FoxPro配置所做的改动可以是临时的，也可以是永久的。

2．使用“选项”功能实现系统配置

选择菜单栏中的“工具”/“选项”命令，会弹出“选项”对话框。该对话框共有12个选项卡，分别对应不同的用户环境设置。各选项卡的功能如表2-4所示。

表 2-4 “选项”对话框中的选项卡

选 项 卡	功 能
显示	界面选项，例如是否显示状态栏、命令结果等信息
常规	数据输入与编辑选项，例如设置警告声音、是否自动填充新记录等

续表

选 项 卡	功 能
数据	表选项，例如是否使用索引强制唯一性、备注块大小等
远程数据	远程数据访问选项，例如是否连接超时限制以及如何使用SQL更新等
文件位置	Visual FoxPro默认目录位置
表单	表单设计器选项，例如网格大小、最大设计区域以及使用何种模板
控件标签	在“表单控件”工具栏的“查看类”按钮提供的有关可视类库和ActiveX控件选项
区域	设置日期、世界区域、货币及数字格式
调试	调试器显示及跟踪选项，例如使用何种字体及颜色
语法着色	区分程序元素所用的字体及颜色，例如关键字和注释
字段映像	从数据环境设计器、数据库设计器或项目管理器向表单拖动表或字段时创建何种控件
项目	设定创建项目管理时的一些初始值和默认值

3. 保存设置

（1）将设置保存为仅在当前工作期有效。在“选项”对话框中根据用户的需要选择各种选项卡的参数，单击“确定”按钮，关闭“选项”对话框。这样设置的参数仅在当前工作期有效。

（2）将设置保存为永久有效。在“选项”对话框中更改设置，单击“设置为默认值”按钮，再单击“确定”按钮，关闭“选项”对话框。这样设置的参数将会永久保存在注册表中，直到使用同样的方法更改为止。

4. 运行SET命令修改系统设置

“选项”对话框的大多数选项也可以通过SET命令来设置。例如，用户可以使用SET DATE TO命令改变日期的显示方式。使用SET命令设置环境变量时，仅在Visual FoxPro当次运行中有效，当退出系统时，设置的内容会全部释放。

2.4.4 Visual FoxPro的帮助系统

Visual FoxPro向用户提供了强大的在线帮助功能，使得用户在使用Visual FoxPro的过程中，可以随时获得所需要的帮助信息。

（1）可以用三种方法打开Visual FoxPro的帮助窗口。

① 在“帮助”菜单中选择“Visual FoxPro帮助主题”命令。

② 在Visual FoxPro主窗口环境下按F1键。

③ 在命令窗口中输入HELP命令。

（2）对指定主题的帮助。选择“搜索”项，在组合框中输入要查找的单词，单击“列出主题”按钮，则会在选择主题列表框中列出所有标题，选择某一标题后，单击“显示”按钮，右边的列表框则显示出关于该主题的相关内容。

此外，在命令窗口中输入HELP命令，也能搜索到相应的主题。

2.4.5 Visual FoxPro的文件类型

1. Visual FoxPro处理的文件类型

在计算机系统中，数据是以文件的形式存储在磁盘上的，为了便于查找，每种类型的文件都有其特定的扩展名。Visual FoxPro中使用的文件扩展名和文件类型如下。

（1）项目文件：.pjt、.pjx。

（2）数据库文件：.dbc、.dct。

（3）表文件：.dbf、.fpt。

（4）程序文件：.prg、.fxp。

（5）索引文件：.idx、.cdx。

（6）内存变量文件：.mem。

（7）屏幕格式文件：.fmt。

（8）报表格式文件：.frx、.frt。

（9）标签文件：.lbx、.lbt。

（10）文本文件：.txt。

（11）菜单文件：.mnt、.mnx、.mpr、.mpx。

（12）表单文件：.scx、.sct。

2. Visual FoxPro中表的类型

表（Table）是Visual FoxPro中存放数据的文件，具有行和列二维表的结构，是Visual FoxPro中很重要的使用对象，表文件的扩展名为.dbf，通常Visual FoxPro中的表可以分为以下两种。

（1）自由表。自由表是可以独立存在和使用的表文件，它和数据库文件无关。

（2）数据库表。数据库实际上是一个数据仓库，也可以说是容器，它把应用系统中相关的表集合在一起，以便于管理。在数据库中的表就是数据库表。有关数据库表与自由表的使用及其区别，将在后续章节中详细介绍。

2.5 Visual FoxPro的命令概述

Visual FoxPro向用户提供了丰富的命令，大部分命令可以从键盘上直接输入系统并执行，以完成用户要求的各种操作。

2.5.1 Visual FoxPro命令结构

Visual FoxPro命令通常由两部分组成：第一部分是命令动词，指明该命令的动能；第二部分是命令短语，由几个短语组成，用来对执行的命令进行某些限制，短语跟随在命令动词后。

通常，命令动词表示了该命令的动能，命令短语提供执行命令所需的各种参数。命令短语还可以分为两类：一类是必选短语，另一类是可选短语。

2.5.2 Visual FoxPro命令常用短语

命令的短语很多，一部分是有些命令专用的，还有一部分是许多命令都有的。下面介绍一些常用的命令短语。

1. FIELDS子句

本子句用以规定当前处理的字段或表达式。一般形式为

FIELDS <字段名表>
FIELDS <表达式表>

在使用FIELDS子句时，如果已经由命令建立了内存字段表，而且内存字段表已经打开（即SET FIELDS ON），那么在FIELDS子句出现的字段名必须是内存字段表中已经存在的，否则就会产生语法错误。

2. FOR子句和WHILE子句

这两个子句的格式分别是FOR＜条件＞和WHILE＜条件＞。其作用是让表记录操作命令只作用于符合指定条件的记录。

FOR＜条件＞的作用是：在规定的范围内，按条件检查全部记录。即从第一条记录开始，若满足条件就执行该命令，若不满足就跳过该命令，继续搜索下一条记录，直到最后一条记录。若省略范围则默认ALL。

WHILE＜条件＞的作用是：在规定的范围内，只要条件满足，就对当前记录执行该命令，并把记录指针指向下一条记录，一旦遇到不满足条件的记录，就停止搜索并结束该命令的执行。即遇到第一个不满足条件的记录时，就停止执行该命令。即使后边还有满足条件的记录也不执行。若省略范围则默认REST。

通常，FOR子句用在未排序或未索引的表中，而WHILE子句用在已排序或已索引的表中，以加快检索速度。

若同时有FOR子句和WHILE子句，则WHILE子句有较高的优先级，而FOR子句用来过滤由WHILE子句挑选出来的记录。

3. 范围子句

范围子句表示本命令对表进行操作的记录范围，一般有以下四种选择。

（1）ALL：对表的全部记录进行操作。

（2）NEXT *n*：对表中包含在内的以下*n*个记录进行操作。

（3）RECORD *n*：对表的第*n*个记录进行操作。

（4）REST：对表中自当前记录开始直到表尾的所有记录进行操作。

其中，*n*（$n \neq 0$）为数量值，若有小数则自动舍去小数部分。

2.5.3 Visual FoxPro命令的书写规则

Visual FoxPro命令的书写规则主要有以下几条。

（1）每一条命令必须以命令动词开头，命令动词之后的顺序可以任意，即命令的各个子句的顺序可以随意排列。

（2）命令行各个词应以一个或多个空格分隔，若两个动词之间有双撇号、单撇号、括号、逗号等分界符，则空格可以省略。但是要注意.T.或.F.两个逻辑值中的小圆点与字母之间不能有空格。

（3）一个命令行最多包含254个字符。若命令太长，一行写不完可以分几行写，使用续行符“；”，然后按Enter键在下一行继续书写命令。

（4）命令行的内容可以用英文字母的大写、小写或大小混写，三者等效。

（5）命令动词和子句的命令字可以使用缩写的形式，即用其前四个以上的字母缩写表示。例如，DISPLAY STRUCTURE可以简写为DISP STRU。

（6）不能使用A到J之间的单个字母作表名，因为它们已经被保留作为工作区名；也不能使用操作系统所规定的输出设备名作文件名。

（7）变量名、字段名和文件名应避免使用命令动词、短语等保留字，以免产生混乱。

（8）一行只能写一条命令，每条命令的结束标志是Enter键。

2.5.4 Visual FoxPro命令的语法约定

如前所述，Visual FoxPro的命令都有固定的格式和语法。在语法书写过程中，本书采用如下语法约定。

[ ]——方括号内的选项是可选项，可有、可默认。由用户视具体情况自定。

< >——必须提供一个特定类型的选项值，以满足尖括号内选项的要求，是必须存在的；当< >套在[ ]里时，表示选中时就必须提供相应的值。

|——“或者”的意思，用户可选择在左侧或右侧的一项。

…——省略符。它表示在一个命令或函数表达式中，某一部分可以按同一方式重复。

习　题　2

一、选择题

1. Visual FoxPro启动后，命令窗口（　　）。

A. 被自动隐藏　　B. 被自动设置为激活

C. 被自动关闭　　D. 被随机设置为隐藏或激活

2. 要退出Visual FoxPro，可以在命令窗口中输入（　　）命令。

A. EXIT　　B. QUIT　　C. CLOSE　　D. CLOSE ALL

3. Visual FoxPro中，“文件”菜单的“关闭”选项，是用来关闭（　　）。

A. 所有窗口　　B. 当前活动的窗口

C. 所有已打开的数据库　　D. 当前工作区中已打开的数据库

4. Visual FoxPro中，隐藏命令窗口可选择“窗口”菜单中的（　　）选项。

A. 循环　　B. 清除　　C. 隐藏　　D. 命令窗口

5. “新建”菜单选项的快捷键是（　　）。

A. Ctrl + O　　B. Ctrl + N　　C. Alt + O　　D. Alt + N

6. （　　）位于窗口的最底端，其中显示某一时刻管理数据的工作状态。

A. 菜单栏　　B. 工具栏　　C. 状态栏　　D. 系统编辑区

7. 要对表的全部记录进行操作，范围子句应选择（　　）。

A. ALL　　B. NEXT *n*　　C. RECORD *n*　　D. REST

8. 以下各项中，不是Visual FoxPro可视化编程工具的有（　　）。

A. 向导　　B. 生成器　　C. 设计器　　D. 程序编辑器

9. Visual FoxPro的工作方式有（　　）。

A. 一种方式：命令方式　　B. 两种方式：键盘和鼠标方式

C. 两种方式：命令和程序方式　　D. 三种方式：命令、程序和菜单方式

10. 在Visual FoxPro中关于命令的书写规则，以下说法正确的是（　　）。

A. 一行可以写多条命令

B. 一个命令行最多包含128个字符

C. 命令动词之后的顺序不能随意改变

D. 命令行的内容可以用英文字母的大写、小写或大小混写

二、填空题

1. 启动Visual FoxPro后，用户便可以根据需要将工具栏任意拖放，也可以随时打开和关闭工具栏，还可以________工具栏。

2. “窗口”菜单包含对________窗口进行管理的若干选项。

3. 在命令窗口中，输入________命令后按Enter键可以退出Visual FoxPro。

4. 打开文件，应使用________菜单的________命令。

5. Visual FoxPro中的表可以分为两种：________和________。

6. Visual FoxPro的命令由两部分组成：________和________。

7. Visual FoxPro的辅助设计工具分为三类：________、________和________。

8. 选择________菜单的________命令，在弹出的对话框中进行选择后，可以启动相应的设计器。

三、问答题

1. 如何启动与退出Visual FoxPro?

2. Visual FoxPro 有几种操作方式？各有什么特点？

3. 简述Visual FoxPro 6.0窗口中的各菜单及其功能。

4. 简述Visual FoxPro 6.0的可视化设计工具。

5. 如何启动向导？如何创建新的项目？

四、上机操作题

1. 隐藏与激活“命令窗口”。

2. 设置默认目录。

3. 创建名为“我的工具栏”的工具栏。

4. 查询DISPLPAY命令的帮助信息。

5. 使用项目管理器创建一个项目。

第3章 Visual FoxPro的数据与数据运算

内容导读

在Visual FoxPro中，虽然可以很容易地运用工具操作数据库，但是该操作只能完成部分简单的任务，要想完成较为复杂的任务，还需要运用命令操作和程序操作才能实现，其中就会用到数据与数据运算。本章将讲授数据与数据运算的基础知识，介绍的主要内容有：Visual FoxPro中的数据类型、常量和变量、函数、运算符、表达式等知识。

教学目标

在学习了Visual FoxPro的安装、界面知识、命令规则及其简单的上机操作后，接下来就应学习有关Visual FoxPro的语言了。通过对本章内容的学习，读者可以了解数据库的基础知识，熟悉和掌握Visual FoxPro中的数据类型以及运算符和表达式等编程基础。

重点难点

- 常量和变量
- 运算符和表达式
- 数值函数
- 字符函数
- 数据类型转换函数

3.1 Visual FoxPro的数据类型

在Visual FoxPro中，为了方便对数据进行处理，表中的每一个字段都应有特定的数据类型。数据类型决定了数据在计算机内的保存形式，并定义了它所支持的运算。本节主要介绍常见的数据类型。

Visual FoxPro常见的数据类型如表3-1所示。

表 3-1　Visual FoxPro 常见数据类型

数据类型	类型简称	宽　度	取值范围
字符型	C	1～254	任意字符
数值型	N	最大长度为20	$-0.999\,999\,999\,9\times10^{19}\sim0.999\,999\,999\,9\times10^{20}$
货币型	Y	8	−922 337 203 685 477.580 8～922 337 203 685 477.580 7
日期型	D	8	00/01/1000～12/31/9999
日期时间型	T	8	00/01/1000～12/31/9999 00：00：00a.m～11：59：59p.m
二进制字符型	C	1～254	任意字符
整型	I	4	−214 748 364 7～214 748 364 7
浮点型	F	最大长度为20	同数值型
双精度型	B	8	$-1.7\times10^{308}\sim1.7\times10^{308}$
逻辑型	L	1	真、假
通用型	G	4	受内存空间的限制
备注型	M	4	受内存空间的限制

以下对各个数据类型进行说明。

（1）字符型：是不能进行算术运算的文字数据类型。字符型数据包含英文字母、数字、汉字、空格和各种ASCII字符，其最大长度不能超过254个字符。

（2）数值型：是表示数量并可以进行算术运算的数据类型。数值型数据由正负号、数字及小数点组成。数值型数据的最大长度为20位（其中包括小数点和正负号所占的位数）。

（3）货币型：是为存储货币值而使用的一种数据类型。固定长度为8字节，默认保留4位小数。

（4）日期型：是表示日期的数据类型。默认格式为mm/dd/yyyy（月/日/年），固定长度为8字节，如2011年5月1日显示为05/01/2011。

（5）日期时间型：是表示日期和时间的数据，包含年、月、日、小时、分、秒格式的数据。例如，datetime={^2010/10/01 15:37}。

（6）二进制字符型：是以二进制形式存储的数据类型。只能用于在表中字段数据的定义。所存储的数据不会因代码页改变而受到影响。

需要注意：代码页是指各国因语系不同，必须使用不同的代码。当代码改变时，Visual FoxPro会自动转换成相应的语系。但二进制字符型的数据并不随着代码页的改变而转换。

（7）整型：即整数，固定长度为4字节。可用于存放年龄、成绩等信息。

（8）浮点型：与数值型相同，包括正负号、数字及小数点，其最大长度也为20位。

（9）双精度型：用于存放高精度数据，固定长度为8字节。

（10）逻辑型：只有真（.T.）和假（.F.）两种取值，长度为1字节。

（11）通用型：因为有通用型数据，Visual FoxPro可以将外部的数据文件（如声音、图像、视频等）作为数据来处理。通用型数据固定长度为4字节，这4字节不是它真正的内容，其实际内容存放在一个以.fpt为扩展名的文件中，这4字节用以存放指向.fpt文件位置的指针。

（12）备注型：是为了存放较多字符设立的数据类型。可以把它看作是字符型数据的特殊形式。备注型数据也只有4字节的长度，而实际数据存放在以.fpt为扩展名的文件中。

↘ 注意

数据处理的基本要求是对相同的数据进行分类，通常需遵循“类型匹配”的原则，即相同类型的数据才能进行操作，如不同，则需进行类型转换，否则系统会提示为语法错误。

3.2 Visual FoxPro的常量与变量

在Visual FoxPro中，常量与变量是最基本的两种数据表现形式。在进行数据库操作时，需要掌握各种类型常量的表示方法以及变量的命名、赋值等操作。

3.2.1 Visual FoxPro的常量

常量是以直观的数据形态和意义直接出现在程序中的数据，在整个操作过程中其值保持不变。在Visual FoxPro程序设计中，常量类型共六种：字符型、数值型、货币型、逻辑型、日期型和日期时间型。

1. 字符（Character）型常量

字符型常量是以定界符括起来的任意字符、数字、汉字等符号组成的一串字符。Visual FoxPro定界符有三种：单引号、双引号或方括号。字符常量的定界符必须是成对匹配的，不能一边用双引号而另一边用单引号或其他。例如，'CHINA'、"21003"、[讲师]等都是字符型常量。

如果一种定界符本身是字符型常量中的字符串，则应选用另一种定界符。例如，"That’s my book！"表示字符常量“That’s my book！”，包含15个字符。空串是不包含任何字符的字符串。

2. 数值（Numeric）型常量

数值型常量就是平时所说的常数，由数字、小数点和正负号组成，其主要用于表示一个数量的大小。在Visual FoxPro中数值型常量的表现形式可以是整数（如128）、小数（如3.14）、负数（如-32）、浮点数（如116.38）和科学记数（如2.45E-7）。采用科学记数法的形式书写，主要是为了表示很小或很大的数值型常量。

3. 货币（Currency）型常量

货币型常量的书写格式与数值型常量类似，但要加一个前置的“$”符号。货币型常量主要用于表示货币值。若小数位数超过4位，系统便将多余的小数位四舍五入，最终只取4位，如$500，$2785.1364等。货币型常量不能采取科学记数法。

4. 日期型（Date）常量

日期型常量要放在一对花括号中，花括号内包括年、月、日三部分内容，且各部分内容之间用分隔符进行分隔。日期型的默认格式为{^yyyy-mm-dd}。例如，{^2011-05-21}表示2011年5月21日。

5. 日期时间（DateTime）型常量

日期时间型常量也要放在一对花括号中，它不仅包括日期，而且包括时间。默认格式为{^yyyy-mm-dd[,][hh[:mm[:ss]][a|p]]}，其中日期部分与日期型常量相似；在时间部分中，hh、mm、ss分别代表时、分、秒，其默认值分别为12、0、0。a和p分别代表上午和

下午，默认值为a。在日期时间型常量中，如果指定的时间大于等于12，则为下午时间。

6. 逻辑（Logical）型常量

逻辑型常量表示逻辑判断的结果，只有“真”与“假”两个值。在Visual FoxPro中，用.T.或.t. 、.Y.或.y.表示真，用.F.或.f.、.N.或.n.表示假。注意字母前后两个句点是定界符，必不可少。

3.2.2 Visual FoxPro的变量

变量即在命令操作或程序执行期间，其值是可以改变的数据对象。在Visual FoxPro中，变量主要有字段变量、内存变量和系统变量。

1. 字段变量

字段变量就是表中的变量，它是表中最基本的数据单元。字段变量是一种多值变量，表中有多少个记录，则表的每一字段就有多少个可能取值。其具体值为表的当前记录在该字段的分量值。字段变量以字段名标识，它必须依附于表，随着表的打开和关闭而在内存中被存储和释放。字段变量的类型可以是Visual FoxPro的任意数据类型。字段变量的名字、类型、长度等都是在定义表结构时定义的。字段变量隶属于表文件，每个表中都包含若干个字段变量。

2. 内存变量

在Visual FoxPro中，除了字段变量外，还有一种用户定义的内存变量，它独立于表，是一种临时工作单元，是内存中的一个存储区域。内存变量常用来保存在命令或程序执行中临时用到的输入、输出或中间数据，它可以由用户根据需要设置或删除。

内存变量的类型有字符型、数值型、货币型、逻辑型、日期型、日期时间型等。内存变量的类型由赋值给它的数据决定。在Visual FoxPro 6.0中，变量的类型是可以改变的，换句话说，可以把不同类型的数据赋给同一个变量。

下面介绍内存变量的常用操作命令。

1）内存变量的赋值

给内存变量赋值常采取下列两种方式。

格式1：

```
<内存变量名>=<表达式>
```

格式2：

```
STORE <表达式> TO <内存变量名表>
```

该命令先计算表达式的值，然后将表达式的值赋值给一个或几个变量。格式1只能给一个内存变量赋值。格式2可给一批内存变量赋相同的值，即将表达式的值赋给一个或多个变量，各内存变量之间用逗号分隔。另外，格式中的“=”为赋值号，其左、右的参数不可以对调。

2）内存变量的显示或打印

可以用命令显示当前已定义的内存变量的有关信息，包括变量名、作用域、类型及取值。命令格式如下。

格式1：

```
DISPLAY MEMORY [LIKE <通配符>] [TO PRINTER | TO FILE <文件名>]
```

格式2：

```
LIST MEMORY [LIKE <通配符>] [TO PRINTER | TO FILE <文件名>]
```

其中，LIKE选项显示与通配符相匹配的内存变量。在通配符中包括“*”和“？”，其中“*”表示任意多个字符，“？”表示任意一个字符。TO PRINTER或TO FILE <文件名>选项可将内存变量的有关信息打印出来，或者以给定的文件名存入文本文件中（扩展名为.txt）。

DISPLAY MEMORY用于分屏显示与通配符相匹配的所有内存变量，若内存变量较多，显示一屏后暂停，按任意键之后再继续显示下一屏。LIST MEMORY用于一次显示与通配符相匹配的所有内存变量，若内存变量较多，且在一屏不能完全显示，则自动向上滚动。

3）内存变量的保存

内存变量的保存是指将指定的内存变量的各种信息全部保存到一个文件中或者备注型字段中。该文件称为内存变量文件。命令格式为

```
SAVE TO <内存变量文件名> | TO MEMO <备注型字段名> [ALL [LIKE | EXCEPT <通配符>]]
```

其中，内存变量文件名指定保存内存变量和数组的内存变量文件。MEMO<备注型字段名>指定保存内存变量和数组的备注字段。ALL表示将全部内存变量存入文件中。ALL LIKE<通配符>表示将符合指定条件的那些变量存入指定的文件。而ALL EXCEPT<通配符>表示将不符合指定条件的那些变量存入指定的文件。

4）内存变量的恢复

内存变量的恢复是指把存放在磁盘中的内存变量文件或者备注型字段中的内容读出，装入内存。

```
RESTORE FROM <内存变量文件名> | FROM MEMO <备注型字段> [ADDITIVE]
```

其中，FROM<内存变量文件名>用于指定恢复内存变量的来源。若命令中有ADDITIVE选项，系统不清除当前内存中的内存变量，并将文件中的内存变量追加到当前内存变量之后。

5）内存变量的清除

清除指定的内存变量并释放相应的空间，所采用的命令格式如下。

格式1：

```
CLEAR MEMORY
```

格式2：

```
RELEASE [<内存变量名表>] [ALL [LIKE | EXCEPT <通配符>]]
```

其中，格式1是清除当前内存中的所有内存变量。格式2是清除指定的内存变量。LIKE短语用于释放与通配符相匹配的内存变量，EXCEPT短语用于释放与通配符不相匹配的内存变量。

3．系统变量

系统变量是Visual FoxPro自身提供的变量。系统变量通常以下划线“_”开头，与一般变量的使用方法相同。但系统变量是不能被删除的。

系统变量设置、保存了很多系统的状态信息。例如，系统内存变量_CLIPTEXT可用于存取剪贴板的内容。

需要注意的是，内存变量名与字段变量名同名时，字段变量被优先引用。若要引用内存变量，则可以在内存变量名前加前缀M.，以示区别。

3.3 Visual FoxPro表达式

通常，将常量、变量和函数运算符连接起来的式子称为表达式。根据运算符和运算对象的不同，表达式可分为算术型、字符型、日期型、关系型和逻辑型，本节将详细介绍这些运算符及相应的表达式。

3.3.1 算术运算符与算术表达式

1. 算术运算符

算术运算符主要是对数值型数据进行算术运算。常用的算术运算符有：圆括号（( )）、乘方（**或^）、乘（*）、除（/）、模运算或取余（%）、加（+）、减（–）。

算术运算符的优先级从高到低顺序为：( )，**或^，*、/、%，+、–。其中乘、除和取余是同级，加和减是同级，分别从左到右进行计算。

2. 算术表达式

算术表达式是由算术运算符将数值型常量、变量、函数等连接起来的式子，其运算结果仍为数值型。

例如，(INT(18.7) + 43) ** 2/5，就是一个算术表达式。

3.3.2 字符运算符与字符表达式

1. 字符运算符

字符运算符主要用于字符串的连接或比较，Visual FoxPro的字符运算有两类：连接运算和包含运算。

（1）连接运算：连接运算符有完全连接运算符“+”和不完全连接运算符“-”两种。“+”的功能是将两个字符串连接起来形成一个新的字符串。“-”的功能是去掉第一个字符串的尾部的空格，然后将两个字符串连接起来，同时将第一个字符串尾部的空格移到结果串的末尾。

（2）包含运算：包含运算的结果是逻辑值。

一般格式为：

```
<字符串1> $ <字符串2>
```

如果<字符串2>包含<字符串1>，则表达式结果为.T.，否则为.F.。

2. 字符表达式

字符表达式是由字符运算符将字符型常量、变量、函数等连接起来的式子，其运算结果为字符型。

3.3.3 关系运算符与关系表达式

1. 关系运算符

关系运算符主要用于数值、字符、日期型数据的比较运算，关系运算符有：小于(<)、大于（>）、等于（=）、精确等于（==）、不等于（< >、#或!=）、小于等于（<=）、大于

等于（>=）。它们的优先级相同。

2. 关系表达式

关系表达式是由关系运算符将两个同类型的数据连接起来的式子，表示两个量之间的比较，其结果为逻辑值真（.T.）或假（.F.）。

关系表达式的一般形式为

```
e1 <关系运算符> e2
```

其中，e1,e2可以同为算术表达式、字符表达式、日期型表达式或逻辑表达式。但==仅适用于字符型数据。

需注意的是，关系运算符左右两侧的数据类型必须一致。字符型数据的比较是按其对应的ASCII码值的大小进行的。比较时，先比较字符串第一个字符的大小，若第一个字符大，则该串大；如果第一个字符一样，再比较第二个字符的大小，第二个字符大的，该字符串大；依次类推，直到比较出大小为止。

3.3.4 逻辑运算符与逻辑表达式

1. 逻辑运算符

逻辑运算符主要用于对逻辑型数据进行各种逻辑运算，以便产生各种简单的逻辑结果。常用的逻辑运算符包括：逻辑非（.NOT.）、逻辑与（.AND.）、逻辑或（.OR.），其优先级按非、与、或的次序从高到低。逻辑运算符的运算规则如表3-2所示。

表 3-2 逻辑运算符的运算规则

<表达式1>	<表达式2>	.NOT.<表达式1>	<表达式1>.AND.<表达式2>	<表达式1>.OR.<表达式2>
.F.	.F.	.T.	.F.	.F.
.F.	.T.	.T.	.F.	.T.
.T.	.F.	.F.	.F.	.T.
.T.	.T.	.F.	.T.	.T.

2. 逻辑表达式

逻辑表达式是由逻辑运算符将逻辑型数据连接起来的式子，其结果仍是逻辑值。

逻辑表达式的一般形式为

```
L1 <逻辑运算符> L2
```

这里逻辑型数据L1, L2可以是逻辑型常量、逻辑型内存变量、逻辑型数组、返回逻辑型数据的函数和关系表达式。例如：

```
? NOT(23>67)                    &&显示结果为.T.
? (12>16) AND "abcd">"ad"      &&显示结果为.F.
```

3.3.5 日期时间型运算符和日期表达式

1. 日期时间型运算符

日期时间型运算符主要用于日期和时间型的运算，其中日期的计算单位为“天”，时间的计算单位为“秒”。

2. 日期表达式

日期表达式是由日期运算符将日期型常量、变量、函数等数据连接起来的式子，其

返回结果为日期型或者数值型。日期型表达式的格式为

```
<日期型数据>+<数值型数据>    返回结果为日期型数据
<数值型数据>+<日期型数据>    返回结果为日期型数据
<日期型数据>-<数值型数据>    返回结果为日期型数据
<日期型数据>-<日期型数据>    返回结果为数值型数据
```

例如：

```
? DATE() + 2            && 显示2天之后的日期
T1 = DATE() + 4         && T1为日期型
T2 = DATE()-3           && T2为日期型
? T1-T2                 && 显示结果为数值7
```

特别需要注意：表达式中的操作对象必须要具有相同的数据类型，若存在不同数据类型的操作对象，则必须将它们转换成同种数据类型。

3.4 Visual FoxPro常用的内部函数

为增强系统的功能和方便用户使用，Visual FoxPro提供了许多内部函数，每个函数实现某项功能或完成某种运算。本节将介绍Visual FoxPro中的常用函数。

3.4.1 数值函数

数值函数是指函数值为数值的一类函数，它们的自变量和函数值往往都是数值型数据。

1．求绝对值函数

格式：ABS(<数值表达式>)

功能：求数值表达式的绝对值。函数值为数值型。

例如：? ABS (–35)

输出的函数值为：35

2．求平方根函数

格式：SQRT (<数值表达式>)

功能：求数值型表达式的算术平方根值。数值型表达式的值应不小于零。函数值为数值型。

例如：? SQRT (81)

输出的函数值为：9

3．取整函数

格式：INT(<数值表达式>)

CEILING(<数值表达式>)

FLOOR (<数值表达式>)

功能：INT函数返回数值表达式的整数部分；CEILING函数取大于或等于指定表达式的最小整数；FLOOR函数则返回小于或等于指定数值表达式的最大整数。函数值均为数值型。

例如：? INT(24.7)，CEILING(24.7)，FLOOR(24.7)

输出的函数值分别为：24，25，24

4．求最大值和最小值函数

格式：MAX(<表达式1>,<表达式2>,…,<表达式*n*>)

MIN(<表达式1>,<表达式2>,…,<表达式*n*>)

功能：MAX返回*n*个表达式中的最大值，MIN返回*n*个表达式中的最小值。函数值的类型与表达式类型一致。

例如：? MAX(54.1, 67.3)，MIN(54.1,67.3)

输出的函数值分别为：67.3，54.1

5．求余数函数

格式：MOD(<数值型表达式1>,<数值型表达式2>)

功能：求<数值型表达式1>除以<数值型表达式2>所得的余数，余数的符号和表达式2相同。函数值为数值型。

例如：? MOD(35,4)

输出的函数值为：3

6．四舍五入函数

格式：ROUND(<数值表达式1>,<有效位数>)

功能：对数值表达式1的值按指定的有效位数进行四舍五入运算。函数值为数值型。

例如：? ROUND (356.1237,3)

输出的函数值为：356.124

3.4.2 字符函数

字符函数是用于处理字符数据的函数。

1．宏代换函数

格式：&<字符型内存变量>[.字符表达式]

功能：代换出一个字符内存变量的内容。若<字符型内存变量>与后面的字符无空格分界符，则函数后的“.”必须有。

例如：x="zhrmghg"

q="x"

?&q

输出的函数值为：zhrmghg

2．求字符串长度函数

格式：LEN (字符表达式)

功能：计算字符串的长度，即字符串中字符的个数。若是空串，则长度为0。函数值为数值型。

例如：? LEN("zhang")

输出的函数值为：5

3．取子串函数

格式：LEFT (<字符表达式>,<数值表达式>)

RIGHT (<字符表达式>,<数值表达式>)

SUBSTR (<字符表达式>,<数值表达式1>[,<数值表达式2>])

功能：LEFT函数从字符型表达式左边的第一个字符开始截取子串，RIGHT函数从字符型表达式右边的第一个字符开始截取子串，SUBSTR函数从指定的位置开始截取子串。

例如：? LEFT("Classmates",3), RIGHT("Classmates",3) ,SUBSTR("Classmates",4,3)

输出的函数值为：Cla，tes，ssm

4．求子串位置函数

格式：AT(<字符串1>,<字符串2>)

功能：求<字符串1>在<字符串2>中的起始位置。若<字符串2>中不包括<字符串1>，则返回值为0。函数值为数值型。

例如：? AT("学生", "留学生")

输出的函数值为：2

5．生成空格函数

格式：SPACE (<数值表达式>)

功能：产生由数值表达式指定数目的空格，函数值为字符型。

例如：? "大"+SPACE (3)+ "学生"

输出的函数值为：大　　学生

6．大小写字母转换函数

格式：UPPER (<字符表达式>)

　　　LOWER (<字符表达式>)

功能：UPPER函数将字符表达式中的小写字母转换成大写，LOWER函数将字符表达式中的大写字母转换成小写。函数值为字符型。

例如：? UPPER ("Student") , LOWER ("Student")

输出的函数值为：STUDENT , student

7．删除字符串前后空格函数

格式：RTRIM (<字符表达式>)

　　　LTRIM (<字符表达式>)

　　　ALLTRIM (<字符表达式>)

功能：RTRIM函数删除字符串右部的空格，LTRIM函数删除字符串左部的空格，ALLTRIM函数删除字符串中最左边和最右边的所有空格。函数值为字符型。

8．测试表达式类型函数

格式：TYPE (<表达式>)

功能：判断<表达式>值的数据类型，<表达式>用字符串的定界符括起来，函数返回值的意义如表3-3所示。

表3-3　测试表达式类型函数返回值的意义

返回字母	数据类型	返回字母	数据类型
N	数值型、整型、浮点型、双精度型	D	日期型
C	字符型或备注型	T	日期时间型
Y	货币型	G	通用型
L	逻辑性	X	NULL值
O	对象型	U	未定义

3.4.3 日期和时间函数

日期和时间函数是处理日期型或日期时间型数据的函数。

1．系统当前日期和时间函数

格式：DATE()
　　　TIME()
　　　DATETIME()

功能：DATE函数返回当前系统日期，函数值为日期型；TIME函数返回当前系统时间，形式为hh:mm:ss；DATETIME函数返回当前系统日期和时间。其格式可由命令SET DATE、SET CENTURY、SET MARK TO改变。

例如：? DATE ()，TIME()，DATETIME()

输出的函数值为：10/25/11，18：15：37，10/25/2011 6：15：37 P

2．求年份、月份和天数函数

格式：DAY(<日期型表达式>|<日期时间型表达式>)
　　　MONTH(<日期型表达式>|<日期时间型表达式>)
　　　YEAR(<日期型表达式>|<日期时间型表达式>)

功能：DAY函数返回日期型、日期时间型表达式所对应的日期， MONTH函数返回日期型、日期时间型表达式所对应的月份值，YEAR函数返回日期型、日期时间型表达式所对应的年份值。函数返回值均为数值型。

例如：? DAY ({^2010-12-25}),MONTH ({^2010-12-25}), YEAR ({^2010-12-25})

输出的函数值分别为：25, 12, 2010

3．求时、分、秒函数

格式：HOUR(<日期时间型表达式>)
　　　MINUTE(<日期时间型表达式>)
　　　SEC(<日期时间型表达式>)

功能：HOUR函数返回日期时间型表达式中的小时部分（24小时制），MINUTE函数返回日期时间型表达式中的分钟部分，SEC函数返回日期时间型表达式中的秒数部分。函数返回值为数值型。

例如：x = {^2007-10-25, 11：23：58 P}
　　　? HOUR(x), MINUTE(x), SEC(x)

输出的函数值分别为：23, 23, 58

3.4.4 数据类型转换函数

1．将字符转换成ASCII码函数

格式：ASC(<字符表达式>)

功能：给出<字符表达式>中最左边的一个字符ASCII码值（十进制数值）。函数返回值为数值型。

2．将ASCII码值转换成字符函数

格式：CHR(<数值表达式>)

功能：将<数值表达式>的值作为ASCII码的十进制数，给出对应的字符。函数返回值为字符型。

3．将数值转换为字符串函数

格式：STR(<数值表达式>[，<长度>[，<小数位数>]])

功能：将<数值表达式>转换成字符串。转换后的长度由<长度>决定，保留的小数位数由<小数位数>决定。

例如：? STR(314.1526535, 6, 2)

输出的函数值为：314.15

4．将字符串转换成数值函数

格式：VAL(<字符表达式>)

功能：将由数字、正负号、小数点组成的数字形式的字符表达式转换为数值，转换时遇到非上述字符停止。若字符串的第一个字符即非上述字符，函数值为0。

例如：? VAL("356Beijing"), VAL("Beijing")

输出的函数值分别为：356.00，0.00

5．将字符串转换成日期或日期时间型函数

格式：CTOD(<字符表达式>)

　　　CTOT(<字符表达式>)

功能：CTOD函数将日期形式的字符串转换成日期型数据，CTOT函数将日期形式的字符串转换成日期时间型数据。

例如： MYTIME="^2012-10-05,11：25：00"

　　　 ? CTOT (MYTIME)

输出的函数值为：10/05/12 11：25：00 AM

6．将日期或日期时间转换成字符串函数

格式：DTOC(<日期型表达式>|<日期时间型表达式>[,1])

　　　TTOC(<日期型表达式>[,1])

功能：DTOC函数将日期型数据或日期时间型数据转换成字符串，TTOC函数将日期时间型数据转换成字符串。

3.4.5 测试函数

在对数据库进行操作时，用户有时需要了解数据对象的类型及状态等属性，下面介绍Visual FoxPro的相关测试函数。

1．表头测试函数

格式：BOF([<工作区号>|<别名>])

功能：测试指定或当前工作区中表的记录指针是否位于第一条记录之前，若是则返回真值（.T.），否则返回假值（.F.）。<工作区号>用于指定工作区，<别名>为工作区的别名或在该工作区打开的表的别名。若<工作区号>和<别名>都为缺省，则默认当前工作区。

若指定或当前工作区上没有打开的表文件，函数返回逻辑假（.F.）；若表文件中不包含任何记录，函数返回值为逻辑真（.T.）。

2．表尾测试函数

格式：EOF([<工作区号>|<别名>])

功能：测试指定或当前工作区中表的记录指针是否位于最后一条记录之后，即是否指向表尾。如果是，则返回真值（.T.），否则返回假值（.F.）。参数含义同BOF函数，缺省时默认当前工作区。若指定的工作区上没有打开的表文件，函数返回逻辑假（.F.）；若表文件中不包含任何记录，函数返回值为逻辑真（.T.）。

3．记录号测试函数

格式：RECNO([<工作区号>|<别名>])

功能：返回当前或指定工作区中当前记录的记录号，函数返回值为数值型。参数缺省时默认当前工作区。若指定工作区中没有表文件打开，函数值为0。若记录指针指向文件首，函数值为表文件首记录的记录号；若记录指针指向文件尾，函数值应为表记录总数加1。

4．测试查询结果函数

格式：FOUND([<工作区号>|<别名>])

功能：在当前或指定表中，检测是否找到所需数据。参数缺省时默认当前工作区。数据搜索由FIND、SEEK、LOCATE或CONTINUE命令实现。若这些命令找到所需数据，函数返回真值（.T.），否则返回假值（.F.）。

5．测试文件是否存在函数

格式：FILE(<文件名>)

功能：测试指定的文件是否存在，如果存在，函数值为真（.T.），否则为假（.F.）。

6．记录删除测试函数

格式：DELETED([<工作区号>|<别名>])

功能：检测当前或指定工作区中的当前记录是否被做过删除标记，若是，则函数值为真（.T.），否则为假（.F.）。

7．检测表文件名函数

格式：DBF([<工作区号或别名>])

功能：返回当前或指定工作区中打开的数据表文件名，返回值为字符型。

8．IIF函数

格式：IIF(<逻辑表达式>,<表达式1>,<表达式2>)

功能：如果<逻辑表达式>的值为真，函数值为<表达式1>的值，否则为<表达式2>的值。

例如：? IIF ((5<3).OR.(7>0), 12, 36)

输出的函数值为：12

3.4.6 显示位置函数

1．显示光标列坐标函数

格式：COL()

功能：给出光标当前位置的列，函数值为数值型。

2．显示光标行坐标函数

格式：ROW()

功能：给出光标当前位置的行，函数值为数值型。

3.4.7　文件管理函数

1．返回当前目录函数

格式：CURDIR([字符表达式])

功能：返回当前目录。

2．测试指定目录函数

格式：DIRECTORY(<目录名>)

功能：检测是否在磁盘上发现了指定目录，若是，则函数值为真(.T.)，否则为假(.F.)。

3．测试文件大小函数

格式：FSIZE(<字段名>[,<工作区号> | <表别名>] | <文件名>)

功能：返回指定字段或文件的大小（以字节为单位），函数值为数值型。

3.4.8　数组函数

1．删除数组元素函数

格式：ADEL(<数组名>,<数组元素编号>[,2])

功能：从指定的一维数组中删除一个元素，或者从二维数组中删除一行或者一列。

2．查找数组元素函数

格式：ASCAN(<数组名>,<表达式>[,<开始元素编号>[,<元素查找个数>]])

功能：在数组中查找与指定表达式类型、数据都相同的元素。

3．数组内容排序函数

格式：ASORT(<数组名>[,<数值表达式1>[,<数值表达式2>[,<排序方式>]]])

功能：对指定的数组根据指定的排序方式（升序或降序）进行排序。

4．测试数组长度函数

格式：ALEN(<数组名>[,<测试类别>])

功能：返回数组中元素的个数、行数或者列数。

5．拷贝数组函数

格式：ACOPY(<源数组名>,<目标数组名>[,<源数组起始元素序号>[,<复制元素个数>[,<目标数组的起始元素序号>]]])

功能：将源数组中指定的元素复制到目标数组中。函数返回值是一个整数，即已复制的元素个数。

习　题　3

一、选择题

1．在Visual FoxPro中，（　　）是合法的字符。

A. "Beijing"　　B. [[Beijing]]
C. ['Beijing']　　D. {'Beijing'}

2. 对于只有两种取值的字段，一般使用（　　）数据类型。
A. 字符型　　B. 数值型
C. 日期型　　D. 逻辑型

3. 在Visual FoxPro表文件中，逻辑型、日期型、备注型的数据宽度分别是（　　）。
A. 1，8，10　　B. 1，8，25
C. 1，8，4　　D. 1，8，任意

4. 在Visual FoxPro中，可以链接或嵌入OLE对象的字段类型是（　　）。
A. 备注型　　B. 通用型
C. 备注型和通用型　　D. 任何类型的字段

5. 下列数据中，合法的Visual FoxPro常量是（　　）
A. 01/10/2010　B. .y.　C. true　D. 80%

6. 在Visual FoxPro程序中使用的内存变量分为两类，是（　　）
A. 全局变量和局部变量　　B. 简单变量和数组变量
C. 字符变量和数组变量　　D. 一般变量和下标变量

7. 若x=56.789，则命令?STR(x,2) –SUBS('56.789',5,1) 的返回结果是（　　）。
A. 568　B. 578　C. 48　D. 49

8. 要判断数值型变量X是否能被5整除，则下列错误的条件表达式为（　　）。
A. MOD(X,5)=0　　B. INT(X/5)=X/5
C. X%5=0　　D. INT(X/5)=MOD(X/5)

9. 设x=56.72，则表达式INT(x),CEILING(–x),FLOOR(–x)的依次值为（　　）。
A. 56，57，56　　B. 57，57，57
C. 56，56，56　　D. 56，57，57

10. 当EOF()为.T. 时，记录指针指向当前表文件的（　　）。
A. 第一条记录　　B. 某一条记录
C. 最后一条记录　　D. 最后一条记录的下面

二、填空题

1. 在Visual FoxPro中，数值型常量的两种表示方法是________和________。
2. 在Visual FoxPro中，在逻辑型常量前后定界符是________。
3. 在Visual FoxPro中，变量的类型有________、________、________和________。
4. 字符转换成ASCII码值和ASCII码值转换成字符函数的命令格式分别为________和________。
5. 求子串位置函数的命令格式为________________。
6. 大小写字母转换函数的命令格式为________________和________________。
7. 内存文件的扩展名为__________，若要将保存在MM内存变量文件中的内存变量读入内存，实现该功能的命令是___________。
8. 在Visual FoxPro中，要将系统默认磁盘设置为D盘，可执行命令__________。

三、问答题

1. 简述Visual FoxPro的数据类型。
2. 简述常量和变量的区别。
3. 字段变量与内存变量有何区别？
4. 简述Visual FoxPro中常用的运算符和表达式。
5. 下列数据哪些是变量？哪些是常量？是什么类型的常量？
   "年级"　.T.　10/07/21　学生　2.65E3　[3.14159]
6. 求下列表达式的值。

（1）LEN(DTOC(DATE()))

（2）AT("教育","计算机教育")

（3）SPACE(6)– SPACE(4)

（4）INT(542/100)%10+4.7

四、上机操作题

1. 计算下列表达式的值。

（1）$\sin\dfrac{\pi}{5}+\tan\dfrac{\pi}{6}$

（2）已知 $y=\dfrac{e^{0.3a}-e^{0.3b}}{2}\cdot\sin(a+0.3)$，当$a$=2.9，$b$=3.3时，求$y$的值。

（3）$\dfrac{x^3+y^3}{\sqrt{x+y}-xy}$，设$x$=8.5，$y$=12.6，求表达式的值。

（4）设直角三角形的两条直角边长度分别为a=12，b=13，求斜边的长度。

2. 在下表中填写命令的执行结果和命令的功能。

在命令窗口中执行命令	命令执行结果	命令功能
?3.1415926E2 ? "abcd" ?.T. ?{2010-05-01}		
STORE 3 TO n ? n c="Visual Foxpro 6.0" ?c		
?ROUND(123.45678 , 3) ? MOD(12,3) ?17%4 ?INT(28/5) ?SQRT(36)		
? NOT .T. ? DATE()–{2010-10-01} cString="cStrname" cStrname="大学生" ?&cString		
DISPLAY MEMORY CLEAR MEMORY ?c ?_windows		

第4章

表的操作

内容导读

在数据库应用系统中，简单的数据关系可以用一个表来加以描述，复杂的数据关系则要通过多个表来反映，而且这些表之间往往存在固定的联系。Visual FoxPro把这些有联系的表组织在一起，构成一个数据库。本章着重介绍表的创建、修改、打开、关闭等基本操作，对表中记录的输入、浏览、插入、删除和定位，表的排序、表的索引、表的统计等操作。

教学目标

在Visual FoxPro数据库程序设计中，数据表是关系数据库设计的基本单元。反过来讲，所有数据库的操作都是以表为基础的，因此对于数据表的操作是尤为重要的。通过对本章内容的学习，读者可以了解表的基本结构，掌握表的创建和修改方法，熟练掌握有关表记录的基本操作。

重点难点

- 表结构的显示与修改
- 表记录的查询
- 表记录的统计
- 表的索引

4.1 表的创建

在关系数据库中，一个关系的逻辑结构就是一个二维表。将一个二维表以文件形式存储在计算机中就是一个表文件，扩展名为.dbf。表是组织数据、建立关系数据库的基本元素。在Visual FoxPro中，可创建自由表和数据库表两种表。自由表是逻辑上不与其他表发生关系的完全独立的二维表文件。数据库表是数据库的一部分，它具有自由表的各种属性，只不过自由表是独立存在于任何数据库之外。本章主要介绍自由表的相关操作。

建立表是最基本的操作，其他许多操作都是在表上完成的。要建立一个表，首先要设计表的结构，然后建立表的结构以及完成向表中输入记录等操作。

4.1.1 设计表结构

Visual FoxPro用二维表来表示数据之间的联系。一个二维表由两部分组成：表的框架和表中的数据。一个表文件则由表结构和记录数据两部分组成。因此，在建立表结构之前，首先要设计表的结构。应根据用户的需求，确定表中应该包含哪些字段，字段的名称、类型和宽度以及是否允许为空。

（1）字段名。字段名又称为字段变量，是表中每个字段的名字。它必须以字母或者汉字开头，由字母、汉字、数字及下划线组成。需要注意的是，字段名不能包含空格字符。

（2）字段类型。字段类型表示该字段中存放的数据的类型。在设计时，可根据数据代表的意义确定表中的每一字段的数据类型。

（3）字段宽度。字段宽度表示字段中可以存放数据的最大字符数。

（4）小数位数。数值型字段、双精度型字段、浮点型字段和货币型字段都应在需要时规定小数位，否则可以省略。小数位数至少应该比该字段的宽度小2。

（5）是否允许为空。表示是否允许字段接受空值（NULL）。空值指不确定的值。

参照上述规定，设计教师表的结构如表4-1所示。

表 4-1　教师表结构

序　号	字　段　名	类　型	宽　度	说　明
1	教师编号	字符型	7	主索引
2	教师姓名	字符型	10	
3	出生日期	日期型	8	
4	性别	字符型	2	
5	职称	字符型	8	
6	党员否	逻辑型	1	
7	院系编号	字符型	3	普通索引

4.1.2 建立表结构

表的结构设计好后，就可以建立表的结构了，可采用菜单和命令两种方式建立表的结构。

1．菜单方式建立表结构

在Visual FoxPro中，选择“文件”/“新建”命令，系统会弹出一系列的窗口与对话框，用户通过与系统的交互，就可以完成建立表结构的操作。具体创建步骤如下。

（1）选择“文件”/“新建”命令，系统会弹出如图4-1所示的对话框。

（2）在对话框中选择“表”文件类型，然后选择“新建文件”或“向导”来建立文件。由于用表向导建立表结构很烦琐，所以此处介绍选择“新建文件”建立表。在“新建”对话框中选择“新建文件”，会出现“创建”对话框，如图4-2所示。

在其中输入表名，选择保存位置，然后单击“保存”按钮，此时就会出现如图4-3所示的“表设计器”对话框。

（3）在“表设计器”对话框中输入各字段名，同时设置好各字段的数据类型、宽度及小数位数。单击“确定”按钮结束表结构的建立。

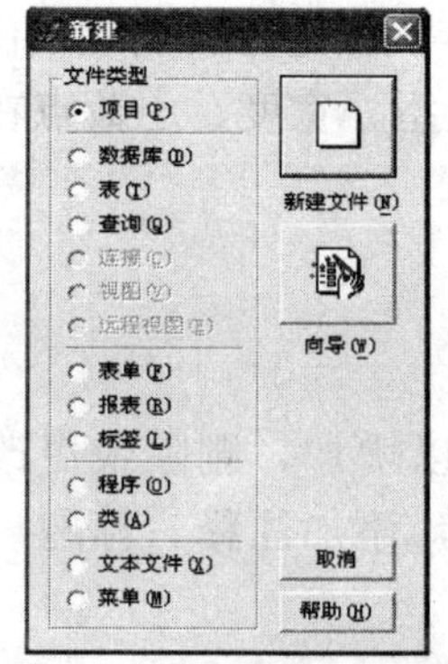
图 4-1 “新建”对话框

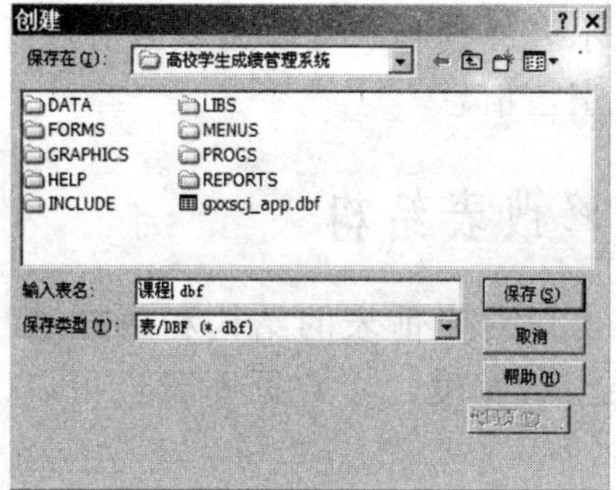
图 4-2 “创建”对话框

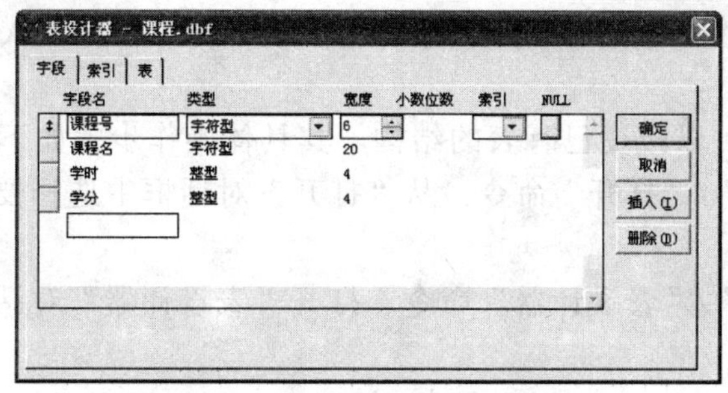
图 4-3 “表设计器”对话框

2．命令方式建立表结构

在命令窗口中使用CREATE命令来建立表的结构。

命令格式：

```
CREATE [<表文件名>|?]
```

<表文件名>指定要创建的表的名称，若在命令中只用？或缺省该参数，打开“新建”对话框后，提示用户输入表名并选择保存位置。命令执行后，可利用弹出的“表设计器”对话框逐步建立表的结构。

在建立表结构时，还需要注意以下问题。

（1）不指定文件扩展名时，默认为.dbf。

（2）若定义了备注型字段，则会同时建立一个扩展名为.fpt的表备注文件。

（3）若在文件名前指定了驱动器标识符，则文件建立在指定的驱动器上，否则将建立在当前驱动器上。若磁盘上存在这个文件或文件重名，系统将显示一个警告对话框，提示是否要改写表。

（4）使用命令和菜单建立的表都是自由表。

4.1.3 显示表结构

在建立好表结构后，可以使用如下命令显示表的结构。

命令格式：

```
LIST STRUCTURE [IN <工作区号> | <别名>]
```

```
DISPLAY STRUCTURE [IN <工作区号> | <别名>]
```

这两个命令组功能基本相同，都是在工作区显示当前打开的表文件结构，区别仅在于LIST STRUCTURE是连续滚动显示，而DISPLAY STRUCTURE是分页显示。使用这两个命令显示表结构时，可以显示当前打开表的字段名称、类型、宽度、小数点在字段中的位置及空值信息。

4.1.4 修改表结构

用户可以对当前表的结构和属性进行调整修改，既可以增加、删除或更改字段的名称、类型、宽度，对数据库表也可以改变默认值或规则，添加注释、标题，修改索引标记。

1．表设计器方式修改表结构

通过表设计器修改表结构的方式包括使用菜单和命令两种方式。

1）菜单方式

用“表设计器”可以改变已有表的结构，其具体操作步骤如下。

（1）选择“文件”/“打开”命令，从“打开”对话框中选择要打开的表，单击“确定”按钮。

（2）选择“显示”/“表设计器”命令，打开“表设计器”对话框，对话框中会显示表的结构。

（3）修改表结构与设计表结构相类似。“插入”按钮用来增加字段；“删除”按钮用来删除表中的字段；用鼠标拖动每个字段最左侧的小方块，可以调整字段的排列顺序。表的结构修改完成后，单击“确定”按钮，出现询问“结构更改为永久性更改？”，单击“是”按钮，将保存对表结构所做的修改；单击“取消”按钮，出现询问“放弃结构更改？”，单击“是”表示更改无效且关闭“表设计器”对话框。

2）命令方式

使用MODIFY命令打开“表设计器”对话框，修改当前表的结构。

命令格式：

```
MODIFY  STRUCTURE
```

2．编程方式修改表结构

用户还可以使用ALTER命令修改表结构。ALTER命令提供了扩展子句，能够添加或删除字段，创建或删除主关键字、唯一关键字和外部关键字标识，也能重命名已有的字段。

4.2 表的基本操作

设计并创建表结构之后，就可以在表中添加新记录了。之后还可以进行浏览记录、添加或删除记录、编辑记录等操作，这些操作都可以通过菜单方式或命令方式来完成。

4.2.1 打开和关闭表

需要对表进行操作，必须首先打开表。操作完毕以后，应该将其关闭，如果没有及时关闭表文件，人为的操作失误或突然停电等因素将有可能导致数据被破坏。

1．菜单方式

通过以下几种菜单方式都可以打开表。

（1）选择“文件”/“打开”命令。

（2）单击常用工具栏的“打开”按钮。

（3）选择“窗口”/“数据工作期”命令，打开如图4-4所示的对话框，单击“打开”按钮。

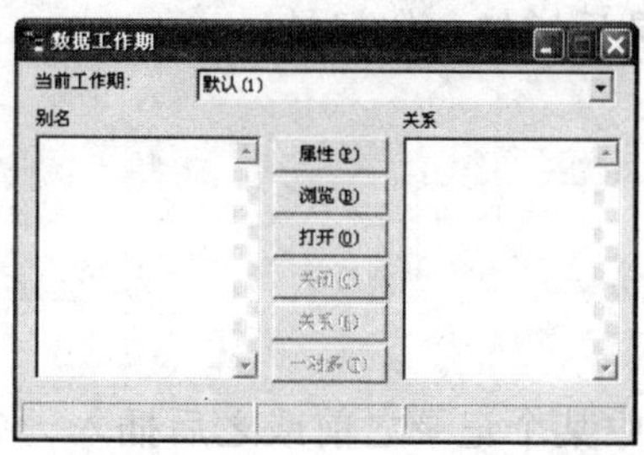

图 4-4 “数据工作期”对话框

以上三种方式都可打开“打开”对话框，用户在其中选中要打开的表名称，单击“确定”按钮即可。

2．命令方式

也可以在命令窗口中使用USE命令打开表。

命令格式：

```
USE [<表文件名>] [ NOUPDATE] [EXCLUSIVE | SHARED] [ALIAS<别名>]
```

USE命令可以打开或关闭指定或当前使用的表。其中，<表文件名>指定要打开的表的名称；EXCLUSIVE指在网络上以独占的方式打开表；SHARED指在网络上以共享的方式打开表；每个表被打开时均赋予一个别名，ALIAS<别名>指给表起别名，若该项省略，则其别名与主文件名相同。

若无任何参数，表示关闭当前工作区中所有已打开的表。

【例4-1】打开课程表，然后将其关闭。

```
USE 课程
USE
```

打开表时，应该注意以下问题。

（1）若表中含有备注型字段，则打开表时.fpt文件也同时被打开，且记录指针默认指向第一条记录。

（2）在任一个时刻，每个工作区最多允许打开一个表。如果指定工作区已有表打开，在打开新的表时，系统总是先自动关闭原先已打开的表。

（3）若表是属于某一个数据库的数据表，在打开表前还必须打开这个数据库。

4.2.2　向表中输入记录

通常有两种方法向表中输入记录：在建立表结构时录入数据；在建立表结构并保存、关闭“表设计器”对话框之后，利用命令向表中追加记录。

1. 追加记录命令

命令格式：

```
APPEND [BLANK]
```

APPEND命令的功能是在当前表的尾部追加新记录。该命令可以向当前表的尾部追加一条或多条新记录。若选用BLANK选项，则在当前表的末尾追加一条空记录。

在执行APPEND或APPEND BLANK命令时，若在选定工作区中没有打开的表，系统将显示一个“打开”对话框，用户可以在该对话框中选择需要添加记录的表。

【例4-2】在课程表末记录后增加一个记录。

```
USE 课程
APPEND
```

2. 插入记录命令

命令格式：

```
INSERT [BEFORE] [BLANK]
```

INSERT命令是在当前表中某个记录之前或之后插入一条新记录。若缺省BEFORE，则在当前记录之后插入一条记录。INSERT BEFORE表示在当前记录之前插入一条记录。选项BLANK表示插入一条空记录。

插入记录后，其后所有记录的记录号加1，空记录只有记录号而无内容。

【例4-3】在课程表中第6条记录前增加一个记录。

```
USE 课程
GO 6
INSERT BEFORE
```

4.2.3 浏览表记录

查看表内容的最快方法是使用“浏览”窗口。若要浏览一个表，可进行如下操作。

（1）选择“文件”/“打开”命令，选定想要查看的表名，如“课程表”。

（2）选择“显示”/“浏览”命令，即可查看课程表的所有记录。

打开表的浏览窗口还有以下几种方式。

（1）打开表文件后，在命令窗口中执行BROWSE或BROWSE LAST命令。

（2）在“项目管理器”对话框中选定表后，单击“浏览”按钮。

（3）在“数据工作期”窗口中选定表后，单击“浏览”按钮。

4.2.4 显示表记录

命令格式1：

```
LIST [OFF] [FIELDS <字段名列表>] [<范围>] [FOR <条件>][WHILE <条件>]
[TO PRINTER [PROMPT] | TO FILE <文件名>]
```

命令格式2：

```
DISPLAY [OFF] [FIELDS <字段名列表>] [<范围>] [FOR <条件>][WHILE <条件>]
[TO PRINTER [PROMPT]|TO FILE <文件名>]
```

LIST和DISPLAY命令用于显示当前表中全部或部分的记录和数据。LIST和DISPLAY

的区别是：DISPLAY每显示一屏记录暂停一次，按任意键后继续显示剩余的记录；而LIST无周期性暂停，连续向下显示，直到记录显示完毕为止。

命令各子句的含义如下。

（1）若选择OFF不显示记录号，否则显示记录号。

（2）若选择<范围>，则范围为ALL、RECORD（N）、NEXT *n*、REST中的某一个。

（3）若省略FIELDS则显示当前表中的所有字段，否则只显示指定的字段。如果备注字段名出现在<字段名表列>中，则它的内容按50个字符列宽显示。

（4）FOR子句指定的范围内按条件逐个检查所有记录，即从<范围>内的第一个记录开始，满足条件时，执行相应的命令，不满足就跳过去继续查找，直到该范围内的最后一条记录为止。

（5）若选择WHILE子句，则仅显示那些满足条件的记录，省略时则显示<范围>限定的全部记录。但它仅在当前记录符合<条件>时开始依次选择记录，一旦遇到不满足条件的记录，将停止查找并结束该命令的执行。

（6）TO PRINTER子句指定记录列表的输出方向，TO PRINTER [PROMPT]指定输出到打印机，TO FILE <文件名>指定输出到所指定的文件中。

（7）若省略所有可选项，则DISPLAY命令将显示当前记录，即范围为NEXT 1；而LIST命令显示全部记录，即范围为ALL。

【例4-4】显示课程表中的记录。

（1）显示所有记录。

```
USE  课程
LIST  all
```

（2）显示所有学分为2的记录。

```
DISPLAY for 学分=2
```

4.2.5　表记录的修改

1. 浏览修改命令

命令格式：

```
BROWSE [FIELDS <字段名表>] [LOCK <数值表达式>] [FREEZE <字段名>] [NOMENU] [NOAPPEND] [NOMODIFY] [WIDTH <数值表达式>] [FOR <逻辑表达式>] [PARTITION <数值表达式>] [LEDIT] [REDIT] [NOLINK]
```

BROWSE命令的功能是打开浏览窗口，显示表文件的记录，全屏幕编辑键移动光标对记录内容进行编辑和修改。

命令各子句的含义如下。

（1）若选择FIELDS子句，则所列字段按<字段名表>给的顺序显示；若默认该子句，则所有字段会按照它们在表结构中的顺序显示。

（2）若选择LOCK <数值表达式>，则锁定窗口左端的数值表达式字段，当滚动条向右滚动时，这些字段的内容仍然显示。

（3）若选择FREEZE <字段名>，将使光标定格在某个指定的字段上，只能对该字段进行修改等操作。

（4）若选择NOAPPEND，则禁止选择菜单中的“追加新记录”命令向表中追加记录。

（5）若选择NOMODIFY，则防止在浏览窗口中修改表中的任何内容。

（6）FOR子句指定一个条件，只有条件为真的记录才会显示。

（7）PARTITION子句把浏览窗口分割为左右两个部分，<数值表达式>指定分界线的位置。

（8）LEDIT指定浏览窗口的左部以编辑方式显示，默认时将以浏览方式显示。

（9）REDIT指定浏览窗口的右部以编辑方式显示，默认时将以浏览方式显示。

（10）NOLINK分开浏览窗口的左、右两部分。默认时窗口左右两部分是连在一起的。

2．窗口方式修改命令

命令格式：

```
CHANGE|EDIT [<范围>] [FIELDS <字段名表>] [WHILE <逻辑表达式>]
    [FOR <逻辑表达式>]
```

以CHANGE或EDIT窗口方式修改表的记录，CHANGE命令与EDIT命令等效。

命令各子句的含义如下。

（1）默认[<范围>]选项时，默认为所有记录。

（2）FIELDS子句指定需要修改的字段名，默认此选项时，默认为所有字段。

（3）WHILE子句表示只要逻辑表达式的值为真，将修改在窗口中显示的记录。

（4）FOR子句指定在修改窗口中只显示满足条件的记录。

3．成批替换修改命令

有时，对记录的修改是有规律的，对这种数据的修改就可以使用REPLACE命令。

命令格式：

```
REPLACE [<范围>] <字段 1> WITH <表达式 1> [ADDITIVE] [,<字段 2>
WITH <表达式 2> [ADDITIVE] …] [FOR <条件>] [WHILE <条件>]
[IN <工作区号>|<别名>]
```

REPLACE命令对当前表中指定范围内满足条件的记录进行批量修改，用一个表达式的值替换表中的一个字段的值。

命令各子句的含义如下。

（1）若默认<范围>和FOR子句或WHILE子句，则默认当前记录。若选择FOR子句，则<范围>默认为ALL，若选择WHILE子句，则<范围>默认为REST。

（2）ADDITIVE只对备注字段有用，ADDITIVE把对备注字段的替代内容追加到备注字段的后面。若默认该选项，则用表达式的值改写备注字段原有的内容。

（3）<字段1> WITH <表达式1> [,<字段2> WITH <表达式2>…]：指用表达式1的值代替字段1中的数据，用表达式2的值代替字段2中的数据，依次类推。当表达式的值比数值字段的宽度大时，该命令将截短表达式的小数位，然后取整剩余部分。

【例4-5】将课程表中所有课程的课时加8。

```
USE  课程
REPLACE ALL 课时 with 课时+8
```

4．修改通用型字段

命令格式：

```
MODIFY GENERAL <通用型字段名表> [NOMODIFY] [NOWAIT] [IN SCREEN]
```

MODIFY GENERAL命令用于修改表文件中当前记录通用型字段的内容。

4.2.6 表记录的删除

在Visual FoxPro中，删除记录分两步进行：第一步，对要删除的记录加上删除标记（*），称为逻辑删除，这些记录并未被真正删除，需要时可以去掉删除标记恢复记录；第二步，对加了删除标记的记录从表中真正删除，称为物理删除。

1. 逻辑删除

逻辑删除是给表中指定的记录加删除标记“*”。

命令格式：

```
DELETE [<范围>] [WHILE<条件>] [FOR<条件>]
```

若在命令中缺省可选择项，则只逻辑删除当前一条记录；否则，逻辑删除满足该条件的所有记录。

2. 恢复逻辑删除的数据

若想去掉记录上的逻辑删除标记“*”，可使用RECALL命令。

命令格式：

```
RECALL [<范围>] [FOR <条件>] [WHILE <条件>]
```

RECALL命令将表中指定范围内带删除标记且满足条件的记录去掉删除标记。若不选择可选项，则只恢复当前的一条记录。

【例4-6】在教师表中逻辑删除记录。

```
USE 教师
DELETE FOR 职称="讲师"
```

【例4-7】恢复教师表中被逻辑删除的记录。

```
USE 教师
RECALL ALL FOR 职称="讲师"
```

3. 物理删除表中的数据

物理删除就是把表中已做逻辑删除的记录彻底删除掉，被物理删除的记录不能恢复。

命令格式：

```
PACK
```

该命令将当前表中所有带删除标记的记录彻底删除。

4. 删除表中的所有记录

命令格式：

```
ZAP
```

该命令将表中的所有记录删除，只保留表的结构，ZAP命令所做删除不可恢复。

4.2.7 表记录指针的定位

记录定位就是将记录指针移到指定的记录上，记录指针指向的记录称为当前记录。Visual FoxPro提供了绝对定位、相对定位和查询定位三类命令。

1. 绝对定位命令

绝对定位就是将记录指针定位到指定的记录上。

命令格式：

```
[GO[TO]] [RECORD <数值表达式> ] | TOP | BOTTOM
```

其中，TOP指将记录指针定位在表的第一个记录上，BOTTOM指将记录指针定位在表的最后一个记录上。<数值表达式>指定指针移至的记录号，其值必须大于0，且不大于当前表文件的记录个数。

【例4-8】在教师表中记录的绝对定位。

```
USE 教师
GO TOP
?RECNO()
```

2. 相对定位命令

相对定位是以当前记录位置基础，记录指针向前或向后移动若干条记录位置。

命令格式：

```
SKIP [<数值表达式>]
```

该命令是按逻辑顺序定位的，也就是说，若使用索引时，将按索引项的顺序进行定位。<数值表达式>指定记录指针作相对移动的记录数，若其值为正数，指针向下移动；若值为负数，记录指针向上移动，若省略则向下移动一条记录。

【例4-9】教师表中记录相对定位。

```
USE 教师
?RECNO()
SKIP 3
?RECNO()
```

3. 查询定位命令

在Visual FoxPro中，除了直接使用上述两种方式进行定位外，还提供了一种查询定位命令进行定位。

命令格式：

```
LOCATE [<范围>] FOR <条件> | WHILE <条件>
```

其中，若指定<范围>，则在指定的范围内查找，默认时为ALL。<条件>是查询定位的表达式。执行该命令后，记录指针将定位在满足条件的第一条记录上，若想使指针指向下一条满足条件的记录，需要使用CONTINUE命令。若没有满足条件的记录，则指针指向文件结束位置。

为了判别LOCATE或CONTINUE命令是否找到了满足条件的记录，经常使用函数FOUND，若存在满足条件的记录，该函数则返回值为真.T.，否则返回值为.F.。

【例4-10】在教师表中记查询男讲师的姓名和年龄。

```
USE 教师表
LOCATE FOR 性别="男" AND 职称="讲师"
DISP 姓名,年龄
CONTINUE
```

4.3 表的排序与索引

通常情况下，表中记录的顺序是由输入的先后顺序决定的。系统会将每次添加的新记录自动加到文件的末尾。但有时用户希望按别的顺序将记录重新组织，如对学生表，希望按成绩由高到低排列等。Visual FoxPro提供了两种对表中的数据进行重新组织的方法：排序和索引。排序是生成一个新的排序文件，而索引是建立一种逻辑对应关系，两者都能达到重新组织数据的目的。

4.3.1 表的排序

排序是根据不同字段对当前表的记录做出不同的排列，产生一个新的表。新表与旧表的内容完全相同，只是记录顺序不同而已。

命令格式：

```
SORT TO <文件名> ON<字段 1>[/A|/D][/C][,<字段 2>][/A|/D][/C]...
    [FIELDS<字段名表>] [<范围>][FOR<条件>][WHILE<条件>]
```

命令中各子句的含义如下。

（1）该命令对当前表按照指定的字段排序，并将排序后的记录输入到新的表中。<文件名>是排序后的新表文件名，表的结构与原表相同，其扩展名.dbf。

（2）排序的依据是由<字段1>指定，<字段1>的值决定了记录在新表中的排列顺序。默认时按升序排序，不能对备注或通用字段排序。

可以用多个字段进行排序，<字段1>是主排序字段，当<字段1>的值相等时，再按<字段2>进一步排序，依次类推。

（3）对于排序中包含的每个字段，可以指定排序顺序（升序或降序）。/A为指定升序，/D为降序，/A或/D适用于任何类型的字段。

（4）默认情况下，字符型字段的排列顺序区分大小写。如果在字符型字段名后包含/C，则不区分大小写。可以把/C选项同/A或/D选项组合起来，例如/AC或/DC。

（5）FIELDS子句指定新表中包含的字段。

（6）若默认<范围>、FOR<条件>和WHILE<条件>，即表示对所有记录排序。

【例4-11】对课程表，显示学时数最多的前3门课程。

```
USE 课程
SORT ON 学时/D to sort_xs
USE sort_xs
LIST NEXT 3
```

4.3.2 索引文件概述

1. 索引的概念

在Visual FoxPro中使用表中的记录，并不一定完全遵循记录原有的输入顺序，往往需要按照实际需要调整表中记录的顺序。如果每次调整顺序都要对记录重新进行物理排序，将花费大量的时间。因此，Visual FoxPro提供了另一种调整记录顺序的方法——索引。这种方法在保证记录原有的物理顺序不变的前提下，可以有多种使用顺序。也就是说，如果一个表拥有多个索引，用户就可以按多种顺序使用该表。

对于已经建好的表，可以利用索引对其中的数据进行排序，可以用索引快速显示、查询或者打印记录；还可以选择记录、控制重复字段值的输入，并支持表间的关系操作。索引对于数据库内表之间创建关联也很重要，它可以为一个表建立多个索引，其中每一个索引代表一种处理记录的顺序，索引保存在一个复合结构的索引文件中，在使用表时，该文件被打开并更新。复合索引文件与相关的表同名，扩展名为.cdx。

在数据库中，索引是由指针构成的文件，按照某种规律对数据进行逻辑排序，这种顺序称为记录的逻辑顺序。索引文件和表文件分别存储，不改变表中记录的物理顺序。这样，创建索引实际上就是创建一个由指向.dbf文件记录的指针构成的文件。索引文件可看成由两个字段组成的一张索引表，第一个字段存放的是索引关键字，并按索引关键字排序，另一字段存放的是记录指针，它指向原表的物理地址。

虽然排序和索引都是增加了一个文件，但索引文件只包括关键字和记录指针两项内容，所以，索引文件既节省了存储空间，又大大提高了数据的查询速度。表文件越大，索引查询的效率就越高。而且建立索引之后，增删或修改表的记录时索引文件能够自动更新。

2. 索引的类型

在Visual FoxPro中，索引可分为以下四种类型。

（1）主索引。主索引是关键字不允许有重复值的索引。主索引可以看作是主关键字，一个表只能创建一个主索引。在指定的字段或表达式中，主索引主要用来在永久关系中的主表与被引用表间建立参照完整性。

每一个表都要建立一个主索引，只有数据库表才能建立主索引。

（2）候选索引。候选索引也是不允许有重复值的索引，一个表可以有多个候选索引。候选索引在表中有资格被选作主索引，即主索引的候选。数据库表和自由表中均可建立候选索引。

因为主索引和候选索引都必须和表文件同时打开，所以主索引和候选索引都存储在结构复合索引文件中，而不能存储在非结构复合索引文件中。

（3）普通索引。普通索引是最简单的索引，它允许关键字段中出现重复值。在一个表中可以加入多个普通索引。数据库表和自由表都能建立普通索引。

（4）唯一索引。唯一索引允许索引关键字取重复的值，但创建的索引文件里并不记录重复的值。它只有一个入口，即如果有若干个相同的值，它只取第一次出现的重复数据，而去掉以后的相同的字段值。它的“唯一”是指在使用相应的索引时，重复的索引字段值只有唯一一个值出现在索引项中。

普通索引和唯一索引可以存储在非结构复合索引文件中。

在这四种索引中，主索引和候选索引具有相同的功能，除具有按升序或降序索引的功能外，还都具有关键字的特性。建立主索引或候选索引的字段值可以保证唯一性，它拒绝重复的字段值。唯一索引和普通索引只起索引排序的作用。

主索引只能用于数据库表，而候选索引、普通索引和唯一索引在数据库表和自由表中都可以使用。

3. 索引文件的类型

在Visual FoxPro中，索引文件可以分为两大类：独立索引和复合索引。

（1）独立索引文件。独立索引文件是指一个索引文件只能保存一个索引，其扩展名为.idx。独立索引文件只有一个索引表达式，使用时必须先打开索引文件，否则表中的数据发生变化时，不会引起索引文件的相应变化。采用独立索引时，对于每一个索引都要建立一个文件。

（2）复合索引文件。复合索引文件是指在一个索引文件中表中保存多个索引关键字，其扩展名为.cdx。复合索引文件中的每一个索引表达式对应一个索引标识符，每一个索引标识符的作用等同于一个独立索引文件。表中的记录发生变化引起相关索引的改变时，索引标识符将自动调整。复合索引文件一定是压缩的索引文件。

复合索引文件又可以分为结构复合索引文件和非结构复合索引文件。结构索引文件的文件名与表名相同，无论何时打开表，系统都会自动打开该索引文件。在对表进行修改时，全部索引会自动更新，因此使用方便。而非结构复合索引文件与结构复合索引文件不同，操作烦琐，较少使用。

4.3.3 索引文件的建立

建立索引通常有两种方法，即命令和表设计器。

1. 用命令建立索引

命令格式：

```
INDEX ON <索引表达式> TO <独立索引文件名> | TAG <索引标识名>
      [OF <复合索引文件名>] [FOR<条件>] [COMPACT]
      [ASCENDING | DESCENDING] [UNIQUE | CANDIDATE] [ADDITIVE]
```

该命令对当前表按关键字值的逻辑顺序建立一个索引文件。

命令中各子句的含义如下。

（1）若给出TO <独立索引文件名>，则创建一个独立索引文件。

（2）若给出TAG <索引标识名> [OF <复合索引文件名>]，则创建一个复合索引文件。

（3）若选择FOR<条件>选项，则索引文件只为那些满足条件的记录创建索引关键字。

（4）选择COMPACT，创建一个压缩的.idx文件。

（5）复合索引时，系统默认或选用ASCENDING，按索引表达式升序建立索引，选择DESCENDING按降序建立索引。独立索引文件只能按升序索引。

（6）若选择UNIQUE，当多个记录的<索引表达式>值相同时，只有其中第一个记录列入索引文件。若选择CANDIDATE，创建候选结构索引标识，只对结构复合索引有效。

（7）若选择ADDITIVE，建立索引文件时，以前打开的索引文件保持打开状态。默认用INDEX建立索引文件时，关闭之前打开的所有索引文件。

（8）索引表达式由当前表中的字段名或由字段名、函数、常数等组成的表达式构成。索引表达式可以是单一字段，也可以是多个字段的组合。组合表达式中数据类型必须保持一致，索引表达式类型有字符型、数值型、日期型和逻辑型四种。

（9）INDEX命令不能在结构复合索引文件中创建主索引，若要创建主索引，则需要使用ALTER TABLE命令。

（10）若要按多个关键字索引，需要先将非字符型的字段先转换为字符型，然后用“+”号连接。

INDEX命令的简化格式有以下三种。

命令格式1：

```
INDEX ON <索引表达式> TO <文件名>
```

该命令只创建独立索引文件。

命令格式2：

```
INDEX ON <索引表达式> TAG <索引标识>
```

该命令只创建结构索引文件。

命令格式3：

```
INDEX ON <索引表达式> TAG <索引标识> OF <文件名>
```

该命令只创建非结构复合索引文件。

2．在表设计器中建立索引

（1）打开“表设计器”对话框，选择“索引”选项卡，在索引名中输入索引标志名，在类型的下拉框中确定一种索引类型。

（2）在表达式中输入索引关键字表达式，再在筛选框输入确定参加索引的记录条件。在排序序列下默认的是升序（箭头向上），单击该按钮则按降序排序。

（3）定义索引标识名，它的命名规则与字段名相同。索引标识名可以与字段名相同，也可以与字段名不同。

（4）确定好各项后，单击“确定”按钮后，关闭“表设计器”对话框，索引建立完成。

（5）用同样的方法，可以将以前建立的索引调出，单击“插入”或“删除”按钮可插入或删除索引。

注意

使用表设计器建立的索引属于结构复合索引。

【例4-12】对课程表，用建立索引文件的方法显示学时数最多的前三门课程。

```
USE 课程
INDEX ON –学时 TO sy_xs   ASCENDING
LIST NEXT 3
```

【例4-13】对课程表建立结构复合索引文件，其中包括两个索引。

（1）按课程号升序排列，不允许有编号相同的记录。

（2）先按课时升序，课时相同再按学分降序排列。

```
USE 课程
INDEX ON 课程号 TAG sy1 UNIQUE
INDEX ON  课时+STR(–学分) TAG sy2
```

4.3.4 索引文件的使用

要利用索引查询，必须同时打开表与索引文件。一个表可以打开多个索引文件，并可根据需要关闭索引文件，在不指定索引文件的情况下，Visual FoxPro默认使用结构复合索引文件。同时一个复合索引文件中也可能包含多个索引标识，但在任何时候只有一个起作用，在复合索引文件中也只有一个索引标识能起作用。

1. 打开索引文件

命令格式1：

```
USE <表文件名> [INDEX<索引文件名>] [ORDER]<索引序号> |<单项索引文件名>|
[TAG]<索引标识> [OF<复合索引文件名>]
```

命令格式2：

```
SET INDEX TO <索引文件名>|? [ORDER]<索引序号>|<单项索引文件名>|
[TAG]<索引标识> [OF<复合索引文件名>] [ADDTIVE]
```

其中，SET INDEX TO命令是表文件打开以后再打开索引文件，其他命令参数与USE命令相同。

命令中各子句的含义如下。

（1）<索引文件名>指定要打开的一个或多个索引文件，这些索引文件可以是独立索引文件或复合索引文件。

（2）若选择ORDER<索引序号>，则系统会自动为索引文件设置序号，序号的排列顺序首先是独立索引文件，其次是结构复合索引文件，最后是非结构复合索引文件。

（3）若选择ORDER<单项索引文件名>，则指定一个.idx文件作为主控索引文件。

（4）若选择ORDER[TAG]<索引标识>[OF<复合索引文件名>]，表示指定.cdx文件中的一个标识作为主控索引标识。

（5）在多个独立索引文件中，按其打开文件时在索引文件名列表中的次序决定序号，与建立索引的顺序无关。在同一复合索引文件中，索引标识按建立的先后次序决定序号。

（6）结构复合索引文件会自动随数据表的打开而打开，而非结构复合索引文件和独立单项索引文件则需要使用USE命令或SET INDEX TO命令来打开。

2. 确定主控索引

一个数据表可能有多个索引文件被打开，每个索引文件中又可能包含多个索引，但在一个时刻只有一个索引是对数据记录排序起控制作用，这就是主控索引。对于一个新建立的索引文件，它是当然主控索引。在没有指定哪一个索引为主控索引之前，数据表的访问顺序仍然是原来的物理顺序，即按记录号的顺序访问。

在Visual FoxPro中，使用USE命令或SET ORDER TO命令设置主控索引。

命令格式1：

```
USE [数据库表] INDEX <单索引文件名> |ORDER [TAG] <索引标识>
```

命令格式2：

```
SET ORDER TO   [<索引文件顺序号> | <单索引文件名> ] | [TAG] <索引标识>
[OF <复合索引文件名>]
```

命令中各子句的含义如下。

（1）USE命令在打开数据表的同时指定主控索引标识名。

（2）SET ORDER TO命令是打开数据表之后，再指定主控索引标识名。若该命令不带参数，则取消已设置的主控索引，按原来的物理顺序访问数据表中的记录。

（3）[TAG] <索引标识>[OF <复合索引文件名>]用于指定一个已打开的复合索引文件中的一个索引标识为主控索引。

【例4-14】例4-12和例4-13已经对课程表建立了独立索引和结构复合索引文件，现在使用这些文件流浏览课程表。

```
USE 课程 INDEX sy_xs
BROWSE
SET ORDER TO sy1
BROWSE
SET ORDER TO
BROWSE
```

3．关闭索引文件

只要关闭了数据表，就可以关闭相应的索引文件。

命令格式1：

```
CLOSE INDEX
```

命令格式2：

```
SET INDEX TO
```

命令格式3：

```
USE
```

命令说明如下。

（1）若想要在不关闭数据表的情况下关闭独立复合索引文件和独立单项索引文件，可以使用CLOSE INDEX命令和SET INDEX TO命令。

（2）结构复合索引文件只有关闭表文件之后才能自动关闭。

（3）用不带任何选项的USE命令，不仅能关闭当前工作区的表文件，同时也自动关闭与之相关的索引文件。

4．删除索引

如果过期不用的索引标识一直保留在复合索引文件中，每当打开复合索引文件时，系统都会花费较长时间来维护这些无用的索引标识。因此，应及时清理无用的索引标识以提高系统的效率。

命令格式1：

```
DELETE FILE <独立索引文件名>
```

命令格式2：

```
DELETE TAG ALL | <索引标识表>
```

命令格式3：

```
DELETE TAG <索引标识> OF <独立复合索引文件名>
```

格式1的命令用于删除只有一个索引关键字表达式的独立索引文件。格式2的命令用于删除结构复合索引文件中的所有索引标识或指定的索引标识。格式3的命令用于删除独立复合索引文件中的索引标识。

5．更新索引

索引文件依赖于表而存在，当表文件中的数据变化时，索引文件也应该做相应的改变。如果对表进行修改时，相关的索引文件已经打开，那么Visual FoxPro自动更新索引文件。若没有确定主控索引文件或主控索引，修改表的记录索引文件则不会自动更新，这时就需要重新索引。当然用户可以使用INDEX ON命令再次建立索引，但较烦琐。此时，简便的方法是使用REINDEX命令更新索引。

命令格式：

```
REINDEX [COMPACT]
```

该命令根据打开的各索引文件中索引表达式的规定，更新相应的索引文件。

命令说明如下。

（1）COMPACT选项表示将普通的单索引文件转换为压缩的单索引文件。

（2）Visual FoxPro可识别每种索引文件的类别（独立复合索引文件、结构复合索引文件及单项索引文件）分别重建索引。对使用包含UNIQUE关键字的INDEX命令，或对用SET UNIQUE ON命令创建的索引文件重建索引时，仍维持UNIQUE状态。

4.4　表的查询、统计与计算

数据表的操作还包括对表中数据的查询、统计和计算，本节将介绍有关这三方面的内容。

4.4.1　表的查询

1. FIND命令

FIND命令在索引文件中找到索引关键字值与指定字符串或数值相符的第一条记录，同时指针指向该条记录。使用本命令时，需打开相应的索引文件。

命令格式：

```
FIND <字符串或数值>
```

命令各子句的含义如下。

（1）该命令只能查找字符型或数值型数据。对于字符型数据，可以加定界符，也可以省略定界符。

（2）若查找成功，则RECNO()函数返回第一条匹配记录的记录号，FOUND()函数返回真，EOF()函数返回假。否则，RECNO()函数的返回值为表的记录数加1，FOUND()函数返回假，而EOF()函数返回真。

（3）FIND命令仅找到满足条件的第一条记录，若要继续查找满足条件的记录，需使用SKIP命令。

【例4-15】在教师表中查找姓名为刘军的记录。

```
USE  教师 INDEX xm
FIND 刘军
?FOUND()
?RECNO()
DISPLAY
```

2. SEEK命令

SEEK命令在索引文件中查找关键字内容与表达式相同的第一条记录。使用本命令时，需打开相应的索引文件。

命令格式：

```
SEEK <表达式> [ORDER [<索引号> | IDX <索引文件名>] | [TAG] <标识名>
[OF <CDX 文件名>]] [ASCENDING | DESCENDING]
```

SEEK命令和FIND命令非常相似，它不同于FIND命令的是：SEEK命令中的<表达式>可以是常量、变量或表达式，也可以是数值型、逻辑型、日期型等各种类型的常量、变量和表达式。若<表达式>是字符型常量，则必须加定界符。

【例4-16】在教师表中查找姓名为刘军的记录。

```
USE 教师 INDEX xm
SEEK "刘军"
?FOUND()
?RECNO()
DISPLAY
```

4.4.2 统计表中记录个数

命令格式：

```
COUNT [<范围>] [FOR <条件>] [WHILE <条件>] [TO <内存变量>| TO ARRAY <数组>]
```

该命令统计当前表中，在指定范围内满足条件的记录个数。

命令中各子句的含义如下。

（1）若<范围>默认值为ALL。

（2）使用TO <内存变量>选项，将统计结果存入指定的内存变量或数组。默认时，仅将记录数显示在主窗口的状态栏中。

（3）若设置了SET TALK OFF，则不显示统计结果。

（4）若设置了SET DELETE ON，则不统计带有删除标记的记录。

【例4-17】在教师表中，分别统计职称为教授和讲师的教师人数。

```
USE 教师
COUNT FOR 职称="教授" TO x1
COUNT FOR 职称="讲师" TO x2
?x1,x2
```

4.4.3 求和与平均值

1．求和命令

命令格式：

```
SUM [<字段表达式表>] [<范围>] [TO <内存变量表> | TO ARRAY <数组>]
[FOR <条件>] [WHILE <条件>]
```

该命令在当前表中，对指定范围内满足条件的记录按指定数值型字段的列求和。

命令中各子句的含义如下。

（1）<范围>选项的默认值为ALL。

（2）若选择<字段表达式表>，则对指定的一个或多个字段或者字段表达式求和。若默认，则对所有数值型字段求和。

（3）选项TO <内存变量名表>表示将数值表达式的各个求和结果存入<内存变量表>；选项TO ARRAY<数组名>表示将结果存入<数组>中。

【例4-18】对课程表中为学分为2的课程的学时数求和。

```
USE 课程
SUM 学时 TO xs_sum FOR 学分=2
?xs_sum
```

2. 求平均值命令

命令格式：

```
AVERAGE [<表达式表>] [<范围>] [TO <内存变量名表>|TO ARRAY <数组名>]
    [FOR <条件>] [WHILE <条件>]
```

该命令在当前表中，对指定范围内满足条件的记录按指定数值型字段求平均值。

【例4-19】对课程表中为学分为2的课程的学时数求平均值。

```
USE 课程
AVERAGE 学时 TO xs_ave FOR 学分=2
?xs_ave
```

4.4.4 统计函数

命令格式：

```
CALCULATE [<表达式表>] [<范围>] [FOR<条件>] [WHILE<条件>]
[TO <内存变量名表> | TO ARRAY <数组名>] [<NOOPTIMIZE>]
```

该命令是在当前表中，对指定表达式进行统计计算。

命令中各子句的含义如下。

（1）若默认<范围>、FOR <条件>或WHILE <条件>，则统计计算表中的所有记录。否则，只统计指定范围内满足条件的记录。

（2）<表达式表>由多种函数组合而成，至少包含一种函数。Visual FoxPro中常见的统计函数如下。

① SUM(<数值表达式>)：求数值表达式的总和。

② AVG(<数值表达式>)：求数值表达式的平均值。

③ CNT()：统计记录个数。

④ MIN(<表达式>)：求表达式的最小值，表达式可以是数值、日期或字符型。

⑤ MAX(<表达式>)：求表达式的最大值，表达式可以是数值、日期或字符型。

⑥ NPV(<数值表达式1>,<数值表达式2>[,<数值表达式3>])：求数值表达式的净现值。

⑦ STD(<数值表达式>)：求数值表达式的标准偏差。

⑧ VAR(<数值表达式>)：求数值表达式的方差，其中方差是指标准差的平方。

【例4-20】在课程表中，求学时数最少课程的学时。

```
USE 课程
CALC  MIN(学分) TO  xs
?xs
```

4.4.5 分类统计

命令格式：

```
TOTAL ON <关键字表达式> TO <文件名> [FIELDS <数值型字段名表>][<范围>]
[FOR<条件>][WHILE<条件>]
```

该命令在当前表中，对某些数值型字段，按<关键字表达式>进行分类统计，并把结果存入<文件名>指定的表中。

命令中各子句的含义如下。

（1）FIELDS <数值型字段名表>指定要汇总的字段，若默认则对表中所有字段进行汇总。

（2）<范围>选项的默认值为ALL。

（3）分类汇总就是把所有关键字表达式值相同的记录合并为一条记录，对数值字段进行分类求和，对其他类型的字段则取第一条记录的值。因此，要进行分类汇总，首先必须对当前表按<关键字表达式>进行排序或建立索引文件。

【例4-21】 对课程表，按学分对学时数进行分类汇总。

```
USE 课程
INDEX ON 学分 TAG sy_xf
TOTAL ON 学分 TO hz  FIELDS 学时
USE  hz
LIST 学分,学时
```

习 题 4

一、选择题

1. 在Visual FoxPro中，有关字段名的描述，错误的是（　　）。

   A. 字段名必须以字母或汉字开头

   B. 自由表的字段名最大长度为10

   C. 字段名可以包含空格

   D. 数据库表的字段名最大长度为128

2. 某个表有姓名（字符型，宽度为6）、入学总分（数值型，宽度为6，小数位为2）和特长爱好（备注型），则该表的记录长度为（　　）。

   A. 6　　B. 17　　C. 18　　D. 19

3. 想要对一个打开的表增加新字段，应使用命令（　　）。

   A. INSERT　　B. APPEND

   C. CHANGE　　D. MODIFY STRUCTURE

4. DELETE命令的作用是（　　）。

   A. 将当前工作区内打开的数据库表文件中所有的记录加上删除标记

   B. 将当前工作区内打开的数据库表文件删除

   C. 将当前工作区内打开的数据库表文件中所有的记录做物理删除

   D. 将当前工作区内打开的数据库表文件结构删除

5. 索引文件打开后，以下不受索引影响的命令是（　　）。

A. LISP　　B. SKIP　　C. GOTO 6　　D. GOTO TOP

6. 下列不属于查询表记录的命令是（　　）。

A. FIND　　B. SEEK

C. REPLACE　　D. LOCATE和CONTINUE

7. 按姓名字段升序排序，生成名为L1的表文件，下列命令错误的是（　　）。

A. SORT ON 姓名TO L1　　B. SORT ON 姓名/D TO L1

C. SORT ON 姓名/C TO L1　　D. SORT ON 姓名/A TO L1

8. 在Visual FoxPro中，假设表中有11条记录，当前记录号为5。先执行SKIP 10，在执行命令？EOF（）现实的结果是（　　）。

A. 11　　B. .T.　　C. .F.　　D. 出错信息

9. 假设职工表已经打开，其中有工资字段，要把指针定位在第一个工资大于1 000元的记录上，应该使用（　　）命令。

A. FIND FOR 工资>1000　　B. SEEK工资>1000

C. LOCATE FOR 工资>1000　　D. LIST FOR工资>1000

10. 假设学生表中有数学、英语、计算机和总分四个字段，要将当前记录的三科成绩汇总后存入总分字段，应该使用命令（　　）。

A. TOTAL 数学+英语+计算机 TO 总分

B. REPLACE 总分 WITH 数学+英语+计算机

C. SUM 数学，英语，计算机

D. REPLACE ALL 数学+英语+计算机 WITH 总分

二、填空题

1. 表由________和________两部分组成。

2. 向表中输入数据可以采用________和________方式。

3. 通常，命令中要指定操作范围，否则将按默认范围执行。其中DELETE命令的默认范围是________。

4. 索引的类型有：________、________、________和________。

5. 索引文件确定表中记录的________，而不改变表中的记录________。

6. 设置结构复合索引文件中的索引标识JIAGE为主索引的命令是____________。

三、问答题

1. 什么是自由表？什么是数据库表？

2. LIST命令和DISPLAY命令有何不同？

3. 修改表结构的方法有哪些？其区别是什么？

4. 简述删除表中记录的方法。

5. 排序和索引有何不同？

6. 索引有哪几种？如何建立索引？

四、上机操作题

下表是某校学生的名册，根据该表完成如下操作：

学生名册表

学　号	姓　名	性　别	学习成绩		出生年月	是否团员	获奖情况
			英语	数学			
20100101	张宇涵	男	84	91	1993-11-5	否	2009年获全国数学竞赛二等奖
20100102	吴青云	男	87	85	1995-8-21	是	
20100103	刘明	男	73	86	1995-6-10	否	2008年获学校运动会跳远第一名
20100104	周晓文	女	85	81	1993-12-6	否	
20100105	张逸飞	男	79	68	1994-10-19	是	
20100106	李海静	女	82	92	1993-11-6	否	2008年获学校英语竞赛一等奖
20100107	陈丽	女	89	83	1994-5-17	否	
20100108	李峰	男	70	81	1993-2-15	否	

1. 设计一个表的结构，要求能够描述上面学生名册的信息，又要符合关系模型的基本要求。

2. 建立表stud.dbf，然后将学生名册的数据输入并保存。

3. 显示表中所有的男生的情况。

4. 将记录指针指向表中第三条记录。

5. 给全部女生的数学成绩加5分。

6. 把表stud.dbf的学号字段的宽度修改为12。

7. 根据表stud.dbf，复制一个仅有学号、姓名、数学、英语四个字段的表stud_1.dbf。

8. 在表stud.dbf的第六条记录和第七条记录之间插入一个新的空记录。

9. 对表stud.dbf中张逸飞同学的记录进行逻辑删除、删除恢复和物理删除。

10. 显示总成绩在前5名的学生记录。

11. 统计男生团员的人数，并把它存入变量X中。

12. 分别计算男生和女生的平均年龄。

13. 建立一个结构复合索引，包括两个索引：记录以学号降序排列；记录以姓名降序排列，姓名相同时按出生年月升序排列。

14. 对上一步建立的索引，测试SEEK、FIND命令的用法。

15. 按性别对数学和英语成绩进行分类汇总。

第 5 章

数据库操作

内容导读

在数据库应用系统中，简单的数据关系可以用一个表来加以描述，复杂的数据关系则要通过多个表来反映，而且这些表之间往往存在固定的联系。Visual FoxPro把这些有联系的表组织在一起，构成一个数据库。本章将在前面所学数据表知识的基础上，进一步学习数据库的设计和操作。介绍的主要内容有：项目管理器的界面及操作、数据库的设计原则和设计过程、数据库的创建和编辑、数据库中表的操作和编辑以及数据库表间的联系等。

教学目标

通过对本章内容的学习，掌握Visual FoxPro数据库的设计方法和技巧，掌握通过项目管理器操作对象的方法，掌握有关数据库与数据库表的基本操作。

重点难点

- 项目管理器
- 数据库有关操作
- 数据库表字段属性的设置
- 数据库表间的关联
- 参照完整性的设置

5.1 项目管理器

Visual FoxPro的项目是文件、数据、文档和对象的集合，它们被保存在以.pjx为扩展名的项目文件中。开发一个应用程序，通常首先要建立一个项目文件，然后逐步向项目文件中添加数据库表、查询、视图、程序、表单等对象，最后对项目文件进行编译（连编），生成一个单独的.app或.exe的可执行程序文件。

“项目管理器”是Visual FoxPro中处理数据和对象的主要组织工具，它将用户在开发过程中所使用的数据库、查询、表单、报表、类库及各种应用程序集成在一起，用户可以利用它向项目文件中添加文件、删除文件、新建文件、修改文件、查看表的内容以及与其他项目文件建立关联等。

5.1.1 项目的创建

用户一般在利用Visual FoxPro来开发一个数据库应用程序时，通常应该先创建一个项目文件，然后就可以方便地通过该项目文件来完成对应用程序中有关文件和数据等的管理和整合。下面将详细介绍使用命令方式、菜单方式和向导方式等来创建项目文件。

1. 使用命令方式直接创建项目文件

在Visual FoxPro的“命令”窗口中输入创建项目命令“CREATE PROJECT”（见图5-1），然后按Enter键，将弹出“创建”对话框（见图5-2），在其中输入项目文件名称，并选择保存该项目文件的文件夹，最后单击“保存”按钮，即可打开“项目管理器”对话框（见图5-3）。

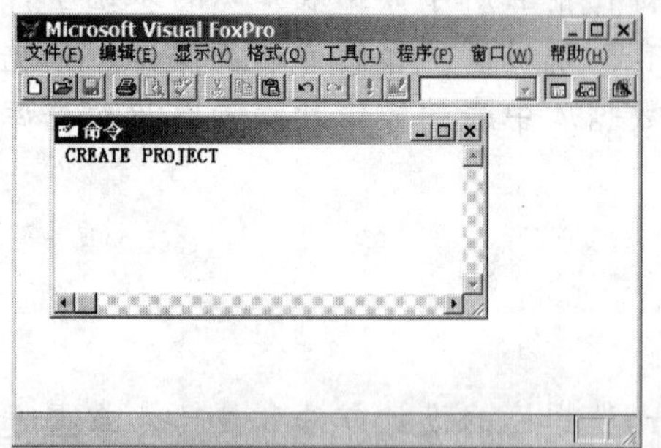

图 5-1 使用命令方式创建项目文件

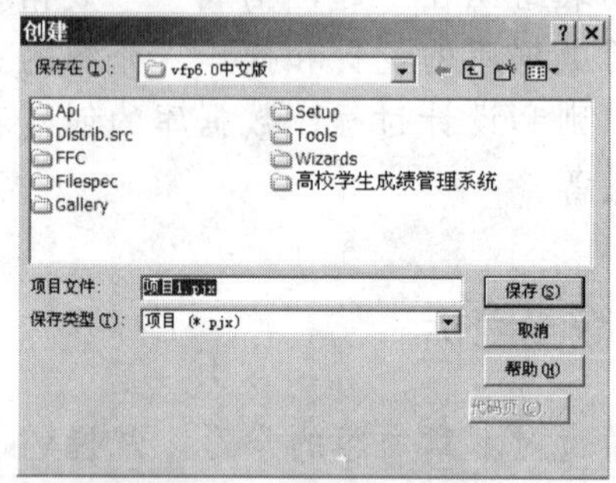

图 5-2 “创建”对话框

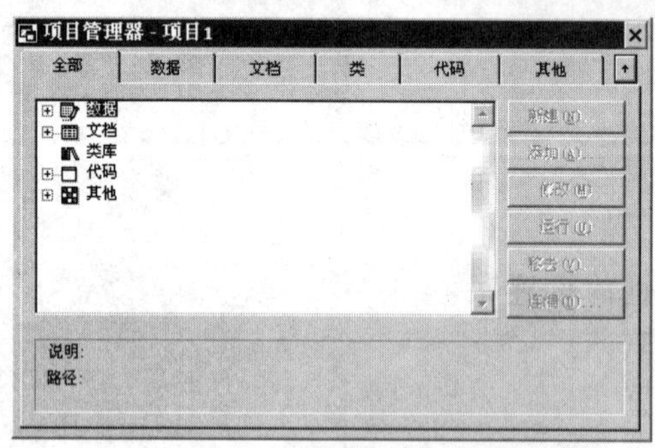

图 5-3 “项目管理器”对话框

2. 使用菜单方式创建项目文件

使用菜单方式创建项目文件比较简单方便，选择“文件”/“新建”命令，或者单击标准工具栏中的“新建”按钮，系统将打开“新建”对话框（见图5-4）；选择“文件类型”选项组中的“项目”单选项，再单击右侧的“新建文件”图标按钮，从而打开“创建”对话框（见图5-2），选择项目文件所要保存的文件夹并将该项目以“项目1”为文件名进行保存。

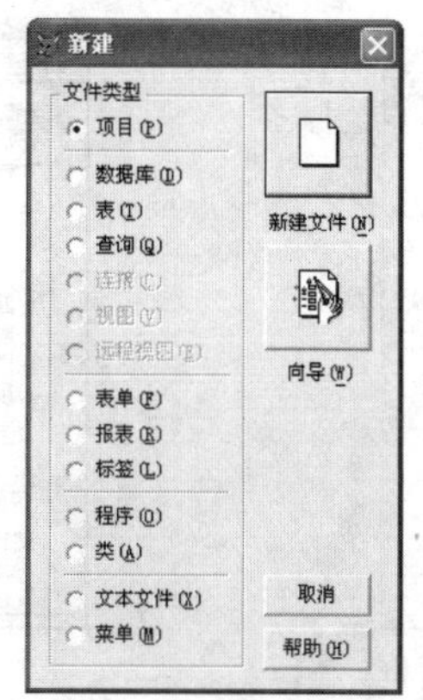

图 5-4 “新建”对话框

3. 使用向导来建立项目文件

通过第二种方式（菜单方式）创建项目文件时，在“新建”对话框（见图5-4）中单击“向导”图标按钮，或者选择“工具”/“向导”/“应用程序”命令，也可以使用向导来创建应用程序项目文件。执行以上操作后，将弹出如图5-5所示的“应用程序向导”对话框，在其中输入项目文件名称，并设置项目文件保存的路径，也可以单击“浏览”按钮选择其他路径。

选中“创建项目目录结构”复选框，可以将不同的对象放在不同的目录中以保证应用系统具有良好的结构（如数据库表、查询、视图文件就可以放在data目录中），否则，所有对象会被放在同一个目录中。设置完成后单击“确定”按钮，系统会有如图5-6所示的提示，最后弹出“项目管理器”对话框（见图5-3）。

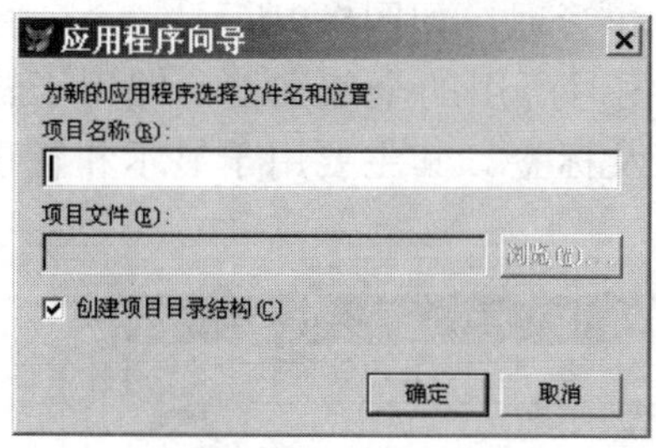

图 5-5 “应用程序向导”对话框

图 5-6 创建项目提示信息

【例5-1】建立“高校学生成绩管理系统”的项目文件，项目文件名为“gxxscj”。

解：下面利用菜单方式来创建该项目，具体操作步骤如下。

（1）选择“文件”/“新建”命令，或者在“标准”工具栏中单击“新建”按钮，系统打开“新建”对话框（见图5-4）。

（2）从“文件类型”选项组中选择“项目”单选项，再单击右侧的“新建文件”按钮，随后打开“创建”对话框，选择项目文件所要保存的文件夹（此处将该项目保存在之前创建好的“高校学生成绩管理系统”文件夹），并输入项目文件名“gxxscj”（见图5-7）。

（3）单击“保存”按钮，即可创建名称为“gxxscj”的项目，并同时打开该项目的项目管理器（见图5-8）。

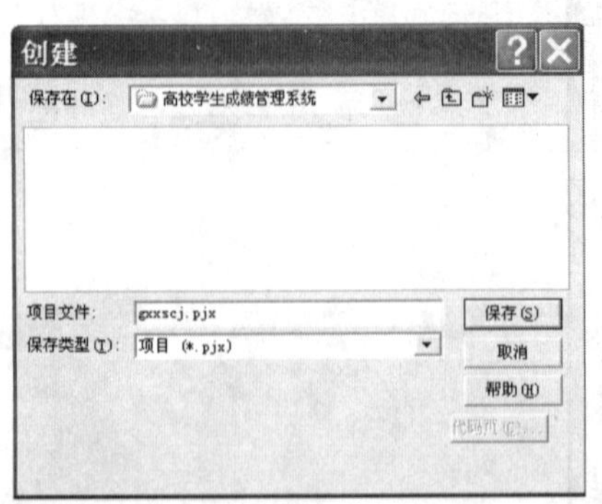

图 5-7 “gxxscj”项目创建对话框

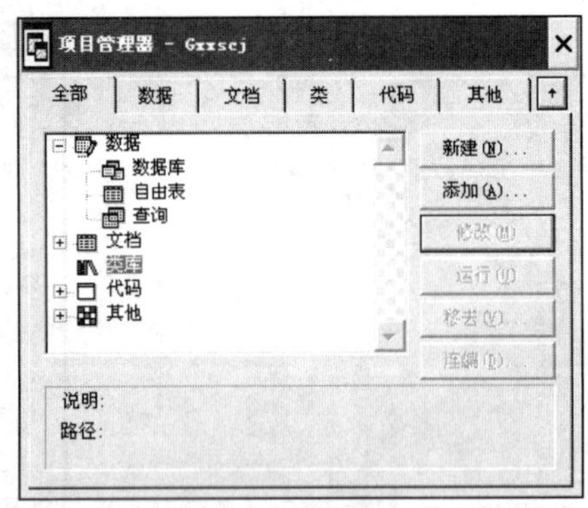

图 5-8 “gxxscj”项目管理器

5.1.2 项目管理器概述

从图5-8所示的项目管理器图示可见，Visual FoxPro的项目管理器由6个选项卡、6个命令按钮和1个列表框组成。其中“数据”、“文档”、“类”、“代码”和“其他”选项卡分别用于显示各种文件，而“全部”选项卡用于集中显示其他5个选项卡中的所有类型文件。

1．项目管理器的选项卡

“项目管理器”的窗口以树状的分层结构来组织和管理各个项目中的对象，如果列表框的某一个选项下存在一个或多个某种类型的文件，那么在其相应图标的前面就会出现一个“+”，单击这个加号可展开该种类型下的所有文件图标，此时加号将变成“ –”，单击该符号可折叠隐藏文件列表（见图5-8）。

（1）“数据”选项卡。此选项卡包含了一个项目中的所有数据类型文件，如数据库、自由表、查询和视图。其主要用于数据文件的显示和管理，如图5-9所示。

（2）“文档”选项卡。此选项卡包含了处理数据时所用的全部文档，即用于输入和查看数据的表单以及用于打印表和查询结果的报表及标签。其主要用于显示和管理文档类文件，如图5-10所示。

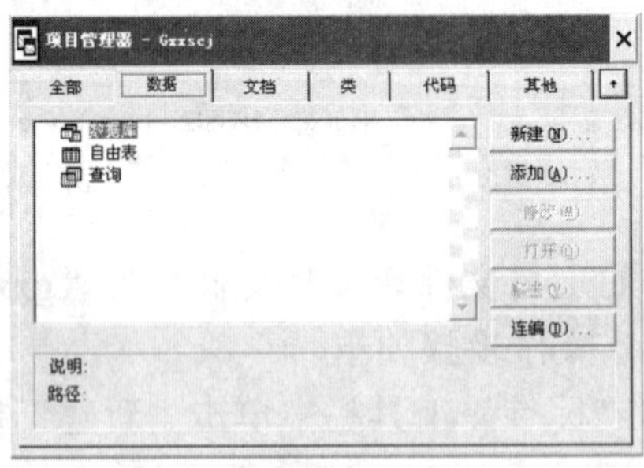

图 5-9 “数据”选项卡

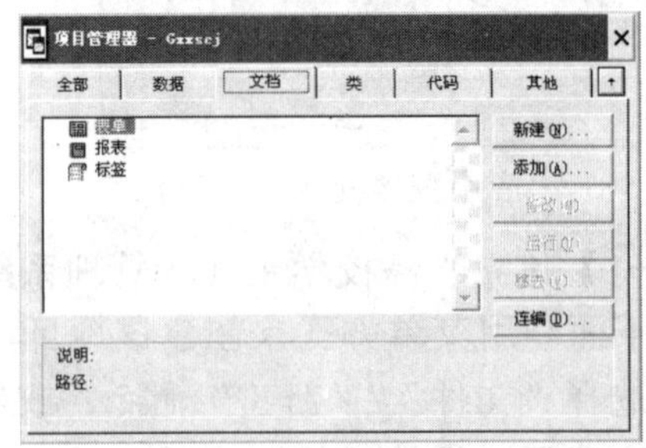

图 5-10 “文档”选项卡

（3）“类”选项卡。此选项卡主要用于显示和管理由类设计器建立的类库文件。

（4）“代码”选项卡。此选项卡包含了用户的所有代码程序文件：程序、API库和应用程序等。其主要用于显示和管理Visual FoxPro中的各类程序代码文件，如图5-11所示。

（5）“其他”选项卡。此选项卡显示和管理以下文件：菜单、文本文件和由OLE等工具建立的其他文件（如图形、图像文件），如图5-12所示。

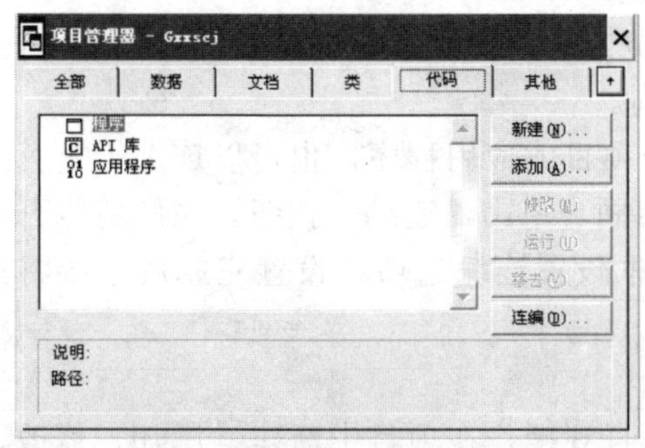

图 5-11 “代码”选项卡

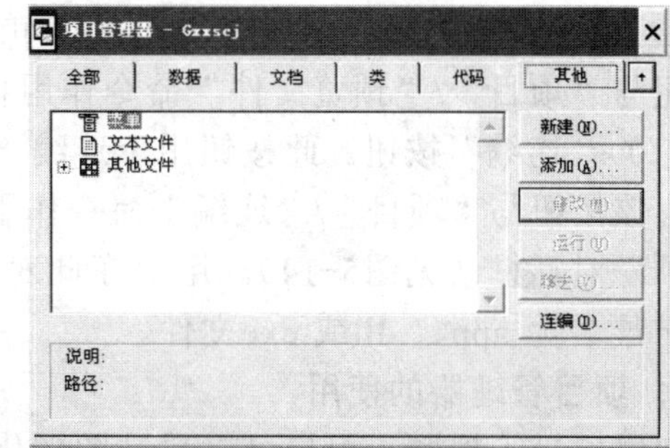

图 5-12 “其他”选项卡

（6）“全部”选项卡。该选项卡显示和管理以上所有类型的文件。

2. 项目管理器的命令按钮

项目管理器中有许多命令按钮，并且命令按钮是动态的，选择不同的对象会出现不同的命令按钮。

（1）“新建”按钮。此按钮用于创建一个新的对象文件，它的作用与“文件”/“新建”命令相同，生成的新对象文件的类型取决于在项目管理器中所选择的对象类型。该按钮与“项目”/“新建文件”命令作用相同。

↘ 提示

“文件”/“新建”命令可以新建一个文件，但此文件不会自动包含在打开的项目中。而使用项目管理器中的“新建”命令按钮，或“项目”/“新建文件”命令，建立的文件会自动包含在项目中。

（2）“添加”按钮。此按钮用于向项目中添加一个已存在的文件。单击“添加”按钮，便会弹出“打开”对话框，选择要添加的文件，然后单击“确定”按钮即可。该按钮与“项目”/“添加文件”命令作用相同。

（3）“修改”按钮。此按钮用于修改在项目管理器中已选中的文件，可以在相应的编辑器或设计器中将其打开并进行修改。只有在选中了项目中的相应文件的时候，该按钮才处于有效状态。该按钮与“项目”/“修改文件”命令作用相同。

（4）“浏览”按钮。此按钮用于打开一个表，以便查看表中的内容。只有在选中了表的时候，该按钮才处于有效状态。该按钮与“项目”/“浏览文件”命令作用相同。

（5）“运行”按钮。此按钮用于运行选定的查询、表单或程序文件。该按钮与“项目”/“运行文件”命令作用相同。

（6）“移去”按钮。此按钮用于从项目文件中移去选中的对象文件，单击该按钮时将弹出如图5-13所示的提示对话框，如果用户只想将选中的文件从项目中移去，则单击“移去”按钮；如果用户想将选中的文件既从项目文件中移去又从磁盘上真正删除，则直接单击“删除”按钮即可。该按钮与“项目”/“移去文件”命令作用相同。

（7）“打开”按钮。此按钮用于打开已选定的数据库文件。当选定的数据库文件打开后，此按钮变为“关闭”。该按钮与“项目”/“打开文件”命令作用相同。

（8）“关闭”按钮。此按钮用于关闭已选定的数据库文件。当选定的数据库文件关闭后，此按钮变为“打开”。该按钮与“项目”/“关闭文件”命令作用相同。

（9）“预览”按钮。此按钮用于在打印预览方式下显示选定的报表或标签文件内容。该按钮与“项目”/“预览文件”命令作用相同。

（10）“连编”按钮。此按钮用于连编一个项目或应用程序，也可以连编一个可执行文件。该按钮与“项目”/“连编”命令作用相同。单击“连编”按钮，系统将打开“连编选项”对话框（见图5-14）。用户在此对话框设置连编选项，设置完成后系统将生成一个扩展名为.app、.dll或.exe文件。

3. 项目管理器的使用

利用项目管理器，用户可以通过图形化的直观操作在项目中新建、添加、修改、移去、打开、关闭和运行指定的文件。上述操作通常可以使用两种方法进行：一是使用项目管理器中相应的命令按钮，二是使用“项目”菜单下的相应命令。

图 5-13　提示对话框

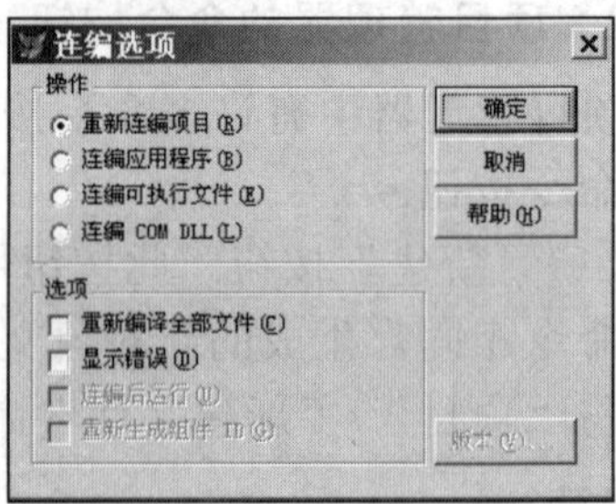

图 5-14　“连编选项”对话框

1）新建文件

要利用项目管理器新建文件，首先要确定新文件的类型（如数据库、数据库表、查询、表单、报表等），然后选择“新建”按钮或选择“项目”/“新建文件”命令，将显示与所选文件类型相应的设计工具。对于有些类型文件，还可以利用向导来新建文件。

下面以新建数据库文件为例来介绍利用项目管理器新建文件的过程。

【例5-2】在例5-1新建的“gxxscj”项目中新建数据库文件，数据库文件名为“学生成绩管理”。

解：在项目中新建数据库文件的具体操作步骤如下。

① 打开“gxxscj”项目的项目管理器，选择“数据”选项卡中的“数据库”。

② 单击“新建”按钮或选择“项目”/“新建文件”命令，系统将弹出“新建数据库”对话框（见图5-15）。

③ 单击“新建数据库”按钮，将弹出“创建”对话框（见图5-16）。在其中输入数据库文件名称“学生成绩管理”，并选择保存该数据库文件的文件夹，最后单击“保存”按钮，即可打开如图5-17所示的“数据库设计器”窗口。在“数据库设计器”窗口中可以对数据库下的数据库表、查询、视图等文件进行操作。

另面也可以通过“数据库向导”来新建数据库，此种方法可以根据向导的提示来操作。在此作不详细介绍。

2）添加文件

利用项目管理器可以把一个已经存在的文件添加到项目文件中。首先要确定添加文件的类型，然后选择“添加”按钮，或选择“项目”/“添加文件”命令，将弹出“打开”对话框，然后选择要添加的文件，单击“确定”按钮即可。

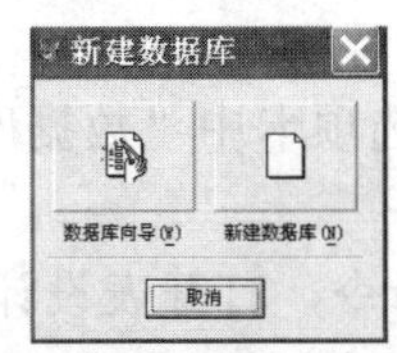
图 5-15 “新建数据库”对话框

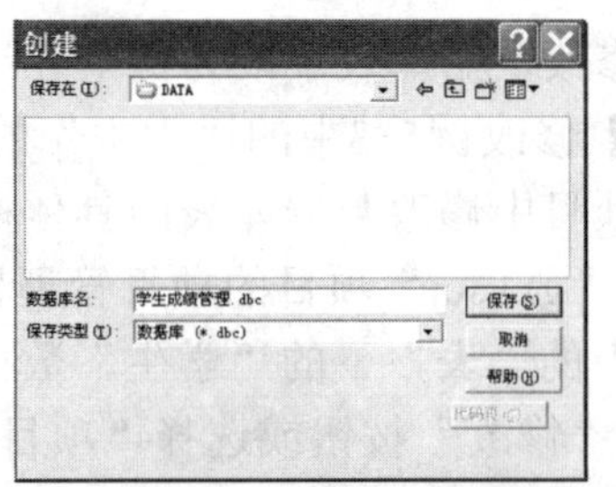
图 5-16 “创建”对话框

下面以在数据库文件添加自由表为例来介绍利用项目管理器添加文件的过程。

【例5-3】在例5-2新建的“学生成绩管理”中数据库中添加表文件名为“学生”的数据库表。

解：在项目中添加文件的具体操作步骤如下。

① 打开“gxxscj”项目的项目管理器，选择“数据”选项卡中“数据库”下“学生成绩管理”中的“表”。

② 单击“添加”按钮或选择“项目”/“添加文件”命令，弹出“打开”对话框。在“打开”对话框中选择“学生.dbf”数据库表。

③ 单击“确定”按钮，即可将选择的自由表添加到项目文件中。结果如图5-18所示。

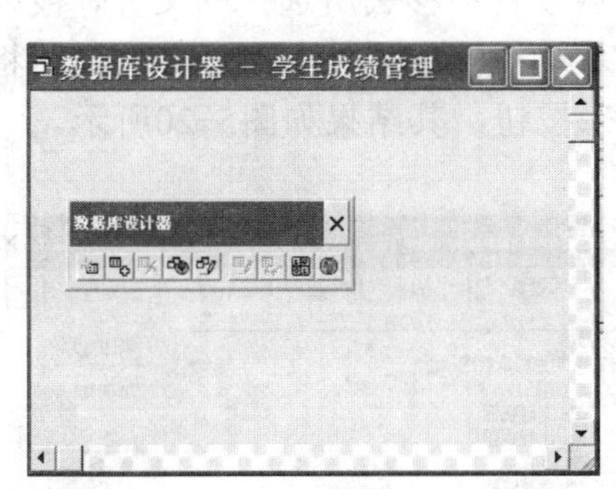
图 5-17 “数据库设计器”窗口

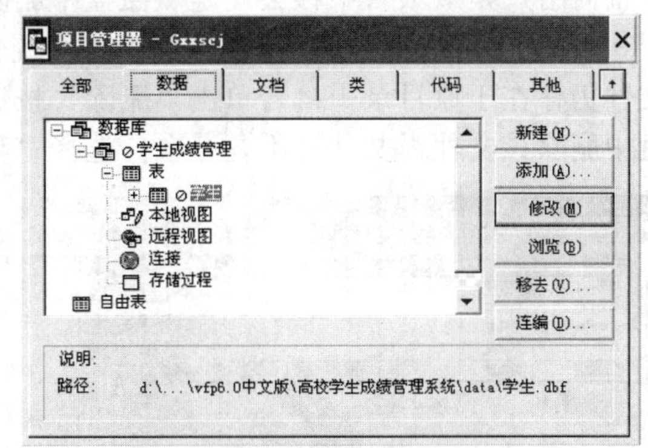
图 5-18 “添加文件”结果窗口

↘ 提示

当新建或添加一个文件到项目中，并不意味着该文件已成为项目的一部分。实际上，每个文件都以独立文件的形式存在。某个项目包含某个文件只是表示该文件与项目建立了一种联系。这样做的好处有两个：一是一个文件可能包含在多个项目中，项目仅仅需要知道所包含的文件在哪里，而不需关心所包含文件的其他信息；二是如果一个文件同时被多个项目所包含，那么在修改该文件时，修改的结果将同时在相应的项目中得以体现，从而避免了在多个项目中分别修改文件，同时也避免了有可能导致修改不一致的后果。

3）修改文件

利用项目管理器可以方便地修改项目文件中的指定文件。首先要选定要修改的文件，然后单击“修改”按钮，或选择“项目”/“修改文件”命令，随后可以在相应的编辑器或设计器中将其打开并进行修改。

下面以修改数据库表字段为例来介绍利用项目管理器修改文件的过程。

【例5-4】 修改例5-3中的“学生”的数据库表，添加“入学成绩”字段。

解： 在项目中修改数据库表的具体操作步骤如下。

① 打开“gxxscj”项目的项目管理器，选择“数据”选项卡中“数据库”下“学生成绩管理”中的“表”下的“学生”数据库表。

② 单击“修改”按钮或选择“项目”/“修改文件”命令，打开表设计器。

③ 在表设计器中添加“入学成绩”字段。单击“确定”按钮，即可完成对“学生”表的修改操作（见图5-19）。

4）移去文件

在项目管理器中，要移去或者删除文件，首先选择要移去或删除的文件，单击“移去”按钮或选择“项目”/“移去文件”命令，即可完成文件的移去或删除。

【例5-5】 移去“学生成绩管理”数据库中“学生”数据库表。

解： 移去项目中文件的具体操作步骤如下。

① 打开“gxxscj”项目的项目管理器，选择“数据”选项卡中“数据库”下“学生成绩管理”中的“表”下的“学生”数据库表。

② 单击“移去”按钮或选择“项目”/“移去文件”命令，弹出一个提示信息对话框，询问用户是从项目中移去还是从磁盘中删除。

③ 若单击对话框中的“移去”按钮，系统仅仅从项目中移去所选择的文件，被移去的文件仍存在于原目录中；若单击“删除”按钮，系统不仅从项目中移去文件，还将从磁盘中删除该文件，文件将不复存在。选择“移去”按钮，其结果如图5-20所示。

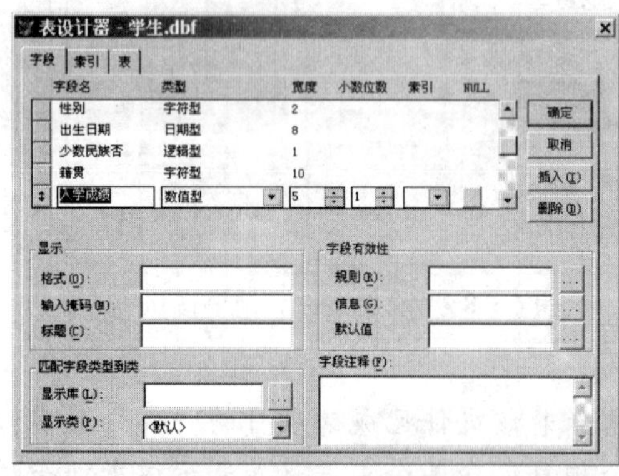

图 5-19　修改“学生”数据库表结果窗口

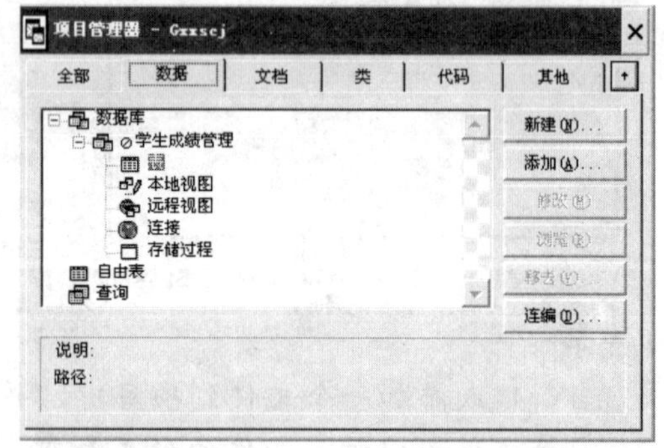

图 5-20　移去“学生”数据库表结果窗口

5）项目文件的连编与运行

连编是将项目中的所有文件连接编译在一起，这是大多数应用程序开发都要做的工作。首先介绍相关的两个重要概念。

（1）主文件。主文件是“项目管理器”的主控程序，是整个应用程序的起点。在Visual FoxPro中必须指定一个主文件，作为程序执行的起始点。它应当是一个可执行的程序，这样的程序可以调用其他程序，最后一般也应回到主文件中。

（2）“包含”和“排除”。“包含”是指应用程序在运行过程中不需要修改的项目，即一般不会再变动的项目。其主要有程序、图形、窗体、菜单、报表、查询等。“排除”

是指应用程序在运行过程中可修改的项目，如数据库表。此类文件，应将它们在连编时设置成“排除”状态。

指定项目的“包含”与“排除”状态的方法是：打开“项目管理器”，选择“项目”/“包含/排除”命令；或者通过单击鼠标右键，在弹出的快捷菜单中，选择“包含/排除”命令。

一般在连编之前，要注意以下几个问题。

（1）在“项目管理器”中是否加进所有参加连编的项目，如数据库、程序、表单、菜单、报表以及其他文本文件等。

（2）是否指定主文件。

（3）是否对有关数据文件设置“包含”与“排除”状态。

（4）是否确定程序（包括表单、菜单、程序、报表）之间的明确的调用关系。

（5）是否确定程序在连编完成之后的执行路径和文件名。

在确定了上述问题后，才可以对其项目文件进行连接编译。通过设置“连编选项”对话框的“选项”（见图5-14），可以重新连编项目中的所有文件，并对每个源文件创建其对象文件。同时在连编完成之后，可指定是否显示编译时的错误信息，也可指定连编应用程序之后，是否立即运行它。连编的具体实例请参阅后面的章节，在此不再详细介绍。

4．项目管理器的定制

项目管理器的外观也可以重新设置。例如，可以改变大小、移动其位置等。此外，还可以折叠或拆分项目管理器，并使其中的选项卡浮在其他窗口之上。

1）移动和缩放

项目管理器和其他Windows窗口一样，可以随时改变大小和移动位置。将鼠标指针放置在标题栏上并拖曳，即可移动项目管理器；将鼠标指针指向项目管理器的顶端、底端、两侧或四角上，待鼠标指针变成双向箭头后，拖动鼠标便可放大或缩小项目管理器的尺寸。

2）折叠和展开

折叠或展开项目管理器可以利用项目管理器右上角的向上箭头按钮。该按钮正常时显示为，单击时，项目管理器窗口缩小为仅显示选项卡标签，同时该按钮变为，称为还原按钮。

当处于折叠状态时，选择其中一个选项卡将显示一个较小窗口，如图5-21所示。该窗口不显示命令按钮，在选项卡上右键单击鼠标，就会发现在弹出的快捷菜单中包含与“项目”菜单中各命令功能相同的选项。如果要恢复包括命令按钮的正常界面，单击按钮即可。

3）拆分

如果已经折叠项目管理器窗口，其后可以对项目管理器进行拆分，使其中的选项卡成为独立、浮动的窗口，可以根据需要重新安排它们的位置。

首先单击按钮折叠项目管理器，然后选定一个选项卡，将它拖曳出项目管理器，效果如图5-22所示。当选项卡处于浮动状态时，在选项卡上单击鼠标右键，在弹出的快捷菜单中也包含与“项目”菜单中所有命令功能相同的选项。

对于从项目管理器中拆分出的选项卡，单击选项卡上的图标，可固定该选项卡，将其设置为始终显示在屏幕的最顶层，不被其他窗口遮挡。当再次单击图标时，便会取消顶层显示的位置，且图标变为。

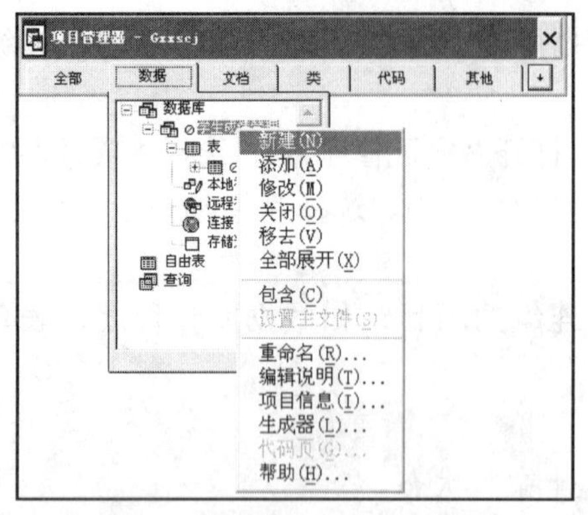

图 5-21　折叠和展开项目管理器

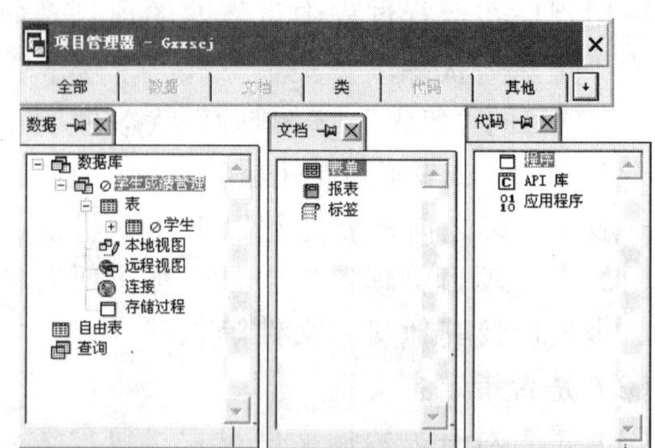

图 5-22　拆分项目管理器选项卡

↘ 提示

如果要还原拆分的选项卡，只需要单击选项卡上的关闭按钮即可。也可以用鼠标将拆分的选项卡拖曳回项目管理器原来的位置。

4）停放

停放项目管理器是指将项目管理器拖到Visual FoxPro主窗口的顶部，就可以使它像工具栏一样显示在主窗口的顶部。停放后的项目管理器变成了窗口工具栏区域的一部分，不能将其整个展开，但是可以单击每个选项卡来进行相应的操作。对于停放的项目管理器，同样可以将其中的选项卡设置为浮动状态。图5-23所示为停放后的项目管理器，拖动到左侧的“数据”选项卡上面已为图标，表示处于顶层显示状态。

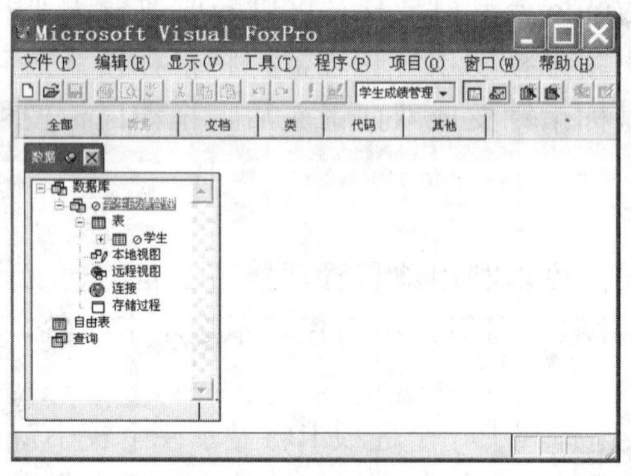

图 5-23　停放到工具栏区域中的项目管理器

↘ 注意

如果要解除停放状态，可以在项目管理器的选项卡中单击鼠标右键，从弹出的快捷菜单中选择“拖走”命令。

5.2　数据库的设计

建立数据库及其应用系统的关键技术之一就是对数据库的设计，具体地说，数据库设计是指为一个给定的应用环境建立数据库的过程。其设计目标是要建立一个能正确反映给定的信息应用需求，能被某个现有的数据库管理系统所接受并能使应用系统具备较好性能的关系数据模型。本节将具体介绍在Visual FoxPro中关系数据库的设计方法。

5.2.1 数据库的设计原则

数据库应用系统与其他应用系统相比，通常具有数据量庞大、数据保存时间长、数据关系比较复杂、用户要求多样化等特点。数据库的设计实质上就是设计出满足用户应用需求的实际关系型数据库。

1. 设计原则

为了使用数据库合理地组织数据，数据库的设计应遵从以下几个原则。

（1）概念单一化。通俗地讲是用一个二维表描述一个实体或实体间的一种联系。通常为了避免设计出的表大而杂，首先应分离那些需要作为单个主体而独立保存的信息，然后通过Visual FoxPro确定这些主体之间的联系，以便在需要时把正确的信息组合在一起。通过将不同的信息分散在不同的表中，可以使数据的组织工作和维护工作更简单，同时也易于保证建立的应用程序具有较高的性能。

例如，将有关学生基本情况的数据（包括学号、姓名、出生日期等）保存到学生表中，把各科成绩信息保存到成绩表中，而不是将这些数据全部都存放到一个表中。

（2）避免在表之间出现含义类似的重复字段。这样做的主要目的是减小数据冗余量，防止在插入、删除和更新时造成数据的不一致。此外还保证了表中有反映与其他表之间存在联系的外部关键字，尽量避免在表之间出现重复字段。

例如，在学生表中有了姓名字段，在成绩表中就不应再有姓名字段，当需要时可以通过两个表的连接找到。

（3）避免出现需要通过计算所得表中的字段。表中不应包括通过计算可以得到的“二次数据”或多项数据的组合，并且通过计算从其他字段值推导出来的字段也应尽量避免，即表中字段都是原始数据或者基础数据。

例如，在学生表中不应包括年龄字段，而应当包括的是出生日期字段。当需要查询年龄的时候，可以通过对出生日期字段值简单计算得到年龄，如年龄=YEAR（当前日期）–YEAR（出生日期）。

（4）用外部关键字来保证表之间的联系。表之间的关联依靠外部关键字来维系，使得表具有更合理的结构，其不仅存储了所需要的实体信息，而且反映了实体之间客观存在的联系，最终设计出满足应用需求的实际关系模型。如学生表和成绩表的联系，可以通过学生表的学号字段与成绩表的学号（外键）字段建立联系。

2. 设计的步骤

在Visual FoxPro中开发数据库应用系统，设计数据库的一般步骤如下。

（1）数据库需求分析。了解与分析用户需求（包括数据与处理），这有助于确定数据库保存哪些信息。

（2）确定需要的表。可以着手把需求信息划分成各个独立的实体，如学生、课程、教师、成绩等。每个实体都可以转换为数据库中的一个二维表。

（3）确定各个表中所需字段。确定在每个表中要保存哪些字段，可以具体到确定字段名称、字段类型、宽度等，以保证通过对这些字段的显示或计算能够得到所有需求信息。

（4）确定表之间的联系。对每个表进行分析，确定一个表中的数据和其他表中的数据有何联系。必要时，可在表中加入字段或创建一个新表来明确此联系。

（5）设计求精。对设计进一步分析，确定一个表中的数据和其他表中的数据的联系。根据记录，看能否从表中得到想要的结果。需要时可再对其调整设计。

5.2.2 数据库的设计过程

本节将详细介绍在Visual FoxPro中设计数据库的过程。

1．需求分析

用户需求分析主要有以下几个方面。

（1）信息需求分析，即用户要从数据库得到信息内容。信息需求定义了数据库应用系统应该提供的所有信息，注意描述清楚系统中数据的类型。

（2）处理需求分析，即需要对数据完成什么处理功能及处理的方式进行分析。处理需求定义了系统数据处理的操作，应注意操作执行的场合、频率、操作对数据的影响等。

（3）完全性和完整性需求分析。在定义信息需求和处理需求的同时，必须相应确定安全性、完整性约束。

在需求分析过程中，开发者首先要与数据库的使用人员（即用户）多交流，尽可能多地收集资料，但必须耐心细致地了解现行业务处理流程，收集全部数据资料，如报表、合同、档案、单据以及计划等，所有的这些信息都将在后面的设计过程中应用到。

2．确定数据库需要的表

确定数据库中的表是数据库设计过程中比较关键的一步。因为根据用户想从数据库中得到的结果（包括要查询数据、打印的报表、要使用的表单）不一定能够得到如何设计表结构的线索。此外，还需要分析对数据库系统的要求等，分析的过程是对所收集到的数据进行抽象的过程，抽象是对实际事物或事件的人为处理，抽取共同的本质特性。

仔细研究需要从数据库中取出的信息，遵从概念单一化的原则，即一个表描述一个实体或实体间的一种联系，并把这些信息分成各种基本实体。例如，在学生成绩管理数据库中，把班级、学生、课程、成绩等每个实体都设计成一个独立的表。

3．确定表中所需字段

在确定字段时需要注意以下问题。

（1）每个字段直接和表的实体相关。首先必须确保一个表中的每个字段直接描述该表的实体。如果多个表中重复同样的信息，应删除不必要的字段。然后表示表之间的联系，确定描述另一个实体的字段是否为该表的外部关键字。

（2）以最小的逻辑单位存储信息。表中的字段必须是基本数据元素，而不是多项数据的组合。如果一个字段中结合了多种数据，将会很难获取单独的数据，应尽量把信息分解成比较小的逻辑单位。如课程名、课程类别应创建不同的字段。

（3）表中的字段必须是原始数据。在通常情况下，不必把计算结果存储在表中，对于可推导得到或需计算的数据，所需结果可进行计算得到。例如，在成绩数据表中有学号、高等数学、大学英语、计算机导论、总成绩、平均成绩等字段。其中，总成绩=高等数学+大学英语+计算机导论，而平均成绩=（高等数学+大学英语+计算机导论）/3。所以总成绩和平均成绩是通过计算得到的二次数据，不必作为基本数据在数据库里存储。

像这样对所收集到的数据逐个进行筛选、确定需要很大的工作量。

（4）确定主关键字字段。关系型数据库管理系统能够迅速查找存储在多个独立表中的数据，并组合这些信息。为使其有效地工作，数据库的每个表都必须有一个或一组字段可用以唯一确定存储在表中的每个记录，即主关键字。Visual FoxPro利用主关键字迅速查找存储在多个独立表中的数据，不允许在主关键字字段中有重复值或空值。常使用唯一的标识号作为这样的字段。例如，在高校学生成绩管理数据库中，把学号、课程号、教师编号分别指定为学生表、课程表、教师表的主关键字段。

4．确定表之间的联系

设计数据库的目的实质上是设计出满足实际应用需求的实际关系数据库模型。确定联系的目的是使表的结构合理，不仅存储了所需要的实体信息，同时还反映了实体之间存在的联系。

由于有些输出信息需要从几个表中得到，所以，为了使得Visual FoxPro能够将这些内容重新组合，得到有意义的信息，就需要确定外部关键字。例如，在学生成绩管理数据库中，学号是学生表中的主关键字，也是成绩表的一个字段。在数据库术语中，成绩表中的学号字段称作“外部关键字”，因为它是另外一个表（或称外部表）的主关键字。因此，需要分析各个表所代表的实体之间存在的联系。要建立两个表的联系，可以把其中一个表的主关键字添加到另一个表中，以使两个表都有该字段。

（1）一对一联系。如果存在一对一联系的表，首先要考虑一下是否可以把这些字段合并到一个表中。其中，一对一联系的建立方法有如下两种。

① 如果两个表有同样的实体，可在两个表中使用同样的主关键字字段。如学生表的主关键字字段是学号，则学生党员表中的主关键字字段也应指定为学号。

② 如果两个表有不同的实体及不同的主关键字，其中一个表把它的主关键字字段放到另一个表中，作为外部关键字字段，以此建立一对一联系。如院系内部资料室的读者只是教师，那么就可以把教师表中的教师编号放到读者表中。

（2）一对多联系。一对多联系是关系型数据库中最普遍的联系。在一对多联系中，表*A*的一个记录在表*B*中可以有多个记录与之对应，但表*B*中的一个记录最多只能有一个表*A*的记录与之对应。要建立这样的联系，就要把“一方”的主关键字字段添加到“多方”的表中。在联系中，“一方”用主关键字或候选索引关键字，而“多方”使用普遍索引关键字。(关于索引关键字的具体内容请参阅后续章节的有关介绍)。

例如，在学生成绩管理库中，班级表和学生表之间就存在一对多的联系。应将班级表中班级编号字段添加到学生表中。

（3）多对多联系。在多对多联系中，表*A*的一个记录在表*B*中可以对应多个记录，而表*B*的一个记录在表*A*中也可以对应多个记录。这种情况下，为了避免数据重复存储，又要保持多对多联系，就要创建第3个表，包含两个表的主关键字，在两表之间起着纽带的作用，称之为“纽带表”。

例如，在学生成绩管理数据库中，由于一个学生可以选修多门课程，对于学生表中的每个记录，在课程表中可以有多个记录与之对应。同样，每门课程也可以被多个学生所选修，对于课程表中的每个记录，在学生表中也有多个记录与之对应。因此，学生表和课程表之间的联系存在“多对多”的联系。

为了避免数据的不一致性，在学生成绩管理数据库中的具体做法是创建一个选课表，把学生表和课程表两个表的主关键字（学号、课程号）都放在这个纽带表中。在选课表中可以包含成绩等其他字段，如图5-24所示。学生和课程间的多对多联系由两个一对多联系来代替：学生表和选课表是一对多联系，每个学生可以有多个成绩，但每个成绩只和一个学生有关；课程表和选课表也是一对多的联系，每个课程也可以有许多个成绩，但每个成绩只能指向一个课程。

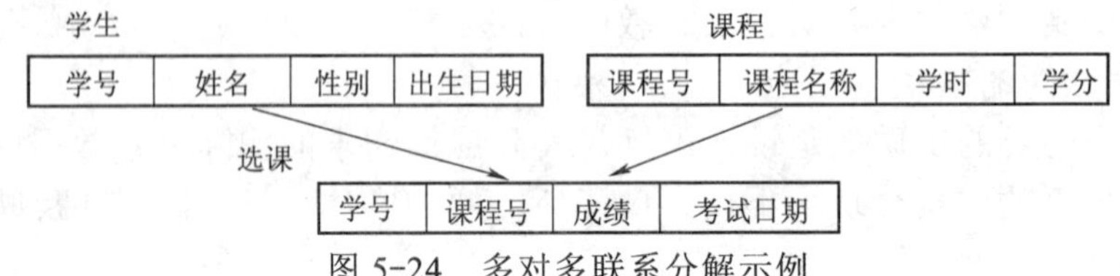

图 5-24　多对多联系分解示例

纽带表不一定需要自己的主关键字，如果需要，应当将它所联系的两个表的主关键字作为组合关键字指定为主关键字，如可以指定选课表中的（学号，课程号）字段的组合为该表的主关键字。

5．设计求精

数据库设计在每一个具体阶段的后期都要经过用户确认。如果不能满足应用要求，则要返回到前一个或几个阶段进行修改和调整。整个设计过程实际上是一个不断修改、调整、再修改、再调整的过程。

在确定了所需要的表、字段和联系之后，应该从头再研究一下设计方案，并检查可能存在的缺陷和需要改进的地方，这些缺陷可能会使数据难以使用和维护。其中，需要检查的几个方面如下。

（1）是否遗忘了字段，是否有需要的信息没被包含进去。若它们不属于已创建的表，则需要另外创建一个表。

（2）是否存在保持大量空白字段，此现象通常意味着这些字段属于另一个表。

（3）是否有包含了同样字段的表。例如，同时有一月份成绩表和二月份成绩表。将与同一实体有关的所有信息合并入一个表中，也可能需要另外增加字段，如考试日期。

（4）表中是否带有大量并不属于某实体的字段。例如，一个表中既包括学生信息字段又包括有关课程的字段。此时必须修改设计，以确保每个表包括的字段只与一个实体有关。

（5）是否在某个表中重复输入了同样的信息。如果是，需要将该表分成两个一对多联系的表。

（6）是否为每个表选择了合适的主关键字；在使用这个主关键字查找具体记录时，它是否很容易记忆和键入。要确保主关键字字段的值不会出现重复。

（7）是否有字段很多而记录却很少的表，或者许多记录中的字段值为空。若有，则要考虑重新设计该表，以使它的字段减少，记录增多。

经过反复修改之后便可以开发数据库应用系统的原型了。如图5-25给出了学生成绩管理数据库的关系模型，其中每个方框代表一个表，单箭头连线代表一对多联系，共7个表，不存在孤立的表，并且表与表之间通过外部关键字反映了必要的联系。

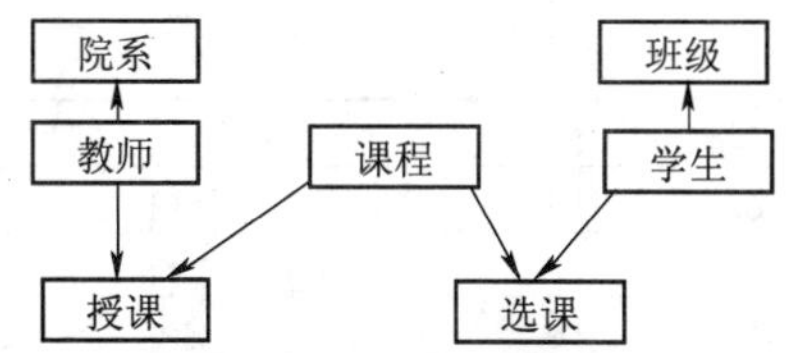

图 5-25 学生成绩管理数据库关系模型

"学生成绩管理"数据库中有7个表，分别是院系表、教师表、班级表、学生表、课程表、授课表、选课表。7个表的结构参照下面7个表格中的数据（见表5-1～表5-7）。

表 5-1 院系表结构

序号	字段名	类型	宽度	说明
1	院系编号	字符型	3	主索引
2	院系名称	字符型	20	

表 5-2 教师表结构

序号	字段名	类型	宽度	说明
1	教师编号	字符型	7	主索引
2	教师姓名	字符型	10	
3	出生日期	日期型	8	
4	性别	字符型	2	
5	职称	字符型	8	
6	党员否	逻辑型	1	
7	院系编号	字符型	3	普通索引

表 5-3 班级表结构

序号	字段名	类型	宽度	说明
1	班级编号	字符型	2	主索引
2	班级名称	字符型	10	

表 5-4 学生表结构

序号	字段名	类型	宽度	说明
1	学号	字符型	10	主索引
2	姓名	字符型	10	
3	性别	字符型	2	
4	出生日期	日期型	8	
5	少数民族否	逻辑型	1	
6	籍贯	字符型	50	
7	入学成绩	数值型	5,1	
8	简历	备注型	4	
9	照片	通用型	4	
10	班级编号	字符型	2	普通索引

表 5-5 课程表结构

序号	字段名	类型	宽度	说明
1	课程号	字符型	6	主索引
2	课程名称	字符型	20	
3	学时	整型	4	
4	学分	整型	4	

表 5-6　授课表结构

序　　号	字　段　名	类　　型	宽　　度	说　　明
1	教师编号	字符型	7	普通索引
2	课程编号	字符型	6	普通索引
3	授课日期	日期型	8	

表 5-7　选课表结构

序　　号	字　段　名	类　　型	宽　　度	说　　明
1	学号	字符型	10	普通索引
2	课程号	字符型	6	普通索引
3	成绩	数值型	3,0	

5.3　数据库的基本操作

在数据库应用系统中，简单的数据关系可以用一个表来描述，复杂的数据关系则要通过多个表来反映，而且这些表之间往往存在固定的联系。Visual FoxPro把这些有联系的表组织在一起，构成一个数据库。数据库文件的扩展名为.dbc。此.dbc文件并不在物理上包含任何数据库表或其他数据库对象，只是在其中存储了指向表的路径指针，表或其他数据库对象是独立存放在磁盘上的。本节将主要介绍Visual FoxPro中数据库的有关基本操作。

5.3.1　建立数据库文件

在Visual FoxPro中新建数据库文件时，除了建立扩展名为.dbc的数据库源文件外，还包含自动建立的一个扩展名为.dct的数据库备注文件和一个扩展名为.dcx的数据库索引文件。这三个文件是供Visual FoxPro管理数据库使用的，用户一般不能直接使用。在Visual FoxPro中，通常可以通过项目管理器、“新建”对话框和命令交互方式等三种方式创建数据库。

下面将以建立“学生成绩管理”数据库文件为例，分别详细介绍这三种建立数据库的方法。

1．使用项目管理器建立数据库

使用项目管理器建立数据库的操作步骤如下。

（1）打开要建立数据库的项目文件，在“项目管理器”对话框中选择“数据”选项卡，从中选择“数据库”选项。

（2）单击“新建”按钮，打开“新建数据库”对话框（见图5-15），单击“新建数据库”按钮，随即弹出“创建”对话框（见图5-16）。

（3）在“创建”对话框中输入所要创建数据库文件的名称“学生成绩管理”，扩展名为.dbc，并设置保存路径。

（4）设置完成后单击“保存”按钮，系统即打开“数据库设计器”窗口，同时弹出“数据库设计器”工具栏（见图5-17）。

2．使用“新建”对话框建立数据库

使用“新建”文件命令也可以方便地建立数据库，其具体操作步骤如下。

（1）选择“文件”/“新建”命令或者单击工具栏上的“新建”按钮，打开“新建”

对话框。

（2）在“新建”对话框的“文件类型”选项卡中选择“数据库”选项，并单击“新建文件”按钮。

（3）打开“创建”对话框，在其中输入数据库文件的名称“学生成绩管理”，设置好所要保存的位置。

（4）单击“保存”按钮，系统将打开“数据库设计器”窗口，并弹出“数据库设计器”工具栏。

提示

在数据库设计器打开时，菜单栏中会有“数据库”菜单项。通过“数据库”菜单项或者在数据库设计器中任意空白区域单击鼠标右键，在弹出的快捷菜单中选择“数据库”菜单项，都可以方便地操作数据库文件。

3．使用命令交互方式来建立数据库

建立数据库的命令格式为

```
CREATE DATABASE  [<数据库名>|?]
```

其中[<数据库名>]指的是要建立的数据库的名称，该部分可以省略。若不指定数据库名称或输入“?”，系统将弹出“创建”对话框以使用户选择数据库存放的位置和输入数据库名称。此方法与前两种建立数据库的方法不同，执行此命令后，建立的数据库自动处于打开状态，而不打开数据库设计器。

在命令窗口输入：CREATE DATABASE　学生成绩管理。

提示

使用以上三种方法都可以建立一个新的数据库，如果指定的数据库已经存在，很可能会覆盖已经存在的数据库。如果系统环境参数SAFETY被设置为OFF状态，则会直接覆盖，否则会出现警告对话框请用户确认。因此，为安全起见，可以先执行命令SET SAFETY ON。

5.3.2 编辑数据库

新建的数据库只是定义了一个空数据库，不能直接输入数据，此时需要对数据库进行编辑操作，如向数据库中建立、添加数据库表及其他数据库对象，或者把数据库添加到一个项目中等有关数据库的操作。

1．把数据库添加到项目中

如果新建的数据库还不是项目中的一部分，可以把它添加到项目中。如果使用命令方式建立数据库，即使项目管理器是打开的，该数据库也不会自动成为项目的一部分。把数据库添加到一个项目的方法是：首先需要打开使用的项目文件，在对应的“项目管理器”的“数据”选项卡中选择“数据库”选项；然后单击“添加”按钮，或者选择“项目”/“添加文件”命令，弹出“打开”对话框，从中选择需要添加的数据库文件；最后单击“确定”按钮即可。

2．打开数据库

在数据库中建立表或者使用数据库中的表时，都必须首选打开数据库。打开数据库常用的方法有如下几种。

（1）使用项目管理器打开数据库。在项目管理器中打开数据库，首先应在项目管理器中选择需要打开的数据库文件，然后单击“打开”按钮即可，但此时不会同时打开数据库设计器。

（2）使用系统菜单方式打开数据库。选择“文件”/“打开”命令或者单击工具栏上的“打开”按钮，在“打开”对话框中选择文件类型为“数据库(*.dbc)”，再选择需要打开的数据库文件，单击“确定”按钮即可。此种方法在打开数据库的同时会打开数据库设计器。

（3）使用命令方式打开数据库。打开数据库的命令格式为

```
OPEN DATABASE [<数据库文件名>|? ] [NOUPDATE] [EXCLUSIVE|SHARED]
```

其中<数据库文件名>是要打开的数据库名。如果用户省略<数据库文件名>或者用“?”代替数据库名，系统会显示“打开”对话框。NOUPDATE指定以只读方式打开数据库，EXCLUSIVE指定以独占方式打开数据库，SHARED指定以共享方式打开数据库。

使用命令方式打开数据库文件时，如果数据库文件没有存放在当前目录中，此时在数据库名前要加上数据库文件的存放目录。此种方法在打开数据库的同时也不会打开数据库设计器。

打开一个数据库文件，同名的.dct数据库备注文件与.dcx索引文件也将一起被打开。

在Visual FoxPro 6.0中可同时允许打开多个数据库文件，所有打开的数据库文件名都被显示在主窗口“常用”工具栏的下拉列表框中，同时当数据库设计器为当前窗口时，系统菜单上出现“数据库”菜单项。

↘ 提示

虽然Visual FoxPro 6.0在同一时刻可以打开多个数据库，但在同一时刻只有一个是当前数据库，所有作用于数据库的命令或函数都是对当前数据库而言的。当打开多个数据库时，系统将最后被打开的数据库作为当前数据库。可以从“常用”工具栏上的数据库下拉列表中选择一个打开的数据库作为当前数据库，或者使用命令SET DATABASE<数据库文件名>设定一个数据库作为当前数据库。

3．关闭数据库

为了确保数据的安全性，当数据库文件操作完成后，必须将其关闭。关闭数据库的常用方法有以下两种。

（1）使用项目管理器关闭数据库。在项目管理器中关闭数据库，首先应在项目管理器中选择需要关闭的数据库文件，然后单击“关闭”按钮即可。如果在此之前打开了数据库设计器，则数据库设计器也同时被关闭。

（2）使用命令方式关闭数据库。关闭数据库的命令格式为CLOSE DATABASE或CLOSE ALL。CLOSE DATABASE用于关闭当前数据库和数据库表。CLOSE ALL用于关闭所有对象及其设计器，如数据库、表、索引、表单设计器、标签设计器、查询设计器和报表设计器等。

4．修改数据库

在Visual FoxPro中，数据库的修改操作都是通过数据库设计器完成的。打开数据库

设计器的常用方法有以下两种。

（1）使用项目管理器打开数据库设计器。在“项目管理器”对话框中选择所要修改的数据库文件，然后单击“修改”按钮，此时将打开“数据库设计器”窗口。

（2）使用命令方式打开数据库设计器。修改数据库的命令格式为

```
MODIFY DATABASE [<数据库文件名|?>] [NOWAIT] [NOEDIT]
```

其中<数据库文件名>是要修改的数据库名。如果用户省略<数据库文件名>或者用“?”代替数据库名，系统会显示“打开”对话框。NOWAIT只在程序中使用，在命令窗口下无效。NOWAIT选项的作用是在数据库设计器打开后程序继续执行，即继续执行MODIFY DATABASE NOWAIT之后的语句。如果不使用该选项，则在数据库设计器打开后，程序暂停运行，直到数据库设计器关闭后程序才会继续执行。使用NOEDIT选项只是打开数据库设计器，而禁止对数据库进行修改。

5. 删除数据库

如果一个数据库不再被使用了，需要将其删除。在Visual FoxPro中，删除数据库的常用方法有以下两种。

（1）使用项目管理器删除数据库。在项目管理器中选择要删除的数据库，单击“移去”按钮，将弹出如图5-26所示的提示对话框。

图 5-26 “删除”提示对话框

此时如果单击“移去”按钮，数据库文件将从项目管理器中删除，即删除了此数据库文件与项目文件的联系，但并不从磁盘上真正删除相应的数据库文件；如果单击“删除”按钮，数据库文件不仅从项目管理器中被删除，相应地也被从磁盘上删除。

（2）使用命令方式删除数据库。删除数据库的命令格式为

```
DELETE DATABASE <数据库文件名|?> [DELETE TABLES] [RECYCLE]
```

其中<数据库文件名>是要删除的数据库名，此时要删除的数据库必须处于关闭状态。如果用“?”代替数据库名，系统会显示“删除”对话框，在其中选择要删除的数据库，单击“删除”按钮即可。

↘ 提示

Visual FoxPro的数据库文件并不真正含有数据库表或其他数据库对象，只是在数据库文件中记录了相关对象的信息，数据库表或其他数据库对象是独立存放在磁盘上的。在一般情况下，删除数据库文件并不删除数据库中的表等对象，而是将表变成为自由表。要在删除数据库文件的同时从磁盘上删除该数据库所包含的表，可以在命令中使用DELETE TABLES选项。使用RECYCLE选项则将删除的数据库文件和表文件等放入Windows的回收站中，需要时还可以还原它们。

5.3.3 向数据库添加自由表

在Visual FoxPro中，有两种类型的表：自由表和数据库表，其扩展名都是.dbf。使用自由表还是数据库表来保存要管理的数据，取决于管理的数据之间是否存在关系以及关系的复杂程度。如果用户要保存的数据关系比较简单，使用自由表就够了。如果要保存

的数据需要多个表，表和表之间又存在相互关系，此时就必须建立一个数据库。把这些表添加进数据库，可以认为这个数据库拥有添加进来的表，但用户数据仍然存储在数据库表中。

当数据库建立好之后，就可以向数据库中添加已存在的自由表。通常，表只能属于一个数据库文件，如果想将一个数据库中的表移到另一个数据库中，必须先从数据库中移去该数据库表使之变成自由表，然后才能将其添加到另一个数据库中。

向数据库中添加表常用的方法有以下几种。

（1）使用项目管理器添加表。在项目管理器的“数据”选项卡中选中需要添加表的数据库文件的“表”选项，单击“添加”按钮，或者选择系统菜单“项目”/“添加文件”命令后，随即弹出“打开”对话框，从中选择需要添加到数据库中的数据表，然后单击“确定”按钮，所选定的数据表就被添加到打开的数据库文件中了。

（2）使用数据库设计器添加表。首先打开已经建立好的数据库及数据库设计器，然后从数据库设计器的工具栏上单击“添加表”按钮，或者在数据库设计窗口的空白处单击鼠标右键，从弹出的快捷菜单中选择“添加表”选项，或者选择系统菜单“数据库”/“添加表”命令。然后在“打开”对话框中选择一个自由表，单击“确定”按钮即可。

（3）使用命令方式添加表。添加表的命令格式为

```
ADD TABLE[<数据表文件名>|?]
```

其中<数据表文件名>是要添加的自由表名。如果用户省略<数据表文件名>或者用“?”代替自由表名，系统会显示“打开”对话框。

↘ 提示

将一个自由表添加到数据库中变为数据库表，就具有了数据库表的所有特性。

5.3.4 创建数据库表

用户可以将一个已经建立好的自由表添加到数据库中，也可以在已打开的数据库中建立新的数据库表。当数据库处于打开状态时，可以使用建立自由表的方法在数据库中建立新表，所建立的新表将自动添加到打开的数据库中。

在数据库中新建数据库表有以下几种常用的方法。

（1）使用项目管理器新建数据库表。在项目管理器的“数据”选项卡中选中需要添加表的数据库文件的“表”选项，单击“新建”按钮，或者选择系统菜单“项目”/“新建文件”命令后，随即弹出“新建”对话框，单击“新建表”图标按钮，打开“创建”对话框，输入所要创建表的名称，并设置表文件保存的位置。单击“保存”按钮，将打开“表设计器”对话框，此时即可对其表结构进行设置。

在“新建表”对话框中也可以单击“表向导”创建表，使用“表向导”建立数据库表只需要根据向导的每步提示即可。

（2）使用命令方式新建数据库表。新建数据库表的命令格式为

```
CREATE  [<数据表文件名>|?]
```

其中<数据表文件名>是要新建的自由表名。如果用户省略<数据表文件名>或者用“?”代替表名，系统会打开“创建”对话框，其后操作同上述（1）的方法。

（3）使用数据库设计器新建数据库表。打开要建立表的数据库设计器。在数据库设计器的工具栏上单击“新建表”按钮，或者在数据库设计器的空白处单击鼠标右键，从弹出的快捷菜单中选择“新建表”选项，或者选择系统菜单“数据库”/“新建表”命令。弹出 “新建表”对话框。在该对话框中单击“新建表”图标按钮，打开“创建”对话框，其后操作同上述（1）的方法。

【例5-6】在例5-2中建立的“学生成绩管理”数据库中新建“课程”的数据库表。

解：本例以上述第（3）种新建数据库表方法为例来说明其具体操作步骤。

① 打开“学生成绩管理”数据库的数据库设计器，选择“数据库”/“新建表”命令，系统将弹出“新建表”对话框（见图5-27）。

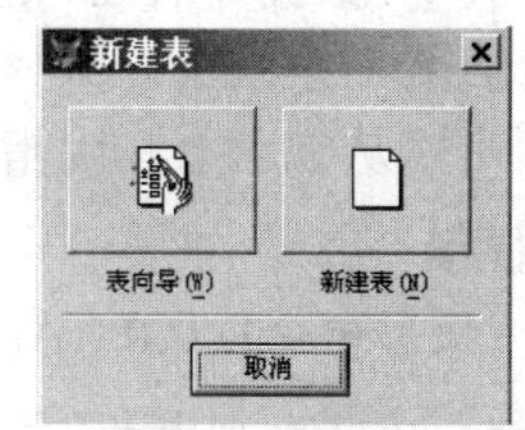

图 5-27 “新建表”对话框

② 单击“新建表”按钮，将弹出“创建”对话框（见图5-28）在其中输入数据库表文件名称“课程”，并选择保存该数据库表文件的文件夹，最后单击“保存”按钮，即可打开如图5-29所示的“表设计器”对话框。在“表设计器”对话框中可以对数据库表的各个字段属性进行设置。

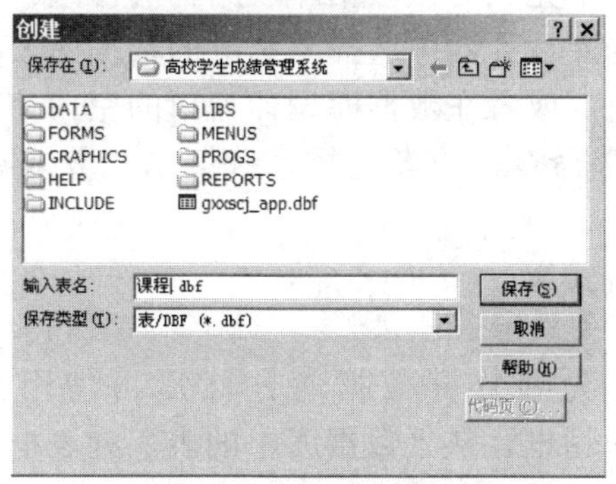

图 5-28 “创建”对话框

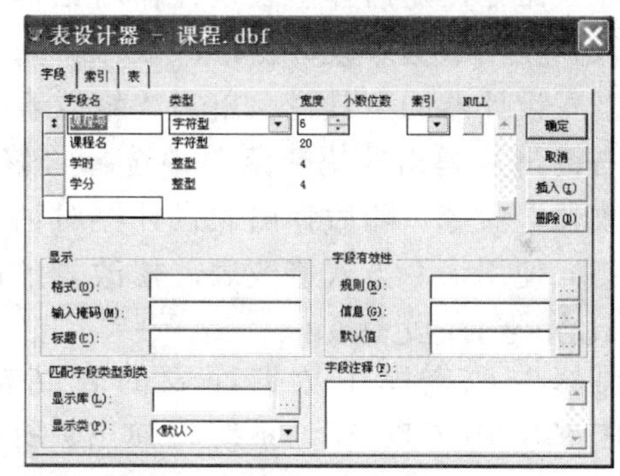

图 5-29 “表设计器”对话框

5.3.5 编辑数据库表

用户还可以对数据库表进行编辑。当数据库中不再需要某个表或其他数据库需要使用该表时，可以从该数据库中移去此表；需要增加或删除数据表中的字段时，可以对数据库表的表结构进行修改，还可以对数据库表进行重命名等操作。

1．从数据库中移去数据库表

从数据库中移去表的常用方法有以下几种。

（1）使用项目管理器移去表。在项目管理器的“数据”选项卡中选中需要移去表的数据库文件的“表”选项，单击“移去”按钮，或者选择系统菜单“项目”/“移去文件”命令，随后弹出提示对话框（见图5-26）。单击“移去”按钮，选定的数据库表将被移出数据库而成为自由表；单击“删除”按钮，选定的数据库表将被从磁盘中删除；单击“取消”按钮则取消此次操作。

（2）使用数据库设计器移去表。首先在数据库设计器中选择要移去的数据库表，然后在数据库设计器的工具栏上单击“移去表”按钮，或者在数据库设计窗口的空白处单击鼠标右键，从弹出的快捷菜单中选择“移去表”命令，或者选择系统菜单“数据库”/“移去表”命令。随后弹出提示对话框。

（3）使用命令方式移去表。移去表的命令格式为

```
REMOVE TABLE <数据库表名|?> [DELETE]
```

其中<数据库表名>是要移去的数据库表名。如果用户省略<数据库表名>或者用“?”代替表名，系统会打开“打开”对话框，然后在其中选择要移去的数据库表。DELETE选项可以从磁盘上删除指定的数据库表。

> ↘ 提示
>
> 使用命令DROP TABLE <数据库表名>，也可以从磁盘上删除指定的数据表。

2．修改数据库表

要修改数据库表的结构是在数据库表的表设计器中进行的。打开数据库表设计器常用的方法有以下几种。

（1）使用项目管理器修改数据库表。在项目管理器的“数据”选项卡中选中需要修改表的数据库文件的“表”选项，单击“修改”按钮，或者选择系统菜单“项目”/“修改文件”命令，随后弹出表设计器对话框，在其中完成对该数据库表结构的修改。

（2）使用数据库设计器修改表。首先在数据库设计器中选择要修改的数据库表，然后数据库设计器的工具栏上单击“修改表”按钮，或者在数据库设计窗口的空白处单击鼠标右键，从弹出的快捷菜单中选择“修改表”命令，或者选择系统菜单“数据库”/“修改表”命令。随后弹出表设计器对话框。

（3）使用命令方式修改表。修改表的命令格式为

```
MODIFY STRUCTURE
```

要修改数据库中数据库表的表结构，首先要打开数据库，然后再使用命令MODIFY STRUCTURE，系统将弹出“打开”对话框，从“数据库中的表”列表框中选择所要修改表结构的数据库表，单击“确定”按钮后“表设计器”对话框即被打开。

3．重命名数据库表

对数据库中的表进行重命名的常用方法有以下几种。

（1）使用项目管理器重命名数据库表。在项目管理器的“数据”选项卡中选中需要修改表的数据库文件的“表”选项，选择系统菜单“项目”/“重命名文件”命令，随后弹出重命名文件对话框，在该对话框中输入新的文件名（注意保留原来的文件扩展名），然后单击“确定”按钮即可。

（2）使用命令方式重命名数据库表。重命名数据库表的命令格式为

```
RENAME TABLE <表文件名1> TO <表文件名2>
```

其含义是将当前数据库中的表文件名1重命名为表文件名2。

5.3.6 设置数据库表字段属性

要设置数据库表字段属性，必须通过数据库表设计器完成。数据库表的“表设计器”对话框（见图5-30）与自由表的“表设计器”对话框有所不同。数据库“表设计器”对话

框的下部有“显示”、“字段有效性”、“匹配字段类型到类”和“字段注释”4个输入区域，而自由表设计器没有这些。这是因为数据库表具有一些自由表所没有的特性，具体如下。

（1）数据库表可以使用长表名，在表中可以使用长字段名。

（2）可以为数据库表中的字段指定标题和添加注释。

（3）可以为数据库表中的字段指定默认值和输入掩码。

（4）数据库表的字段有默认的控件类。

（5）可以为数据库表规定字段级规则和记录级规则。

（6）数据库表支持主关键字、参照完整性和表之间的联系。

（7）支持INSERT、UPDATE和DELETE事件的触发器。

当建立数据库表时，不仅要确定字段名、类型、宽度等内容，还可以给字段和表定义属性。当自由表添加到数据库成为数据库表后，便可以具有原来在自由表中得不到的高级属性。这些属性被作为数据库的一部分保存起来，并且一直为数据库表所拥有，直到数据库表从这个数据库中移去成为自由表为止。

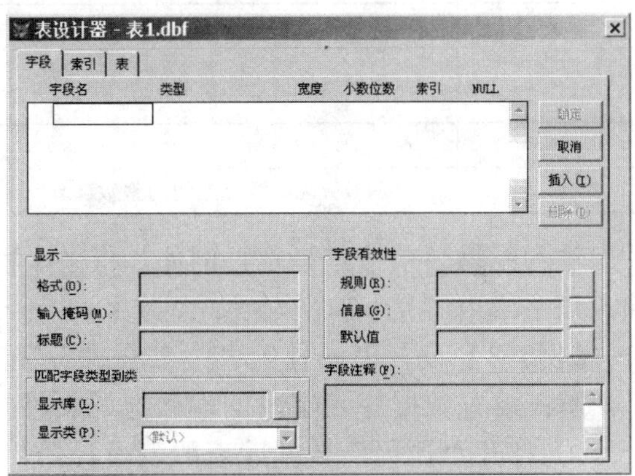

图 5-30 数据库“表设计器”对话框

下面参考图5-30介绍数据库表字段的高级属性的设置方法。

1. 字段的显示属性

字段的显示属性包括显示格式、输入掩码和标题。

1）字段显示格式

“显示”区的“格式”文本框用于键入格式表达式，确定当前字段在浏览窗口、表单或报表中显示时采用的大小写、字体大小和样式。格式字符及功能如表5-8所示。

表 5-8 格式字符及功能

格 式 码	功 能
A	只允许输出文字字符，不允许输出数字、空格和标点符号
D	使用当前系统设置的日期格式
E	使用英国日期格式
K	光标移至该字段选择所有内容
L	在数值前显示前导0，而不是用空格字符
R	显示文本框的格式掩码，但不保存到字段中
T	禁止输入字段的前导空格字符和结尾空格字符
!	把输入的小写字母字符转换成大写字母
^	用科学计数法表示数值数据
$	显示货币符号

例如，在此文本框中输入一个字符“!”，表示在浏览窗口中该字段的字母均自动转换为大写；输入一个字符“A”，表示在浏览器窗口中该字段只能输入字母。

【例5-7】 设置“课程”表中“课程名”字段的显示格式为只显示课程名字符，且不显示前导和结尾的空格。

解：设置数据库表字段的显示格式属性操作步骤如下。

① 打开“课程”数据库表的表设计器，选择字段选项卡中的“课程名”字段。

② 在“显示”区的“格式”文本框中输入“AT”，单击“确定”按钮即可。

2）输入掩码

输入掩码用于指定字段的输入格式。使用输入掩码可减少人为的数据输入错误，提高输入准确性，保证输入的字段数据格式统一和有效。输入掩码字符及功能如表5-9所示。

表 5-9 输入掩码字符及功能

掩码字符	功　能	掩码字符	功　能
X	允许输入任何字符	9	允许输入数字和正负号
#	允许输入数字、空格和正负号	$	在固定位置显示SET CURRENCY命令指定的货币符号
*	在值的左边显示*	.	指出小数点位置
,	用逗号分隔小数点左边的整数部分	$$	表示显示当前货币符号

输入掩码必须按位指定，例如，将“课程号”字段输入掩码设置为“999999”，则在输入该字段内容是只允许输入6个数字。

【例5-8】 设置“课程”表中“学时”字段的输入掩码为只允许输入2位数字。

解：设置数据库表字段的输入掩码属性操作步骤如下。

① 打开“课程”数据库表的表设计器，选择“字段”选项卡中的“学时”字段。

② 在“显示”区的“输入掩码”文本框中输入“99”。

③ 单击“确定”按钮即可。

3）标题

标题用于指定当前字段在浏览窗口、表单或报表中显示时的标题。

↘ 提示

虽然在Visual FoxPro中允许数据库表的字段名最多包含128个字符，但在定义数据库表的字段名时，一般比较简练，如代表课程名的字段可用课名、CNAME等作为字段名，但在显示输出时很难表现字段的含义。为此，Visual FoxPro提供了“标题”属性，如指定课程名的标题为“课程名称”。

2．有效性规则

有效性规则是一个与字段或记录相关的逻辑表达式，通过对用户输入的值加入限制，提供数据有效性检查。建立有效性规则时，必须建立一个有效的规则表达式，以此来控制输入到数据库表字段和记录中的数据。检测有效性规则时是把用户输入的值与定义的规则表达式进行比较，如果输入的值不满足规则要求，则拒绝该值。

根据激活方式的不同，有效性规则分两种：字段有效性规则和记录有效性规则。字段有效性规则是对一个字段的约束，检查单个字段中输入的数据是否有效。记录有效性规则是对一个记录的约束，当插入或修改记录时被激活，常用来检查数据输入的正确性。记录有效性规则只有在整条记录输入完毕后才开始检查数据的有效性。

只有数据库表才能够设置有效性规则。如果数据库表从数据库中移去或删除，则所有属于该表的字段有效性规则和记录有效性规则都会从数据库中删除。因为规则存储在

数据库文件中，而从数据库文件中移去表会破坏表文件和数据库文件之间的链接。

1）字段有效性

字段有效性用于对当前字段输入数据的有效性、合法性进行检验。在“规则”栏输入一个逻辑表达式，该表达式即为字段输入时必须满足的规则表达式。对该字段输入数据时，Visual FoxPro将根据表达式对其进行检验，如不符合规则，就要修改输入数据，直到符合规则才允许光标离开该字段。“信息”栏指定在输入该字段值不满足规则表达式时的提示信息。“默认值”栏用于指定当前字段的默认值，在增加新记录时，默认值会在新记录中显示出来，当该字段值为默认值时，不用输入，从而提高输入的速度。

字段有效性区的三个栏目均可单击其右边的按钮，在弹出的对话框中设置信息。

【例5-9】设置“课程”表中“学时”字段在输入值时，检查该字段值是否在0到100之间，错误输入时的提示信息为“学时的值在0和100之间”，并且设置学时字段的默认值为“64”等字段有效性规则。

解：设置数据库表字段的字段有效性规则操作步骤如下。

① 打开“课程”数据库表的表设计器，选择“字段”选项卡中的“学时”字段。

② 在“字段有效性”的“规则”栏中输入规则表达式“学时>=0 AND 学时 <=100”。

③ 在“字段有效性”的“信息”栏中输入错误提示信息“学时的值在0和100之间”。

④ 在“字段有效性”的“默认值”栏中输入默认值“64”。

⑤ 单击“确定”按钮即可。

“学时”字段的有效性规则设置结果如图5-31所示。

2）记录有效性

记录有效性验证指建立一规则对同一记录中不同字段之间的逻辑关系进行验证。在数据库表设计器中，“表”选项卡“记录有效性”中的“规则”和“信息”栏，可以为数据库表设置记录有效性规则和违反规则时显示的错误提示信息。Visual FoxPro将根据表达式对其进行检验，如不符合规则，就要修改输入数据，直到符合规则才允许光标离开该记录。

记录有效性区的两个栏目均可单击其右边的按钮，在弹出的对话框中输入信息。

【例5-10】设置“课程”表中在输入一条记录后，检查该“学分”的值是否在0到10之间，错误输入时的提示信息为“学分的值在0和10之间”的记录有效性规则。

解：设置数据库表记录的记录有效性规则操作步骤如下。

① 打开“课程”数据库表的表设计器，选择“表”选项卡。

② 在“记录有效性”的“规则”栏中输入规则表达式“学分>=0 AND 学分 <=10”。

③ 在“记录有效性”的“信息”栏中输入错误提示信息“学分的值在0和10之间”。

④ 单击“确定”按钮即可。

“课程”表的记录有效性规则设置结果如图5-32所示。

3）触发器

字段有效性规则和记录有效性规则主要限制非法数据的输入，而数据输入后还会进行修改、删除等操作。若要控制对已经存在的记录所做的非法操作，则应使用数据库表的记录级触发器。触发器是在某些事件发生时触发执行的一个表达式或一个过程。这些事件包括插入记录、修改记录和删除记录。当发生了这些事件时，将引发触发器中所包含的事件代码。

“触发器”区内有“插入触发器”、“更新触发器”、“删除触发器”。

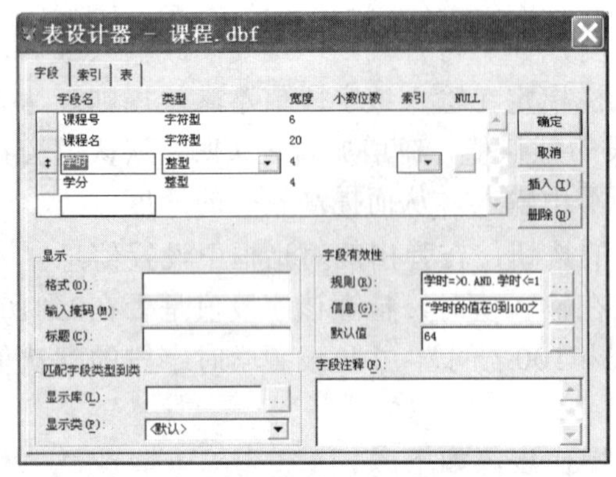

图 5-31 字段有效性规则设置结果

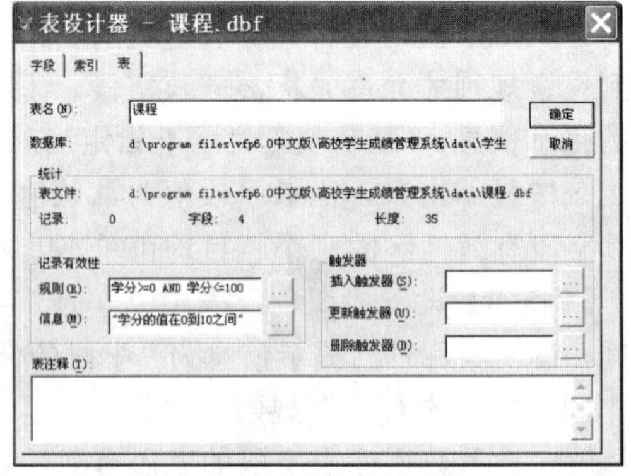

图 5-32 记录有效性规则设置结果

（1）“插入触发器”栏用于指定记录的插入规则，每当用户向表中插入或追加记录时，就会触发此规则并进行相应的检查。当表达式或自定义函数的结果为“假”时，插入的记录将不被接受。

（2）“更新触发器”栏用于指定记录的修改规则，每当对表中的记录进行修改时，会激发所设置的表达式或自定义函数进行检测，确定该记录被修改后是否符合所设置的规则。如果符合，则返回“真”值，并保存修改后的记录；否则返回“假”值，不保存修改后的记录，同时还原修改之前的记录值。

（3）“删除触发器”栏用于指定记录的删除规则，每当对表中记录进行删除时，激发所设置的表达式或自定义函数进行检测。如果检测结果为“真”值，该记录可以被删除；如果返回“假”值，则该记录禁止被删除。

【例5-11】设置在当“课程”表中的“课程名”为空时允许删除的删除触发器。

解：设置数据库表删除触发器的操作步骤如下。

① 打开“课程”数据库表的表设计器，选择“表”选项卡。

② 在“删除触发器”栏中输入规则表达式“EMPTY（课程名）”。

③ 单击“确定”按钮即可。

当对“课程”表做删除记录操作时，Visual FoxPro将根据表达式对其进行检验，如不符合触发器表达式，将弹出“触发器失败”对话框，这个触发器用于保证不误删记录。“课程”表的删除触发器设置结果如图5-33所示。

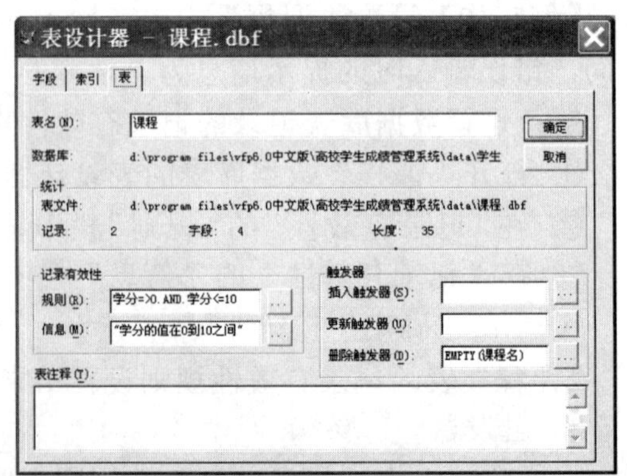

图 5-33 删除触发器设置结果

3．注释

在Visual FoxPro中，可以为数据库表中的字段或表添加相应的注释，以增加对字段或表的可读性。字段注释在数据库表的“表设计器”中，“字段”选项卡“字段注释”栏输入。表注释在数据库表的“表设计器”中“表”选项卡“表注释”栏输入。当为某个表或字段设置了注释后，在项目管理器中选择该数据库表或字段时，项目管理器的左下角将显示注释内容，提醒用户该数据库表或字段的含义。

5.3.7　为数据库表添加索引

为了建立表之间的联系，需要为数据库表建立索引。为数据库表建立索引的方法是：选定数据库表，打开表设计器，在表设计器窗口单击“索引”选项卡，在索引名、类型、表达式各栏依次输入有关内容。具体请参照第4章中索引的建立方法。

根据学生成绩管理数据库中7个表之间的关系，各表需要建立的索引如表5-10所示。

表 5-10　学生成绩管理数据库中 7 个数据库表的索引

数据库表	索引字段	索引类型
学生表	学号	主索引
学生表	班级编号	普通索引
选课表	学号	普通索引
选课表	课程号	普通索引
课程表	课程号	主索引
授课表	课程号	普通索引
授课表	教师编号	普通索引
教师表	教师编号	主索引
教师表	院系编号	普通索引
班级表	班级编号	主索引
院系表	院系编号	主索引

5.4　建立数据库表之间的联系

一个数据库中可以包含多个数据库表，这些表之间并不是孤立的，而是存在某种相互关系。通常这些联系可以用来实现两个表之间相对应字段的关联操作。在Visual FoxPro中通过连接不同表之间的索引，可以方便地建立数据库表之间的关联关系，表索引的类型不同决定了表之间联系的类型。由于这种在数据库中建立的表之间的关系将作为数据库的一部分保存起来，以后在使用这些表时，这种联系将自动引入，因此称这种联系为“永久联系”。

5.4.1　工作区的基本概念

通常，用户在开发应用系统时，都需要使用到多个表。所以在Visual FoxPro中引入了工作区的概念，并提供了多个数据库表的操作能力，用户可以在不同的工作区中同时打开多个表操作。

1．工作区有关概念

当用户打开数据表时，系统会在内存中开辟一个缓冲区与磁盘上数据表之间建立起一种映射关系，这样Visual FoxPro就可以通过缓冲区使用数据表中的数据，这个内存的缓冲区就称为工作区。即工作区是用来保存表及其相关信息的一片内存空间。在每个工作区只能打开一个表文件，但可以同时打开与表相关的其他文件，如索引文件、查询文件等。

由于Visual FoxPro系统可提供很多工作区，因此在对数据表进行操作时，必须先确定数据表所在的工作区，然后才能进行操作，这个当前选择的工作区就被称为当前工作区。在没有特别声明的情况下，都是对当前工作区中的数据表进行操作。

> ↘ 提示
>
> 在某一时刻，当前工作区只有一个，在当前工作区打开的数据表被称为当前表。启动Visual FoxPro后将自动指定1号工作区为当前工作区。

2．工作区号与别名

不同工作区可以用其编号或别名来加以区分。

Visual FoxPro系统最多可以同时打开32 767个数据表，即在内存中提供了32 767个工作区，其编号为1～32 767。同时，还为各工作区规定了一个名字，称为工作区的别名，其中1～10号工作区的别名用A～J字母来表示，11～32 767号工作区的别名分别用W11～W32767来表示。因此需注意，在给数据库对象命名时不要与上述工作区的别名冲突，否则容易引起混乱。

每个工作区只允许打开一个表，因此Visual FoxPro系统最多可以同时打开32 767个数据表。在同一工作区打开另一个表时，以前打开的表将会自动关闭。总之，一个表只能在一个工作区打开，若一个表在未关闭的情况下，试图在其他工作区打开时，Visual FoxPro会弹出提示对话框，提示出错信息“文件正在使用”。

> ↘ 提示
>
> 如果在同一时刻需要打开多个表，则只需在不同的工作区打开不同的表即可。

在打开数据表的同时可以为数据表指定一个别名，以便于操作，若未对表指定别名，则表的主名被默认为别名。用于指定别名的命令为USE<文件名>ALIAS<别名>。

【例5-12】打开“课程”表的同时指定其别名为course。

解：在命令窗口输入

```
USE 课程 ALIAS  course
```

3．多工作区操作规则

在多个工作区之间进行操作时，必须遵循如下规则。

（1）每个工作区只能打开一个表文件（可以同时打开与此表相关的若干个辅助文件），某一时刻只能选择一个工作区进行操作。

（2）一个数据表文件不能同时在多个工作区中打开。

（3）当前选择的工作区称为主工作区，在其内打开的数据表称为主表；其他工作区称为别名工作区，在其内打开的数据表被称为别名表。系统启动后自动选择1号工作区为主工作区。

（4）各工作区中打开的数据表都有各自的记录指针，若各表之间未建立逻辑关联，则对主工作区进行的各种操作都不影响其他工作区中数据表记录指针的位置。

（5）若要访问其他工作区中数据表的某个字段时，需要用“别名.字段名”或“别名->字段名”的格式来指定。其中的别名可以是在打开数据表时定义的别名，也可以是表示工作区的特定字母。

5.4.2 工作区的选择和使用

在Visual FoxPro中，如果要在一个工作区中打开表，可以使用SELECT命令选择该工作区为当前工作区。

1．选择工作区

命令格式

```
SELECT <工作区名>|<表别名>|0
```

命令含义是选择一个工作区为当前工作区，以便打开一个表或把该工作区中已打开的表作为当前表进行操作。

下面进一步对其命令进行说明。

（1）用SELECT命令选定的工作区称为当前工作区，Visual FoxPro默认1号工作区为当前工作区。

（2）命令SELECT 0表示选择当前没有被使用的最小号工作区为当前工作区，使用该命令开辟新的工作区，不用考虑工作区号已用了多少，最为方便。以后要切换到某个工作区，只要在SELECT命令中使用<表别名>即可。

（3）要引用非当前工作区中的表字段，应当加上要引用表所在工作区的表别名，其引用格式为：别名.字段名。

（4）命令“USE<表名>IN<工作区号>|<别名>”能在指定的工作区打开表，但不改变当前工作区，若要改变工作区仍需使用SELECT命令。

【例5-13】在不同的工作区打开“学生”表和“课程”表，并引用两个表中的字段。

解：

```
USE 学生                        &&在1号工作区打开学生表
SELECT 2                        &&选择2号工作区为当前工作区
USE 课程 ALIAS KC               &&在当前工作区（2号工作区）打开课程表，并指定别名为KC
SELECT A                        &&选择1号工作区为当前工作区
SELECT KC                       &&选择2号工作区为当前工作区
DISPLY 课程号,课程名,A.学号,A->姓名    &&引用非当前工作区中的表字段
```

2．数据工作期

用户可以通过数据工作期对话框了解工作区的使用情况。“数据工作期”是当前动态工作环境的一种表示，每个数据工作期包含有相应的一组工作区，这些工作区含有打开的表、表索引和关系。

可以选择“窗口”/“数据工作期”命令或在“命令”窗口中输入“SET”命令打开“数据工作期”对话框。“数据工作期”对话框如图5-34所示，并显示当前数据工作期中的所有工作区。

“数据工作期”对话框用于设置工作区的工作环境，包括三个部分。其中：左边的“别名”列表框用于显示已打开的所有表，并可从多个表中选定一个当前表；右边的“关系”列表框用于显示表之间的关联情况；中间有五个功能按钮。下面将分别介绍其各个

命令功能按钮的含义。

（1）“属性”按钮：用于打开“工作区属性”对话框（见图5-35）。

“工作区属性”对话框用于对该工作区和表进行多种设置。单击“修改”按钮将打开相关的表设计器，在其中可修改当前表的结构，建立或修改索引；在“索引顺序”下拉列表框中可选择主控索引；“字段筛选”按钮与“数据过滤器”文本框可设置字段表与过滤器，选中“允许数据缓冲”复选框后，可对多用户操作进行记录锁定，并设置记录缓冲还是表缓冲。

（2）“浏览”按钮：用于打开当前表的浏览窗口，以便查看或编辑数据。

（3）“打开”按钮：用于打开数据表，单击该按钮，将弹出“打开”对话框以便打开表；若某数据库已打开，还可打开数据库表。

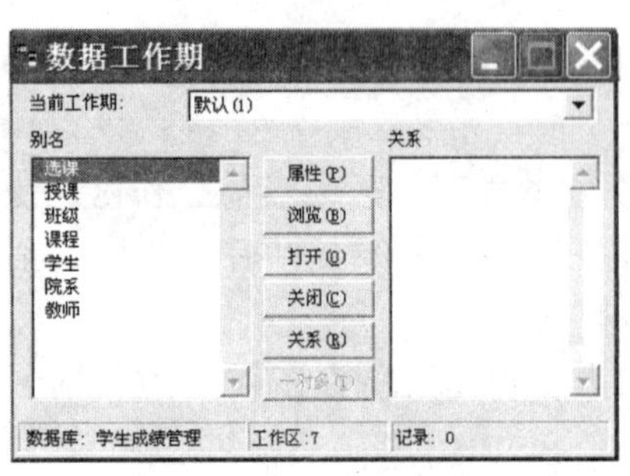

图 5-34 “数据工作期”对话框

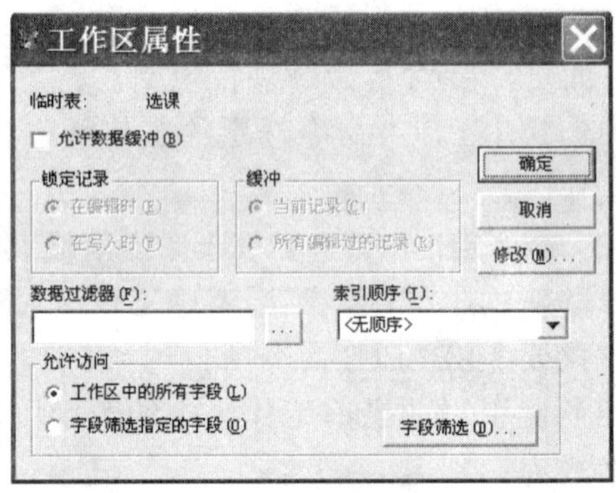

图 5-35 “工作区属性”对话框

（4）“关闭”按钮：用于关闭当前打开的表。

（5）“关系”按钮：用于以当前表为父表建立与其他表作为子表的关联关系。

5.4.3 数据库表间的关联

已建立索引的数据库表之间可以创建关联关系，建立数据库表之间的关系，不仅可以真实地反映客观实体间的联系，而且可以提高数据存储效率，使数据查询更加方便快捷。

两个数据库表之间只有存在相关联的、含义相同的字段才能建立关系，这样的字段被称为主关键字段和外部关键字段。主关键字段存在于发出关联的表中，这样的表被称为父表；外部关键字段存在于被关联的表中，这样的表被称为子表。

数据库表之间可以创建两种关系，一种是永久关系，另一种是临时关系。

1．数据库表之间永久关系的创建

数据库表之间的永久联系是基于索引建立的一种永久关系，这种关系被作为数据库的一部分而保存在数据库中。当在“查询设计器”或“视图设计器”中使用表时，这种永久联系将作为表间的默认连接条件保持数据库表之间的联系。

建立表间的永久关系主要是通过数据库设计器中完成的，每个要建立关联的数据表必须指定一个索引关键字。但是，永久关系并不控制表中记录指针间的关系，因此在开发Visual FoxPro应用程序时，不仅需要永久关系，也需要使用临时关系。

根据索引的类型，可以建立一对一、一对多和多对多类型的永久关系。通常，在实际应用中需要建立一对多的联系较多。

1）建立“一对一”联系

两个数据库表要建立“一对一”的关系，它们之间必须具有含义相同的字段，并以这些字段创建索引，父表中必须创建主索引，子表中创建主索引或者候选索引。主索引和候选索引都要求数据具有唯一性，因此，两个数据库表之间就有了“一对一”的关系。即父表中的每一条记录只与子表中的一条记录相对应。

【例5-14】建立“院系管理”数据库中“教师”表和“读者”表（假设资料室内部的读者只是教师）之间“一对一”的关联关系。

解：“院系管理”数据库、“教师”表和“读者”表分别创建了两个表的主索引教师编号，请读者参照前面“学生成绩管理”数据库中相应的数据库、表、索引去创建。

两个表之间建立“一对一”的关系操作方法如下。

① 打开项目管理器，在其中选择“数据”选项卡，并选中“数据库”下的“院系管理”，单击“修改”按钮。

② 在打开的数据库设计器中确定父表和子表，“教师.dbf”为父表，“读者.dbf”为子表。

③ 将父表的索引标识符“教师编号”拖到子表的索引标识符“教师编号”上。

按上述方法操作后，在数据库设计器中可以看到两个表之间有一条“一对一”的关联线，如图5-36所示。

2）建立“一对多”联系

两个数据库表要建立“一对多”的关系，它们必须具有相同字段，并以这些字段创建索引。父表中必须创建主索引或候选索引，其字段的值是唯一的，子表中创建普通索引或唯一索引，其字段的值可以是重复的，因此，这两个表之间就有了“一对多”的联系。父表中的每一条记录可以与子表中的多个记录相对应。

“多对多”关系在实际上也普遍存在，如“学生成绩管理”数据库中“学生”和“课程”之间的关系，一个学生可以选修多门课程，一门课程可以同时被多个学生所选。但在关系数据库管理系统建立关系时，通常将其分割成两个一对多的联系，如再生成一个“成绩”表，“成绩”表中包括“学生”和“课程”的关键字学号和课程号，“学生”表和“成绩”表、“课程”表和“成绩”表之间建立一对多的联系。

【例5-15】建立“院系管理”数据库中“教师”表和“奖惩”表之间“一对多”的关联关系。

解：“教师”表中建立主索引教师编号，“奖惩”表中建立普通索引教师编号。

两个表之间建立“一对多”联系的操作方法如下。

① 打开项目管理器，在其中选择“数据”选项卡，并选中“数据库”下的“院系管理”，单击“修改”按钮。

② 在打开的数据库设计器中确定父表和子表，即“教师.dbf”为父表，“奖惩.dbf”为子表。

③ 将父表的索引标识符“教师编号”拖到子表的索引标识符“教师编号”上。

按上述方法操作后，在数据库设计器中可以看到两个表之间有一条“一对多”的关联线，如图5-37所示。

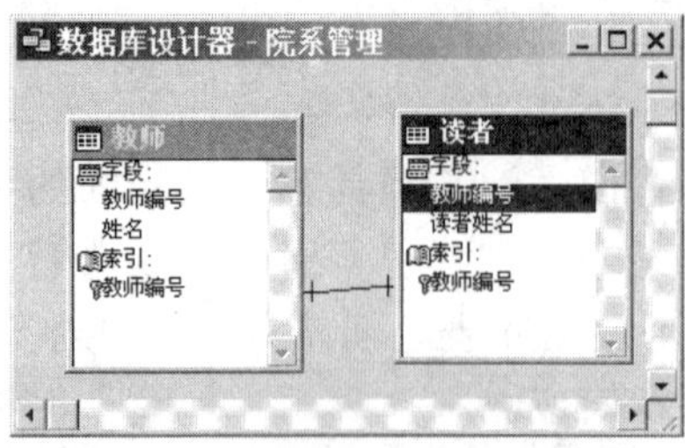

图 5-36 “一对一”联系

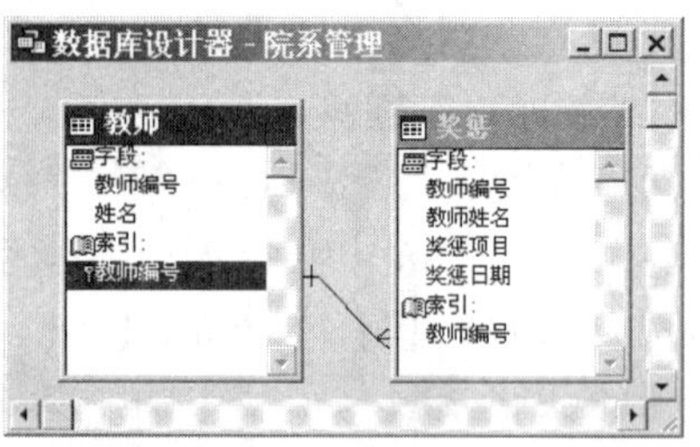

图 5-37 “一对多”联系

3）编辑永久关系

如果需要编辑修改已经建立的联系，在数据库设计器可首先单击关系连线，此时连线变粗，然后选择“数据库”/“编辑关系”命令；或者用鼠标右键单击连线，从弹出的快捷菜单中选择“编辑关系”命令；或者双击关系连线，均可打开“编辑关系”对话框，如图5-38所示，在该对话框中重新选择表或相关表的索引名则可以修改指定的关系。

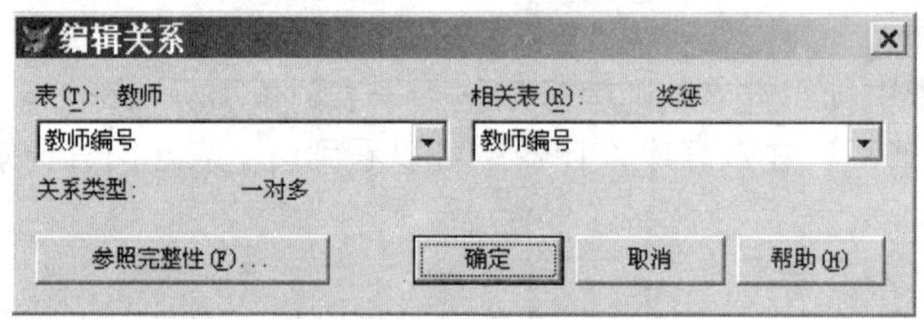

图 5-38 “编辑关系”对话框

【例5-16】删除“教师”表和“奖惩”表之间“一对多”的关联关系。

解：若要删除表间的永久关系，可以用以下两种方法。

① 在数据库设计器中，单击两表间的关联线，关联线将变粗，表明已选择了该关系，按Delete键即可删除该关系。

② 在关联线上单击鼠标右键，从弹出的快捷菜单中选择“删除关系”选项。

2．创建数据库表之间的临时关系

数据库表之间的临时关系一般是用命令建立的，这种关系随时都可以解除。在建立临时关系的两个表之间，子表中的指针自动随着父表的指针移动，即当在父表中移动指针时，按某种条件子表中的指针也将发生相应的变化。如果不再需要这种关联时，则可以随时将其撤销。

1）用命令方式建立临时关系

命令格式为

```
SET RELATION TO [<关键字表达式1|数值表达式1>]
INTO <工作区号1|别名1> [ ,<关键字表达式2|数值表达式2>]
                INTO <工作区号2|别名2>][…] [ADDITIVE]
```

该命令按照指定的<关键字表达式>或<数值表达式>的值，使当前表与INTO子句所指定的工作区上的表之间建立临时关系。

下面对该命令加以详细说明。

① INTO子句指定子文件所在的工作区，<关键字表达式>用于指定关联的条件。按照<关键字表达式>建立关联时，其中的关键字必须是主表和别名表都存在的字段，且别名数据表以此关键字表达式建立的索引项必须生效。当建立关联后，每当主表文件的记录指针移动时，别名数据表中的记录指针便自动定位到与关键字表达式值相匹配的首记录。如果在别名表中没有相匹配的记录，则别名表记录指针指向文件尾。

② 使用<数值表达式>时，别名数据表不必索引。此时主表记录指针移动时，被关联数据表的记录指针将自动定位到其记录号与该数值表达式值相匹配的记录上，即在自动执行GO<数值表达式>命令。

③ 若选择[ADDITIVE]选项，则在建立新的关联的同时保持原先的关联，否则会去掉原先的关联。

④ 省略所有选项时，SET RELATION TO命令将取消与当前表的所有关联。

【例5-17】建立“学生成绩管理”数据库中的“院系”表和“教师”表之间以“院系编号”为关键字建立关联。

解：

```
SELECT 1
USE 院系
SELECT 2
USE 教师
INDEX ON 院系编号 TAG YSBH
SET ORDER TO YSBH
SELECT 1
SET RELATION TO院系编号INTO B
BROWSE
SELECT 2
BROWSE
```

执行上述命令后，在“院系”表和“教师”表之间以“院系编号”为关键字建立了临时的关系，即当指针在“院系”表中移动时，会自动刷新“教师”表浏览窗口，并在其中显示出与“院系”表中当前记录相关联的记录，如果没有相关联的记录，则“教师”表浏览窗口中没有记录显示。

（2）使用“数据工作期”窗口建立临时关系。除了直接使用命令之外，还可以通过“数据工作期”对话框来设置表间的临时关系。

【例5-18】建立“学生成绩管理”数据库中的“院系”表和“教师”表之间的临时关系。

解：其具体操作步骤如下。

① 打开“学生成绩管理”数据库，选择“窗口”/“数据工作期”命令。

② 在“数据工作期”对话框中分别打开“院系”和“教师”。

③ 选择“院系”父表，然后单击“关系”按钮，则“院系”会出现在右方的“关系”列表框中，如图5-39所示。

④ 单击“别名”列表框中的“教师”，随即将弹出“设置索引顺序”对话框，如图5-40所示，从中选择索引“院系编号”，单击“确定”按钮。

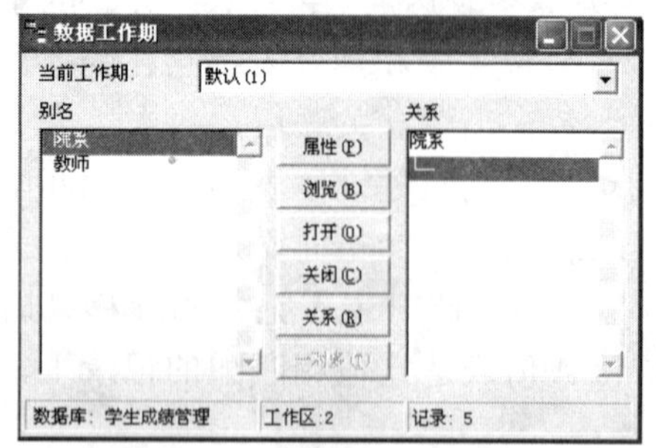

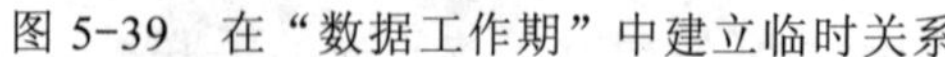
图 5-39　在“数据工作期”中建立临时关系

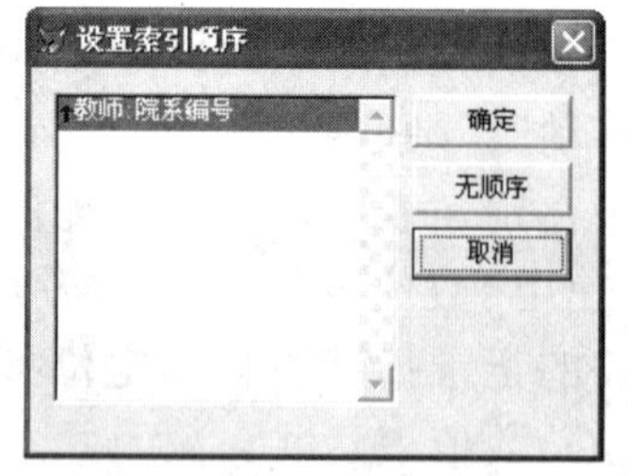

图 5-40　“设置索引顺序”对话框

⑤ 打开“表达式生成器”对话框，从中可编辑表达式。单击“确定”按钮即可。

5.4.4　设置参照完整性

对于具有永久关系的两个数据库表，当对一个表插入、更新或删除一条记录时，如果另一个表的记录未发生变化，这就破坏了数据的完整性。Visual FoxPro提供了一个参照完整性生成器，供用户指出保证数据完整性的要求，Visual FoxPro则根据用户要求生成参照完整性规则以保证数据的完整性。

1．参照完整性的概念

参照完整性（Referential Integrity，RI）的设置是建立一组数据库表之间的规则，设置参照完整性后，Visual FoxPro可以确保如下规则有效实施。

（1）当主表中没有相应的记录时，关联表中不得添加相关记录。

（2）若主表中的数据被改变时，将导致关联表中出现孤立记录，而主表中的这个数据不能被改变。

（3）若主表中的记录在关联表中有匹配记录，则主表中的这个记录不能被删除。

2．参照完整性生成器

在建立参照完整性之前必须首先清理数据库，所谓清理数据库是物理删除数据库各个表中所有带有删除标志的记录。具体方法是选择“数据库”/“清理数据库”命令。

一般通过Visual FoxPro提供的“参照完整性生成器”对话框来设置参照完整性，启动“参照完整性生成器”对话框通常有以下方式。

（1）打开数据库设计器，选择“数据库”/“编辑参照完整性”命令，或者选择数据库设计器快捷菜单中的“编辑参照完整性”命令，随后打开如图5-41所示的“参照完整性生成器”对话框。

（2）在“数据库设计器”窗口中双击两个数据表之间的关联线，在弹出的“编辑关系”对话框中单击“参照完整性”按钮。其中有“更新规则”、“删除规则”和“插入规则”三个选项，选项卡上有“级联”（“插入规则”选项卡上没有此项）、“限制”和“忽略”三个选项按钮和一张表格。表格的每一行表示一个永久关系。每一个永久关系对应更新、删除、插入3种操作，可以选择“级联”、“限制”、“忽略”三个值之一，即选择对应的三个选项按钮之一。

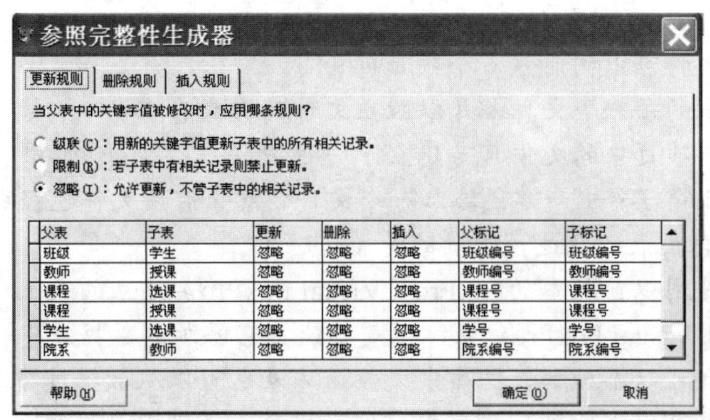

图 5-41 “参照完整性生成器”对话框

当选择“更新规则”选项卡时，可以利用三个选择按钮，设置关联表间的更新规则。三个选择按钮的功能如下。

（1）级联：当更改父表中的某一记录时，子表中相应的记录将会改变。

（2）限制：当更改父表中的某一记录时，若子表中有相应的记录，则禁止该操作。

（3）忽略：父表和子表的更新操作将互不影响。

当选择“删除规则”选项卡时，可以利用三个选择按钮，设置关联表间的删除规则。三个选择按钮的功能如下。

（1）级联：当删除父表中的某一记录时，将删除子表中相应的记录。

（2）限制：当删除父表中的某一记录时，若子表中有相应的记录，则禁止该操作。

（3）忽略：父表和子表的删除操作将互不影响。

当选择“插入规则”选项卡时，可以利用两个选择按钮，设置关联表间的插入规则。两个选择按钮的功能如下。

（1）限制：当在子表中插入某一记录时，若父表中没有相应的记录，则禁止该操作。

（2）忽略：父表和子表的插入操作将互不影响。

3. 参照完整性的设置

设置参照完整性的方法是：在“参照完整性生成器”对话框中选定某一选项卡，单击表格某行左边的小按钮（选定相应的永久关系），再单击某一单选按钮，此时表格中对应值将随之发生变化。或者直接单击表格单元，在弹出的组合框内选择值，这时单选按钮随之变化。设置完毕后，单击“确定”按钮退出。

习 题 5

一、选择题

1. 项目管理器可以有效地管理表、表单、数据库、菜单、类、程序和其他文件，并且可以将它们编译成（ ）。

A. 扩展名为.app的文件　　B. 扩展名为.exe的文件

C. 扩展名为.app或.exe的文件　　D. 扩展名为.prg的文件

2. 下列说法中正确的是（　　）。

A. 一个文件可以同时被多个项目包含

B. 项目中的每一个文件都是以独立文件的形式存在

C. 项目与项目中的文件只是建立了一种关联

D. 在项目管理器中新建或添加一个文件，意味着该文件已经成为项目的一部分

3. 以下关于自由表的叙述，正确的是（　　）。

A. 全部是用以前版本的FoxPro（Visual FoxPro）建立的表

B. 可以用Visual FoxPro建立，但是不能把它添加到数据库中

C. 自由表可以添加到数据库中，数据库表也可以从数据库中移出成自由表

D. 自由表可以添加到数据库中，但数据库表不可以从数据库中移出成自由表

4. 以下关于主索引的说法正确的是（　　）。

A. 在自由表和数据库表中都可以建立主索引

B. 可以在一个数据库表中建立多个主索引

C. 数据库中任何一个表只能建立一个主索引

D. 主索引度关键字值可以为NULL

5. 要在数据库中的各个表之间建立一对一联系，子表的关键字段必须建立（　　）。

A. 唯一索引　　B. 主索引

C. 普通索引　　D. 候选索引或唯一索引

6. 永久关系建立后（　　）。

A. 在数据库关闭后自动取消　　B. 如不删除将长期保存

C. 无法删除　　D. 只供本次运行使用

7. 建立两个表之间的一对多联系是通过以下索引实现的（　　）。

A. “一方”表的主索引或候选索引，“多方”表的普通索引

B. “一方”表的主索引，“多方”表的普通索引或候选索引

C. “一方”表的普通索引，“多方”表的主索引或候选索引

D. “一方”表的普通索引，“多方”表的普通索引或候选索引

8. 要控制两个表中数据的完整性和一致性可以设置参照完整性，要求这两个表（　　）。

A. 是同一数据库中的两个表　　B. 是不同数据库中的两个表

C. 是两个自由表　　D. 一个是数据库表，另一个是自由表

9. 在Visual FoxPro中进行参照完整性设置时，要想设置成：当更改父表中的主关键字段或候选关键字段时，自动更新所有相关子表记录中的对应值，应选择（　　）。

A. 限　　B. 忽略　　C. 级联　　D. 级联或限制

10. 在表设计器的（　　）选项卡中，可以设置记录验证规则、有效性出错信息，还可以指定记录插入、更新及删除的规则。

A. 字段　　B. 规则

C. 索引　　D. 表

11. 为字段设置了（　　）后，输入新的数据必须符合这个要求才能被接收，否则要求用户重新输入该数据。

A．有效性规则　　　　B．有效性信息

C．默认值　　　　D．删除触发器规则

12．选择当前未使用的最小编号工作区的命令是（　　）。

A．SELECT 0　　　　B．SELECT 1

C．SELECT MIN　　　　D．SELECT –1

二、填空题

1．一个项目文件实际上是________、文档及________的集合。

2．在Visual FoxPro中，数据库文件的扩展名是________，数据库表文件的扩展名是________。

3．________文本框用来设置该字段的输入格式，以限制数据的输入范围，减少输入错误与提高数据效率。

4．Visual FoxPro在内存中提供了________个工作区。

5．数据表之间可以创建________和________两种关系。

6．为了确保相关表之间数据的一致性，需要设置________________________规则。

7．数据库表之间的一对多联系在实现完整性约束时，应建立主表的________索引和子表的________索引。

8．参照完整性与表之间的关系有关，当对一个表中的数据进行________、________和________时，通过参照引用关联的另一个表的数据，来检查对表的数据操作是否正确。

三、问答题

1．简述项目管理器的主要功能。

2．在Visual FoxPro中，创建数据库的常用方法有哪些？

3．简述自由表和数据库表的区别与联系。

4．字段级规则和记录级规则有何区别？如何设置？

5．触发器有哪几种？各有什么作用？

6．在多个工作区间进行操作时应遵循哪些规则？举例说明。

7．举例说明什么是父表，什么是子表。

8．永久关系和临时关系的区别是什么？常用设置的方法是什么？

四、上机操作题

请上机完成以下实验内容。

1．建立一个项目文件“职工管理.pjx”。

2．在职工管理.pjx项目管理器中建立数据库文件“职工管理.dbc”。

3．在职工管理.dbc数据库中建立3个表，分别是部门表Depart.dbf、职工表Employees.dbf和考勤表CheckIn.dbf。

4．利用数据库设计器建立Depart表和Employees表、Employees表和CheckIn表之间一对多的联系。

5．在Employees表中设置字段有效性规则，要求“性别”在输入时只允许输入1个字符，并设置在输入出错时的相应提示信息，设置默认值为“M”。

6．在Employees表中设置记录有效性规则，要求工资在1 000元以上，并给出输入出错时相应的提示信息。

7. 在Employees表中设置删除触发器，要求在“姓名”为空时删除该条记录。

8. 设置参照完整性规则，要求在更新Depart表记录的同时相应地修改Employees表中的记录。

表 1 Depart 表结构

序　　号	字 段 名	类　　型	宽　　度	说　　明
1	部门编号	字符型	3	主索引
2	部门名称	字符型	10	

表 2 Depart 表记录

记 录 号	部门编号	部门名称
1	D01	人事部
2	D02	财务部
3	D03	业务部
4	D04	客户服务部

表 3 Employees 表结构

序　　号	字 段 名	类　　型	宽　　度	小　　数	说　　明
1	职工编号	字符型	5		主索引
2	姓名	字符型	10		
3	出生日期	日期型	8		
4	性别	字符型	1		
5	职务	字符型	10		
6	工资	数值型	7	2	
7	照片	通用型	4		
8	部门编号	字符型	3		普通索引

表 4 Employees 表记录

记 录 号	职工编号	姓　　名	出生日期	性　　别	职　　务	工　　资	部门编号
1	E0001	李强	08/09/81	M	部门经理	3000.00	D01
2	E0002	张丽	11/23/85	W	职员	1500.00	D01
3	E0003	高斌	07/10/80	M	部门经理	3100.00	D02
4	E0004	严飞	01/25/86	M	职员	1600.00	D02
5	E0005	李宇	12/14/82	M	部门经理	3200.00	D03
6	E0006	赵娜	06/12/85	W	职员	1400.00	D03
7	E0007	马佳	10/18/81	W	部门经理	3100.00	D04
8	E0008	杨颖	04/21/86	W	职员	1500.00	D04

表 5 CheckIn 表结构

序　号	字 段 名	类　型	宽　度	小　数	说　明
1	职工编号	字符型	5		普通索引
2	考勤月份	数值型	2	0	
3	出勤天数	数值型	2	0	
4	请假天数	数值型	2	0	
5	备注	备注型	4		

表 6 CheckIn 表记录

记 录 号	职工编号	考勤月份	出勤天数	请假天数
1	E0001	11	21	1
2	E0001	12	22	0
3	E0002	11	22	0
4	E0002	12	20	2
5	E0003	11	20	2
6	E0003	12	22	0
7	E0004	11	21	1
8	E0004	12	21	1
9	E0005	11	22	0
10	E0005	12	22	0
11	E0006	11	22	0
12	E0006	12	21	1
13	E0007	11	21	1
14	E0007	12	22	0

第 6 章

SQL基础

内容导读

SQL是关系型数据库管理系统的标准语言，它的主要功能有：数据定义、数据查询、数据操作功能等部分。数据定义包括建立（CREATE）数据库对象、修改（ALTER）数据库对象和删除（DROP）数据库对象；数据查询是SQL的核心部分，不仅可以实现基本查询、条件查询及多表的连接查询等，也可以对查询结果进行定位输出；数据操纵包括对数据表插入记录、删除记录、更新记录等。Visual FoxPro也支持SQL。本章以Visual FoxPro为基础，介绍SQL的基本概念及其操作应用。

教学目标

通过对本章内容的学习，理解SQL各功能的含义，掌握SQL各语句的应用，重点掌握SQL数据查询SELECT语句的各种用法。

重点难点

- SQL特点
- SQL数据定义
- SQL数据操纵
- SQL数据查询
- SQL应用

6.1 SQL概述

6.1.1 SQL简介

SQL（Structured Query Language）是在1974年由Boyce和Chamberlin提出来的，同时

在IBM公司研制的System R上首次实现了这种语言。由于它具有功能丰富、使用方式灵活和语言简洁易学等突出特点，因此在计算机界备受欢迎。

SQL标准最早是1986年10月由美国国家标准局（American National Standards Institute，ANSI）公布的。国际标准化组织（International Standards Organization，ISO）于1987年6月将SQL定为国际标准，推荐它为关系型数据库的标准操作语言，这个标准也称之为SQL86。

SQL标准的出台使SQL作为标准关系数据库语言的地位得到了加强。随后，SQL标准几经修改和完善，每个新版本都较前面的版本有重大的改进。1989年4月，ISO又提出了具有更完善特征的SQL，称之为SQL89。SQL89标准公布之后，对数据库技术的飞速发展和数据库的广泛应用起到了很大的推动作用。但SQL89仍有许多不能满足应用需要之处。为此，在SQL89的基础上，ISO于1992年11月公布了新的SQL标准即SQL92。SQL92标准包含基本级、标准级和完全级3个级别。1999年公布了SQL99，也称为SQL3，它增加了对数据、递归、触发器等概念的支持。但是需要说明的是，公布的SQL标准只是一个建议标准，目前一些主流数据库产品也只达到了基本级的要求，并没有完全实现这些标准。

按照ANSI和ISO的规定，SQL被作为关系数据库的标准语言。SQL可以用来执行各种各样的操作。目前流行的关系数据库管理系统，如Oracle、Sybase、SQL Server、Visual FoxPro等都采用了SQL语言标准，而且很多数据库都对SQL进行了再开发和扩展。

SQL由数据定义语言（Data Definition Language，DDL）、数据操纵语言（Data Manipulation Language，DML）、数据查询语言（Data Query Language，DQL）和数据控制语言（Data Control Language，DCL）四个部分组成。其中，DDL提供了完整定义数据库所必需的语言工具，它用来创建、修改和删除数据库的基本要素；DML也是对数据库中的数据进行输入、修改及提取的有力工具；DQL提供了对表和视图数据的各种查询功能；DCL则为数据库提供了所必需的安全防护措施。

6.1.2 SQL的主要特点

SQL具有如下特点。

（1）SQL是一种一体化的语言。虽然设计SQL的最初目的是查询，数据查询也是其最重要的功能之一，但SQL决不仅仅是一个查询工具，它集数据定义、数据查询、数据操纵和数据控制功能于一体。使用SQL可以实现数据库活动中的全部工作，包括定义数据库和表的结构，实现表中数据的录入、修改、删除、查询与维护以及实现数据库的重构、数据安全性控制等一系列操作。

（2）SQL具有完备的查询功能。只要数据是按关系方式存放在数据库中的，就能够构造适当的SQL命令将其检索出来。事实上，SQL的查询命令不仅具有强大的检索功能，而且在检索的同时还提供了统计与计算功能。

（3）SQL是一种高度非过程化的语言。它没有必要一步步地告诉计算机“如何”去做，而只需要描述清楚用户要“做什么”，SQL就可以将要求交给系统，自动完成全部工作。

（4）SQL非常简洁。虽然SQL功能很强，但它只有为数不多的9条命令：CREATE、DROP、ALTER、SELECT、INSERT、UPDATE、DELETE、GRANT、REVOKE。另外

SQL的语法也非常简单，它很接近英语自然语言，因此容易学习和掌握。

（5）SQL的执行方式有多种，既可以使用交互命令的方式直接使用，也能嵌入到各种高级程序设计语言中使用。现在很多数据库应用开发工具都将SQL直接融入到自身的语言之中，使用起来更方便，Visual FoxPro就是如此。这些使用方式为用户提供了灵活的选择余地。此外，尽管SQL的使用方式不同，但SQL的语法基本是一致的。

（6）SQL不仅能对数据表进行各种操作，也可以对视图进行操作。视图由数据库中满足一定约束条件的数据组成，它可以作为某个应用程序的专用数据集合。当对视图进行操作时，将由系统转换为对基本数据表的操作，这样既方便了用户的使用，也提高了数据的独立性，从而更有利于提高数据的安全性与保密性。

Visual FoxPro在SQL方面支持数据定义、数据查询和数据操纵功能，但在具体实现方面也存在一些差异。另外，由于Visual FoxPro自身在安全控制方面的缺陷，所以它没有提供数据控制功能。

SQL虽然在各种数据库产品中得到了广泛的支持，但迄今为止，它只是一种建议标准，各种数据库产品中所实现的SQL在语法、功能等方面均略有差异，本章讲述Visual FoxPro中SQL的语法、功能与应用。

6.2 数据定义

SQL的数据定义命令分为三组，分别是建立（CREATE）数据库对象、修改（ALTER）数据库对象和删除（DROP）数据库对象。每一组命令针对不同的数据库对象（如数据库表、查询、视图等）分别有三个命令。例如，针对表对象的三个命令是建立表结构命令CREATE TABLE、修改表结构命令ALTER TABLE和删除表命令DROP TABLE。本节就以表对象的这3个命令为例介绍SQL的数据定义功能。

6.2.1 定义表结构

除了通过表设计器建立表之外，在Visual FoxPro中还可以通过SQL的CREATE TABLE命令建立表，其命令格式为

```
CREATE TABLE|DBF <表名 1> [NAME <长表名>][FREE]
(<字段名 1> <类型>(<宽度>[,<小数位数>])[NULL|NOT NULL]
[CHECK (<条件表达式 1>)[ERROR<出错显示信息>]]
[DEFAULT <表达式 1>][PRIMARY KEY | UNIQUE] REFERENCES <表名 2>[TAG <标识 1>]
[<字段名 2><类型>(<宽度>[,<小数位数>])[NULL|NOT NULL]
[CHECK <条件表达式 2>[ERROR<出错显示信息>]]
[DEFAULT <表达式 2>][PRIMARY KEY | UNIQUE]REFERENCES<表名 3>[TAG<标识 2>]
...|FROM ARRAY <数组名>
```

命令中各参数的含义如下。

（1）表名1：要建立的表的名称。

（2）FREE：如果当前已经打开一个数据库，这里所建立的新表会自动加入该数据库，除非使用参数“FREE”说明该新表作为一个自由表不加入当前数据库。如果没有打开的

数据库，则该参数无意义。

（3）字段名1，字段名2，…：所要建立的新表的字段名，在语法格式中，两个字段名之间的语法成分都是对一个字段的属性说明，包括如下几项。

① 类型——说明字段类型，可选的字段类型见表6-1中的说明。

② 宽度及小数位数——字段宽度及小数位数见表6-1中的说明。

表 6-1 数据类型说明

字段类型	字段宽度	小数位	说明
C	*n*	—	字符型字段（Character）的宽度为*n*
D	—	—	日期类型（Date）
T	—	—	日期时间类型（Date Time）
N	*n*	*d*	数值字段类型（Numeric），宽度为*n*，小数位为*d*
F	*n*	*d*	浮动数值字段类型（Float），宽度为*n*，小数位为*d*
I	—	_	整数类型（Integer）
B	—	*d*	双精度类型（Double）
Y	—	—	货币类型（Currency）
L	—	—	逻辑类型（Logical）
M	—	—	备注类型（Memo）
G	—	—	通用类型（General）

③ NULL，NOT NULL——该字段是否允许“空值”，其默认值为NULL，即允许“空值”。

④ CHECK <条件表达式>——用来检测字段的值是否有效，这是实行数据库的一种完整性检查。

⑤ ERROR <出错显示信息>——当完整性检查有错误，即条件表达式的值为假时的提示信息。应当注意，为一个表的某个字段建立了实行完整性检测的条件表达式后，在对该数据表输入数据时，系统会自动检测所输入的字段值是否使条件表达式为假，当有一个数据使其为假时，系统自动显示这里所提示的出错信息。

⑥ DEFAULT <表达式>——为一个字段指定的默认值。

⑦ PRIMARY KEY——指定该字段为关键字段，非数据库表不能使用该参数。

⑧ UNIQUE——指定该字段为一个侯选关键字段。注意，指定为关键或侯选关键的字段都不允许出现重复值，这称为对字段值的唯一性约束。

⑨ REFERENCES <表名>——这里指定的表作为新建表的永久性父表，新建表作为子表。

⑩ TAG <标识>——父表中的关联字段，若默认该参数，则默认父表的主索引字段作为关联字段。

（4）FROM ARRAY<数组名>：用指定数组的值建立输入表。

从以上命令格式可以看出，用CREATE TABLE命令建立表可以完成用表设计器完成的所有功能。除了建立表的基本功能外，它还包括满足实体完整性的主关键字（主索引）PRIMARY KEY、定义域完整性的CHECK约束及出错提示信息ERROR、定义默认值的DEFAULT等。另外还有描述表之间联系的FOREIGN KEY和REFERENCES等。

下面通过例子说明该命令的用法。

【例6-1】建立一个自由表：职工表（职工编号，姓名，性别，出生日期，工资，职务，照片，简历），其中允许照片和简历字段值为空。

解：建立自由表“职工表”的CREATE命令是：

```
CREATE TABLE职工表FREE(职工编号C(7)，姓名C(10)，性别C(2)，出生日期D,;
工资N(7,2)，职务C(10)，照片G NULL，简历M NULL)
```

【例6-2】利用SQL命令建立第5章“学生成绩管理”数据库以及其中的4个表：班级表、学生表、课程表和选课表。

解：具体的操作步骤如下。

① 用CREATE命令建立数据库。

```
CREATE DATABASE学生成绩管理
```

② 用CREATE命令建立班级表。

```
CREATE TABLE班级(班级编号C(2) PRIMARY KEY，班级名称C(10))
```

③ 用CREATE命令建立学生表。

```
CREATE TABLE学生(学号C(10) PRIMARY KEY，姓名C(10)，性别C(2),;
出生日期D，少数民族否L，籍贯C(10),;
简历M NULL，照片G NULL，班级编号C(2) ,;
FOREIGN KEY班级编号TAG班级编号REFERENCES班级)
```

④ 用CREATE命令建立课程表。

```
CREATE TABLE课程(课程编号C(6) PRIMARY KEY，课程名称C(20),;
学时I CHECK(学时>=0 AND学时<=100) ;
ERROR“课程学时值的范围是0～100！”DEFAULT 64,;
学分I CHECK(学分>=0 AND学分<=100);
ERROR“课程学分值的范围是0～10！”DEFAULT 4)
```

⑤ 用CREATE命令建立选课表。

```
CREATE TABLE选课(学号C(10)，课程编号 C(6),;
成绩N(3, 0) CHECK(成绩>=0 AND成绩<=100) ;
ERROR“考试成绩值的范围是0～100！”DEFAULT 60,;
FOREIGN KEY学号TAG 学号REFERENCES学生,;
FOREIGN KEY课程编号TAG课程编号REFERENCES课程)
```

在上述命令中，用PRIMARY KEY指定了表的主索引；NULL指明了字段允许为空值；CHECK说明了字段的有效性规则；ERROR说明了输入出错时的提示信息；DEFAULT指定了字段的默认值；FOREIGN KEY指定了表的外键，并建立了表之间的联系。

如果建立自由表（当前没有数据库打开或使用了FREE），则很多选项在命令中不能使用，如NAME、CHECK、DEFAULT、FOREIGN KEY、PRIMARY KEY和REFERENCES等。

↘ 提示

用CREATE命令新建的表自动在最小可用工作区打开，并可以通过别名引用，新表的打开方式为独占方式，忽略SET EXCLUSIVE的当前设置。

6.2.2 删除表

删除表的SQL命令为

```
DROP TABLE <表名>
```

DROP TABLE命令直接从磁盘上删除所指定的表文件。如果指定的表文件是数据库中的表并且相应的数据库是当前数据库，则从数据库中删除了表。否则虽然从磁盘上删除了表文件，但是记录在数据库文件中的信息却没有删除，此后会出现错误提示。所以要删除数据库中的表时，最好应使数据库是当前打开的数据库，在数据库中进行操作。

6.2.3 修改表结构

修改表结构的命令是ALTER TABLE，该命令有三种格式。

（1）格式1如下：

```
ALTER TABLE <表名 1>
ADD|ALTER [COLUMN] <字段名><字段类型>[(<宽度>[,<小数位数>])]
[NULL | NOT NULL][CHECK (<逻辑表达式>) [ERROR<出错显示信息>]]
[DEFAULT <表达式>][PRIMARY KEY|UNIQUE]
[REFERENCES <表名 2>[TAG <标识名>]]
```

该命令格式可以添加（ADD）新的字段或修改（ALTER）已有的字段，它的句法基本可以与CREATE TABLE的句法相对应。

下面通过例子来说明此种格式命令的用法。

【例6-3】为“学生表”增加一个数值类型的“入学成绩”字段。

解：

操作步骤如下。

① 打开“学生成绩管理”数据库。

```
OPEN DATABASE学生成绩管理
```

② 为“学生表”添加字段。

```
ALTER TABLE学生ADD入学成绩N(5,1) ;
CHECK(入学成绩>=0 AND入学成绩<=750);
ERROR“大学新生入学成绩值的范围值0～750！”
```

【例6-4】将“课程表”中的“学分”字段类型修改为数值型。

解：

操作步骤如下。

① 打开“学生成绩管理”数据库。

```
OPEN DATABASE 学生成绩管理
```

② 修改“课程表”字段类型。

```
ALTER TABLE 课程 ALTER 学分 N(1,0)
```

↘ 提示

该格式命令虽然可以用来修改字段的类型、宽度、有效性规则、错误信息、默认值，定义主关键字和联系等，但是不能修改字段名，不能删除字段，也不能删除已定义的规则等。

（2）格式2如下：

```
ALTER TABLE <表名>
ALTER [COLUMN] <字段名> [NULL|NOT NULL]
[SET DEFAULT <表达式>[SET CHECK (<逻辑表达式>) [ERROR <出错显示信息>]]
[DROP DEFAULT][DROP CHECK]
```

该格式命令主要用于定义、修改和删除有效性规则以及默认值定义。

【例6-5】 删除“学生表”中的“入学成绩”字段的有效性规则。

解： ALTER TABLE学生ALTER入学成绩DROP CHECK。

以上两种格式都不能删除字段，也不能更改字段名，所有修改都是在字段一级。第3种格式正是在这些方面对前两种的补充。

（3）格式3如下：

```
ALTER TABLE <表名> [DROP [COLUMN] <字段名>]
[SET CHECK (<逻辑表达式>)[ERROR <出错显示信息>]]
[DROP CHECK]
[ADD PRIMARY KEY <表达式> TAG <索引标识> [FOR <逻辑表达式>]]
[DROP PRIMARY KEY]
[ADD UNIQUE <表达式> [TAG <索引标识> [FOR <逻辑表达式>]
[DROP UNIQUE TAG <索引标识>
[ADD FOREIGN KEY <表达式> TAG <索引标识> [FOR <逻辑表达式>]]
REFERENCES <表名 2>[TAG <索引标识>]]
[DROP FOREIGN KEY TAG <索引标识>[SAVE]]
[RENAME COLUMN <原字段名> TO <目标字段名>]
```

该格式的命令可以删除指定字段（DROP[COLUMN]）、修改字段名（RENAME COLUMN）、修改指定表的完整性规则，包括主索引、外关键字、候选索引及表的合法值限定的添加与删除。

【例6-6】 删除“课程表”中的“学分”字段。

解： ALTER TABLE课程DROP COLUMN学分。

6.3 数据查询

数据查询是SQL的核心功能。Visual FoxPro支持的SQL查询功能是由其SELECT命令来实现的，该命令的基本形式是由SELECT-FROM-WHERE查询模块组成，多个查询模块也可以嵌套执行。在这种固定格式中，可以不要WHERE，但是SELECT和FROM是必备的。Visual FoxPro的SQL SELECT命令的语法格式为

```
SELECT [ALL|DISTINCT] [TOP<数值表达式>[PERCENT]]
[<别名>.]<选项>[AS <显示列名>][,[<别名>.]<选项>[AS <显示列名>]...]
FROM [<数据库名!]<表名>[[AS] <本地别名>]
[[INNER | LEFT [OUTER] | RIGHT[OUTER]|FULL [OUTER]
JOIN <数据库名>!]<表名>[[AS]<本地别名>][ON <联接条件>...]
```

```
[[INTO <目标>|[TO FILE<文件名>][ADDITIVE]
|TO PRINTER [PROMPT]|TO SCREEN]]
[PREFERENCE <参照名>][NOCONSOLE][PLAIN][NOWAIT]
[WHERE <连接条件 1>[AND <连接条件 2>…]
[AND|OR <过滤条件 1>[AND|OR <过滤条件 2>…]]]
[GROUP BY <分组列名 1>[,<分组列名 2>…]][HAVING <过滤条件>]
[UNION[ALL]SELECT 命令]
[ORDER BY <排序选项 1>[ASC|DESC][,<排序选项 2>[ASC|DESC]…]]
```

下面对各项命令子句含义加以说明。

（1）SELECT短语，主要说明在查询结果中输出符合条件的数据。其中ALL用于指定输出查询结果中的所有行；DISTINCT用于指定在输出结果中消除重复行；TOP<数值表达式>[PERCENT]用于指定输出记录或记录所占的百分比，默认为ALL。

（2）FROM短语，用于说明要查询的数据来自哪个或哪些表。可以对单个表或多个表进行查询，如果是来自多个表，则表名之间要用逗号分开。

（3）INTO<目标>短语，用于说明查询结果要输出到哪里。INTO ARRAY表示把查询结果输出到数组中，INTO CURSOR表示把查询结果输出到临时表中，INTO DBF或INTO TABLE表示输出到数据表。默认时默认为本短语，用于输出到查询的浏览窗口。

(4)TO FILE<文件名>短语，用于说明将查询结果输出到指定的文件中；TO PRINTER短语表示将查询结果输出到打印机；TO SCREEN短语表示将查询结果输出到屏幕。

（5）WHERE短语，用于指定查询的条件，即需要查询哪些记录，如果是多表查询还可以用此短语来指定表之间的连接条件。

（6）GROUP BY短语，用于对查询结果进行分组。HAVING子句必须跟随GROUP BY短语使用，它用于限定每一个分组必须满足的条件。

（7）ORDER BY短语，用于对查询结果进行排序后输出，ASC为升序，DESC为降序，其中默认为升序排序。

用SELECT查询命令可以构造各种各样的查询，还可以实现对表的选择、投影和连接三种关系操作。SELECT短语对应投影操作，WHERE短语对应选择操作，而FROM短语和WHERE短语配合则对应于连接操作。

SELECT命令的子句很多，理解了这条命令各项的含义，就能从数据库中查询出各种需要的数据。SQL数据查询语言只有一条命令，即SELECT。与其说它是一条命令，倒不如说它是一个SELECT命令集合。它的选项极其丰富，同时查询条件和嵌套使用也是很复杂的。

本节例子中用到的数据库表采用第5章的“学生成绩管理”数据库中的表。

6.3.1 基本查询

基本查询是指无条件的查询，其常用格式为

```
SELECT [ALL|DISTINCT]
[<别名>.]<选项>[AS <显示列名>], [<别名>.]<选项>[AS <显示列名>…]
FROM <表名 1>[别名 1>][,<表名 2>[别名 2>…]
```

其中ALL表示输出所有记录，包括重复记录。DISTINCT表示输出无重复结果的记录。当选择多个数据库表中的字段时，可使用别名来区分不同的表。显示列名的作用是在输出结果中，如果不希望使用字段名，可以根据要求设置一个名称。选项可以是字段名、表达式或函数。如果要输出全部字段，选项用*表示。表名代表要查询的表。

SELECT命令类似于LIST FIELDS<字段名>[,<字段名2>,…]命令，指出要输出的列，然后输出结果，但是SELECT命令的功能要强大得多。

【例6-7】写出对“教师表”进行如下操作的命令。

（1）列出全部教师信息。

（2）列出全部教师的姓名、年龄及职务，去掉重名。

解：

（1）SELECT操作命令：

```
SELECT * FROM 教师
```

（2）SELECT操作命令：

```
SELECT DISTINCT教师姓名AS教师名单，YEAR(DATE())–YEAR(出生日期);
AS 年龄，职称   FROM 教师
```

SELECT命令中的选项，不仅可以是字段名，也可以是表达式，还可以是一些函数，SELECT命令可操作的函数很多，表6-2中列出了常用的函数。

表 6-2 常用函数

函　数	功　能	函　数	功　能
AVG(<字段名>)	求一列数据的平均值	MIN(<字段名>)	给出列中最小的值
SUM(<字段名>)	给出一列数据的和	MAX(<字段名>)	给出列中最大的值
COUNT(*)	输出查询的行数		

【例6-8】写出对“课程表”进行如下操作的命令。

（1）列出学时最高的课程名和学时。

（2）求出所有课程的学分的平均值。

解：

（1）SELECT操作命令：

```
SELECT   课程名，MAX(学时) AS学时FROM课程
```

（2）SELECT操作命令：

```
SELECT   AVG(学分) AS学分平均值FROM课程
```

由以上两个命令可见，直接使用Visual FoxPro提供的各种SQL函数在输出时进行计算，便可得到相应的输出结果。

6.3.2 条件查询

查询条件用WHERE子句指定，是可选项，其格式为

```
WHERE <条件表达式>
```

其中条件表达式可以是单表的条件表达式，也可以是多表之间的条件表达式，表达

式用的比较符有=（等于）、<>、! =（不等于）、==（精确等于）、>（大于）、>=（大于等于）、<（小于）、<=（小于等于）。

【例6-9】写出对“教师”表进行如下操作的命令。

（1）列出是党员的教师记录。

（2）求出职称是讲师年龄的平均值。

解：

（1）SELECT操作命令：

```
SELECT  *  FROM 教师 WHERE 党员否=.T.
```

（2）SELECT操作命令：

```
SELECT  职称，AVG(YEAR(DATE())-YEAR(出生日期)) AS 平均年龄;
FROM教师WHERE 职称="讲师"
```

条件表达式是指查询的结果集合应满足的条件，如果某行条件为真就包括该行记录。表6-3所示为可用于条件表达式中几个特殊运算符的意义和使用方法。

表 6-3　WHERE 子句中的条件运算符

运　算　符	说　　明
ALL	满足子查询中所有值的记录。用法：<字段>　<比较符> ALL (<子查询>)
ANY	满足子查询中任意一个值的记录。用法：<字段>　<比较符> ANY (<子查询>)
BETWEEN	字段的内容在指定范围内。用法：<字段> BETWEEN <范围始值> AND <范围终值>
EXISTS	测试子查询中查询结果是否为空。若为空，则返回.F.。用法：EXISTS (<子查询>)
IN	字段内容是结果集合或者子查询中的内容。用法：<字段> IN <结果集合>或者<字段> IN (<子查询>)
LIKE	对字符型数据进行字符串比较，提供两种通配符，即下划线“_”和百分号“%”，下划线表示任意1个字符，百分号表示0个或多个字符。用法：<字段> LIKE <字符表达式>
SOME	满足集合中的某一个值，功能与用法等同于ANY。用法：<字段> <比较符> SOME (<子查询>)

【例6-10】写出对“学生成绩管理”数据库进行如下操作的命令。

（1）列出非讲师职称的教师记录。

（2）列出讲师和副教授职称的教师记录。

（3）列出学时在60～80的课程记录。

（4）列出所有姓张的教师记录。

（5）列出入学成绩是空值的学生的学号和姓名。

解：

（1）SELECT操作命令：

```
SELECT教师编号，教师姓名，职称FROM教师WHERE职称<>"讲师"
```

以上命令的功能等同于：

```
SELECT教师编号，教师姓名，职称FROM教师WHERE职称!= "讲师"
```

或SELECT教师编号，教师姓名，职称FROM教师WHERE NOT(职称= "讲师")

（2）SELECT操作命令：

```
SELECT教师编号，教师姓名，职称FROM教师WHERE职称IN("讲师"，"副教授")
```

以上命令的功能等同于：

SELECT教师编号，教师姓名，职称FROM教师WHERE职称="讲师"OR职称="副教授"

（3）SELECT操作命令：

SELECT课程号，课程名，学时FROM课程WHERE学时BETWEEN 60 AND 80

在以上命令的功能等同于：

SELECT课程号，课程名，学时FROM课程WHERE学时>=60　AND学时<=80

（4）SELECT操作命令：

SELECT教师编号，教师姓名FROM教师WHERE教师姓名LIKE "张%"

以上命令的功能等同于：

SELECT教师编号，教师姓名FROM教师WHERE　姓名= "张"

（5）SELECT操作命令：

SELECT学号，姓名FROM学生WHERE入学成绩IS NULL

↘ 提示

在以上命令中，使用了运算符IS NULL，该运算符是测试字段值是否为空值，在查询时用“字段名IS [NOT]NULL”的形式，而不能写成“字段名=NULL”或“字段名！=NULL”。

6.3.3 嵌套查询

有时候一个SELECT命令无法完成查询任务，需要一个子SELECT的结果作为条件语句的条件，即需要在一个SELECT命令的WHERE子句中出现另一个SELECT命令，这种查询称为嵌套查询。通常把仅嵌入一层子查询的SELECT命令称为单层嵌套查询，把嵌入子查询多于一层的查询称为多层嵌套查询。Visual FoxPro只支持单层嵌套查询。

1. 返回单值的子查询

是指子查询返回的结果是某个值。

返回单值的子查询

【例6-11】列出代“数据结构”的所有教师的教师编号。

解：SELECT教师编号FROM授课WHERE课程号=;

(SELECT课程号FROM课程WHERE课程名="数据结构")

上述SQL语句执行的是两个过程，首先在课程表中找出“数据结构”的课程号（比如“110005”），然后再在授课表中找出课程号等于“110005”的记录，列出这些记录的教师编号。

2. 返回一组值的子查询

若某个子查询返回值不止一个，则必须指明在WHERE子句中应怎样使用这些返回值。通常使用条件ANY（或SOME）、ALL和IN。

1）ANY运算符的用法

【例6-12】列出选修“110001”课的学生中期末成绩比选修“110002”的最低成绩高的学生的学号和成绩。

```
解：SELECT学号，成绩FROM选课WHERE课程号="110001"AND成绩>ANY；
(SELECT成绩FROM选课WHERE课程号="110002")
```

该查询必须做两件事：先找出选修“110002”课的所有学生的期末成绩（比如说结果为97和77），然后在选修“110001”课的学生中选出其成绩高于选修“110002”课的任何一个学生的成绩（即高于77分）的那些学生。

2）ALL运算符的用法

【例6-13】列出选修“110001”课的学生，这些学生的成绩比选修“110002”课的最高成绩还要高的学生的学号和成绩。

```
解：SELECT学号，成绩FROM选课WHERE课程号="110001"AND成绩>ALL (SELECT成绩FROM
选课WHERE 课程号="110002")
```

该查询的含义是：先找出选修“110002”课的所有学生的成绩（比如说结果为97和77），然后再在选修“110001”课的学生中选出其成绩中高于选修“110002”课的所有成绩（即高于97分）的那些学生。

3）IN运算符的用法

【例6-14】列出所代“数据结构”或“操作系统”的所有教师的教师编号。

```
解：SELECT教师编号FROM授课WHERE课程号IN；
(SELECT课程号FROM课程WHERE课程名= "数据结构" OR课程名= "操作系统" )
```

该查询首先在课程表中找出“数据结构”或“操作系统”的课程号，然后在授课表中查找课程号属于所指两门课程的那些记录。IN是属于的意思，等价于“=ANY”，即等于子查询中任何一个值。

6.3.4 多表查询

对于某些复杂的查询问题，在一个表中进行查询时，则不能达到所要的查询结果。因此需要在多表之间查询，此类查询就比在一个表中查询复杂些，必须处理表和表间的连接关系。使用SELECT命令进行多表查询也是很方便的。

1．等值连接

等值连接是指按照对应字段的共同值将一个表中的记录与另一个表中的记录相连接。

【例6-15】写出对“学生成绩管理”数据库进行如下操作的命令。

（1）列出所有教师的代课信息，要求给出教师编号、教师姓名、课程号、课程名。

（2）列出所有女教师的代课信息，要求列出教师编号、教师姓名、学号、姓名、课程号、课程名、成绩。

（3）列出至少所代“110004”课程和“110005”课程的教师编号。

解：（1）SELECT操作命令：

```
SELECT a.教师编号，a.教师姓名，b.课程号，c.课程名；
FROM教师a，授课b，课程c；
WHERE a.教师编号 = b.教师编号AND   b.课程号 = c.课程号
```

命令执行结果如图6-1所示。

教师编号	教师姓名	课程号	课程名
0000220	赵磊	110005	数据结构
0000220	赵磊	110004	面向对象程序设计语言
0000221	李伟	110006	操作系统
0000222	张小玲	110003	计算机应用基础
0000225	冯敏丽	110007	大学物理
0000226	金燕燕	110002	高等数学
0000229	刘乐	110001	大学英语

图 6-1　等值连接结果

以上命令中，由于“教师编号”、“课程号”等字段名在两个表中出现，为防止二义性，在使用时应在其字段名前加上表名以示区别（如果字段名是唯一的，可以不加表名），但一般输入表名时比较麻烦。所以此命令中，在FROM子句中给相关表定义了临时标记（即表别名），以利于在查询的其他部分中使用。

（2）SELECT操作命令：

```
SELECT a.教师编号，a.教师姓名，b.课程号，c.课程名，d.学号，d.成绩，e.姓名AS学生姓名；
FROM教师a，授课b，课程c，选课d，学生e；
WHERE a.教师编号=b.教师编号AND b.课程号=c.课程号AND c.课程号=d.课程号；
AND d.学号=e.学号AND　a.性别="女"
```

（3）SELECT操作命令：

```
SELECT a.教师编号FROM授课a，授课b；
WHERE a.教师编号=b.教师编号AND b.课程号="110004"　AND a.课程号="110005"
```

从以上可以看出，连接不仅可以建立在不同的表之间，也可以建立在同一表上，即将表与表自身连接，就像是两个表一样。

2．非等值连接

【例6-16】列出选修“110001”课程的学生中，期末成绩大于学号为“2011010001”的学生该门课成绩的那些学生的学号及其成绩。

```
解：SELECT a.学号，a.成绩FROM选课a，选课b；
WHERE a.成绩>b.成绩AND　a.课程号=b.课程号；
AND　b.课程号="110001" AND　b.学号="2011010001"
```

6.3.5　连接查询

Visual FoxPro提供的SELECT命令，在FROM子句中提供一种称为连接的子句。连接分为内部连接和外部连接。外部连接又分为左外连接、右外连接和全外连接。

1．内部连接（Inner Join）

实际上，上面例子全部都是内部连接。所谓内部连接是指包括符合条件的每个表格中的记录。也就是说是所有满足连接条件的记录都包含在查询结果中。

【例6-17】列出是党员教师的代课信息，要求给出教师编号、教师姓名和课程号。

解：SELECT操作命令：

```
SELECT a.教师编号，a.教师姓名，b.课程号FROM教师a，授课b；
```

```
WHERE a.教师编号=b.教师编号AND a.党员否
```

如果采用内部联接方式，则命令为：

```
SELECT a.教师编号，a.教师姓名，b.课程号FROM教师a  INNER JOIN授课b;
ON a.教师编号=b.教师编号  WHERE a.党员否
```

所得到的结果完全相同。

命令执行结果如图6-2所示。

图 6-2 内部连接结果

2. 外部连接（Outer Join）

（1）左外连接：也叫左连接（Left Outer Join），其系统执行过程是左表的某条记录与右表的所有记录依次比较，若有满足连接条件的，则产生一个真实值记录。若都不满足，则产生一个含有NULL值的记录。接着，左表的下一记录与右表的所有记录依次比较字段值。重复上述过程，直到左表所有记录都比较完为止。连接结果的记录个数与左表的记录个数一致。

（2）右外连接：也叫右连接（Right Outer Join），其系统执行过程是右表的某条记录与左表的所有记录依次比较，若有满足连接条件的，则产生一个真实值记录；若都不满足，则产生一个含有NULL值的记录。接着，右表的下一记录与左表的所有记录依次比较字段值。重复上述过程，直到左表所有记录都比较完为止。连接结果的记录个数与右表的记录个数一致。

（3）全外连接：也叫完全连接（Full Join），其系统执行过程是先按右连接比较字段值，然后按左连接比较字段值，重复记录不记入查询结果中。

6.3.6 查询结果处理

使用SELECT命令完成查询工作后，所查询的结果默认显示在屏幕上，若需要对这些查询结果进行处理，则需要SELECT的其他子句配合操作。

1. 排序输出（ORDER）

SELECT的查询结果是按查询过程中的自然顺序给出的，因此查询结果通常无序，如果希望查询结果有序输出，需要用ORDER BY子句配合，其格式是：

```
ORDER BY <排序选项 1> [ASC | DESC][,<排序选项 2>[ASC | DESC]...]
```

其中排序选项可以是字段名，也可以是数字。字段名必须是主SELECT子句的选项，当然是FROM <表>中的字段。数字是表的列序号，第1列为1。ASC指定排序项按升序排列，DESC指定排序项按降序排列。

【例6-18】按性别顺序列出教师的教师编号、教师姓名、性别、出生日期，性别相同的先按出生日期由高到低排序。

解：SELECT操作命令：

```
SELECT 教师编号，教师姓名，性别，出生日期FROM 教师;
ORDER BY性别，出生日期 DESC
```

命令执行结果如图6-3所示。

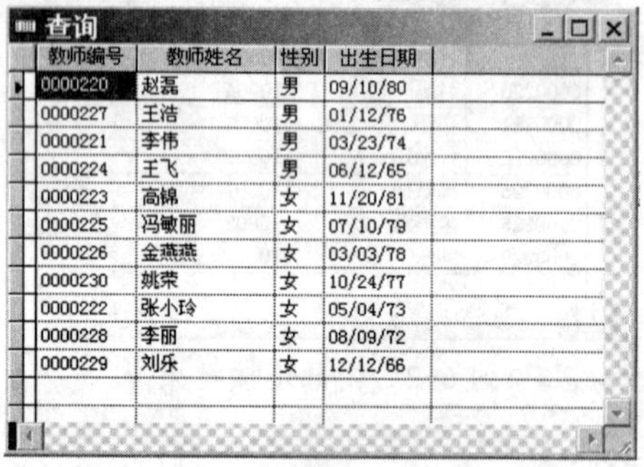

查询

教师编号	教师姓名	性别	出生日期
0000220	赵磊	男	09/10/80
0000227	王浩	男	01/12/76
0000221	李伟	男	03/23/74
0000224	王飞	男	06/12/65
0000223	高锦	女	11/20/81
0000225	冯敏丽	女	07/10/79
0000226	金燕燕	女	03/03/78
0000230	姚荣	女	10/24/77
0000222	张小玲	女	05/04/73
0000228	李丽	女	08/09/72
0000229	刘乐	女	12/12/66

图 6-3　排序输出查询结果

2. 重定向输出（INTO）

INTO或TO子句是可选项，表示查询结果可以重定输出方向，其格式如下：

```
[INTO <目标>] | [TO FILE<文件名>[ADDITIVE] | TO PRINTER]
```

其中各参数的含义如下。

（1）“<目标>”有如下三种形式。

① ARRAY <数组名>：将查询结果存到指定数组名的内存变量数组中。

② CURSOR <临时表>：将输出结果存到一个临时表（游标），这个表的操作与其他表一样，不同的是，一旦被关闭就被删除。

③ DBF <表>|TABLE <表>：将结果存到一个表，如果该表已经打开，则系统自动关闭它；如果SET SAFETY OFF，则重新打开它不提示。如果没有指定后缀，则默认为.dbf。在SELECT命令执行完后，该表为打开状态。

（2）“TO FILE <文件名>[ADDITIVE]”将结果输出到指定文本文件，ADDITIVE表示将结果添加到文件后面。在输出的文件中，系统可以自动处理重名的问题。如不同文件同字段名用文件名来区分，表达式用EXP-A、EXP-B等来自动命名，SELECT函数用函数名来辅助命名。

（3）“TO PRINTER”将查询结果送打印机输出。

【例6-19】写出对“学生成绩管理”数据库进行如下操作的命令。

① 将例6-18的查询结果保存到test1.txt文本文件中。

② 将例6-18的查询结果存入testtable表中。

解：① SELECT操作命令：

```
SELECT教师编号，教师姓名，性别，出生日期FROM教师;
ORDER BY 性别，出生日期DESC TO FILE test1
```

此命令将在当前目录下得到一个test1.txt文本文件，文件中的内容如图6-4所示，同时会在Visual FoxPro的主窗口区显示查询结果。

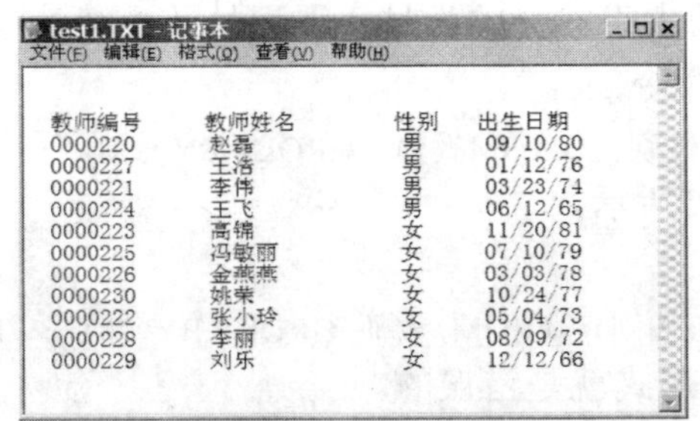

图 6-4　定向输出到文本文件内容

② SELECT操作命令：

```
SELECT教师编号，教师姓名，性别，出生日期FROM教师；
ORDER BY性别，出生日期DESC INTO TABLE testtable
```

此命令将在当前目录下得到一个testtable.dbf表文件。

3．输出合并（UNION）

输出合并是指将两个查询结果进行集合并操作，其子句格式是：

```
[UNION [ALL] <SELECT 命令>]
```

其中ALL表示结果全部合并。若没有ALL，则重复的记录将被自动去掉。合并规则如下。

（1）不能合并子查询的结果。

（2）两个SELECT命令必须输出同样的列数。

（3）两个表各相应列出的数据类型必须相同，数字和字符不能合并。

(4)仅最后一个<SELECT命令>中可以用ORDER BY子句，且排序选项必须用数字说明。

【例6-20】列出所代“110005”或“110006”课程的所有教师的教师编号。

解：SELECT操作命令：

```
SELECT教师编号FROM授课WHERE课程号= "110005" ;
UNION SELECT教师编号FROM授课WHERE 课程号= "110006"
```

4．分组统计（GROUP）与筛选（HAVING）

使用GROUP BY子句可以对查询结果进行分组，其格式是：

```
GROUP BY <分组选项 1>[,<分组选项 2>...]
```

其中<分组选项>可以是字段名，SQL函数表达式，也可以是列序号（最左边为1）。

GROUP BY子句可以将查询结果按指定字段列进行分组，每组在列上具有相同的值。若在分组后还要按照一定的条件进行筛选，则需要使用HAVING子句，筛选条件格式是：

```
HAVING <筛选条件表达式>
```

HAVING子句与WHERE功能一样，也可以起到按条件选择记录的功能，但两个子句作用对象不同，WHERE子句作用于基本表或视图，而HAVING子句作用于组，必须与GROUP BY子句连用，用来指定每一分组内应满足的条件。HAVING子句与WHERE子句不矛盾，在查询中先用WHERE子句选择记录，然后进行分组，最后利用HAVING子句选择记录。当然，GROUP BY子句也可以单独出现。

【例6-21】写出对“学生成绩管理”数据库进行如下操作的命令。

① 分别统计男女教师人数。

② 分别统计党员中男女的教师人数。

③ 列出课程平均成绩大于85分的学号、课程号及成绩。

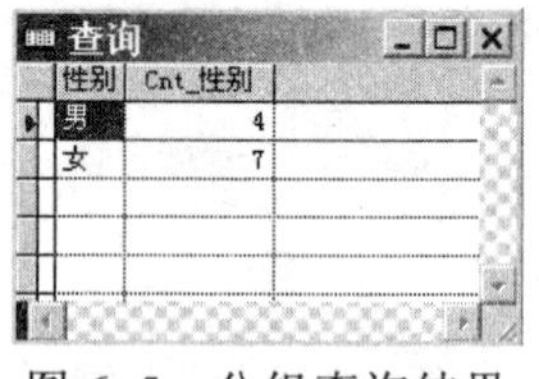

图 6-5　分组查询结果

解：①SELECT操作命令：

```
SELECT性别，COUNT(性别)  FROM教师  GROUP BY性别
```

命令执行结果如图6-5所示。

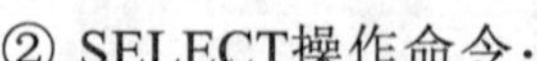

② SELECT操作命令：

```
SELECT 性别，COUNT(性别)  FROM 教师 GROUP BY 性别 WHERE 党员否
```

如果把命令写成如下形式就是错误的。

```
SELECT 性别，COUNT(性别)  FROM 教师 GROUP BY 性别  HAVING 党员否
```

③ SELECT操作命令：

```
SELECT 学号，课程号，成绩 FROM 选课 GROUP BY 课程号 HAVING AVG(成绩)>=85
```

6.4　数据操纵

数据操纵是完成对数据表记录操作的命令，它们分别由INSERT（插入记录）、DELETE（删除记录）和UPDATE（更新记录）等命令组成。查询也可以划归为数据操纵范围，但由于其应用最为广泛，所以又以查询语言单独出现。

6.4.1　插入记录

Visual FoxPro支持两种SQL插入命令，其格式有两种。

格式1：

```
INSERT INTO <表名>[(字段名 1[,<字段名 2>[,...]])]
VALUES(<表达式 1>[,<表达式 2>[,...]])
```

该命令在指定的表尾添加一条新记录，其值为VALUES后面表达式的值。

当需要插入表中所有字段的数据时，表名后面的字段名可以默认，但插入数据的格式及顺序必须与表的结构完全吻合；若只需要插入表中某些字段的数据，就需要列出插入数据的字段名，当然相应表达式的数据位置应与之对应。

【例6-22】向“学生表”中添加记录。

解：（1）

```
INSERT INTO学生VALUES("2011010011"，"李赞"，"男"，{^1993-08-10}，.F.， "湖南长沙"，556，""，""，"")
```

（2）

```
INSERT INTO 学生(学号，姓名，性别) VALUES( "2011010012" ，"李奎" ，"男" )
```

格式2：

```
INSERT INTO  <表名>  FROM  ARRAY <数组名> [FROM MEMVAR]
```

该命令在指定的表尾添加一条新记录，其值来自于数组或对应的同名内存变量。

【例6-23】已经定义了数组ARR(5)，ARR中各元素值分别是：ARR (1)= “2011010013”，ARR (2)= “张丽”，ARR (3)= “女”，ARR (4)={^1992-11-08}，ARR (5)=.T.。利用该数组向学生表中添加记录。

解:

```
INSERT INTO 学生 FROM ARRAY ARR
```

完成了上述的添加记录操作后，在学生表中添加一条记录，新记录的值是指定的数组ARR中各元素的数据。Visual FoxPro要求数组中各元素与表中各字段顺序对应一致。如果数组中元素的数据类型与其对应的字段类型不一致，则新记录对应的字段为空值；如果表中字段个数大于数组元素的个数，则多出的字段为空值。

> ↘ 提示
>
> 在插入数据时，若在当前工作区没有表被打开时，该命令执行后将在当前工作区打开该命令指定的表；若当前工作区打开的是其他表，则该命令执行后将在一个新的工作区中打开命令中指定的表，添加记录后，仍然保持原当前工作区。若指定的表在非当前工作区打开，添加记录后，指定的表仍然在原工作区打开，且仍保持原当前工作区。

6.4.2 删除记录

在Visual FoxPro中，DELETE可以为指定的数据表中的记录加删除标记。命令格式是：

```
DELETE  FROM [<数据库名>!] <表名> [WHERE <条件表达式>]
```

该命令从指定表中，根据指定的条件逻辑删除记录。

【例6-24】将“课程”表所有“学分”为0的记录逻辑删除。

解:

```
DELETE  FROM课程WHERE学分 = 0
```

完成以上操作后，将课程表中所有学分为0的记录逻辑删除了，但没有从物理上删除。只有执行了PACK命令，逻辑删除的记录才真正地从物理上删除。逻辑删除的记录还可以用RECALL命令取消删除。

> ↘ 提示
>
> 在逻辑删除记录时，若在当前工作区中没有表被打开时，该命令执行后将在当前工作区打开该命令指定的表；若当前工作区打开的是其他表，则该命令执行后将在一个新的工作区中打开，逻辑删除完成后，仍保持原当前工作区；若指定的表在非当前工作区中打开，逻辑删除完成后，指定的表仍在原工作区中打开，且仍保持原当前工作区。

6.4.3 更新记录

更新记录是对存储在表中的记录进行修改，命令是UPDATE。命令格式是：

```
UPDATE [<数据库名>!]<表名>
SET<字段名 1>=<表达式 1>[,<字段名 2>=<表达式 2>…]  [WHERE<逻辑表达式>]
```

该命令用指定的新值更新记录。用表达式的值更新字段值，WHERE子句指定更新条件，更新满足条件的一些记录的字段值。如果不使用WHERE子句，则更新全部记录，即默认更新范围是ALL。

【例6-25】将“学生”表所有少数民族学生的“入学成绩”加20分。

解：

```
UPDATE学生SET入学成绩 =入学成绩+20 WHERE 少数民族否=.T.
```

或

```
UPDATE学生SET入学成绩=入学成绩+20;
WHERE学号IN(SELECT学号FROM学生WHERE少数民族否=.T.)
```

以上命令中，用到了WHERE条件运算符“IN”和对用SELECT语句选择出的记录进行数据更新。注意，UPDATE一次只能在单一的表中更新记录。

习 题 6

一、选择题

1. SQL语言具有（　　）的功能。
   A. 关系规范化、数据操纵、数据控制、数据定义
   B. 数据定义、数据操纵、数据查询、数据控制
   C. 数据定义、关系规范化、数据控制、数据操纵
   D. 数据定义、关系规范化、数据操纵、数据查询
2. SQL语言是（　　）语言。
   A. 层次数据库　B. 网络数据库　C. 关系数据库　D. 非数据库
3. 不属于数据定义功能的SQL语句是（　　）。
   A. CREATE TABLE　B. CREATE CURSOR
   C. UPDATE　D. ALTER TABLE
4. SQL语句中，SELECT命令中JOIN短语用于建立表之间的联系，连接条件应出现在（　　）短语中。
   A. WHERE　B. ON　C. HAVING　D. IN
5. 下列哪项体现了关系数据库的参照完整性（　　）。
   A. 主键　B. 超键　C. 外键　D. 候选键
6. 关于SQL的INSERT语句描述，正确的是（　　）。
   A. 可以向表中插入若个条记录　B. 在表中任何位置插入一条记录
   C. 在表尾插入一条记录　D. 在表头插入一条记录
7. SQL语句的DROP INDEX的作用是（　　）。
   A. 删除索引　B. 建立索引　C. 修改索引　D. 更新索引
8. SQL语句中条件短语的关键字是（　　）。
   A. WHERE　B. FOR　C. WHILE　D. CONDITION
9. 用SQL语句建立表时为属性定义有效性规则，应使用短语（　　）。
   A. DEFAULT　B. PRIMARY KEY
   C. CHECK　D. UNIQUE
10. SQL查询语句中，（　　）短语用于实现关系的投影操作。
    A. WHERE　B. SELECT　C. FROM　D. GROUP BY
11. HAVING短语不能单独使用，必须接在（　　）短语之后。

A. ORDER BYB. FROM C. WHERE D. GROUP BY

12. 用于更新表中数据的SQL语句是（ ）。

A. UPDATE B. REPLACE C. DROP D. ALTER

二、填空题

1. SQL可以对两种基本数据进行操作，分别是__________和 __________。

2. 如果要在查询结果中去掉重复值，则必须在命令中加入__________短语。

3. 用SQL语句建立表结构时，可以定义完整性规则。用__________子句定义表的主索引和索引标识，用__________子句定义表的外键和参照表。

4. SQL语句中，______语句可以向表中输入记录，______语句可以检查和查询表中的内容。

5. 在SQL的ALTER语句中，_______子句用于修改字段的属性，______子句用于增加字段。

6. 在SELECT语句中，表示条件表达式用_______子句；分组用_______子句。

7. 在SELECT语句中，定义一个区间范围的特殊运算符是__________，检查一个属性值是否属于一组值中的特殊运算符是__________。

8. 在CREATE TABLE命令中使用的数据类型C是_______，T是_______，I是_______。

三、问答题

1. 简述SQL语言的特点。

2. SQL的主要功能有哪些？

3. 简述SELECT命令中主要的子句，并说明其含义。

4. 简述SELECT命令的定向输出形式。

四、上机操作题

以下要实现的操作都是基于“学生成绩管理”数据库，用SQL语句完成以下操作。

1. 为“课程”表增加一个备注类型的“课程描述”字段，其值允许为空。

2. 为“教师”表添加字段有效性规则，性别字段的值只能输入“男”或“女”。

3. 删除“课程”表中的“课程描述”字段。

4. 显示入学成绩在550分到600分之间的学生信息。

5. 显示入学成绩在前3名的学生信息。

6. 显示选修了“大学英语”的学生选课信息。

7. 显示至少选修了2门课程以上的学生信息。

8. 显示“信息工程学院”教师所代课程学生选修的成绩相关信息。

9. 向“学生”表添加一条记录。

10. 将所有女生的选课成绩加10分。

11. 显示职称是讲师且性别是女的所有教师信息。

12. 统计不同院系的学生人数。

第7章

查询和视图

内容导读

在Visual FoxPro中，可以方便地从一个或多个表中提取所需要的数据，即对数据表实现查询操作，这可通过设计相应的查询或视图来实现。本质上，这里讲的查询是指扩展名为.qpr的查询文件，其内容的主体是SQL SELECT语句。视图则兼有表和查询的特点，是在数据库表的基础上建立的一个虚拟表，它不能独立存在而被保存在数据库中。查询与视图设计可以采用相应的设计器，也可以采用SQL。本章介绍如何利用相应的设计器来设计查询与视图。

教学目标

通过对本章内容的学习，理解查询和视图的含义，掌握通过相应的设计器设计查询与视图。

重点难点

- 查询设计器的使用
- 使用视图更新数据
- 视图设计器的使用

7.1 查询设计

查询是从指定的表或视图中提取满足条件的记录，然后定向输出查询结果，查询结果输出类型有浏览器、报表、表、标签等。查询是以扩展名为.qpr的文件保存在磁盘上的，这是一个文本文件，它的主体是SQL SELECT命令，另外还有和输出定向有关的语句；当查询文件被运行后，系统还会生成一个编译后的查询文件，扩展名为.qpx。

7.1.1 查询设计器

在Visual FoxPro中可以非常方便地使用查询设计器来设计查询。

1. 启动查询设计器

启动查询设计器的方法很多，常用的方法有以下3种。

（1）使用命令方式。在“命令”窗口中输入CREATE QUERY命令，然后按Enter键，即可打开查询设计器建立查询。

（2）使用菜单方式。首先选择“文件”/“新建”命令，打开“新建”对话框，在“文件类型”选项区中选中“查询”单选按钮，然后再单击“新建文件”图标按钮，随后打开“查询设计器”窗口来设计查询。

（3）使用项目管理器。打开项目管理器，从中选择“数据”选项卡，然后选择“查询”选项，再单击“新建”按钮，打开“新建查询”对话框，从中单击“新建文件”图标按钮，即可打开“查询设计器”窗口来设计查询。

不管使用哪种方式打开查询设计器来建立查询，都会首先打开如图7-1所示的“添加表或视图”对话框，从中选中用于建立查询的表或视图，此时单击要选择的表或视图，然后单击“添加”按钮，或者双击要选择的表或视图，都会将数据表或视图添加到“查询设计器”窗口中。如果单击“其他”按钮还可以选择自由表。当选择表或视图后，单击“关闭”按钮则进入如图7-2所示的“查询设计器”窗口。

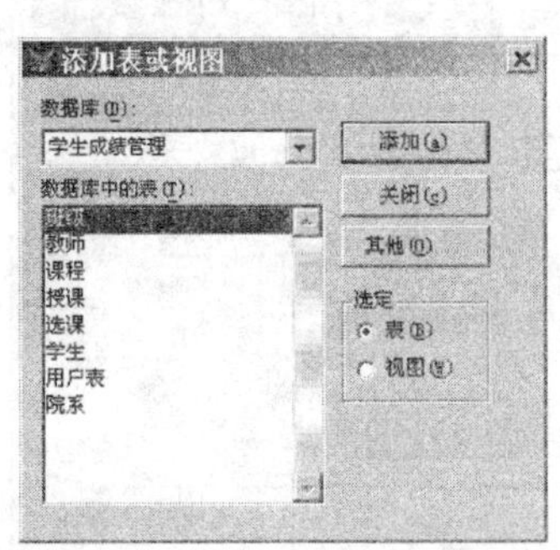

图 7-1 选择要查询的表或视图

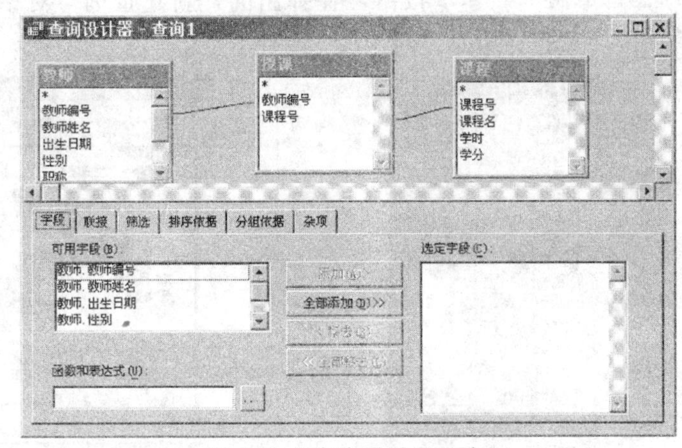

图 7-2 “查询设计器”窗口

↘ 提示

当一个查询是基于多个表时，这些表之间必须是有联系的。查询设计器会自动根据联系提取联接条件，否则在打开图7-2所示的查询设计器之前还会打开一个指定连接条件的对话框，由用户来设计连接条件。

2. 查询设计器的选项卡

查询设计器中有6个选项卡，其功能和SQL SELECT命令的各个子句是相对应的。

（1）字段。该选项卡用于设置查询结果中要包含的字段，对应于SELECT命令中的输出字段。双击“可用字段”列表框中的字段，或者单击“添加”按钮，选定的字段就添加到右边的“选定字段”列表框中。如果需要输出全部字段，单击“全部添加”按钮即可。在“函数和表达式”框中，输入或由“表达式生成器”生成一个计算表达式。

（2）联接。如果要查询多个表，可以在“联接”选项卡中设置表间的联接条件，对应于JOIN ON子句。

（3）筛选。此选项卡用于设置查询条件，对应于WHERE子句。

（4）排序依据。此选项卡用于指定排序的字段和排序方式，对应于ORDER BY子句。

（5）分组依据。此选项卡用于设置分组条件，对应于GROUP BY子句和HAVING子句。

（6）杂项。此选项卡用于设置有无重复记录以及查询结果中显示的记录数等。

由此可见，查询设计器实际上就是SQL SELECT命令的图形化界面。

7.1.2 使用查询向导建立查询

利用“查询向导”可以方便快捷地建立查询。

1．启动查询向导

在Visual FoxPro中，常用来启动查询向导的方法有以下两种。

（1）使用菜单方式。选择“文件”/“新建”命令，将弹出“新建”对话框，如图7-3所示在“文件类型”选项区中选择“查询”单选按钮，然后单击“向导”图标按钮，便可启动查询向导，从而进一步建立查询。

（2）使用项目管理器。打开项目管理器，选择“数据”选项卡，在其中选择“查询”选项，再单击“新建”按钮，在弹出的“新建查询”对话框中单击“查询向导”图标按钮即可，如图7-4所示。

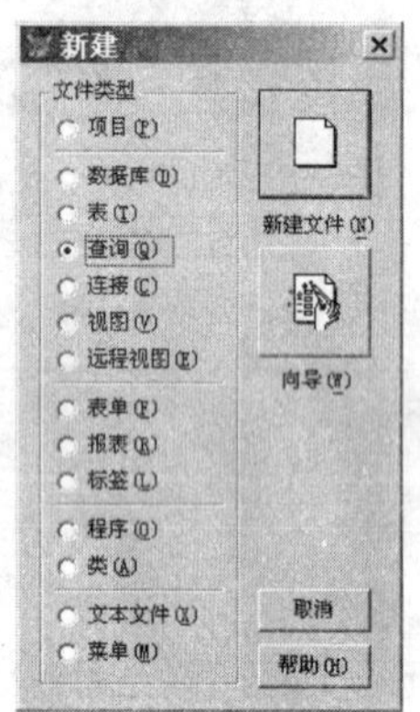

图 7-3　使用菜单方式启动查询向导

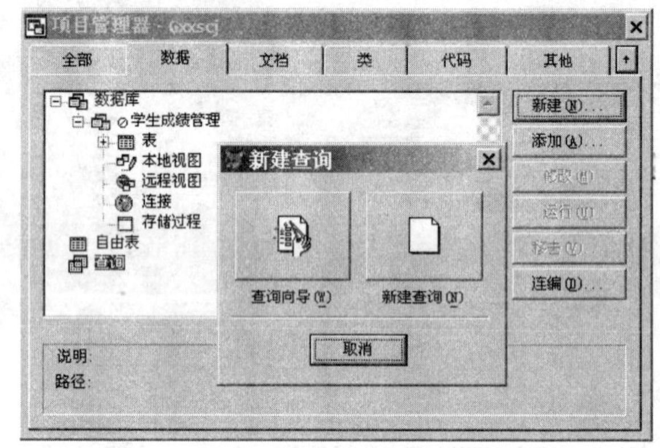

图 7-4　使用项目管理器启动查询向导

2．使用查询向导

在Visual FoxPro有3种查询向导类型可供选择：查询向导、交叉表向导和图形向导。这3种向导都是利用给定的数据进行查询，然后再以不同的输出格式显示查询结果。其中，查询向导是利用一个或多个表创建一个SQL查询，交叉表查询是以电子表格的形式显示数据，图形向导是在Microsoft Graph中创建用于显示Visual FoxPro表数据的图形。

下面使用例子来详细介绍如何利用“查询向导”来建立查询。

【例7-1】在教师表中查询职称是讲师的全部女教师信息，将查询结果按姓名升序排序。

解：要完成上述查询，具体操作步骤如下。

① 启动查询向导。打开项目管理器，选择“数据”选项卡，在该选项卡中选择“查询”选项，再单击“新建”按钮，从弹出的“新建查询”对话框中单击“查询向导”图标按钮，从而启动“查询向导”。

② 选择查询向导类型。在“向导选取”对话框中选择查询类型，如图7-5所示。“选

择要使用的向导”列表框中有“查询向导”、“交叉表向导”和“图形向导”3个选项，这里选择“查询向导”选项，然后单击“确定”按钮。

③ 选择查询结果中要显示的字段。在“步骤1-字段选取”对话框的“数据库和表”下拉列表框中选择需要的表，由于本例的“教师”表在“学生成绩管理”数据库中，因此在“数据库和表”列表框中将显示此数据库中的7个表。在此选择“教师”表，可以看到在“可用字段”列表框中显示出了教师表中的所有字段，单击»按钮，则把“教师”表中的所有字段添加到“选定字段”列表框中，如图7-6所示。设置完成后单击“下一步”按钮。在此对话框中，›按钮可以一次选择一个要添加的字段，也可以利用‹和«两个按钮从“选定字段”列表框中移去已被选定的字段。

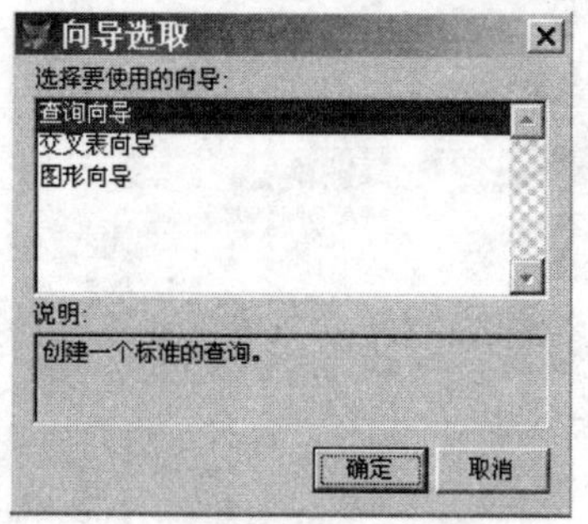

图 7-5 “向导选取”对话框

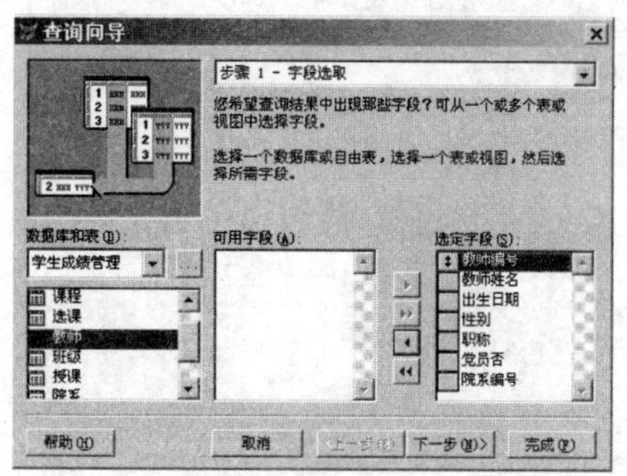

图 7-6 “步骤 1-字段选取”对话框

④ 设置查询结果的筛选条件。在“步骤3-筛选记录”的对话框中可设置查询的条件。在本例中要筛选出职称是讲师且性别是女的所有教师信息，设置条件教师.职称=讲师和教师.性别=女，如图7-7所示。在确定查询条件之间的关系时，由于是两个条件，因此需要确定两个查询条件之间的逻辑关系，其中“与”是选择两个条件同时满足的记录，“或”是选出至少有一个满足条件的记录。在本例中，应该选择“与”。单击“预览”按钮，如果格式正确将显示出符合条件的记录，否则就会出现错误提示，有时候系统也会提示输入正确的数据格式。

⑤ 选择排序字段和排序方式。单击“下一步”按钮后，进入“步骤4-排序记录”的对话框，如图7-8所示。根据本例的要求，从“可选字段”列表框中选择“教师.教师姓名”字段，添加到“选定字段”列表框中，同时选择“升序”单选按钮。在此对话框中，可以选择的排序方式有升序和降序两种，参与排序的字段最多有3个。

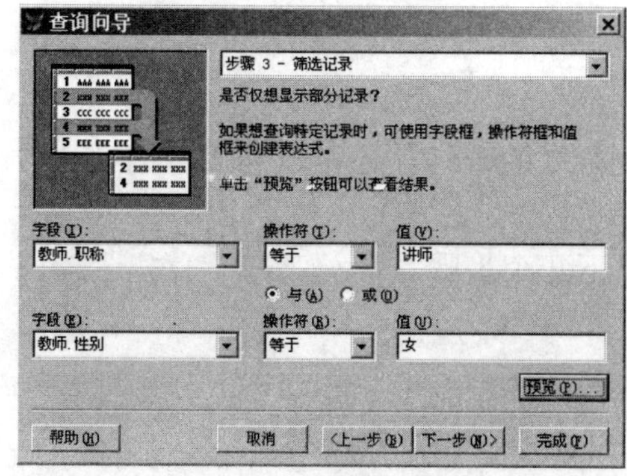

图 7-7 “步骤 3-筛选记录”对话框

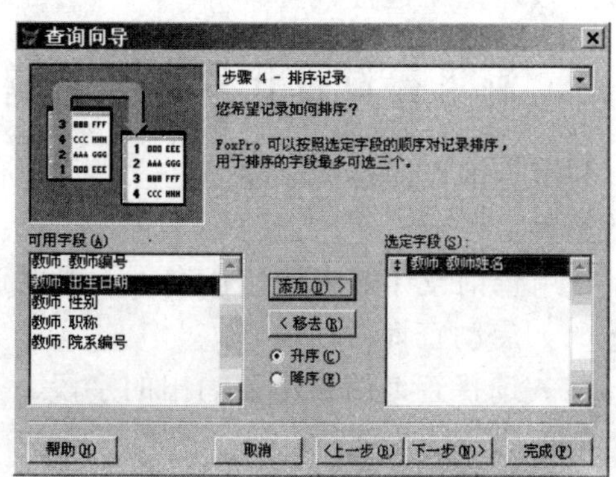

图 7-8 “步骤 4-排序记录”对话框

⑥ 对记录进行限制输出。单击“下一步”按钮后，进入“步骤4a-限制记录”对话框，如图7-9所示。该对话框中有两组单选按钮，主要用来设置浏览查询结果窗口所显示记录的限制选项。在本例中直接取默认值。

⑦ 完成查询设计。单击“下一步”按钮，进入“步骤5-完成”对话框，如图7-10所示。在这个对话框中，各单选按钮的含义分别为：保存查询并结束查询的设计过程；保存查询并直接运行查询；可以查看查询的结果，同时还可进入“查询设计器”修改所建立的查询。

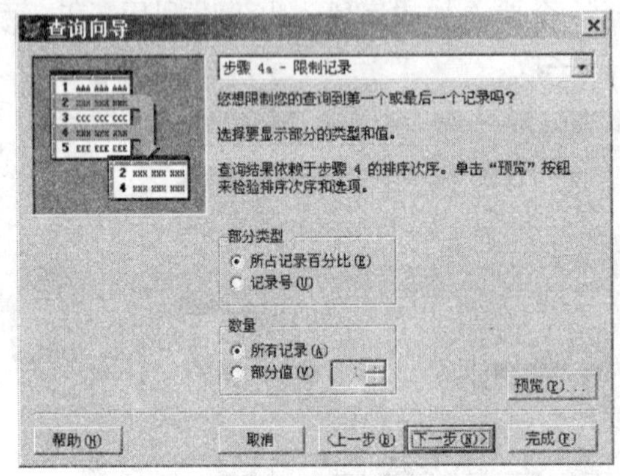

图 7-9 “步骤 4a-限制记录”对话框

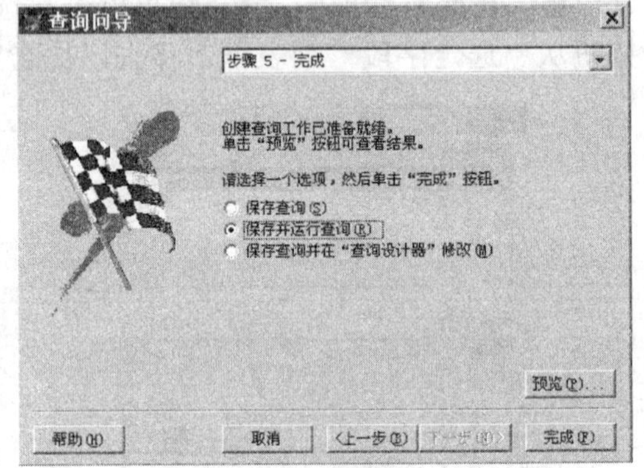

图 7-10 “步骤 5-完成”对话框

在本例中选择“保存并运行查询”单选按钮，再单击“完成”按钮，将打开“另存为”对话框，从中输入查询的文件名称“女讲师信息.qpr”。查询的运行结果如图7-11所示。到此为止，已完成了关于教师表中“职称是讲师，性别是女，并按姓名升序排序”的查询。

查询

教师编号	教师姓名	出生日期	性别	职称	党员否	院系编号
0000225	冯敏丽	07/10/79	女	讲师	T	003
0000223	高锦	11/20/81	女	讲师	F	002
0000226	金燕燕	03/03/78	女	讲师	T	003
0000230	姚荣	10/24/77	女	讲师	T	005

图 7-11 查询结果浏览窗口

在使用查询向导建立查询时，如果发现之前向导中的操作步骤有错误，可以单击“上一步”按钮重新进行设置。

7.1.3 使用查询设计器建立查询

利用查询设计器可以建立任意类型、任意复杂度的查询，还可以利用查询设计器来修改查询。

使用查询设计器来设计查询，一般要通过以下几个步骤。

（1）启动查询设计器。

（2）选择查询结果中要输出的字段。

（3）设置查询条件。

（4）设置排序依据。

（5）设置分组选项。

（6）设置查询结果的输出顺序。

（7）保存、运行查询，查看查询结果。

下面用具体的例子来说明利用查询设计器来建立查询的过程。

【例7-2】查询选修了大学英语课程的女学生选课信息，列出的字段来自“学生”表、“课程”表和“选课”表，分别是学生姓名、性别、课程名、成绩等信息，并将查询的结果按成绩升序排序。

① 启动查询设计器。

通过7.1.1节中介绍的方法启动查询设计器，并添加“学生”、“课程”、“选课”等3个表到查询设计器中，如图7-12所示。

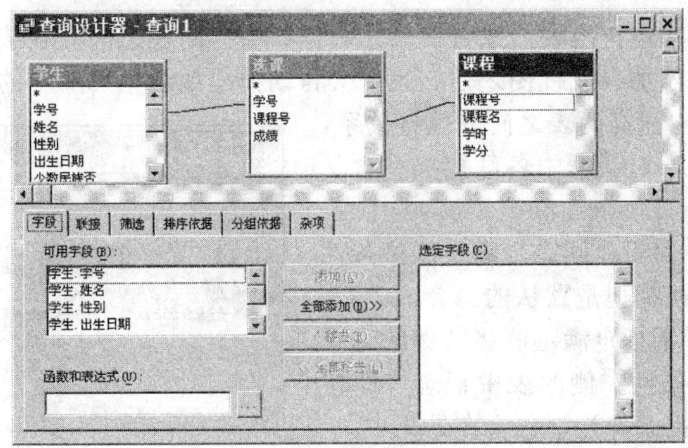

图 7-12　添加 3 个表的查询设计器

② 选择输出字段。

在查询设计器中选择“字段”选项卡，其左侧“可用字段”列表框中列出了“学生”表、“课程”表和“选课”表中所有的字段，用户可以选择需要输出的字段，然后单击“添加”按钮，将其添加到右侧的“选定字段”列表框中。

本例中，把“学生”表的“姓名”、“性别”，“课程”表的“课程名”，“选课”表的“成绩”字段添加到“选定字段”列表框中，设置结果如图7-13所示。

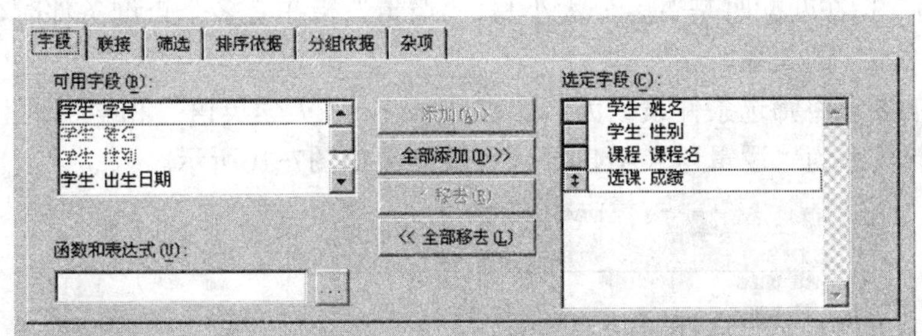

图 7-13　选择输出字段

③ 设置联接关系

当在多个表或视图间进行查询时，需要指出这些表或视图间的联接关系。由于在本例中所使用的“学生”表、“课程”表和“选课”表不是自由表，而是数据库表，且表之间的联接关系在数据库设计过程中已经建立了。因此，在本例的查询设计之初，两个表之间的联系需要用户设置，系统可以自动从数据库中把这种关系继承或过渡过来。选择“联接”选项卡，可以看到两个表间的联接关系，如图7-14所示。

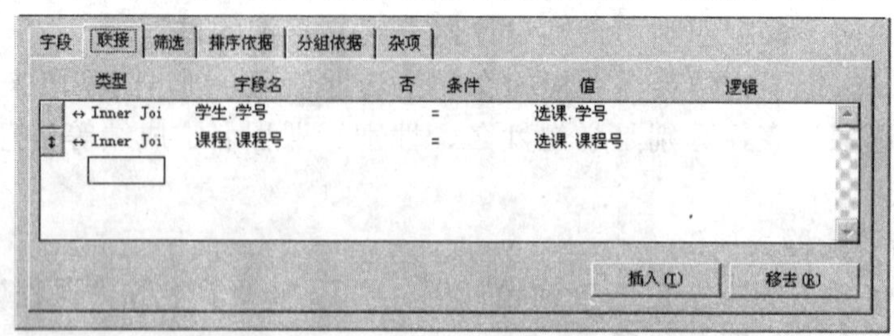

图 7-14　两表之间的联接关系

如果添加的表都是自由表，或者虽然在数据库中但两表之间的联接关系没有在库中定义，则在为查询添加表或视图之后，系统会自动弹出如图7-15所示的“联接条件”对话框，从而提示用户建立两表之间的联接关系。

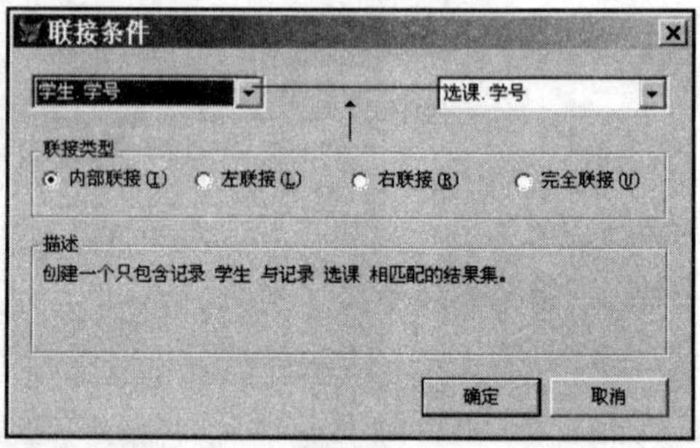

在“联接条件”对话框中各联接类型含义如下。

图 7-15　“联接条件”对话框

- 内部联接：用于返回完全满足联接条件的记录，此类型是默认的。
- 左联接：用于指定满足联接条件的记录以及联接条件左侧的表中记录（即使不匹配联接条件）都包含在结果中。
- 右联接：用于指定满足联接条件的记录以及联接条件右侧的表中记录（即使不匹配联接条件）都包含在结果中。
- 完全联接：用于指定所有满足和不满足联接条件的记录都包含在结果中。

④ 设置筛选条件。

在“查询设计器”对话框中选择“筛选”选项卡，以设置筛选的条件。在“字段名”选择查询条件所属的字段名；“否”的含义是设置相反的条件，排除与该条件相匹配的记录；“条件”用于设置查询条件；在“实例”中输入某个字段的值，输入值时要注意与该字段类型的匹配；“大小写”指在匹配时是否区分大小写；“逻辑”指在有多个查询条件时，与其他条件是“或”还是“与”的关系。

根据本例的要求将筛选条件设置为：课程.课程名=“大学英语”和学生.性别=“女”，两个条件间的逻辑关系为“逻辑与（AND)”。设置结果如图7-16所示。

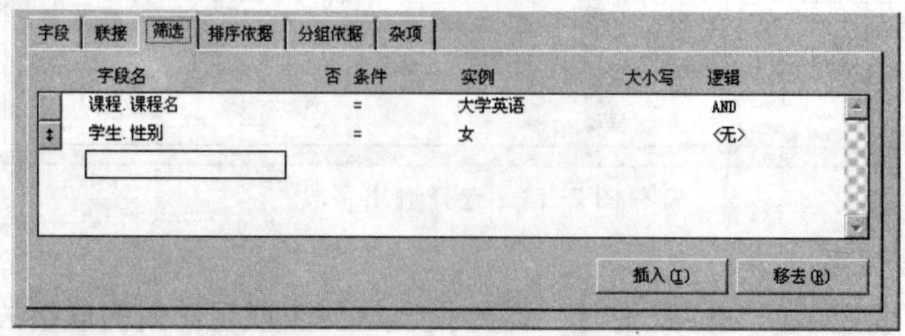

图 7-16　设置筛选条件

“条件”下拉列表框中各可选项的含义如下。

- =：表示字段值与实例相等。
- LIKE：表示“字段名”栏中给出的字段值与“实例”栏中给出的文本值之间执行不完全匹配，它主要应用于字符类型。
- = =：表示在“字段名”栏中给出的字段值与“实例”栏中给出的文本值之间执行完全匹配，它主要应用于字符类型的数据。
- >：表示“字段名”栏中给出的字段的值应大于“实例”栏中给出的值。
- >=：表示“字段名”栏中给出的字段的值应大于或等于“实例”栏中给出的值。
- <：表示“字段名”栏中给出的字段的值应小于“实例”栏中给出的值。
- <=：表示“字段名”栏中给出的字段的值应小于或等于“实例”栏中给出的值。
- Is Null：表示“字段名”栏中给出的字段必须包含Null值。
- Between：表示输出字段的值应该大于或等于“实例”栏中的最小值，而小于或等于“实例”栏中的最大值。
- IN（在……之中）：表示输出字段的值必须是“实例”栏中所列出的值中的一个，在“实例”栏中给出的各值之间应以逗号分隔。

提示

实例项中字符型数值用不用引号都可以；日期型数据值的格式为{^yyyy-mm-dd}；逻辑型数据值的格式为.T.或.F.，逻辑“与”或逻辑“或”可以通过“逻辑”下拉列表框来选择；备注字段和通用字段不能用来设置查询条件。另外，只有当字符串与查询的表中字段名相同时，要用引号将字符串括起来，其他情况下可以不用引号将字符串括起来。

⑤ 设置排序条件。

在“查询设计器”对话框中选择“排序依据”选项卡，此选项卡主要用于设置查询中检索记录的顺序，排序决定了查询输出结果中记录的先后次序。用户可以设置查询结果，以按照一个或多个字段的值进行升序或降序排列显示。

依据本例的要求，设置排序依据为：按成绩升序排列输出查询结果。排序条件的设置如图7-17所示。

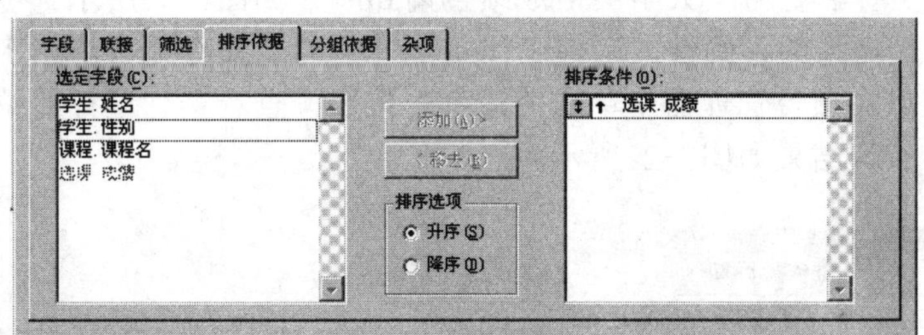

图 7-17　设置排序条件

⑥ 设置分组条件。

选择“查询设计器”中的“分组依据”选项卡，如图7-18所示。在其中可以设置将查询结果依据某字段数据把相同数据值的记录放在一组，如此数据就形成若干组。从而很方便地对同一组的记录执行某种操作，最后将一组记录集合在一起称为一条记录。用户可以通过“添加”按钮将要分组的字段添加到右侧的“分组字段”列表框中，可以单击“满足条件”设置分组满足的条件表达式。

根据本例题目要求，没有分组的要求，因此此选项卡不用设置。

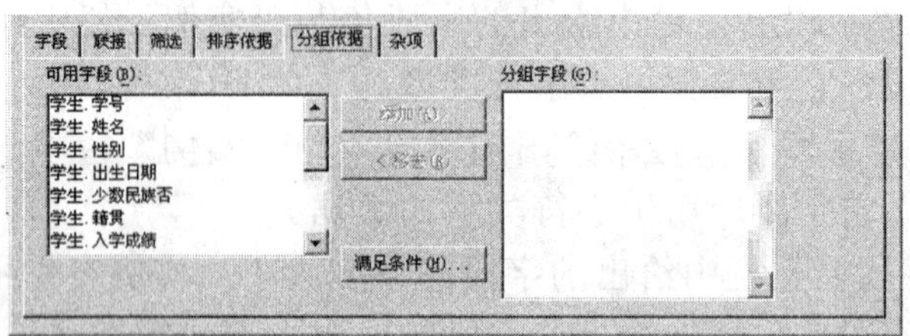

图 7-18 “分组依据”选项卡

⑦ 设置杂项。

在“查询设计器”中的“杂项”选项卡内，可以设置是否显示全部记录以及重复记录等。通常会显示出符合条件的所有记录，但是有时可能只需要查看排在前面的几个记录就可以了。例如，查找出成绩前3名，首先设置按成绩升序排序，然后在“杂项”选项卡内不勾选“全部”复选框，同时在“记录个数”文本框输入3。还可以根据需要显示出查询结果中前百分之多少个记录。

依据本例的要求，再选中“无重复记录”复选框，如图7-19所示。

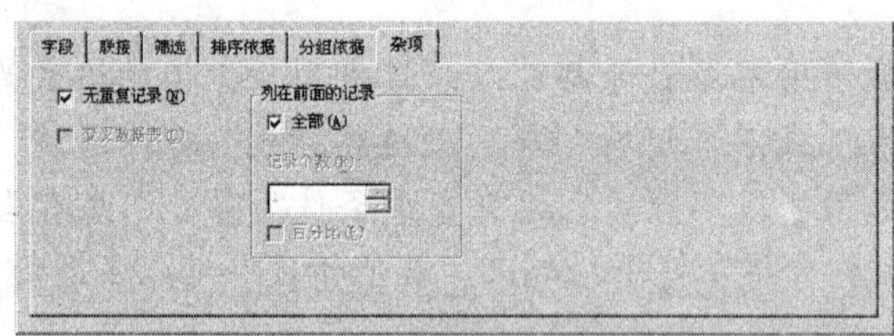

图 7-19 “杂项”选项卡

⑧ 保存、运行查询文件。

本例的查询设计已经全部完成，最后要对该查询设计进行保存。选择“文件”/“保存”命令或者单击工具栏上的“保存”按钮，在弹出的“另存为”对话框中输入所建查询的名称即可。

本例的查询文件名称为“大学英语成绩查询.qpr”，如图7-20所示。

为了验证查询结果的正确性，选择“程序”/“运行”命令或者单击工具栏上的“运行”按钮，也可以在项目管理器中单击“运行”按钮，查看查询运行的结果是否能够满足题目的要求，查询结果如图7-21所示。

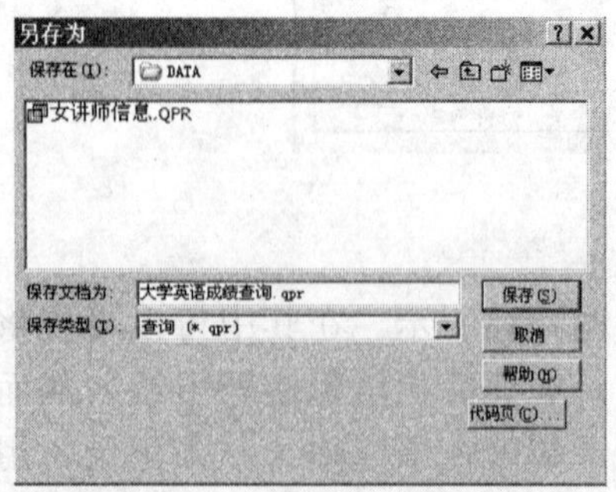

图 7-20 “另存为”对话框

查询

姓名	性别	课程名	成绩
王海萍	女	大学英语	75
刘娜	女	大学英语	79

图 7-21 查询结果

在浏览窗口显示用户查询的结果，每一行是满足查询条件的一条记录，每一列是一个字段或一个表达式。查询结果中包含的字段可以是数据表中的所有字段，也可以是部分字段，甚至可以是通过表达式计算出来的值。

7.1.4 查询文件的操作

查询设计完成后，可运行查询文件，显示查询结果，如果查询结果不满意或者不符合用户设计的要求，可重新修改查询文件。同时在设计查询的过程中可以设置查询结果去向，以满足用户的不同要求。用户也可以查看与在查询设计器中设置的查询相应的SELECT语句。

1．运行查询

使用查询设计器设计查询时，每设计一步，都可运行查询，查看查询结果，这样可以边设计、边运行；对查询结果不满意，可以再设计、再运行，直至达到满意的效果。运行查询的方式通常有以下几种。

（1）在“项目管理器”中运行查询。在项目管理器中选择“数据”选项卡，展开“查询”选项，在其中选择查询文件“大学英语成绩查询”，如图7-22所示。然后单击“运行”按钮，或者选择“项目”/“运行文件”命令，都可在浏览窗口看到查询结果。

（2）在“查询设计器”中运行查询。在“查询设计器”窗口中，选择“查询”/“运行查询”命令，或者单击“常用”工具栏的“运行”按钮，即可运行查询。

（3）使用“程序”菜单运行查询。选择“程序”/“运行”命令，弹出如图7-23所示的“运行”对话框，在该对话框中选择要运行的查询文件，单击“运行”按钮即可。

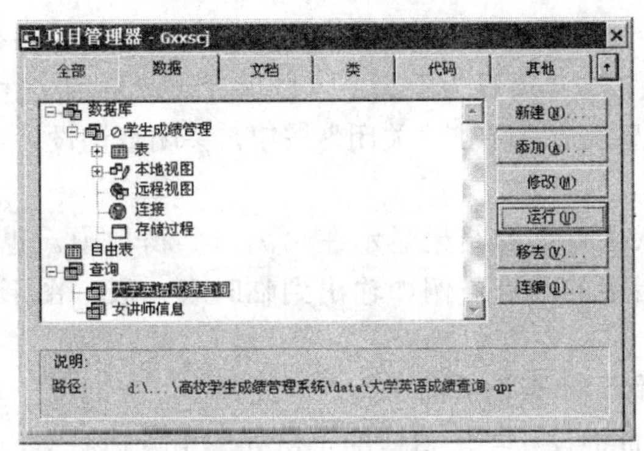

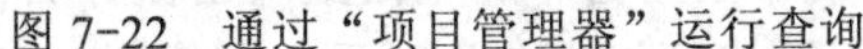
图 7-22 通过“项目管理器”运行查询

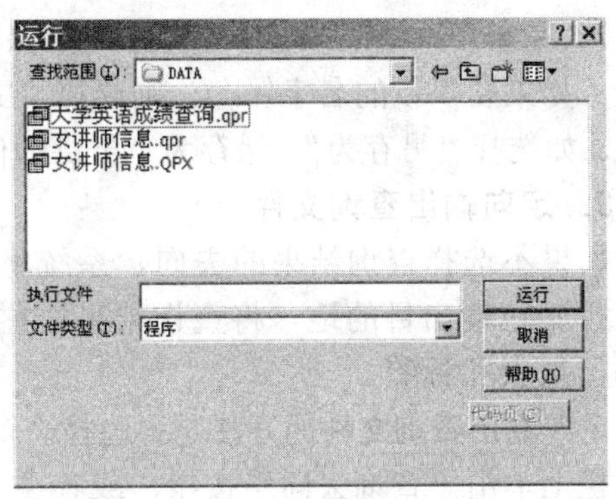

图 7-23 使用命令方式运行查询

（4）使用命令方式运行查询。在命令窗口输入“DO <查询文件名>”，也可以方便地运行查询文件。使用此方法要注意的是：命令中的查询文件名必须是全名，即扩展名.qpr不能省略。

2．修改查询

用户可以利用查询设计器对已经建立好的查询文件进行修改。

下面用具体的例子来说明利用查询设计器来修改查询的过程。

【例7-3】将例7-1中的查询修改为查询所有男讲师信息。

解：具体操作步骤如下。

① 打开查询设计器。选择“文件”/“打开”命令，指定文件类型为“查询”，选择相应的查询文件，单击“确定”按钮；或者在“项目管理器”中，选择“数据”选项卡

中的“查询”，再选择要修改的查询文件，单击“修改”按钮或选择“项目”/“修改文件”命令，都可以打开查询设计器。

也可以使用命令方式打开查询设计器，命令格式是

```
MODIFY QUERY <查询文件名>
```

② 修改查询条件。根据要修改的查询结果的需要，可以在6个查询选项卡中对不同的查询选项进行重新设置查询条件。

本例中选择“筛选”选项卡，将“教师.性别”值修改为“男”即可。修改结果如图7-24所示。

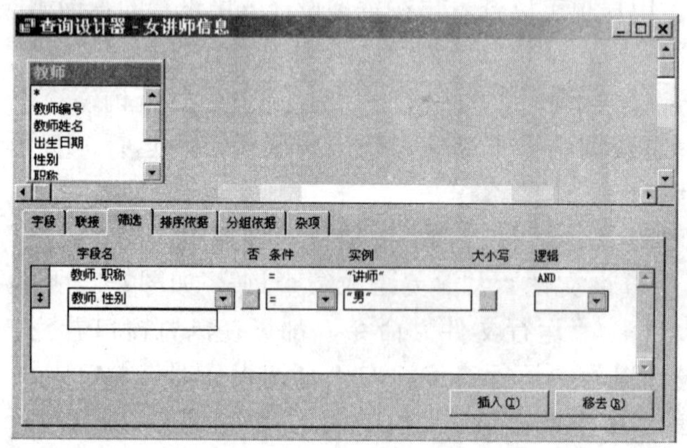

图 7-24　设置筛选条件

③ 运行修改后的查询文件。

④ 保存修改结果。选择“文件”/“保存”命令，或者单击“常用”工具栏上的“保存”按钮。如果要以新的名字保存，则选择“文件”/“另存为”命令，以保存对该查询文件的修改。如选择“另存为”，保存为“男讲师信息.qpr”。单击“关闭”按钮，关闭查询设计器。

3．定向输出查询文件

如果不选择查询结果的去向，系统将默认查询的结果显示在“浏览”窗口中。也可以选择其他输出目的地，将查询结果送往指定的地点，例如输出到临时表、表、图形、屏幕、报表和标签。

定向输出查询文件的方法是：选择“查询”/“查询去向”命令，或者在“查询设计器”工具栏上单击“查询去向”按钮，或者在“查询设计器”窗口的空白处单击鼠标右键，从弹出的快捷菜单中选择“输出设置”选项，都将打开“查询去向”对话框，如图7-25所示。此对话框提供了7种可供选择的查询去向，其中每种输出选项都有不同的含义和存储方式。

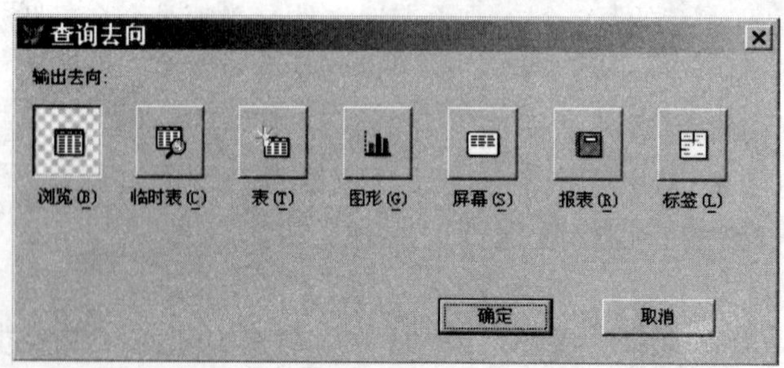

图 7-25 “查询去向”对话框

各输出去向的含义如下。

（1）浏览：在浏览窗口中显示查询结果，这也是查询去向的默认设置。

（2）临时表：将查询结果存储到只读的临时数据表中，多次查询的结果可存放在不同的临时表内，该临时数据表可以用于浏览数据、制作报表等。

（3）表：将查询结果输出到一个命名的数据表文件中，这个表可以当作数据表来使用，但是不会自动添加到数据库中，查询的结果可以真正地存放到磁盘上，多次查询的结果可放在不同的表内。

（4）图形：使查询结果可用于Microsoft Graph中，以绘制图表。此查询结果只能由一个字符型字段和若干个数值型字段组成。

（5）屏幕：将查询的结果直接显示在Visual FoxPro主窗口或当前活动窗口中。

（6）报表：将查询结果输出到一个报表文件中，其扩展名为.frx。

（7）标签：将查询结果输出到一个标签文件中，其扩展名为.lbx。

选定了一个查询输出去向，按一定的步骤设置属性，然后单击“确定”按钮后，系统将会按所选的查询输出方式保存该查询结果。

下面用例子来说明定向输出查询文件的具体操作过程。

【例7-4】 将例7-1中的查询结果定向输出到临时表。

解：具体操作过程如下。

① 打开例7-1中的查询设计器。

② 选择“查询”/“查询去向”命令，系统将显示“查询去向”对话框。

③ 单击“临时表”按钮，如图7-26所示。在“临时表名”文本框输入临时表名，单击“确定”按钮，关闭“查询去向”对话框。

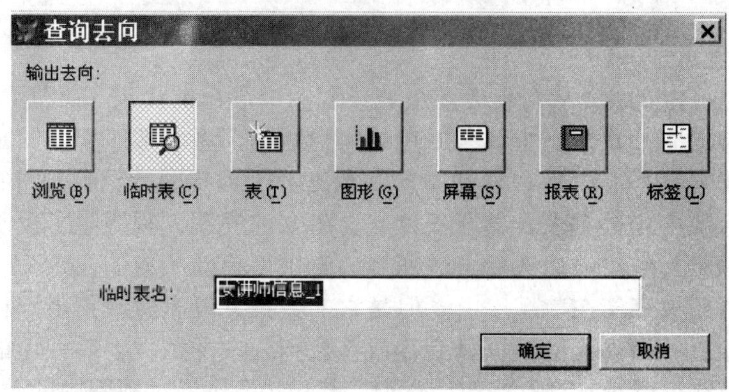

图 7-26　选择“临时表”后的“查询去向”对话框

④ 保存对查询文件的修改。

⑤ 运行查询文件。由于将查询结果输出到了一个临时表中，因此查询结果不在浏览窗口中显示。选择“显示”/“浏览”命令，将显示该临时表的内容。单击浏览窗口的“关闭”按钮，关闭浏览窗口。

> **↘ 提示**
>
> 如果用户只需要浏览查询结果，可输出到浏览窗口。浏览窗口中的表是一个临时表，关闭浏览窗口后，该临时表将自动删除。

4. 查看查询的SELECT内容

在查询文件中，保存的是设置查询的条件，而不是查询的结果，当数据源发生改变时，查询的结果也会改变。查询文件是使用SQL命令建立起来的，创建查询后，为了确认查询定义的是否正确，可以检查查询文件中的SQL命令，也可以将SQL命令复制到程序中运行。

查看查询文件的SELECT内容常用的方法有以下两种。

（1）在建立查询时，选择“查询”/“查看SQL”命令。

（2）单击查询设计器工具栏上的“SQL”按钮，可查看查询生成的SQL语句。

7.2 视图设计

视图类似于表，它具有表的属性，对视图的所有操作，如打开与关闭、设置属性（如字段的显示格式、有效性规则等）、修改结构以及删除等，与对表的操作相同。视图作为数据库的一种对象，有其专门的设计工具和操作命令。视图又具有查询的特点，可以用来从一个或多个相关联的表中提取有用的信息组成一个虚拟表，而不涉及数据源中的其他信息，便可以改变这些记录的值，并把更新结果送回到源表中。这样，就不必面对数据源中所有用到的或用不到的信息，从而加快对数据的操作效率。同时，由于视图不涉及数据源中的其他数据，因此也加强了操作的安全性。

建立视图与建立查询的方法非常类似，主要通过指定数据源、选择所需字段、设置筛选条件等工作来完成。

7.2.1 视图的概念与视图设计器

1. 视图的概念

视图是一个可定义的、从一个或多个表或视图中导出的虚表。视图不独立存储数据，而是将数据存储在它的数据源中。当用户访问视图时，系统按照视图的定义从数据源中提取数据，组成一个“虚表”，以便动态反映数据源中的当前数据。视图的数据源是本地的或远程的一个或多个数据表，甚至可以是已建立的视图。视图除了反映源表数据外，它的数据还可以经过编辑、修改后再送回到源表中以更新相应的记录。

视图定义后是被存储在数据库中，但是它的数据并没有像数据表那样又在数据库中再存储一份，通过视图看到的数据只是存放在数据表中的数据。对视图的操作与对数据表的操作相同，都可以对其进行修改、查询、删除。当对通过视图中的数据进行修改时，相应的源数据表中数据也随之发生变化，反过来，若源数据表中数据发生变化，视图中的相应数据也会自动地发生改变。

Visual FoxPro的视图有两种类型：一种是本地视图，另一种是远程视图。本地视图是从当前数据库中的Visual FoxPro表或其他视图中选取信息，而远程视图是从当前数据库之外的数据源（如SQL SERVER）选取数据。

在开发应用程序中使用视图有以下优点。

（1）视点集中：视图机制能使用户把注意力集中在所关心的数据上，使用户看到的数据结构简单而直截了当。

（2）简化操作：视图可以把若干张表或视图连接在一起，为用户隐蔽了表与表、表与视图、视图与视图之间的连接操作。

（3）多角度：视图机制可使不同用户从多角度处理同一数据，当许多不同种类用户使用同一个集成数据库时，这种灵活性显然是很重要的。

（4）安全性：可针对不同的用户形成不同的视图窗口，使不同的用户了解不同的数据，对数据的安全保密性起到了很大作用。

2．视图设计器

用户可以利用视图设计器来建立视图，也可以利用视图向导建立视图，还可以通过命令建立视图。最直接的方法是在“视图设计器”中完成对视图的设计。

1）启动视图设计器

启动视图设计器常用的方法有3种，即使用菜单方式、使用视图设计器和使用命令方式。

（1）使用菜单方式。首先选择“文件”/“新建”命令，或者单击工具栏上的“新建”按钮，在随后弹出的“新建”对话框中，选择“视图”单选按钮；然后单击“新建文件”图标按钮，打开“视图设计器”窗口，同时会弹出“添加表或视图”对话框，从中选择建立视图所需要的表或视图，如图7-27所示，单击“添加”按钮即可。

（2）使用项目管理器。打开“项目管理器”对话框中的“数据”选项卡，打开要建立视图的数据库，选择“本地视图”，单击“新建”按钮，打开“新建本地视图”对话框，如图7-28所示，单击“新建视图”图标按钮，打开“视图设计器”窗口，同时也弹出“添加表或视图”对话框，从中选择建立视图所需要的表或视图，单击“添加”按钮即可。

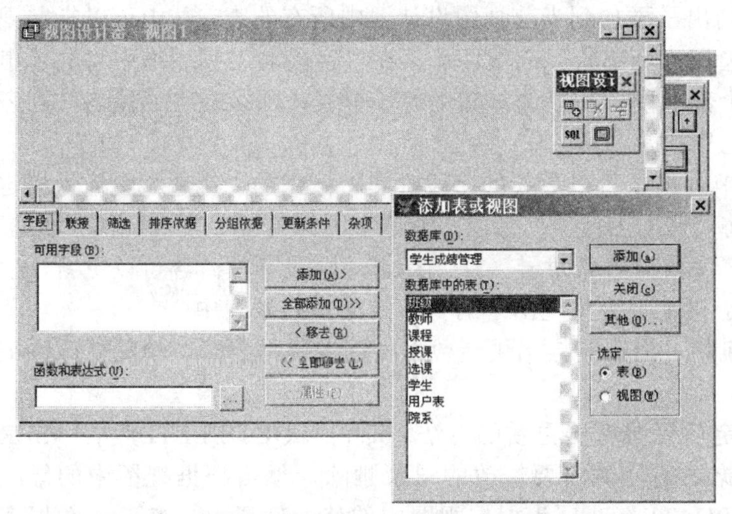

图 7-27 视图设计器以及“添加表或视图”对话框

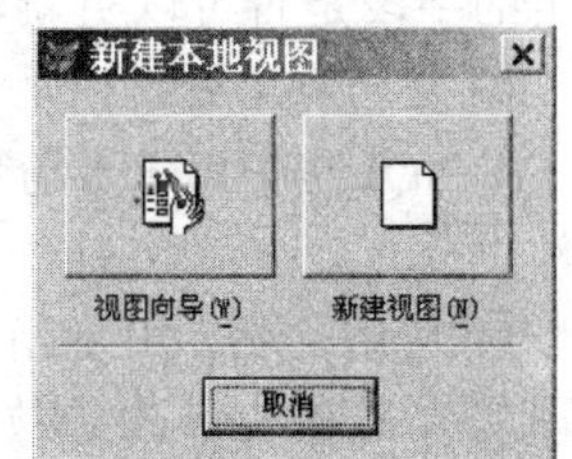

图 7-28 “新建本地视图”对话框

（3）使用命令方式。在“命令”窗口输入CREATE VIEW命令并按Enter键，便可打开视图设计器。

2）视图设计器界面

视图设计器的窗口界面和查询设计器基本相同，不同之处为视图设计器下半部分的选项卡有7个，其中6个的功能和用法与查询设计器完全相同。不同之处如下。

（1）查询设计器的结果可以有多种输出方式，查询文件是以.qpr扩展名的文件保存在磁盘上的，可以多次独立地运行；而视图设计器完成设计后，在磁盘中没有类似的文件，视图的查询结果只存放在数据库中。每次必须打开数据库后，才可以利用类似表文件的操作方式来操作视图。因此在视图中没有“查询去向”方式对查询结果进行输出。

（2）查询是从表或视图中找出符合条件的记录，对使用的表或视图中的数据没有任何影响。而视图是可以用于更新数据的，视图有更新属性的设置，因此视图设计器比查询设计器多了一个“更新条件”选项卡，如图7-29所示。

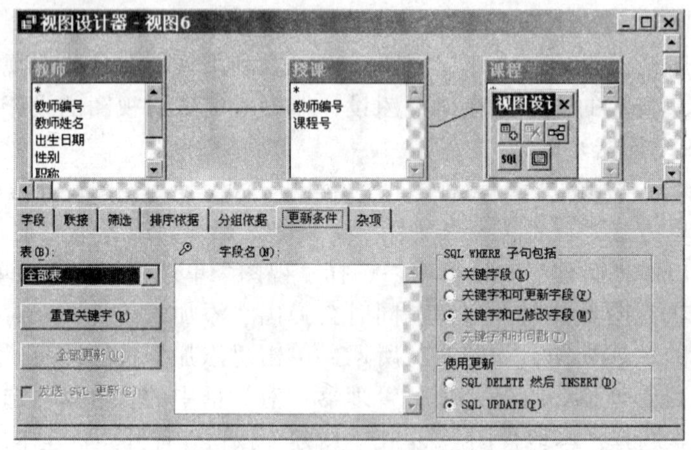

图 7-29 “更新条件”选项卡

“更新条件”选项卡用于设定更新数据的条件，其各选项的含义如下。

① 表。下拉列表框中列出了添加到当前视图设计器中所有的表，从中可以指定视图文件中允许更新的表。如选择“全部表”选项，那么在“字段名”列表框中将显示出在“字段”选项卡中选取的全部字段。如只选择其中的一个表，那么在“字段名”列表框中将只显示该表中被选中的字段。

② 字段名。该列表框中列出了可以更新的字段。其中标识的“钥匙”图标为指定字段是否为关键字段，字段前若带对号（√）标志，则该字段为关键字段；“铅笔”图标为指定的字段是否可以更新，字段前若带对号（√）标志，则该字段内容可以更新。

③ 发送SQL更新。用于指定是否将视图中的更新结果传回源表中。

④ SQL WHERE子句包括。用于指定当更新数据传回源数据表时，检测更改冲突的条件。

⑤ 使用更新。用于指定后台服务器更新的方法。其中“SQL DELETE然后INSERT”选项的含义为在修改源数据表时，先将要修改的记录删除，然后根据视图中的修改结果插入一新记录；“SQL UPDATE”选项为根据视图中的修改结果直接修改源数据表中的记录。

7.2.2 建立视图

在Visual FoxPro中，视图和查询在本质上都是按照一定的规则从指定的数据表中提取数据，但视图的建立是通过“视图设计器”来完成的，使用“视图设计器”来建立视图和使用“查询设计器”来建立查询方法是是类似的。另外，使用视图向导也可以建立视图。下面将详细介绍本地视图和远程视图的建立过程。

1．建立本地视图

本地视图是从当前数据库中的Visual FoxPro表或者其他视图中选取信息，下面以例子介绍使用视图设计器建立本地视图的具体操作过程。

【例7-5】对学生成绩管理数据库建立视图：显示是党员的教师代课信息，其中包括教师姓名、党员否、课程名及授课学期，并按照教师姓名升序排列。

解：具体操作步骤如下。

① 启动视图设计器，添加表或视图。本例中添加的是教师、授课、课程3个表。

② 选择要出现在视图结果中的字段。本例在“字段”选项卡选择教师.教师姓名、教师.党员否、课程.课程名、授课.授课学期等字段。设置结果如图7-30所示。

③ 设置所需结果的选择条件。本例在“筛选”选项卡设置筛选条件：“教师.党员否=.T.”。设置结果如图7-31所示。

④ 设置排序或分组选项来组织查询结果的输出顺序。本例在“排序依据”选项卡设置排序为“教师.教师姓名”，选择“升序”单选按钮。设置结果如图7-32所示。

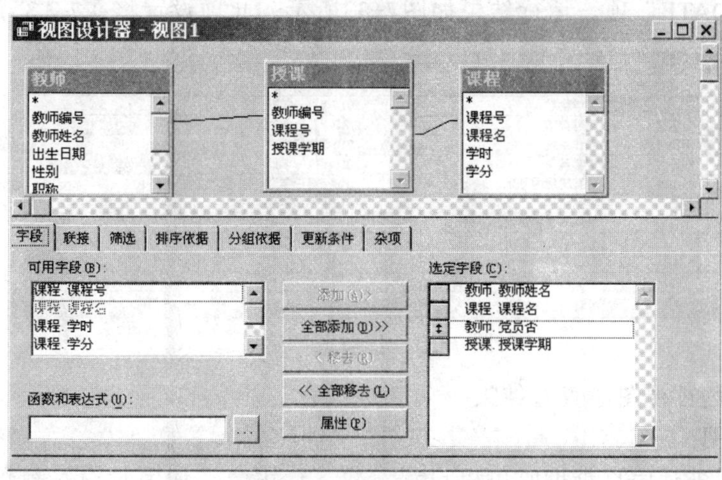

图 7-30 “字段”选项卡

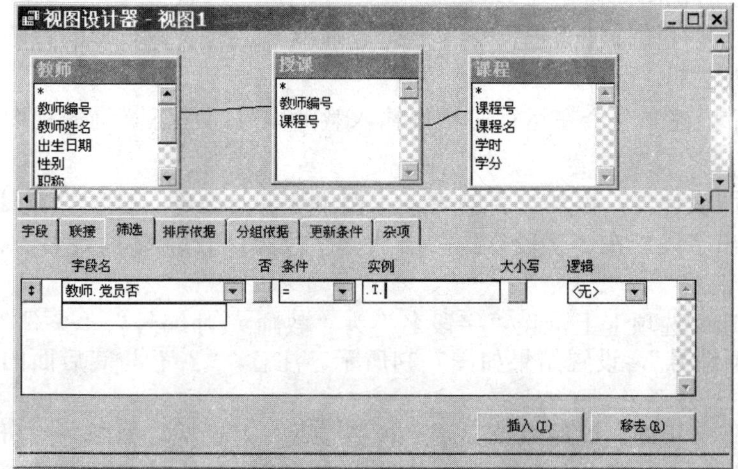

图 7-31 “筛选”选项卡

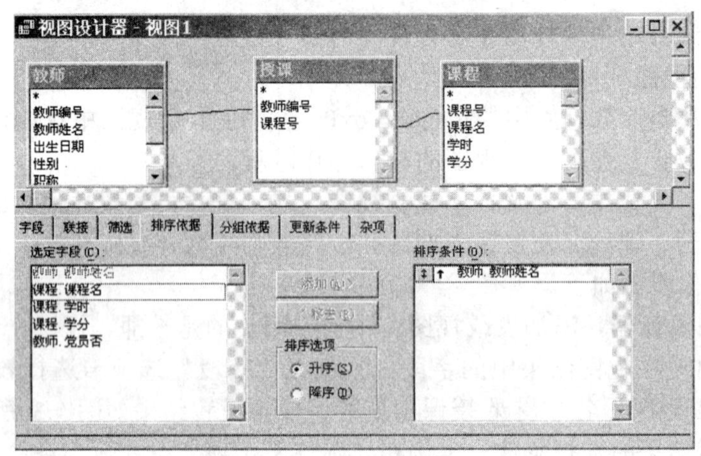

图 7-32 “排序依据”选项卡

⑤ 更新设置。在“表”下拉列表中选择“授课”，设置“关键字段”和“更新字段”，在“SQL WHERE子句包括”框中选择“关键字和可更新字段”项，在“使用更新”中选择“SQL UPDATE”项。运行结果如图7-33所示。此项设置将在7.2.3节中详细描述。

党员教师授课信息

教师姓名	课程名	党员否	授课学期
冯歌丽	大学物理	T	2010年第一学期
金燕燕	高等数学	T	2010年第一学期
李伟	操作系统	T	2010年第二学期
刘乐	大学英语	T	2010年第一学期
张小玲	计算机应用基础	T	2010年第一学期
赵磊	数据结构	T	2010年第二学期
赵磊	面向对象程序设计语言	T	2010年第二学期

图 7-33 视图运行结果

⑥ 保存、运行视图，查看结果。

2. 参数视图

在利用视图进行信息查询时可以设置参数，让用户在使用时输入参数值。下面以例子来介绍带参数的视图如何创建。

【例7-6】建立视图，使其根据输入一个教师编号，列出该教师的教师姓名以及所代的课程名和授课学期。

解：本例希望建立一个在运行时根据输入教师编号而任意查询的视图。具体操作步骤如下。

① 启动视图设计器，添加需要的表。本例添加的是教师、课程、授课3个表。

② 选择输出字段。在“字段”选项卡选择字段为：教师.教师姓名、课程.课程名、授课.授课学期等。

③ 在“筛选”选项卡上，设“字段名”为“教师.教师编号”，“条件”为“=”，“实例”为“？教师编号”，设置结果如图7-34所示。注意，“？”与其后面的“教师编号”间不要空格。

④ 保存、运行视图。此时系统显示“视图参数”对话框，如图7-35所示，要求给出参数值，输入参数后出现查询结果。注意，输入时注意值的类型与字段类型的匹配。

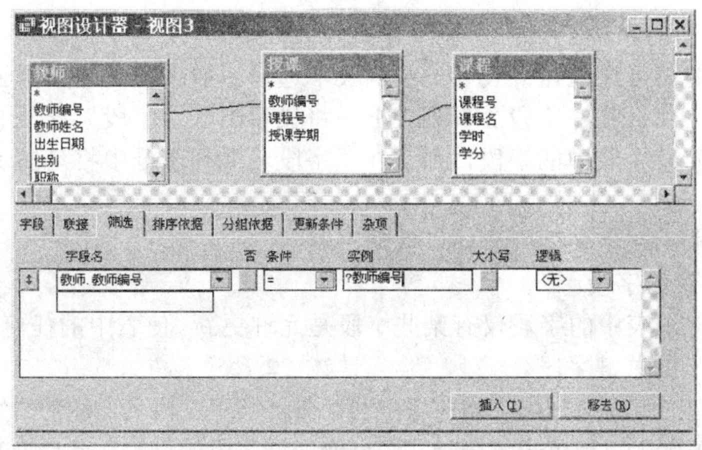

图 7-34 “更新条件”选项卡

远程视图是使用SQL语言与远程的数据源表（如SQL SERVER数据源）中选择信息。在此不详细介绍远程视图建立的过程，这部分内容请读者参阅其他参考书。

图 7-35 “视图参数”对话框

7.2.3 使用视图更新数据

更新源表中的数据是视图的重要特点，也是与查询最大的区别。使用“更新条件”选项卡可把用户对视图中数据所做的修改，包括更新、删除及插入等结果传回到数据源中。

下面以例子来详细介绍“更新条件”的使用方法。

【例7-7】参照例7-6建立一个教师表的参数视图，如图7-36所示。要求在输入某个教师编号时，对应表中的教师编号和教师姓名字段值进行修改。如输入“0000220”，修改后教师编号为“2011220”，教师姓名为“孙磊”。

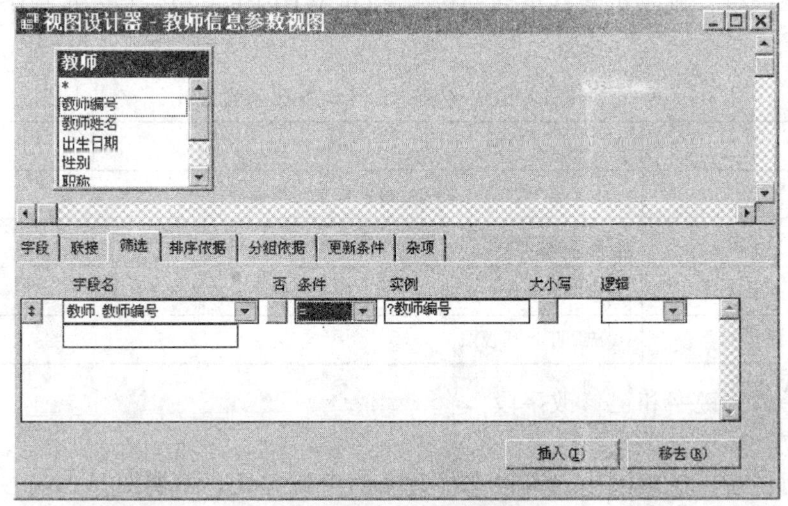

图 7-36 教师表参数视图设置

解：设置更新条件具体操作过程如下。

① 指定可更新的表。

指定可更新的表可通过在“表”下拉列表中选择。如果视图是来源于多个表，选择“全部表”选项，那么在“字段名”列表框中将显示出在“字段”选项卡中选取的全部字段。如果只更新某个表中的字段，那么在“字段名”列表框中将只显示该表中被选中的字段。

根据本例要求，在“表”中选择“教师”表。

② 指定可更新的字段。

可以指定任一个表中的字段仅有某些字段是允许更新。使表中的任何字段可以更新，就必须有已经定义的关键字段。

在“字段名”列表框中列出了相关表中的字段，其中字段名左侧的“钥匙”图标表示所在列的字段是关键字。若单击该符号，则可取消该字段的设置；若要恢复原来关键字的设置，可单击“重置关键字”按钮。“铅笔”图标所在列表示更新，通过单击该按钮，可以改变相关字段的状态；若要使表中的所有字段都被更新，则应单击“全部更新”按钮。

本例中设定教师编号和教师姓名为关键字段。方法是在“字段名”列表框下，分别在教师编号和教师姓名字段前“钥匙”符号下单击，将其设置为选中状态。设定可修改的字段：由于只修改教师编号和教师姓名字段的值，因此，在这两个字段前“铅笔”符号下单击，将其设置为可修改字段。

③ 检查更新合法性。

如果在一个多用户的环境中，远程服务器数据可以被其他用户访问，用户也可能试图更新远程服务器上的记录。为了保证Visual FoxPro在检查视图修改的数据在更新之前是否被别的用户修改过，Visual FoxPro中提供了“SQL WHERE子句包括”选项组，以用来管理多用户访问同一数据库时遇到的同时要更新数据的问题。

在多用户环境中，在允许更新数据之前，首先要检查源数据表中的字段，看是否已经被提取到视图当中，这些字段的数据又是否发生了修改。如果源数据表中的数据在此期间已经被修改过，则不再允许更新操作。“SQL WHERE子句包括”选项组中各项的含义如表7-1所示。

表 7-1　SQL WHERE 子句各选项含义

选　项	含　义
关键字段	只有源数据表中关键字段被修改时检测冲突
关键字和可更新字段	只有源数据表中关键字段和更新字段被修改时检测冲突
关键字和已修改字段	当源数据表中关键字段和已修改过的字段被修改时检测冲突
关键字和时间戳	应用于远程视图

本例选择“关键字和已修改字段”。

④ 更新方式。

在“使用更新”选项组内，可以选择数据的更新方式。本例选择“SQL UPDATE”选项。为了能够通过视图更新源数据表中的数据，可将“发送SQL更新”复选框选中。

“更新条件”选项卡最终设置结果如图7-37所示。

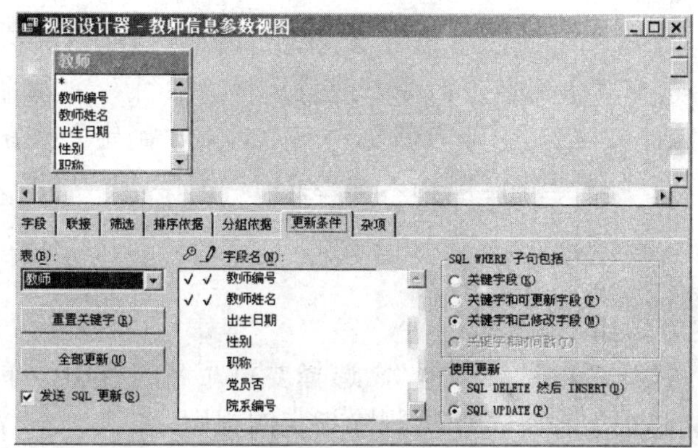

图 7-37 “更新条件”选项卡设置

视图设计完成后保存视图，然后修改视图中的数据。方式是：运行视图后，在弹出的“视图参数”对话框中输入“0000220”，并在随后打开的浏览窗口将教师编号修改为“2011220”，教师姓名修改为“孙磊”，关闭浏览窗口。最后观察“教师”表。打开“教师”表的浏览窗口，浏览表中的数据。发现表中的数据已经随着视图的更新而自动修改了，结果如图7-38所示。

教师

教师编号	教师姓名	出生日期	性别	职称	党员否	院系编号
2011220	孙磊	09/10/80	男	讲师	T	001
0000221	李伟	03/23/74	男	副教授	T	001
0000222	张小玲	05/04/73	女	副教授	T	001
0000223	高锦	11/20/81	女	讲师	F	002
0000224	王飞	06/12/65	男	教授	T	002
0000225	冯敏丽	07/10/79	女	讲师	T	003
0000226	金燕燕	03/03/78	女	讲师	T	003
0000227	王浩	01/12/76	男	副教授	F	004
0000228	李丽	08/09/72	女	副教授	F	004
0000229	刘乐	12/12/66	女	教授	T	005
0000230	姚荣	10/24/77	女	讲师	T	005

图 7-38 利用视图更新表中的数据

7.2.4 操作和使用视图

视图建立后就可以类似于数据表一样对其进行操作和使用，如查看视图中的数据、修改视图、重命名视图、删除视图等。基本上可以用于数据表的操作命令都可以应用于对视图的操作。当然，视图不是数据表，不能独立存在，也不能修改其表结构，只能修改视图的定义。

1. 使用视图

在“项目管理器”中先选择一个数据库，然后选择视图名，再单击“浏览”按钮，则可以在“浏览”窗口中显示视图，并可对视图进行操作。除此之外还可使用USE命令以编程方式访问视图。

2. 修改视图

视图的修改是通过视图设计器完成的。对视图进行修改时，首先需要打开其所在的数据库，然后在“视图设计器”中便可修改已有的视图。按照7.2.1节中启动视图的方法来打开视图设计器或者使用修改视图命令MODIFY VIEW <视图名>。

3. 重命名视图

重命名视图的常用方法如下。

（1）菜单方式：打开“项目管理器”，选择要重命名的视图，然后单击鼠标右键，从弹出的快捷菜单中选择“重命名”命令、或者选择“项目”/“重命名文件”命令，均可打开“重命名”对话框，在其中输入新文件名，单击“确定”按钮即可。

（2）命令方式：在“命令”窗口输入命令RENAME VIEW<旧文件名>TO<新文件名>即可。

4．删除视图

删除视图的常用方法如下。

（1）菜单方式：打开“项目管理器”，选择要重命名的视图，单击“移去”按钮，或者选择“项目”/“移去”命令，即可删除指定的视图。

（2）命令方式：在“命令”窗口输入命令DELETE VIEW<文件名>或DROP VIEW <文件名>即可。

习　题　7

一、选择题

1．在“查询向导”中共有（　　）种类型的向导可供选择。

A．2　　B．3　　C．4　　D．5

2．创建查询最简单的是使用（　　）。

A．查询向导　　B．查询设计器　　C．视图　　D．图形向导

3．以下关于查询的正确叙述是（　　）。

A．不能根据自由表建立查询　　B．只能根据自由表建立查询

C．只能根据数据库表建立查询　　D．可以根据自由表和数据库表建立查询

4．关于联接类型介绍中，（　　）只返回完全满足联接条件的记录。

A．内部联接　　B．左联接　　C．右联接　　D．完全联接

5．运行C:\学生成绩管理\STU.QPR查询文件，正确的命令是（　　）。

A．DO　　B．DO STU.QPR

C．DO C:\学生成绩管理\STU　　D．DO C:\学生成绩管理\STU.QPR

6．查询文件中保存的是（　　）。

A．查询的命令　　B．查询的结果　　C．查询的基表　　D．查询的条件

7．默认的查询输出目的地是（　　）。

A．数据表　　B．图形　　C．报表　　D．浏览窗口

8．视图设计器包含的选项卡有（　　）。

A．字段，联接，筛选　　B．字段，条件，分组依据

C．联接，查询去向，筛选　　D．联接，条件，排序依据

9．视图是根据数据库表派生出来的“表”，当关闭数据库后，视图（　　）。

A．不再包含数据　　B．仍然包含数据

C．用户可以决定是否包含数据　　D．依赖于是否是数据库表

10．下列选项中，（　　）是视图不能够完成的。

A．指定可更新的表　　B．指定可更新的字段

C. 检查更新合法性　　　　　　　　D. 删除和视图相关联的表

二、填空题

1. 建立查询文件可以用__________和__________两种方式实现。

2. 查询设计器的“筛选”选项卡用于指定查询的______________。

3. 查询设计器的“联接”选项卡用于编辑______________。

4. 视图可以分为__________和__________两类。

5. 在视图和查询中，利用__________可以修改数据，利用________可以定义输出去向，但是不能修改数据。

6. 查询是以扩展名________的文件来保存的，而视图设计完后，在磁盘上找不到类似的文件，视图的结果保存在__________。

7. 通过视图，不仅可以查询数据库中的表，还可以________数据库表。

8. 建立远程视图前，应先建立于远程数据库的________________。

三、问答题

1. 简述查询和视图的概念。

2. 简述查询设计器中6个选项卡的含义，分别与SQL SELECT命令中各子句的对应关系。

3. 简述利用查询设计器建立查询的过程。

4. 如何将查询结果进行定向输出？

5. 简述视图和表之间的区别与联系。

6. 如何对视图进行修改、删除和重命名操作？

四、上机操作题

对第5章建立的“学生成绩管理”数据库，利用查询设计器和视图设计器分别建立以下查询和视图。

1. 查询教师表所有信息。

2. 查询所有党员的教师信息。

3. 查询教师的授课情况，包括教师编号、教师姓名、课程名、学时、学分、授课学期，并以授课学期升序排列。

4. 查询非少数民族学生信息，要求包含学生姓名、性别、出生日期、少数民族否和籍贯，并按出生日期升序显示。

5. 查询男学生选课信息，要求包含学生姓名、性别、课程名和成绩，并按成绩降序显示。

6. 查询不同职称的教师人数。

7. 为学生选课建立一个视图，要求包含学号、姓名、课程号、课程名、成绩、班级等信息，并按照班级升序输出。

8. 修改7中建立的视图，设置可更新字段为：姓名、课程名。

9. 建立选修了课程学时大于60的学生选课信息的视图。要求包含如下字段：学号、姓名、性别、课程号、课程名、学时和成绩，并设置更新字段为“姓名”、“性别”、“课程名”。

第 8 章

结构化程序设计

内容导读

通过使用菜单操作或在命令窗口中输入命令来执行Visual FoxPro的命令是常用的两种操作方式，即交互式操作方式。除此之外，还可以把有关的操作命令组织在一起，存放到一个文件中，当发出调用该文件的命令后，Visual FoxPro就会自动地依次执行该文件中的命令，直至全部执行完毕，这就是Visual FoxPro的程序工作方式，它是实际应用中主要的工作方式。本章介绍Visual FoxPro的程序工作方式，其中包括程序设计的基础知识，应用程序中常用的命令及顺序、选择和循环三种程序结构，过程和过程文件的建立和调用，子程序和自定义函数，数据的应用以及程序的调试等。

教学目标

通过对本章内容的学习，掌握SQL对程序文件的操作，掌握三种程序控制结构的使用，理解过程的含义及操作过程的方法，了解变量的作用域，掌握数组的应用。

重点难点

- 程序文件的建立
- 程序的基本结构
- 过程的调用
- 变量的作用域

8.1 程序设计概述

使用计算机解决实际问题，通常是先要对问题进行分析并建立数学模型，然后考虑数据的组织方式和算法，并用某一种程序设计语言编写程序，最后调试程序，使之运行后能产生预期的结果。这个过程称为程序设计。Visual FoxPro是一个集成开发环境，它有一套完整的程序设计语言，利用这些语言可以解决大量的实际问题。

8.1.1　程序设计相关概念

程序是利用系统所提供的设计工具、按照程序设计语言的规范描述解决问题的算法并进行程序编写的过程。Visual FoxPro的程序是由一系列代码组成，代码可以包括以命令形式出现的指令、函数或Visual FoxPro可以理解的任何操作。在前面几章的学习中，利用Visual FoxPro处理数据时，仅仅靠一条指令来完成某项任务，显得功能有些单一，因此在完成复杂的任务时，需要用一组命令来完成。

1. 程序的概念

程序是能够完成一定任务的命令的有序集合。这组命令被存放在称为程序文件或命令文件的文本文件中。当程序运行时，系统会按照一定的次序自动执行包含在程序文件中的命令。所谓程序方式，就是先根据任务的要求确定能完成该任务的命令序列，即编写程序，然后在磁盘上建立包含程序代码的程序文件，最后通过运行程序，让系统自动执行程序代码。

与交互式操作方式相比，程序方式有以下优点。

（1）可以利用编辑器，方便地输入、修改、保存程序。编辑器可以是Visual FoxPro系统内置的文本编辑器，也可以是其他系统的文本编辑器，如Windows操作系统中的记事本等。

（2）程序文件一旦建立，就可以被多次运行，而且一个程序在运行过程中还可以调用另一个程序。

Visual FoxPro应用程序的编写一般由以下部分组成。

（1）程序注释。行末尾注释用&&符号，行开头注释用NOTE或者*符号开始。

（2）程序运行环境设置。用以设置程序的运行环境。

（3）程序主体。是实现某项功能的所有命令的集合。

（4）程序辅助整理。在程序完成某项指定任务后，一般都要做一些整理工作，如关闭各种文件，使系统恢复到标准状态。

（5）程序退出。在程序最后，可以设置有关命令关闭文件并返回到系统的“命令”窗口状态或操作系统状态。

2. 程序的控制结构

任何复杂的程序都由三种基本控制结构组成，分别是顺序结构、选择结构和循环结构。

（1）顺序结构，是最简单的一种基本结构，依次顺序执行不同的程序指令块，流程图如图8-1（a）所示。

（2）选择结构，根据条件满足或不满足而去执行不同的程序指令块。如图8-1（b）所示，当条件*P*满足时执行*A*程序块，否则执行*B*程序块。

（3）循环结构，是指重复执行某些操作，重复执行的部分称为循环体。循环结构分为当型循环和直到型循环两种，如图8-1（c）所示是当型循环结构，图8-1（d）所示是直到型循环结构。

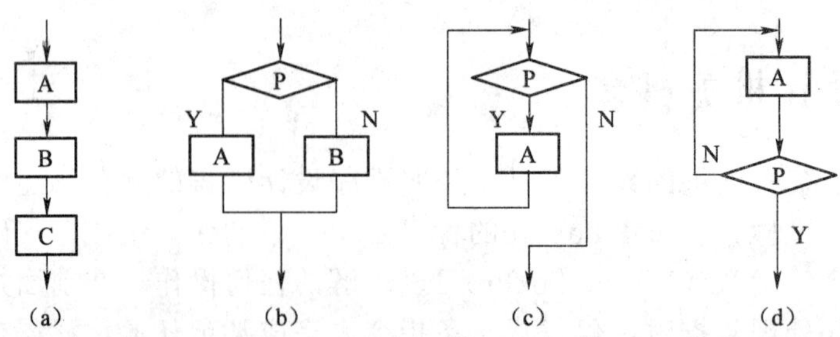

图 8-1 程序的控制结构

（a）顺序结构；（b）选择结构；（c）当型循环；（d）直到型循环

两种循环结构的区别是：当型循环是判断循环条件*P*满足时执行循环体，一般是先判断条件，后执行循环体；而直到型循环是循环条件*P*不满足时执行循环体，一般是先执行循环体，后判断循环条件。

3．结构化程序设计方法

结构化程序设计方法是被普遍采用的一种程序设计方法，自20世纪60年代由荷兰学者E. W. Dijkstra提出后，在实践中不断发展和完善，成为软件开发的重要方法，在程序设计方法中占有非常重要的地位。用这种方法设计的程序结构清晰，易于阅读和理解，便于调试和维护。

结构化程序设计的基本思想是采用“自顶向下，逐步求精”的程序设计方法和模块化。

自顶向下是指对设计的系统要有一个全面的理解，从问题的全局入手，把一个复杂问题分解成若干个相互独立的子问题，然后对每个子问题再进一步分解，如此重复，直到每个问题都容易解决为止。

逐步求精是指程序设计的过程是一个渐进的过程，先把一个子问题用一个程序模块来描述，再把每个模块的功能逐步分解细化为一系列的具体步骤，直至能用某种程序设计语言的基本控制结构来实现。逐步求精总是和自顶向下结合使用，一般把逐步求精看作自顶向下设计的具体实现。

模块化设计是结构化程序的重要原则。模块化设计就是将系统分解为若干个功能相关而代码独立的模块。把程序设计中的抽象结果转化成模块，这样不仅可以保证设计的逻辑正确性，而且更适合项目的集体开发。各个模块分别由不同的程序员编制，只要明确模块之间的接口关系，模块内部细节的具体实现就可由程序员自己自主设计，而模块之间不会受到影响。这种程序的模块化结构如图8-2所示。

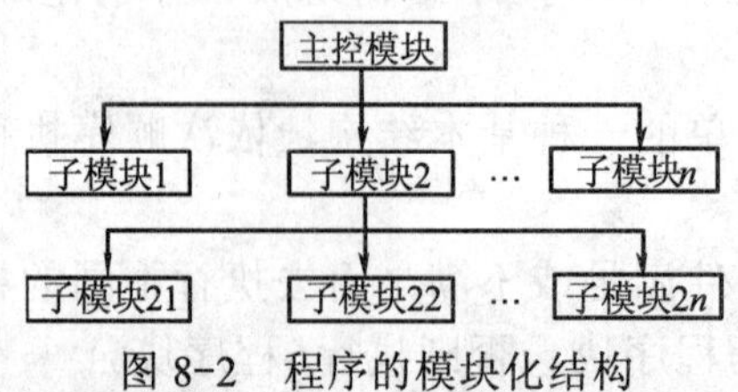

图 8-2 程序的模块化结构

结构化程序的风格和程序的易读性有关，如果程序设计人员保持一致的、良好的设计风格，则有助于彼此交流和理解所编写的程序。程序设计的风格直接影响程序的设计质量。所谓程序的高质量是指程序结构良好、逻辑关系清楚、层次分明、数据结构设计合理、用户界面友好、有容错能力等。

结构化程序设计的过程就是将问题求解由抽象逐步具体化的过程。这种方法符合人们解决复杂问题遵循的普遍规律，可以显著提高程序设计的质量和效率。

8.1.2 程序文件的建立和编辑

在Visual FoxPro中，程序文件又称为命令文件，它是由Visual FoxPro中的命令和一些程序设计语句所组成的ASCII文本文件，所以可以用任何文本编辑程序或字处理软件来建立与编辑。程序文件默认扩展名为. prg。Visual FoxPro的程序由若干程序行组成，每一程序行由一条语句或一条命令组成，每一行都以Enter键结束。若一行写不完一条命令，可在分行处加上续行符号“;”，程序末尾可加上如CANCEL、RETURN或QUIT等的结束语句。在程序的开始或每一程序行的后面可加上注释语句，以对整个程序和某个程序行进行说明，从而增强程序的易读性。

1. 程序文件的建立

在Visual FoxPro中建立程序文件同其他类型的文件方法类似，通常有以下三种方式。

（1）使用菜单方式。首先选择“文件”/“新建”命令，或者单击工具栏上的“新建”按钮，然后从弹出的“新建”对话框中选择“程序”选项，再单击“新建文件”图标，随即可打开如图8-3所示的程序编辑窗口，在其中输入程序文件代码。

（2）使用项目管理器。打开“项目管理器”，选择“代码”选项卡，从中选择“程序”选项，然后单击“新建”按钮，也可打开“程序1”窗口，如图8-4所示。

图 8-3　程序编辑窗口

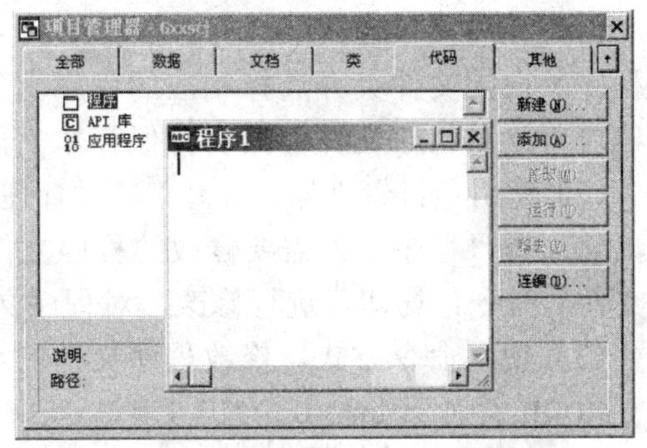

图 8-4　使用“项目管理器”建立程序

（3）使用命令方式。新建程序文件命令格式是

```
MODIFY  COMMAND |FILE  [<程序文件名>|?]
```

命令功能是建立一个新的程序文件。其中<程序文件名>指明要建立的文件。如果省略文件名，编辑窗口会打开名为untitled.prg的文件。当关闭窗口时出现对话框，要求输入文件名。若使用?，则显示“打开”对话框。在此对话框中，用户可以选择一个已存在的文件或者输入要建立的新文件名。如果没有给文件指定扩展名，则MODIFY COMMAND默认为.prg，而MODIFY FILE却默认为空，所以使用MODIFY FILE建立程序文件时文件名必须带扩展名.prg。

2. 保存程序文件

当程序文件代码输入完后，首先应该保存该程序文件，保存文件的常用方法有以下几种。

（1）选择“文件”/“保存”命令，或者单击工具栏中“保存”按钮，如果是第一次保存，则会出现如图8-5所示的“另存为”对话框，在其中输入程序文件名，并选择保存目录后，单击“保存”按钮即可完成对程序文件的保存。

（2）单击程序编辑器窗口的关闭按钮，会出现是否存盘的确认对话框，如图8-6所示。然后单击“是”按钮，随即将打开“另存为”对话框，输入程序文件名称，最后单击“保存”按钮。

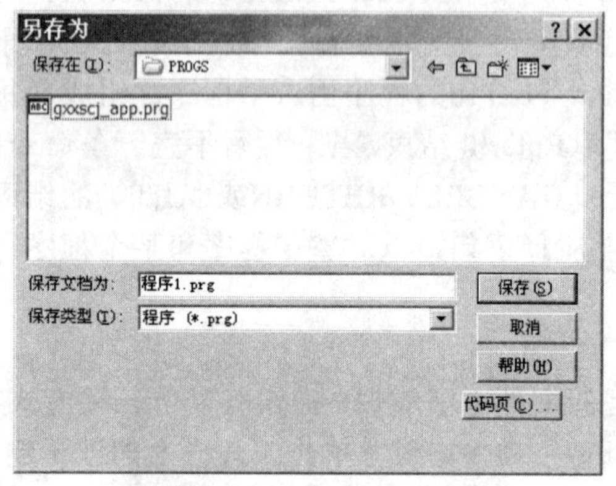

图 8-5 “另存为”对话框

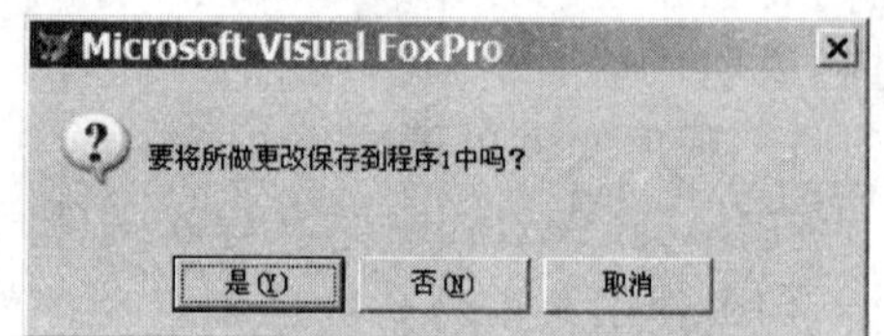

图 8-6 保存文件确认对话框

3. 修改程序文件

在程序文件保存后，如果需要对其中的代码进行修改，就可以通过打开程序编辑器，在程序编辑器窗口中修改后再进行保存。修改程序文件有以下几种方式。

（1）使用菜单方式。选择“文件”/“打开”命令，在弹出的“打开”对话框中，选择程序所在的文件夹并选择相应的程序文件，单击“确定”按钮后，随即打开程序的编辑器窗口，对程序文件修改后再保存本次修改。

（2）使用项目管理器。打开“项目管理器”对话框中的“全部”选项卡，展开“代码”选项并选择“程序”下需要修改的程序文件，单击“修改”按钮或者选择“项目”/“修改文件”命令，均即可进行修改，对程序文件修改完成后，对此次修改进行确认即可。

（3）使用命令方式。修改程序文件的命令与建立程序文件时的命令相同。格式是

```
MODIFY  COMMAND [<程序文件名>|?]
```

4. 程序文件的执行

程序文件建立完成后，如果用户要得到程序的输出结果，就要运行该程序文件，常用的执行程序的方法有以下方式。

（1）使用菜单方式。选择“程序”/“运行”命令，在弹出的“运行”对话框中，选择程序所在的文件夹以及要运行的程序文件，单击“运行”按钮即可。

（2）使用项目管理器。打开项目管理器，选择“代码”选项卡中“程序”下所要运行的程序文件，单击“运行”按钮。

（3）使用命令方式。运行程序文件的命令格式是“DO <程序文件名[.prg]>”，然后按Enter键即可运行。

还有一种比较方便、快捷的运行程序的方法是，在打开程序文件时，单击工具栏中的“!”运行按钮。

↘ 提示

无论以何种方式运行程序文件后，系统会自动生成一个以.fxp为扩展名的同名文件，该文件是.prg文件的编译文件，在运行时优先于.prg文件。

在执行程序文件时，将依次执行文件中的命令，直到所以命令执行完毕，或者遇到下述命令后，程序将会中断运行并退出。

（1）CANCEL。终止程序运行，清除所有的私有变量，返回“命令”窗口。

（2）DO。转到另一程序中去执行。

（3）RETURN。结束当前程序的运行，返回到调用它的上级程序，若没有上级程序则返回“命令”窗口。

（4）QUIT。结束当前程序运行并退出Visual FoxPro系统，返回到操作系统界面。

8.1.3 交互式输入输出命令

程序的执行过程一般包括输入原始数据、处理数据和输出结果数据三部分。一般考虑到程序的通用性，通常原始数据没有在程序中直接给出，而是通过在程序运行时根据需要输入的，最后将处理后的结果输出，本节将介绍简单的交互式输入/输出命令。

1．字符串接收命令

字符串接收命令格式是：

```
ACCEPT [<提示信息>] TO <内存变量>
```

当执行该命令时，暂停程序的运行，在Visual FoxPro窗口显示<提示信息>内容，等待用户从键盘输入字符串。当用户以Enter键结束输入时，系统将该字符串存入指定的内存变量中，程序继续运行其中<提示信息>可以是字符型内存变量、字符串常量或合法的字符表达式。输入的数据不需要用定界符括起来，ACCEPT命令总是将它作为字符型数据处理。

【例8-1】 建立一个程序，实现按照教师编号查询教师的教师姓名和职称。

解：具体求解过程如下。

① 依据8.1.2节介绍的方法建立程序文件，输入以下程序代码：

```
CLEAR                          &&清除屏幕上所有信息
SET TALK OFF                   &&会话状态关闭
USE 教师          &&打开教师表，如果此表不在当前路径，请在表名前加上表的存放路径
ACCEPT "请输入要查询教师的教师编号：" TO JSBH      &&从键盘输入要查询的教师编号
LOCATE FOR 教师编号=JSBH       &&定位查询指定值
DISP 教师编号,教师姓名,职称    &&显示查询结果
USE                            &&关闭表
SET TALK OFF                   &&会话状态打开
RETURN
```

② 保存、运行程序文件。保存程序文件名为“accept命令示例.prg”。当运行该程序文件时，在Visual FoxPro主窗口显示“请输入要查询教师的教师编号：”，在光标插入处输入要查询的教师编号，如输入“0000221”按回车键，则将其存入内存变量JSBH中，程序将继续执行。运行结果如图8-7所示。

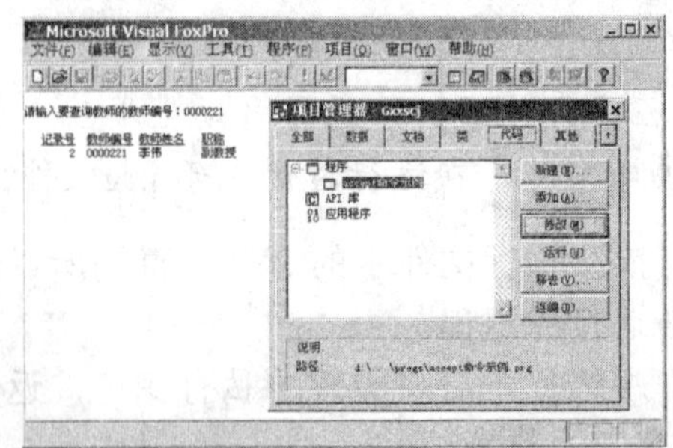

图 8-7　ACCEPT 命令示例程序运行结果

2．任意数据输入命令

任意数据输入命令格式是

```
INPUT [<提示信息>] TO <内存变量>
```

该命令与ACCEPT命令的区别在于可接受多种类型数据的输入，它不仅可以接收字符型数据，还可以接收数值型数据、日期型数据和逻辑型表达式的值。其中，如果输入的是字符型数据，则必须用定界符括起来；输入数值或表达式，不加任何定界符；输入日期型数据，除使用日期型格式外，还要用{}将其括起来。命令的执行过程与ACCEPT相同。

【例8-2】建立一个程序，实现查询指定出生日期以前的教师信息。

解：具体求解过程如下。

① 建立程序文件，输入以下程序代码：

```
CLEAR
SET TALK OFF
USE 教师
INPUT "请输入要查询教师的出生日期：" TO BDATE
SELECT * FROM 教师 WHERE 出生日期<BDATE
USE
RETURN
```

② 保存、运行程序文件。保存程序文件名为“input命令示例.prg”。当程序文件运行时，在主窗口显示“请输入要查询教师的出生日期:”，在光标闪烁处输入要查询的教师出生日期，如输入{^1980-01-01}按回车键，则会将其日期值存入BDATE内存变量中，程序继续执行。在浏览窗口显示该程序的运行结果，最终运行结果如图8-8所示。

查询

教师编号	教师姓名	出生日期	性别	职称	党员否	院系编号
0000221	李伟	03/23/74	男	副教授	T	001
0000222	张小玲	05/04/73	女	副教授	T	001
0000224	王飞	06/12/65	男	教授	T	002
0000225	冯敏丽	07/10/79	女	讲师	T	003
0000226	金燕燕	03/03/78	女	讲师	T	003
0000227	王浩	01/12/76	男	副教授	F	004
0000228	李丽	08/09/72	女	副教授	F	004
0000229	刘乐	12/12/66	女	教授	T	005
0000230	姚荣	10/24/77	女	讲师	T	005

图 8-8　INPUT 命令示例程序运行结果

3．单个字符接收命令

单个字符接收命令格式：

```
WAIT[<提示信息>] [TO <内存变量>] [WINDOW [AT<行>,<列>]]
[NOWAIT] [CLEAR|NOCLEAR] [TIMEOUT<数值表达式>]
```

当执行该命令时，暂停程序的执行，等待用户输入单个字符后，按下任意键或单击鼠标时，程序将继续执行。

命令中各子句的含义如下。

（1）<提示信息>是可选项，如果选用该项，则系统首先会显示提示信息的内容，作为提示信息，如果不输入任何内容直接按回车键或者单击鼠标，则系统会把空串赋给指定的内存变量。

（2）TO <内存变量>是可选项，如果选用该项，则输入的单个字符将作为字符型数据赋给内存变量，如果只是按下Enter键，则只将一个空字符赋给内存变量。

（3）如果选择了WINDOW，则命令执行时，在Visual FoxPro主窗口的左上角会出现一个提示信息窗口，有关提示信息便在此窗口中显示，可以用AT短语指定其在主窗口中的位置。若同时选用了WINDOW子句和NOWAIT短语，则并不会暂停程序的执行，而是仅在主窗口显示提示信息，并且用户只要移动鼠标或按下任意键，提示窗口便会自动消失。NOWAIT必须与WINDOW配合使用才有效果。

（4）如果选用NOCLEAR短语，则不关闭提示窗口，直到用户执行下一条WAIT WINDOW命令或者WAIT CLEAR命令时为止。

（5）TIMEOUT子句用来设定WAIT命令等待的时间，一旦超时，系统将不再等待用户按键，自动执行下一条指令。

【例8-3】完成在限定时间做出判断“是”或“否”功能。

解：完成题目功能的命令是：

```
WAIT "请在10秒内做出判断Y/N" TO X TIMEOUT 10 WINDOW AT 10,20
```

此命令执行时，在主窗口的右上角坐标（10，20）处显示一个提示窗口，显示提示信息为“请在10秒内做出判断Y/N”，如图8-9所示。程序暂停执行。当用户按Y或N键，或任意键，会将此键字符保存到X变量中。或者超过10秒后，提示窗口自动关闭，程序继续向下执行。

请在10秒内做出判断Y/N

图 8-9 WAIT 命令提示窗口

4．输出命令

要输出简单表达式的值，可以使用输出命令，有以下两种格式。

格式1：

```
?[<表达式1>[, <表达式2 >]…]
```

格式2：

```
??[<表达式1 >[, <表达式2 >]…]
```

命令功能是先计算表达式的值，再显示各值。格式1从下一行的第一列起显示，格式2则不换行显示。表达式可以是常量、变量、函数或者一般表达式。

5．格式输入输出命令

格式输入输出命令可以按照指定格式进行输入输出数据。

1）格式输出命令

命令格式是：

```
@<行，列> SAY <表达式>
```

命令功能是在指定位置输出表达式的值。<行，列>指定了输出的位置。标准屏幕是

25行80列，左上角坐标为（0，0），右下角坐标为（24，79）。行、列都可为表达式，还可以为小数。

如在命令窗口输入：@ 10 , 20 SAY DATE()，按Enter键，命令执行的结果是在主窗口位置（10，20）处输出系统当前日期。

2）格式输入命令

命令格式是：

```
@<行,列> [SAY 提示信息][GET<变量名>][DEFAULT<表达式>]
READ [SAVE] [CYCLE] [TIMEOUT<等待时间>]
```

命令中各子句的含义如下。

（1）SAY子句用于显示提示信息，GET子句用于为变量输入新值。

（2）GET子句中的变量必须具有初值，初值一旦指定，该变量的类型在编辑期间就不能改变，字符型变量的宽度与数值型变量的小数位数也无法改变。或用DEFAULT子句的表达式指定变量的初值。

（3）GET子句的变量必须用READ命令来激活，也就是说，在若干带有GET子句的SAY语句后，必须遇到READ命令才能编辑GET变量。当光标移出这些GET变量组成的区域后，READ命令执行结束。如果在READ命令中使用了CYCLE可选项，则在编辑最后一个GET变量后，又回过去重新激活第一个GET变量，如此不断地循环，直至按Ctrl+W键（保存编辑内容）或按Esc键（放弃编辑内容）或执行命令CLEAR READ。

READ命令使用TIMEOUT子句来约束执行命令的等待时间（以秒为单位），若超过了预定的等待时间却还没有输入数据，则将中断READ的执行。

（4）一般说来，已被激活过的GET变量便被清除，但若在READ命令中带有可选项SAVE，就不做清除工作，当遇到下一个READ命令时，这些GET变量将被再一次激活。

8.2 程序的基本结构

在Visual FoxPro中提供了3种基本控制结构，分别是顺序结构、选择结构和循环结构。顺序结构是最简单程序结构，它按命令在程序中出现的先后顺序依次执行，但是绝大多数问题仅用顺序结构是无法解决的，还要用到选择结构和循环结构。

8.2.1 顺序结构

顺序结构是最简单、最基本的一种程序结构，也是程序设计语言中最基本、最普遍的结构形式。顺序结构是在程序执行时，根据程序中语句的书写顺序依次执行其命令序列。在前面章节中介绍的各种操作命令和语句都可以组成顺序结构程序，本节在介绍顺序结构程序之前需要先介绍一些程序设计中常用的辅助命令。

1. 程序文件中的辅助命令

1）程序注释命令

为了增强程序的可读性，往往需要在程序中使用注释对程序及程序中的命令功能加以说明，为阅读程序提供方便。Visual FoxPro中提供的注释命令有以下几种格式。

格式1：

```
NOTE| * <注释内容>
```

格式2：

```
&&<注释内容>
```

格式1在程序中添加注释行信息。执行程序文件时，不执行以NOTE或*开头的行。如果要在下一行继续注释，可在本注释行尾加上“；”续行，或者再用一个NOTE或*开头的行注释。

格式2一般是在命令语句的尾部添加注释信息。

提示

所有的注释在程序中都是不可执行的部分，它对程序的运行结果不会产生任何影响，即只是为了阅读程序的方便。

2）常用状态设置命令

在程序的运行过程中，常常需要为其设置一定的运行环境。在Visual FoxPro中使用SET命令来设置环境状态。这些命令类似一个状态转换开关，当命令置为ON时，则开启指定的某种状态；当置为OFF时，则关闭该种状态。其中，常用的SET命令有以下几种。

（1）设置会话状态命令。命令格式是：

```
SET TALK ON/OFF
```

此命令的含义是，选择ON选项时，会话状态开通，Visual FoxPro在程序执行时会向用户提供大量的反馈信息，这会影响程序执行的效率。所以一般在调试程序时，设置此命令为ON状态，程序运行时设置此命令为OFF状态。系统的默认值为ON。

（2）设置跟踪状态命令。命令格式是：

```
SET ECHO ON/OFF
```

此命令的含义是在程序文件执行过程中，每条命令是否显示或打印出来。系统默认值为OFF。

（3）设置打印状态命令。命令格式是：

```
SET PRINTER ON/OFF
```

此命令系统默认值为OFF，就是说命令的执行结果只送到屏幕，不送往打印机。如设置为ON，则在屏幕显示结果的同时输出到打印机。

（4）设置精确比较状态命令。命令格式是：

```
SET EXACT ON/OFF
```

此命令含义是在进行字符比较时是否需要精确比较。系统默认为OFF。

（5）设置日期格式状态命令。命令格式是：

```
SET DATE ANSI| AMERICAN |MDY |DMY|YMD
```

此命令用于日期表达式的格式之间的相互转换。系统默认值为AMERICAN。其中ANSI格式为YY.MM.DD，AMERICAN格式为MM/DD/YY。

（6）设置系统提供的保护状态命令。命令格式是：

```
SET SAFETY ON/OFF
```

此命令含义是，在用户提出对文件重写或删除的要求时系统会给出警告提示。如果用户需要这种提示，则在命令格式中选择ON，否则选择OFF。系统默认值为ON。

（7）设置删除记录标志状态命令。命令格式是：

```
SET DELETED ON/OFF
```

此命令含义是，屏蔽或处理有删除标记的记录。选择ON时，各命令将不对有删除标志的记录进行操作，但索引命令除外。系统默认值为OFF。

（8）设置屏幕状态命令。命令格式是：

```
SET CONSOLE ON/OFF
```

在系统的默认值为ON下，用户从键盘输入的内容都在屏幕上显示。如果有时要求键入的内容保密而不被显示，此时将命令状态设置为OFF。该命令表示发送或暂停输出到屏幕上。

（9）设置屏幕显示属性命令。命令格式是：

```
SET COLOR TO [<标准型>[, <增强型>[, <边框>]]]
```

此命令用于改变屏幕的配色方案。

3）清除命令

格式1：

```
CLEAR
```

此命令用于清除当前屏幕上的所有信息，并将光标置于屏幕的左上角，同时从内存中释放指定项。

格式2：

```
CLEAR ALL
```

此命令用于关闭所有文件，释放所有内存变量，将当前工作区置为1号工作区。

格式3：

```
CLEAR TYPEUZAD
```

此命令用于清除键盘缓冲区，以便正确地接收用户键入的数据。

4）关闭文件命令

格式1：

```
CLOSE ALL
```

此命令用于关闭所有工作区中已打开的数据库、表以及索引文件，并将工作区置为1号工作区。

② 格式2：

```
CLOSE <文件类型>
```

此命令用于关闭<文件类型>指定的所有文件。

5）运行中断和结束命令

在程序的运行过程中，有时需要中断或者结束程序的运行。常用的命令有以下几种格式。

格式1：

```
QUIT
```

关闭所有文件，结束当前工作，返回操作系统界面。

格式2：

```
CANCEL
```

中断程序运行，关闭所有文件，释放所有局部变量，返回“命令”窗口。

格式3：

```
RETURN [TO MASTER]
```

把程序控制权交还给调用它的上一级程序或最高一级的主程序。

2．顺序结构的举例

【例8-4】 输入半径值，输出圆的周长。

解： 建立程序文件“cirle.prg”，程序代码如下：

```
CLEAR
SET TALK OFF
INPUT "请输入圆的半径：" TO R
C=2* PI()*R                    &&函数PI()返回值为圆周率
?"圆的周长=", C
SET TALK ON
RETURN
```

当执行程序时，执行到命令INPUT时，程序暂停，主窗口显示“请输入圆的半径：”，如在光标插入处输入2，按Enter键，将数值2存入到变量R中，程序继续执行，显示运行结果为“圆的周长=12.57”。

8.2.2 选择结构

选择结构是根据给定的判断条件，条件满足时执行一个语句组，否则执行另一个语句组或执行空操作。在Visual FoxPro系统中提供了两种实现选择结构语句：IF语句和DO CASE语句，分别用于实现双分支选择结构和多分支选择结构。

1．双分支选择语句

双分支条件选择语句根据条件不成立时是否执行语句组分为两种形式：简单形式条件语句和一般形式条件语句。

1）简单形式条件语句

语句格式是：

```
IF <条件表达式>
<语句序列>
ENDIF
```

此种形式的条件语句也称为单分支选择语句，执行过程是：首先判断<条件表达式>的值，若值为真，就执行<语句序列>；若值为假，则执行ENDIF后面的语句，即IF执行结束。

↘ 提示

<条件表达式>是关系表达式或者逻辑表达式以及可以产生逻辑值的函数，IF、ENDIF必须各占一行，且IF和ENDIF必须成对使用。

【例8-5】 根据输入的教师姓名，如查找到该教师，则显示教师信息。

解： 建立程序文件“IF单分支程序示例.prg”，程序代码如下：

```
CLEAR
SET TALK OFF
USE 教师
TNAME=space(10)
@5,5 SAY "请输入教师姓名：" GET TNAME
```

```
READ
LOCATE FOR 教师姓名= TNAME
IF FOUND()      &&判断是否找到
    DISPLAY    &&找到则显示该记录
ENDIF
USE
SET TALK OFF
RETURN
```

在进行表文件查询时，如果查找成功，FOUND()函数返回.T.，否则返回.F.。

2）一般形式选择语句

语句格式是：

```
IF   <条件表达式>
<语句序列1>
ELSE
<语句序列2>
ENDIF
```

此种形式的条件语句也称为双分支选择语句，系统执行该语句时，首先判断<条件表达式>的值，若为真，则执行 < 语句序列1 >，然后执行ENDIF后的语句；若为假，则执行<语句序列2 >，然后执行ENDIF后的语句。

> ↘ 提示
>
> IF、ELSE和ENDIF必须配对使用，且这三个子句应各占一行。<语句序列1 >和<语句序列2 >中可以嵌套IF语句组成IF的嵌套形式。

【例8-6】根据输入的教师姓名，如查找到该教师，则显示教师信息，否则显示“对不起，无此教师！”。

解：只需对例8-5中的程序稍微修改即可。另存为“IF双分支程序示例1.prg”，程序代码如下：

```
CLEAR
SET TALK OFF
USE 教师
TNAME=space(10)
@5,5 SAY "请输入教师姓名：" GET TNAME
READ
LOCATE FOR 教师姓名= TNAME
IF FOUND()      &&判断是否找到
    DISPLAY    &&找到，则显示该记录
ELSE
    @7,5 SAY"对不起，无此教师！"      &&找不到，则显示提示信息
ENDIF
USE
SET TALK OFF
RETURN
```

【例8-7】编写程序，实现从键盘输入一个成绩，若成绩值大于等于60，则显示“及

格”，否则显示“不及格”。

解：建立程序文件“IF双分支程序示例2.prg”，程序代码如下：

```
CLEAR
SET TALK OFF
INPUT "输入成绩：" TO G
IF G>=60
    ? "及格"
ELSE
    ? "不及格"
ENDIF
USE
SET TALK OFF
RETURN
```

【例8-8】编写程序，实现从键盘输入一个成绩，显示相应成绩的等级。

解：修改例8-7程序代码，另存为“IF双分支程序示例3.prg”，程序代码如下：

```
CLEAR
SET TALK OFF
INPUT "输入成绩：" TO G
IF G<60
    ? "不及格"
ELSE
  IF G<=75
     ? "及格"
  ELSE
     IF G<=85
        ?"良好"
     ELSE
        ?"优秀"
     ENDIF
   ENDIF
ENDIF
USE
SET TALK OFF
RETURN
```

上例中给出了一个三重嵌套的选择结构示例。在Visual FoxPro中是允许多重嵌套的，并且允许在程序的任何位置设置条件语句的嵌套。

↘ 提示

在多重嵌套语句中，每一层嵌套必须是“IF-ELSE-ENDIF”一一对应，互相匹配，在允许简单条件和选择条件语句自我嵌套或相互嵌套时，要注意层次必须清楚，不得交叉使用，因此在书写时为使层次嵌套清晰，便于查错、修改，多采用每层缩进的书写形式，也可以在ENDIF语句行中加注标记。

2. 多分支选择语句

虽然可以使用嵌套的IF语句来实现多分支选择结构，但是编写的程序会比较长，更重要的是程序的清晰度会降低。为此，Visual FoxPro系统还提供了一种专门的多分支结构语句：DO CASE- ENDCASE语句。语句格式如下：

```
DO CASE
CASE<条件表达式1>
      <语句序列1>
CASE<条件表达式2>
      <语句序列2>
……
CASE<条件表达式n>
      <语句序列n>
[OTHERWISE
      <语句序列n+1>]
ENDCASE
```

在执行DO CASE语句时，依次判断各<条件表达式>的值是否为真，若某<条件表达式>的值为真，则就执行该<条件表达式>后的<语句序列>，直到遇到下一个CASE、OTHERWISE或ENDCASE。<语句序列>执行后不再判断其他条件，而转向执行ENDCASE后面的第一条命令。所以在一个DO CASE结构中，最多只能执行一个CASE语句。

如果没有一个<条件表达式>满足，则先执行OTHERWISE语句下面的语句序列，然后执行ENDCASE以及后面的语句序列。

↘ 提示

各个<条件表达式>的值都必须是一个逻辑值，如果<条件表达式>的值有多个为真，则系统只执行第1个结果为真的<条件表达式>之下的语句行序列。DO CASE和第一个CASE子句之间不能插入任何语句。DO CASE和ENDCASE必须配对使用，且DO CASE、CASE、OTHERWISE和ENDCASE各子句必须各占一行。<语句序列>中可嵌套DO CASE语句。

【例8-9】用DO CASE语句实现例8-8的功能。

解：建立程序“DO CASE多分支程序示例1.prg”，程序代码如下：

```
CLEAR
SET TALK OFF
INPUT "输入成绩：" TO G
DO CASE
CASE G<60
   ? "不及格"
CASE G<=75
   ? "及格"
CASE G<=85
   ?"良好"
OTHERWISE
   ?"优秀"
ENDCASE
USE
```

```
SET TALK OFF
RETURN
```

【例8-10】编写程序，输入一个教师编号，根据教师的年龄确定其奖励级别。

解：建立程序“DO CASE多分支程序示例2.prg”，程序代码如下：

```
CLEAR
SET TALK OFF
USE 教师
ACCEPT "请输入教师编号：" TO BH
LOCATE FOR 教师编号=BH
AGE=YEAR(DATE())–YEAR(出生日期)
IF .NOT. EOF()
    DO CASE
        CASE AGE <30
           ? "初等"
        CASE AGE <40
           ? "中等"
        OTHERWISE
           ?"高等"
     ENDCASE
ELSE
     ?"无此教师！"
ENDIF
USE
SET TALK OFF
RETURN
```

在此程序中，将DO CASE多分支选择结构嵌套在IF双分支结构的IF子句中。另外，用EOF()函数来检测是否查找到满足条件的记录。若找到了，将记录指针定位到该记录，此时EOF()函数的值为.F.，.NOT. EOF()的值为.T.。

8.2.3 循环结构

但在开发应用程序时，有时需要重复执行相同的操作，这种按照一定条件重复执行某种特定操作的程序称为循环结构程序，被重复执行的语句序列组称为循环体。

Visual FoxPro提供了三种实现循环结构的循环语句，分别是：DO WHILE-ENDDO、FOR-ENDFOR和SCAN-ENDSCAN语句。

1. DO WHILE条件循环

语句格式是：

```
DO WHILE <条件表达式>
            <语句序列1>
            [ LOOP ]
            <语句序列2 >
            [ EXIT ]
```

```
        <语句序列3 >
ENDDO
```

DO WHILE-ENDDO条件循环语句也称为当型循环控制语句，即根据条件表达式的值，决定循环体内语句的执行次数。

在该语句执行的过程中，首先判断循环起始语句中条件表达式的值。若为真，则执行循环体内的语句，即DO与ENDDO之间的语句；若为假，则执行ENDDO后面的语句。

LOOP语句控制直接转回到DO WHILE语句，重新判断条件表达式的值以决定是否继续循环。若为真，则重复上述的操作。因此LOOP称为无条件循环语句，只能在循环结构中使用。

EXIT语句控制结束DO WHILE循环语句，即直接跳出循环，执行ENDDO后面的语句。因此EXIT称为无条件结束循环语句，只能在循环结构中使用。

↘ 提示

DO WHILE和ENDDO子句要配对使用，ENDDO的作用是使循环回到循环说明语句。为使得程序最终能退出循环，语句序列中至少有一个命令对<条件表达式>的值产生影响，否则程序将退不出循环，这种情况称作无限循环或死循环。LOOP和EXIT语句一般放在IF条件语句中，并可以出现在循环体内的任何位置。

DO WHILE语句的执行过程可用图8-10表示。

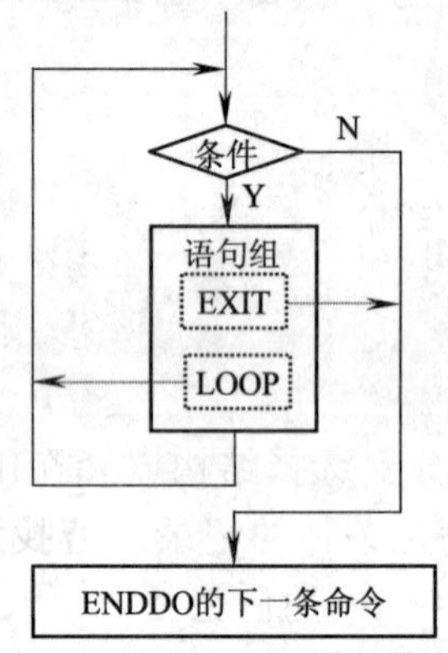

图 8-10　DO WHILE 循环执行过程

【例8-11】编写程序，求1到100的累加和。

解：建立程序文件“DO WHILE条件循环程序示例1.prg”，程序代码如下：

```
CLEAR
SET TALK OFF
X=1
S=0
DO WHILE X<=100
    S=S+X
    X=X+1
ENDDO
?"1到100之和为：",S
SET TALK ON
RETURN
```

程序的运行结果是：在主窗口显示“1到100之和为：5050”。DO和ENDDO之间的语句也可以写成：

```
DO WHILE .T.
    S=S+X
    X=X+1
    IF X>100
        EXIT
    ENDIF
ENDDO
```

在循环条件永远为真时执行循环体，在执行循环体时，若*X*的值大于100，执行EXIT语句退出DO语句的执行。

【例8-12】编写程序，实现逐条显示“学生”表中1993年出生的学生记录。

解：建立程序文件“DO WHILE条件循环程序示例2.prg”，程序代码如下：

```
CLEAR
SET TALK OFF
USE 学生
INDEX ON YEAR(出生日期) TAG csrq
SEEK 1993
DO WHILE .NOT. EOF()
IF YEAR(出生日期)=1993
        DISPLAY
    ENDIF
    SKIP
ENDDO
USE
SET TALK ON
RETURN
```

2. FOR计数循环

语句格式是：

```
FOR <循环变量>=<初值> TO <终值> [STEP <步长值>]
        <语句序列1>
            [LOOP]
        <语句序列2>
            [EXIT]
        <语句序列3>
ENDFOR|NEXT
```

FOR-ENDOR循环语句，又称为计数型循环控制语句，因为它的循环次数是固定的，即根据用户设置的循环变量的初值、终值和步长，决定循环体内语句的执行次数。

语句执行时，首先计算初值、终值和步长值，并将初值赋给循环变量，再将循环变量的值与终值比较，如果循环变量的值在初值与终值范围内，则执行FOR与ENDFOR之间的语句序列，然后循环变量按步长值增加或减小，再重新比较，直到循环变量的值不在初值和终值范围内，结束循环，转去执行ENDFOR后面的命令。

↘ 提示

当省略步长值时，系统默认步长值为1。当初值小于终值时，步长值为正值；当初值大于终值时，步长值为负值。步长值不能为0，否则造成死循环。FOR、ENDFOR|NEXT必须各占一行，且它们必须成对出现。[LOOP]和[EXIT]语句的功能和用法与条件循环中该语句的功能和用法相同。

FOR语句的执行过程如图8-11所示。

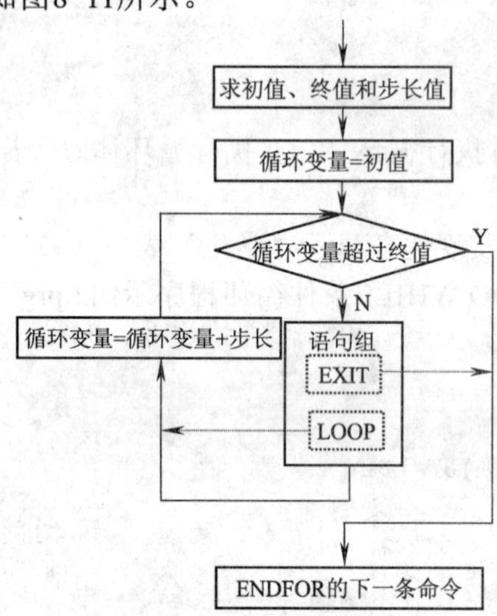

图 8-11　FOR 循环执行过程

【例8-13】用FOR语句求解例8-11问题。

解：建立程序文件“FOR循环程序示例1.prg”，程序代码如下：

```
CLEAR
SET TALK OFF
S=0
FOR X=1 TO 100
      S=S+X
ENDFOR
?"1到100之和为：",S
SET TALK ON
RETURN
```

【例8-14】编写程序，从键盘输入10个数，找出其中的最大值。

解：建立程序文件“FOR循环程序示例2.prg”，程序代码如下：

```
CLEAR
SET TALK OFF
INPUT "请从键盘输入一个数：" TO X
MAX=X
FOR I=2 TO 10
     INPUT "请从键盘输入一个数：" TO X
     IF MAX<X
         MAX=X
```

```
    ENDIF
ENDFOR
?"最大值为：",MAX
SET TALK ON
RETURN
```

3．SCAN表文件扫描循环

语句格式是：

```
SCAN [范围] [FOR <条件表达式1>] [WHILE<条件表达式2>]
        <语句序列1>
      [LOOP]
        <语句序列2>
      [EXIT]
        <语句序列3>
ENDSCAN
```

SCAN-ENDSCAN循环语句，也称为指针型循环控制语句，该循环语句一般用于处理表中记录。根据用户设置的表中的当前记录指针，决定循环体内语句的执行次数。

SCAN语句执行时，首先将表记录指针移动到指定范围内的第一条记录上，然后判断记录指针是否超过指定范围以及该记录是否满足WHILE子句所描述的条件，若记录指针超过指定范围或该记录不满足WHILE子句的条件，则结束扫描循环，执行ENDSCAN后面的命令。若记录指针未超过指定范围且该记录满足WHILE子句所描述的条件，则判断该记录是否满足FOR子句所描述的条件，如不满足，记录指针移到下一条记录，进行下一轮循环判断；否则执行语句序列后，记录指针下移一条记录，再进行下一轮循环判断。

SCAN语句的执行过程如图8-12所示。

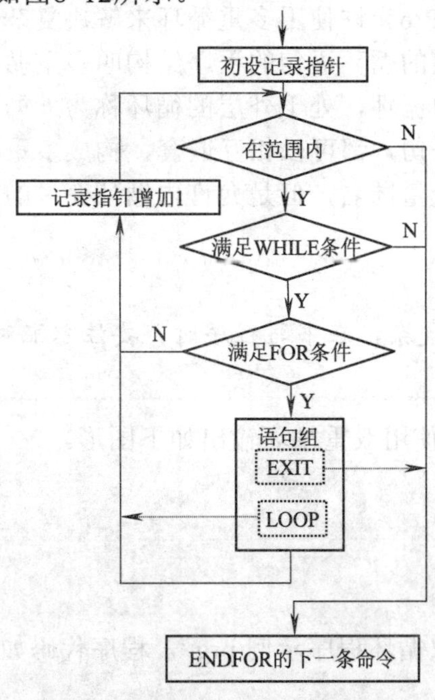

图 8-12　SCAN 循环执行过程

如果语句中的“范围”默认，则为ALL。SCAN语句自动把记录指针移向下一条指定条件的记录。另外，[LOOP]和[EXIT]语句的功能和用法与条件循环中该语句的功能和用法相同。

【例8-15】编写程序，对教师表分别统计职称是讲师男、女教师人数。

解：建立程序文件“SCAN循环程序示例.prg”，程序代码如下：

```
CLEAR
SET TALK OFF
STORE 0 TO M,W
USE 教师
SCAN FOR 职称="讲师"
    IF 性别="男"
        M=M+1
    ELSE
        W=W+1
    ENDIF
ENDSCAN
?"男讲师人数是："+STR(M,2)+"人"
?"女讲师人数是："+STR(W,2)+"人"
USE
SET TALK ON
RETURN
```

4. 多重循环

前面介绍的循环都属于单层循环，但是对于有些复杂的问题，通过单层循环就很难解决了。因此，Visual FoxPro允许使用多重循环来解决复杂的循环问题。在一个循环的循环体内包含了另一个完整的循环语句的程序结构叫多重循环，也可以称之为循环嵌套。处于循环体内的循环称为内循环，处于外层的循环称为外循环。

前面介绍的三种循环语句，都可以相互嵌套，构成多重循环。在构造多重循环时，应该避免出现内外循环的变量同名，但是允许内循环变量的初值和终值是与外循环变量有关的表达式。

↘ 提示

循环嵌套时语句较为复杂，在书写程序时，要注意配对，最后采用每层缩进的书写形式进行书写。

【例8-16】编写程序，使用双重循环输出如下图形。

```
   *
  ***
 *****
*******
```

解：建立程序文件“双循环程序示例.prg”，程序代码如下：

```
CLEAR
SET TALK OFF
```

```
FOR I=1 TO 4               &&输出行数是4行
    FOR J=1 TO 4–I         &&输出每行前的空格字符
        ??" "              &&使用??，在输出当前行时不换行
    ENDFOR
    FOR K=1 TO 2*I–1       &&输出每行字符
        ??"*"
    ENDFOR
    ?                      &&输出完一行，换行输出下一行
ENDFOR
SET TALK ON
RETURN
```

8.3　过程与过程文件

在应用程序系统开发中，使用结构化程序设计方法要求将一个大的系统分解为若干个子系统，每个子系统就构成一个程序模块，然后在主模块的控制之下，调用各个模块实现系统的各种功能，将这些可被调用的功能模块或能够完成某种特定功能的独立程序称为过程或子程序，而把调用其他程序而没有被其他程序调用的程序段，称为主程序。

采用模块化的程序结构使得程序的编写与调试、系统的维护都很方便，以后也容易扩充。程序的模块化在具体实现上就是采用子程序技术，具体形式有三种：子程序、函数和过程。

8.3.1　子程序和自定义函数

1．子程序的概念

在程序设计中，经常出现有些代码段被不同程序或者同一程序不同位置多次需要，为了不再重复书写这部分，可以将它作为一段独立的程序模块，这种具有相对独立性和通用性的程序段称为子程序。

子程序能被别的程序多次调用，调用子程序的程序称为主程序，被调用的子程序执行后又自动返回到主程序。

2．子程序的建立与调用

1）子程序的结构

在Visual FoxPro程序文件中，可以通过DO命令调用另一个程序文件，子程序的结构与一般的程序文件一样，而且也可以用MODIFY COMMAND命令来建立、修改和存盘，扩展名也默认为.prg。

子程序与其他程序文件最大的区别是其末尾或返回处必须有返回语句，以便主程序在调用子程序后能返回到调用语句后的下一条可执行语句。

返回语句格式是

```
RETURN [<表达式> | TO <程序文件名> | TO MASTER]
```

该命令终止当前运行的程序、过程或用户定义函数的执行，可以返回上一级调用程序、最高级调用程序、另外一个程序或者命令窗口。

命令使用说明如下。

（1）若是被另一个程序调用的，则自动返回到上级调用程序的调用处的下一条语句。如果是在最高一级主程序中，则返回到命令窗口。

（2）TO MASTER是可选项，有此项时，则返回到最高一级调用程序，即在命令窗口下，调用的第一个主程序。

（3）在程序最后，如果没有RETURN命令，则程序运行完成后，将自动默认执行一个RETURN命令，但过程文件除外。

（4）程序返回时，将释放本程序建立的局部变量，恢复用PRIVATE隐藏起来的内存变量。

（5）TO<程序文件名>，表示返回到指定的程序。

（6）RETURN <表达式>，在返回时将表达式的值带回到返回程序中，一般用于用户自定义函数中。

2）子程序的调用

调用语句格式是：

```
DO <子程序文件名>|<过程名> [WITH <参数表>]
```

其中<子程序文件名>|<过程名> 是要调用的子程序或者过程文件；WITH <参数表>子句指定传递到程序或过程的参数，在<参数表>中列出的参数可以是表达式、内存变量、常量、字段名或用户自定义函数。可以把参数放在圆括号中，各参数用逗号分隔。在Visual FoxPro中传递给一个程序的参数最多可以是24个。

Visual FoxPro允许嵌套调用子程序，即主程序可以调用子程序，子程序还可以调用另外的子程序。一个程序或子程序遇到调用子程序命令就转去执行子程序，而本程序的余下部分要等从子程序返回后才得以继续执行。

【例8-17】编写程序，实现根据输入的学号，显示该学生记录。

解：具体操作步骤如下所示。

① 建立子程序文件“子程序文件示例.prg”，程序代码如下：

```
*根据输入学号，查询指定学生记录
ACCEPT "请输入要查找学生的学号：" TO XH
LOCATE FOR 学号=XH
IF FOUND()
    DISPLAY
ELSE
    ?"对不起，无此学生！"
ENDIF
RETURN
```

② 建立调用过程的主程序文件“子程序调用程序示例.prg”，程序代码如下：

```
CLEAR
SET TALK OFF
USE 学生
DO子程序文件示例.prg
USE
SET TALK OFF
RETURN
```

3. 自定义函数

子程序一般是不带参数、不带返回值的过程文件，而有时为了在执行过程时给过程传递参数，使用过程执行完的返回值，此时就需要使用到自定义函数。

1）自定义函数的结构

自定义函数与子程序的概念基本相同，但与子程序不同的是自定义函数执行结束后必须要返回一个函数值。

自定义函数的格式是：

```
[FUNCTION <函数名> ]
[PARAMETERS <参数表> ]
    <语句序列>
RETURN [<表达式>]
```

命令的使用说明如下。

（1）[FUNCTION <函数名>]是可选项，若此项默认，则表明该自定义函数时一个独立的程序文件。否则，不能作为一个独立的程序文件，而只能放在某程序中。

（2）<函数名>不能和系统内部函数名相同，因为如果自定义函数与内部函数同名时，系统会将其认为是系统函数。

（3）[PARAMETERS <参数表>]表明自定义函数中需要上级程序传递的变量。

（4）RETURN [<表达式>]用于向调用该函数的上级程序返回<表达式>的值。自定义函数的类型就取决于表达式的数据类型，如果省略<表达式>，则返回.T.。

2）自定义函数的调用

调用格式是：

```
<函数名>（[参数表达式]）
```

其中，参数表达式可以是任何合法的表达式，参数的个数必须与自定义函数中PARAMETERS语句里的参数个数相同，数据类型也应该符合自定义函数的要求。

【例8-18】编写程序，实现求*n*!。

解：建立程序文件“自定义函数程序示例.prg”，程序代码如下：

```
CLEAR
SET TALK OFF
INPUT "请输入一个整数N：" TO N
F=fac(N)
?"N的阶乘为：",F
SET TALK ON
RETURN
*求n!函数
FUNCTION fac
PARAMETERS x
i=1
p=1
DO WHILE i<=x
    p=p*i
    i=i+1
ENDDO
RETURN p
```

本例中将函数和程序文件放在一个文件中，当然也可以独立存放自定义函数，此时在书写函数时，就不必书写FUNCTION，此种方法请读者自己完成。

8.3.2 过程的建立和调用

过程是指完成某种特定操作的程序代码。过程既可以独立存在，也嵌套在调用它的主程序中。

1. 过程的建立

命令格式是：

```
PROCEDURE   <过程名>
          [ PARAMETERS <参数表> ]
            <语句序列>
          RETURN [<表达式>]
[ENDPROC]
```

命令中各子句的含义如下。

（1）每一个过程都以PROCEDURE开始，同时命名过程名。每个过程实际上是一个独立的子程序或一个用户定义的函数。

（2）过程如果是以RETURN [<表达式>]作为结束语句，那么过程调用即可用DO <过程名>的形式，也可以当作一个合法的自定义函数，可供随时调用。

（3）ENDPROC命令是可选项，表示一个过程的结束。

2. 过程的调用

命令格式是：

```
DO <过程名> [IN <文件名>] [WITH <参数表> ]
```

命令中参数含义与子程序调用的相同，[IN <文件名>]是可选项，用于表示要执行的过程所在的文件。

【例8-19】编写程序，使用过程调用方式，实现输入半径，求圆的面积。

解：建立程序文件“过程示例.prg”，程序代码如下：

```
CLEAR
SET TALK OFF
A=0
INPUT "请输入圆的半径：" TO R
DO area WITH R,A
?"圆的面积是：",A
SET TALK ON
RETURN

PROCEDURE area
PARAMETER r1,a1
a1=PI()*r1*r1
RETURN
ENDPROC
```

3. 过程文件的建立

一个过程可以和主程序在一个程序文件中，也可以以文件形式单独存在，甚至可以将多个过程合并到一个文件中，这个文件称为过程文件。过程文件也是程序文件，建立方法与程序文件相同。在过程文件中，每个过程仍然是独立的，可以单独调用。

程序执行中，需要调用过程文件中的过程时，就将过程文件打开，同时其中所有的过程被打开，从而大大减少了访问磁盘的次数，进而提高系统运行效率。

过程文件的一般格式如下：

```
PROCEDURE <过程文件名1 >
            <语句序列1 >
            RETURN
    PROCEDURE <过程文件名2 >
                <语句序列2 >
                RETURN
……
PROCEDURE <过程文件名n >
           <语句序列n >
           RETURN
```

4. 过程文件的调用

在过程文件没有被打开时，其中包含的过程是不能被调用的，因此要调用过程文件中的过程，必须首先在调用程序中打开过程文件，然后才能调用过程。

1）过程文件的打开与关闭

命令格式是：

```
SET PROCEDURE TO <过程文件名1> [，<过程文件名2>…] [ADDITIVE]
```

该命令打开一个过程文件。

命令使用说明如下。

（1）系统在同一时刻只能打开一个过程文件，因此打开新过程文件的同时将关闭原来打开的过程文件。

（2）打开过程文件一般是在主程序中，应该放在程序的前面位置。

（3）ADDITIVE可选项的含义是，有此选项时，会在打开新的过程文件同时，不关闭已经打开的过程文件，否则相反。

（4）过程文件使用完后，要及时关闭，以释放它们占用的内存空间。关闭过程文件的命令格式如下。

格式1：

```
CLOSE PROCEDURE
```

格式2：

```
SET PROCEDURE TO
```

2）过程文件的调用

当过程文件被打开后，其中的过程就可以用前面介绍的过程调用的方法去调用。

【例8-20】编写程序，实现求两个数的最大值、最小值和两数之和。

解：具体操作步骤如下所示。

① 建立过程文件“过程文件示例.prg”，其中包含三个过程，程序代码如下：

```
*求两个数最大值
PROCEDURE P1
INPUT "输入第一个数：" TO x
INPUT "输入第二个数：" TO y
IF x>y
    max=x
ELSE
    max=y
ENDIF
?"最大值是：", max
WAIT "按任意键返回"
RETURN
*求两个数最小值
PROCEDURE P2
INPUT "输入第一个数：" TO x
INPUT "输入第二个数：" TO y
IF x<y
    min=x
ELSE
    min=y
ENDIF
?"最小值是：", min
WAIT "按任意键返回"
RETURN
*求两个数之和
PROCEDURE P3
INPUT "输入第一个数：" TO x
INPUT "输入第二个数：" TO y
sum=x+y
?"两个数之和是：" ,sum
WAIT "按任意键返回"
RETURN
```

② 建立调用过程的主程序文件“过程文件调用程序示例.prg”，程序代码如下：

```
CLEAR
SET TALK OFF
SET  PROCEDURE TO过程文件示例.prg    &&设定要打开的过程文件
DO  P1                      &&调用P1过程
DO  P2                      &&调用P2过程
DO  P3                      &&调用P3过程
CLOSE  PROCEDURE              &&关闭过程文件
SET TALK ON
RETURN
```

8.3.3 变量的作用域

变量的作用域是指内存变量的作用范围，在一个较大的应用系统中，通常有许多子程序，这些子程序必然会用到许多内存变量。根据作用域范围的不同，内存变量可以划分为全局变量、局部变量和隐藏变量三种。

1．全局内存变量

全局内存变量是指在上、下各级程序中都可以使用的内存变量。全局变量就像在程序中定义的变量一样，可以任意改变和引用，当程序执行完后，其值仍然保存。全局变量可在主程序或子程序中用语句说明，也可在“命令”窗口中定义。

定义全局变量的命令格式有如下两种。

格式1：

```
PUBLIC <内存变量表>|ALL|ALL LIKE<通配符>|ALL EXCEPT<通配符>
```

此格式用于定义全局内存变量，并为它们赋初值逻辑假.F.。

格式2：

```
PUBLIC [ARRAY]<数组名>（<下标上界1[，<下标上界2>]）
           [<数组名>（<下标上界1>[，<下标上界2>]）…]
```

此格式用于定义全局数组，并将其数组元素定义为全局变量。

命令使用说明如下。

（1）任何全局内存变量或数组必须先定义、后赋值。反之，如果在程序中给某个内存变量或数组赋值，或者已用DIMENSION建立了数组，再用PUBLIC将其定义为全局变量或数组，将会产生错误。

（2）格式1中使用ALL选项时，定义所有内存变量；使用ALL LIKE时，定义所有变量名与<通配符>匹配的内存变量；使用ALL EXCEPT时，定义所有变量名不与通配符匹配的内存变量。通配符中允许?和*，?代表任意一个字符，而*代表任意多个字符。

（3）全局变量一旦建立就一直有效，即使程序运行结束返回到“命令”窗口也不会消失，只有当执行CLEAR MEMORY、RELEASE、QUIT等命令后，全局变量才被释放，在“命令”窗口中建立的内存变量，系统默认为全局变量。

（4）当进入下一级程序时，已在上级由PUBLIC说明过的与之同名的内存变量可以用PRIVATE命令暂时隐藏起来，作为本级程序的局部变量特性，恢复它们全局变量的特性和内容。

（5）格式2用于定义数组，其规则与DIMENSION命令相同，此部分内容将在下一节中介绍。

2．局部内存变量

局部内存变量只能在定义它的程序及其下级程序中使用，但是不能被其上级程序使用，一旦定义它的程序运行结束，它便自动被释放。

用赋值语句或数组说明语句定义内存变量后，这个变量自动被默认是局部变量。局部变量也可以用LOCAL命令建立。

命令格式是：

```
LOCAL<内存变量表>
```

此命令用于建立指定的内存变量，为它们赋初值逻辑假.F.。

3．隐藏内存变量

如果某级程序中使用的局部变量与上级程序中的局部变量或全局变量同名，就容易造成混淆。为了避免此种情况，可以使用PRIVATE命令在该程序中将上级程序中的局部变量或全局变量隐藏起来。即本程序中定义的局部变量起作用，但一旦返回上一级程序，则在下级程序中定义的同名变量即被清除，被隐藏的内存变量恢复原名，保持原值，丝毫不受子程序中同名变量的影响。

隐藏指定的内存格式为

```
PRIVATE<内存变量表>|ALL|LIKE<通配符>|EXCEPT<通配符>
```

此命令用于隐藏指定的内存变量名，此时被隐藏的内存变量，也可以称为私有变量。

【例8-21】请写出下面程序的输出结果。

解：设有两种程序文件pmain.prg和psub.prg，程序清单分别如下：

```
*pmain.prg程序文件
CLEAR
SET TALK OFF
x=1
y=2
DO psub.prg
a=x+y+z
?"pmain程序中的x=",x
?"pmain程序中的y=",y
?"pmain程序中的z=",z
?”pmain程序中的a=",a
SET TALK ON
RETURN
*psub.prg程序文件
PROCEDURE psub
PUBLIC z
PRIVATE x,y,a
x=10
y=20
z=30
a=x+y+z
?"psub程序中的x=",x
?"psub程序中的y=",y
?"psub程序中的z=",z
?"psub程序中的a=",a
RETURN
```

从pmain程序开始执行，在pmain过程中定义了局部变量x和y，分别赋值为1和2，然后调用psub过程，程序的流程转到psub过程去执行。

在psub过程中定义了一个全局变量*z*，隐藏了上级程序pmain中的局部变量*x*、*y*、*a*，紧接着又定义了3个局部变量*x*、*y*、*a*，分别赋值为10、20和*x*+*y*+*z*，全局变量*z*赋值30，接下来分别输出psub程序中变量*x*、*y*、a的值10、20、60，和全部变量*z*的值30。执行到RETURN语句，psub过程执行结束，返回到上一级程序pmain中。当返回时，psub中定义的局部变量*x*、*y*、*a*将被释放。

执行调用psub过程过程的下一条语句。定义了局部变量*a*赋值为*x*+*y*+*z*，表达式中的*x*和*y*是pmain过程中定义的局部变量，值分是1和2，*z*是定义的全局变量，值为30。最后执行4个输出语句，分别输出pmain程序中变量*x*、*y*、*a*的值1、2、33以及全部变量*z*的值30。因此程序的运行结果是：

```
psub过程中的x=10
psub过程中的y=20
psub过程中的z=30
psub过程中的a=60
pmain过程中的x=1
pmain过程中的y=2
pmain过程中的z=30
pmain过程中的a=33
```

4．参数传递

在程序调用子程序时，有些时候调用程序需要将子程序执行的数据传递给子程序，子程序也可以把处理结果数据传回到调用程序中，这就需要在子程序和主程序之间有数据的传递，这种传递称为程序间的参数传递。

在主程序和子程序的调用过程中，可以利用全局变量传送数据，但是全局变量的作用域是整个程序，在程序任何位置对它的值的改变都会在其他子程序中起作用，这样会降低程序的易读性。还有一个重要的原因是全局变量一旦定义，始终占有内存空间，只有整个程序结束了，才会被释放。

因此一般采用参数传递来实现程序之间的数据传递。参数传递就是在编写子程序时，将这些要输入、输出的变量用PARAMETERS命令来说明，这些变量通常被叫作“形式参数”（简称形参）；在调用时，通过DO命令来提供输入值和接受输出结果，这些值被称为“实际参数”（简称实参）。实参的个数和应该与形参匹配一致。利用参数传递数据，子程序就更加独立，在使用一个子程序时，可以不必了解子程序的结构，只需按照子程序的参数要求，给它提供参数，即可完成子程序的调用。

定义形参命令格式是：

```
PARAMETERS<形式参数表>
```

该命令指定子程序中的局部变量名，并由这些局部变量接受上级调用程序中用DO…WITH<参数表>传递来的实参的值，也可以送回子程序的运行结果。

命令使用说明如下。

（1）该命令必须和DO…WITH<实参表>，或者其他形式子程序调用形式（如自定义函数调用形式：函数名<实参表>等）配合使用。

（2）形式参数类型自动与上级程序中的实参相匹配。

（3）如果<形式参数表>中形参的个数多于实际参数的个数，则多余的形参变量的值为.F.。若实参的个数多于<形式参数表>中形参的个数，则出现错误提示。

（4）<实参表>中的实际参数可以是任何类型的变量、函数、数组、表达式、对象。

（5）参数传递有两种方式：传值方式和传地址方式。如果实参是常量或者一般形式的表达式，系统会计算出实参的值，并赋值给相应的形参变量，这种情形称为按值传递。如果实参是变量，那么传递的将不是变量的值，而是变量的地址，即实际参数和形式参数使用相同的内存地址，这种情形称为按地址传递。形式参数的内容一经改变，实际参数的内容也将跟着改变。默认情况下，Visual FoxPro在采用传值方式，如果要改变参数的传递方式，可使用SET UDFPARMS TO VALUE | REPERENCE命令，用于强制改变参数的传递方式，或者使用@符号来强制使用传地址的参数传递方式。

【例8-22】 编写程序，实现判断一个数*n*是否是素数。

解：① 建立主程序文件“参数传递示例.prg”：

```
CLEAR
SET TALK OFF
INPUT "请输入一个数n：" TO n
DO prime.prg WITH n    && 局部变量n作为实参
SET TALK ON
RETURN
```

② 建立判断素数的子程序文件“prime.prg”：

```
PARAMETERS n                && 局部变量n作为形参
flag=.T.
k=INT(SQRT(n))
j=2
DO WHILE j<=k .AND. flag
    IF MOD(n,j)=0
        flag=.F.
    ENDIF
    j=j+1
ENDDO
IF flag
    ?"是素数！"
ELSE
    ?"不是素数！"
ENDIF
RETURN
```

本例中实参采用变量名形式，则参数传递方式为地址传递，即如果在子程序prime中改变n的值，子程序调用返回后，在主调程序中n的值便是在prime子程序中修改过的值。

8.4 数组的应用

数组是有序数据的集合。用一个统一的数组名和下标来唯一地确定数组中的元素。数组一般应用在要处理数据量较多时，如找出100个数中的最大值，给100个数排序等，可以将要处理的数据放在数组中，可以简化程序的设计工作，以便提高一些复杂问题的计算和处理速度。本节将介绍与数组有关的语句以及操作数组的函数。

8.4.1 数组中常用的语句

在Visual FoxPro中，允许同一维数组中的数组元素具有不同的数据类型，每个数组元素操作类同于普通的内存变量。数组必须先声明，然后才能使用其数组元素的值。

1．数组说明语句

命令格式是：

```
DIMENSION <数组名1> (<下标上界1> [,<下标上界2 >] )
          [,<数组名2> (<下标上界1> [,<下标上界2> ])…]
```

此命令用于定义一个或多个数组。

命令使用说明如下。

（1）Visual FoxPro中只允许定义一维数组和二维数组，且每个数组至多可有3 600个元素。

（2）同一数组内各个数组元素的类型可以不同。

（3）一维数组中的各个元素按行或按列排列。二维数组的元素是按行排列的，因此二维数组也可以作为数组元素是一维数组的一维数组进行访问。

（4）下标值可以是常量、变量或表达式，但必须大于0。如果是非整数，则系统自动取整。数组元素的下标值从1开始。

（5）若没有给数组元素赋值，则初值为.F.。

如：DIMENSION A(5)，B(2 , 3)，声明了一个一维数组A，共有5个数组元素，分别是A(1)、A(2)、A(3)、A(4)、A(5)；二维数组B，共有6个数组元素，分别是B(1 , 1)、B(1 , 2)、B(1 , 3)、B(2 , 1)、B(2 , 2)、B(2 , 3)。

2．数组的赋值语句

数组一旦定义，它的数组元素就可以像内存变量一样被使用，可以称为是带有下标的变量。给数组元素赋值有以下两种格式。

格式1：

```
STORE <表达式> TO <数组名表> | <数组元素表>
```

格式2：

```
<数组名> | <数组元素> = <表达式>
```

格式1用于将一个表达式的值同时赋值给多个数组名或数组元素，而格式2用于将一个表达式的值赋值给一个数组名或数组元素。若将一个表达式的值赋值给数组名，则表示将表达式的值赋给数组中的每一个数组元素。

【例8-23】将10个数存放到数组中，并求其平均值。

解：建立程序文件“数组程序示例1.prg”，程序代码如下：

```
CLEAR
SET TALK OFF
DIMENSION A(10)
STORE 0 TO A,AVG1
FOR I=1 TO 10
INPUT "请输入一个数" TO A(I)
```

```
AVG1=AVG1+A(I)
ENDFOR
AVG1=AVG1/10
?"平均值是：",AVG1
SET TALK ON
RETURN
```

3．数据库中的数据传递到数组的语句

在对数据库表进行操作时，有时需要将表中的记录存入到数组中，以便对其进行操作。将数据库表中的数据存入数组的命令格式为

```
SCATTER [FIELDS<字段名表>] TO <数组名> [MEMO]
```

此命令用于将数据库中当前记录中的字段按<字段名表>的顺序依次赋值给数组元素。

若省略<字段名表>，则将当前记录中的所有字段按顺序依次传递给数组元素，用MEMO来指明字段中有备注型字段。在字段传递过程中，数据库记录指针保持不变。在传送中，如果字段数多于定义的数组元素个数，则系统会自动扩大数组元素来接受字段内容；如果定义的数组元素的个数多于字段个数，则多余的数组元素保持不变。

【例8-24】通过数组输出学生表中的学号和姓名。

解：建立程序文件“数组程序示例2.prg”，程序代码如下：

```
CLEAR
SET TALK OFF
USE 学生
DIMENSION S(2)
?"学号","          姓名"
DO WHILE .NOT.  EOF()
   SCATTER FIELDS 学号,姓名 TO S
   ?S(1),S(2)
   SKIP
ENDDO
USE
SET TALK ON
RETURN
```

4．数组中的数据传递到数据库的语句

可以将数据库表中记录存入数组中，也可以通过数组给数据库表中的字段赋值。其命令格式为：

```
GATHER FROM <数组名> [FIELDS <字段名表>] [MEMO]
```

此命令用于将数组的值赋值给数据库中相应的字段，从数组的第一个元素开始，按顺序依次将数据传递给数据库文件当前记录中指定的字段。数组与库文件各字段的类型必须一致。若省略<字段名表>，则表示向当前记录中所有字段依次传递数据。如果在传递过程中数组元素的个数少于字段个数，则多余字段内容用空格插入；如果数组元素的个数多于字段个数，则多余的数组元素中的数据将不传递。

【例8-25】将指定教师编号的教师职称修改为“副教授”，党员否修改为“.T.”。

解：建立程序文件“数组程序示例3.prg”，程序代码如下：

```
CLEAR
SET TALK OFF
USE 教师
ACCEPT "请输入教师编号：" TO BH
DIMENSION T(2)
T(1)="副教授"
T(2)=.T.
DO WHILE .NOT.  EOF()
    IF 教师编号=BH
    GATHER FROM T FIELDS 职称,党员否
    ENDIF
    SKIP
ENDDO
USE
SET TALK ON
RETURN
```

8.4.2 数组中常用的函数

下面将介绍几种数组中常用到的函数。

1．数组中的插入函数

命令格式是：

```
AINS (<数组名>，<数值表达式> [，2] )
```

此命令用于将数组元素插入指定的行和列中，<数值表达式>是表明插入的行号或列号。可选项2表示插入列元素。如果插入成功，则返回函数值1。

2．数组中的删除函数

命令格式是：

```
ADEL (<数组名>，<数值表达式> [，2] )
```

此命令用于删除数组中指定的行或列元素。其中<数值表达式>是表明要删除的行号或列号。可选项2表示删除列元素，如果删除成功，返回函数值1。

3．数组中的排序函数

命令格式是：

```
ASORT (<数组名> [,<起始元素或起始行号>
          [,<排序元素个数或行数> [,< 0 | 1 > ] ] ] )
```

此命令用于将数组中的元素进行排序，还可以指定排序元素的起始位置、排序元素的个数或行数。其中，选择0表示按升序排列，选择1表示按降序排列。排序成功返回函数值1，否则返回−1。

4．数组中的复制函数

命令格式是：

```
ACOPY (<源数组名>,<目标数组名> [,<源数组起始元素>
          [,<复制元素个数> [,<目标数组起始元素> ] ] ] )
```

此命令用于将源数组中的指定元素复制到目标数组中，如果不指定数组元素的起始

位置和个数，则将源数组中所有元素完全复制到目标数组中。复制成功则返回所复制元素的个数。

8.5 程序的调试

已经编写好的程序难免会有这样那样的错误或者考虑不周的地方，所以对编好的程序进行调试是非常重要的。

8.5.1 程序调试概述

程序调试是指在发现程序有错误的情况下，确定出错的位置并纠正错误，其中的关键就是要确定错误的位置。

程序调试往往是先分别对其各个模块进行单独调试，当各模块都调试通过以后，再对总体进行调试，调试通过后，可以试运行，试运行无误即可投入正常使用。在使用的过程中，如再发现错误，还应再继续进行调试，所以程序的调试是一个不断进行的过程。

在调试程序过程中有些错误是能够被系统发现的，在编译、执行到这类错误代码时，系统不仅能够给出错误信息，还能够指出出错的位置；而有些错误是系统无法确定的，因此这时就只能由用户来进行查错。

程序的错误有两种类型：语法错误和逻辑错误。语法错误相对容易发现和修改，当程序运行遇到这类错误时，Visual FoxPro会自动中断程序的执行，并弹出编辑窗口，显示出错的命令行，给出出错信息，这时可以方便地修改错误。逻辑错误就不那么容易发现了，这类错误是系统无法确定的，只有由用户自己来查错。这时往往需要跟踪程序的执行，在动态执行过程中监视并找出程序中的错误。

8.5.2 调试器

Visual FoxPro提供了功能强大的程序调试工具——调试器，可以帮助用户进行程序调试工作。调试器实际上由一系列工具组成的，它包含“调试器”工具栏、调试窗口等。用户可以通过调试设置、执行程序和修改程序来完成对程序的调试。

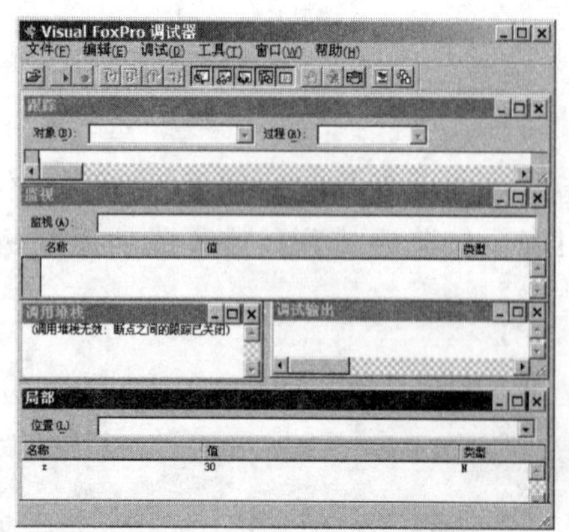

图 8-13 “调试器”窗口

1. 调试器窗口

一般使用以下两种方式来打开程序调试器。

（1）菜单方式：选择“工具”/“调试器”命令，将打开如图8-13所示的调试器。

（2）命令方式：也可以在“命令”窗口输入DEBUG命令，打开调试器。

“调试器”窗口共有5个子窗口，即监视、跟踪、局部、调用堆栈和调试输出。要打开子窗口，可以选择“窗口”菜单中的相应命令，要关闭子窗口，只需单击对应窗口右上角的“关闭”按钮即可。

下面对各个子窗口进行详细介绍。

1）“跟踪”窗口

该窗口用于显示正在调试执行的程序文件。要打开一个需要调试的程序，可以选择“文件”/“打开”命令，然后在弹出的“打开”对话框中选定所需的程序文件。被选择的程序文件内容将显示在“跟踪”窗口中，以便用户调试和观察。

在调试过程中，跟踪窗口左端的灰色区域会显示某些符号，常见的符号及其含义介绍如下。

➞：用于指向调试中正在执行的代码行。

●：可以在某些代码行设置断点，当程序执行到该代码处，程序执行中断。

可以控制跟踪窗口中的代码是否显示行号，方法是：选择系统菜单“工具”/“选项”命令，打开“选项”对话框中的“调试”选项卡，从中单击“跟踪”单选按钮，再选中“显示行号”复选框，则会在“跟踪”窗口中代码是否显示行号，否则不显示。

2）“监视”窗口

此窗口用于监视指定表达式在程序调试执行过程中的取值变化情况。要设置一个监视表达式，可单击窗口中的“监视”文本框，然后输入表达式的内容，按Enter键便可将表达式添加到文本框下方的列表框中。当程序调试执行时，列表框内将显示所有监视表达式的名称、当前值及类型。

双击列表框中的某个监视表达式就可以对其进行编辑。右键单击列表框中的某个监视表达式，从弹出的快捷菜单中选择“删除监视”命令，即可删除一个监视表达式。

此外，在“监视”窗口中还可以设置表达式类型的断点。

3）“局部”窗口

此窗口用于显示模块程序（程序、过程和方法程序）中的内存变量（简单变量、数组及对象），即显示它们的名称、当前取值和类型。

可以从“位置”下拉列表框中选择指定的一个模块程序，将在列表框内显示该模块程序内有效可视的内存变量的当前情况。

通过在“局部”窗口的空白处，单击鼠标右键，从弹出的快捷菜单中选择“公共”、“局部”、“常用”、“对象”命令，可以控制在列表框内显示的变量种类。

4）“调用堆栈”窗口

此窗口用于显示当前处于执行状态的程序、过程或方法程序。若正在执行的程序是一个子程序，那么主程序和子程序的名称都会显示在该窗口中。

模块程序名称的左侧会显示一些符号，常见的符号及意义描述如下。

（1）调用顺序序号：序号小的模块程序处于上层，是调用程序；序号大的模块程序处于下层，是被调用程序。

（2）当前行指示器（➞）：指向当前正在执行的行所在的模块程序。

在“调用堆栈”窗口的空白处单击右键，从弹出的快捷菜单中选择“原位置”和“当前过程”命令，可以控制上述两个符号的显示。

5）“调试输出”窗口

可以在模块程序中设置一些DEBUGOUT命令，其命令格式是：

```
DEBUGOUT <表达式>
```

此命令含义是，当模块程序调试执行到此命令时，会计算出表达式的值，并将计算结果送入“调试输出”窗口。

为了区别于DEBUG命令动词，DEBUGOUT命令动词一般不要缩写。

若要把“调试输出”窗口中的内容保存到一个文本文件里，可以在“调试器”窗口中，选择“文件”/“另存输出”命令，或者在“调试输出”窗口的空白处，单击鼠标右键，从弹出的快捷菜单中选择“另存为”命令。要清除该窗口的内容，可以在弹出的快捷菜单中选择“清除”命令。

2．设置断点

在“调试器”窗口中可以设置如表8-1所示的4种类型的断点。

表 8-1　4 种类型的断点

类　型	断点名称	功能说明
类型1	在定位处中断	可以指定一行代码，当程序调试执行到该代码处时，中断程序运行
类型2	当表达式值为真时，在定位处中断	指定一行代码以及一个表达式，当程序调试执行到该行代码时，如果表达式的值为真，则程序运行中断
类型3	当表达式值为真时中断	可以指定一个表达式，在程序调试执行过程中，当该表达式值是逻辑真.T.时，中断程序运行
类型4	当表达式值改变时中断	指定一个表达式，在程序调试执行过程中，当该表达式值改变时，中断程序运行

不同类型的断点设置方法大致相同，但也有一些差别。下面分别介绍不同类型断点的设置方法。

（1）设置类型1断点。在“跟踪”窗口中找到要设置断点的那行代码，然后双击该行代码左端的灰色区域；或先将光标定位于该行代码中，然后按F9键。设置断点后，该代码行左端的灰色区域会显示一个红色实心圆点。用同样的方法可以取消已经设置的断点。

也可以在“断点”对话框中设置该类断点，其方法是，在调试器窗口中，选择“工具”/“断点”命令，打开“断点”对话框，如图8-14所示，从“类型”下拉列表中选择相应的断点类型，类型1断点选择“在定位处中断”。在“定位”框中输入适当的断点位置，如ptest，5表示在模块程序ptest的第5行处设置断点。在“文件”框中指定模块程序所在的文件。文件可以是程序文件、过程文件、表单文件等。单击“添加”按钮，将该断点添加到“断点”列表框里，单击“确定”按钮。“删除”按钮用于删除设置的断点。

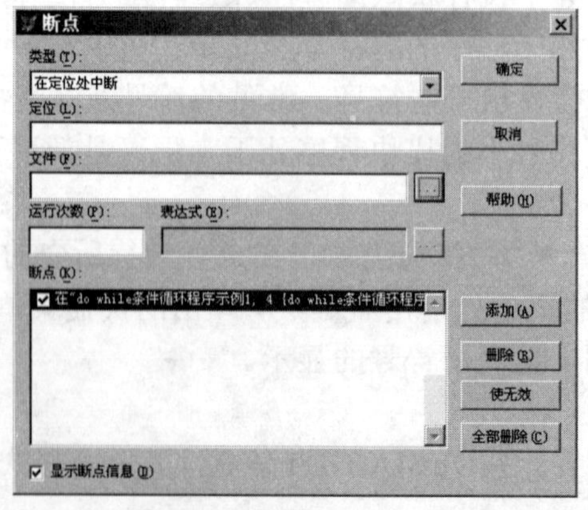

图 8-14　“断点”对话框

（2）设置类型2断点。设置类型2断点方法与类型1断点设置方法类似，最终结果也是在“跟踪窗口”的指定位置上会有一个实心点。区别在于类型2断点是“如果表达式值为真则在定位处中断”，所以在图8-14中在“表达式”框中输入相应的表达式。当表达式的值为真时，将在设置的定位处中断。

（3）设置类型3断点。在设置类型3断点时，只需设置断点“表达式”，不能设置中断位置。设置方法与类型2断点相同。

（4）设置类型4断点。如果所需的表达式已经作为监视表达式在“监视”窗口中指定，那么可在“监视”窗口的列表框中找到该表达式，然后双击表达式左端的灰色区域。这样就设置一个基于该表达式的类型4断点，灰色区域上会有一个实心圆点。

如果所需的表达式没有作为监视表达式在“监视”窗口中指定，那么可以采用与设置类型3断点相似的方法设置该类断点。

3．调试菜单介绍

在“调试器”窗口中，“调试”菜单下包含执行程序、选择执行方式、终止程序执行、修改程序以及调整程序执行速度的命令，其中各命令含义如下。

（1）运行：执行在“跟踪”窗口中打开的程序。如果“跟踪”窗口中还没有打开程序，那么选择该命令会打开“运行”对话框。当用户从对话框中指定一个程序后，调试器随即执行此程序，并中断于程序的第1条可执行代码上。

（2）继续执行：当程序执行被中断时，选择该命令可使程序在中断处继续往下执行。

（3）取消：终止程序的执行，同时关闭程序。

（4）定位修改：终止程序的调试执行，然后在文本编辑窗口中打开调试程序。

（5）跳出：以连续的方式而非单步方式继续执行被调用模块程序中的代码，然后在程序的调用语句的下一行中断。

（6）单步：表示单步执行下一行代码。如果下一行代码调用了过程或方法程序，那么该过程或方法在后台执行。

（7）单步跟踪：表示单步执行下一行代码。

（8）运行到光标处：表示从当前位置执行代码直至光标处中断。光标位置可以在开始设置，也可以在程序中断时设置。

（9）调速：通过打开“调整运行速度”对话框，设置两行代码执行之间的延迟秒数。

（10）设置下一条语句：如果在程序中断时选择该命令，可使光标所在行成为恢复执行后要执行的语句。

习 题 8

一、选择题

1．在Visual FoxPro中，用于建立或修改过程文件的命令是（　　）。

A．MODIGY　<文件名>

B．MODIGY COMMAND <文件名>

C．MODIGY PROCEDURE <文件名>

D．以上选项都不正确

2. 在Visual FoxPro中，&&可以标记注释的开始，&&的位置是（　　）。

A. 必须在一行的开始　　B. 必须在一行的结尾

C. 可以在一行的任意位置　　D. 必须在一行的中间

3. 在书写Visual FoxPro程序时，若一行写不完一条命令，可在分行处加（　　）号表示续行。

A. 冒号　　B. 分号　　C. 句号　　D. 以上各项都可以

4. 最基本的程序结构是（　　），也是任何一种语言程序中最基本最普遍的结构形式。

A. 循环结构　　B. 选择结构　　C. 顺序结构　　D. 分支结构

5. 下列说法中正确的是（　　）。

A. 若函数不带参数，则调用时函数名后面的圆括号可以省略

B. 函数若有多个参数，则各参数间应用空格隔开

C. 调用函数时，参数的类型、个数和顺序不一定要一致

D. 调用函数时，函数名后的圆括号不论有无参数都不能省略

6. 下列函数中，测试表文件是否到末尾的函数是（　　）。

A. RECNO()　　B. RECOUNT()　　C. FOUND()　　D. EOF()

7. 为了调用一个过程，必须通过（　　）命令打开该过程文件。

A. SET PROCEDURE TO 过程文件

B. OPEN 过程文件

C. USE 过程文件

D. USE PROCEDURE过程文件

8. 按照作用域的不同，内存变量可以划分为三种，其中不包括（　　）。

A. 局部变量　　B. 全局变量　　C. 综合变量　　D. 私有变量

9. 下列数组变量的特点描述中，哪一项是不正确的（　　）。

A. 只有一维数组和二维数组

B. 同一数组内各个元素的类型可以不同

C. 一维数组中的各个元素按行或按列排列

D. 每个数组至多可有360个元素

10. 可以设置表达式类型的断点窗口是（　　）。

A. “跟踪”窗口　　B. “监视”窗口

C. “局部”窗口　　D. “调用堆栈”窗口

二、填空题

1. Visual FoxPro的程序文件是一个_______文件。程序文件的默认扩展名是_______。

2. Visual FoxPro的程序是由指令、函数以及_________组成的代码。

3. 输入一个字符通常使用__________命令，输入一个字符串通常使用_______命令，输入一个表达式通常使用__________命令。

4. 设置关闭会话状态的命令是__________。

5. 终止程序运行的命令是_________，退出Visual FoxPro的命令是_______。

6. 条件语句可以分为简单条件语句和_________语句。

7. 将表达式的值赋给数组或数组元素的命令语句是_______。

8. 选择_______菜单的_______命令，可以打开调试器窗口调试程序。

三、问答题

1. 在Visual FoxPro中，其应用程序一般由哪几个部分组成？
2. 简述程序执行方式与交互方式的优缺点。
3. 程序的基本结构有哪几种？举例说明。
4. LOOP语句和EXIT语句在循环体中的作用分别是什么？
5. 根据变量作用域可将变量分为哪几种？请简述之。
6. 写出数组中常用的说明语句和赋值语句。
7. 写出数组中插入函数、删除函数、排序函数和赋值函数的命令。
8. “调试器”窗口由哪些子窗口组成？请简述之。

四、阅读程序题，给出运行结果

1. 程序如下：

```
SET TALK OFF
CLEAR
FOR i=1 TO 5
      ? REPLICATE('*',2*i-1)
ENDFOR
RETURN
```

2. 程序如下：

```
SET TALK OFF
CLEAR
i=1
x=0
DO WHILE i<=4
     x=x+i
     i=i+1
ENDDO
? x
RETURN
```

3. 程序如下：

```
SET TALK OFF
CLEAR
m=1
n=2
DO B
? "m=",m, "n=",n
RETURN
PROCEDURE B
PRIVATE m
m=3
n=4
```

4. 程序如下：

```
*主程序main1.prg
CLEAR
SET TALK OFF
a=1
b=2
DO sub1 WITH 2*a,b
?a,b
SET TALK ON
RETURN
*子程序sub1.prg
PARAMETERS a,b
PRIVATE a
a=a*b
b=a+b
?a,b
RETRUN
```

五、程序设计题

1. 编写程序：输入一个自变量X，当X>0，输出Y值为1；当X<0，输出Y值为-1；当X=0，输出Y值为0。

2. 编写程序：输入一个两位整数，将其十位和个位互换，如输入45，结果输出54。

3. 编写程序：输入3个数，按照从小到大的顺序输出。

4. 编写程序：统计教师表不同职称教师人数。

5. 编写程序：计算1~100之间的奇数之和；要求素数的判断采用自定义函数实现。

6. 编写程序：求2~100之间的素数。

7. 编写程序：使用双重循环结构输出如下菱形。

```
  *
 ***
*****
 ***
  *
```

8. 编写程序：使用过程方式求S=A!+B!+C!（其中A，B，C的值从键盘输入）。

六、上机操作题

1. 建立程序文件“学生信息.prg”，实现根据输入的学生姓名，显示该学生记录。

2. 编写顺序结构程序：输入一个大写字母，将其转换为对应的小写字母并输出。

3. 编写顺序结构程序：输入三角形的三边长，求三角形的面积。

4. 编写选择结构程序：输入3个数，按照从小到大的顺序输出。

5. 编写选择结构程序：判断某一年是否是闰年。是闰年的条件是：年份能被4整除但不能被100整除，或者能被400整除。

6. 编写选择结构程序：输入数字1～7，输出相应数字对应的英文星期。

第 9 章

面向对象程序设计

内容导读

Visual FoxPro 不仅支持传统的结构化程序设计，而且还支持面向对象的程序设计。上一章已系统介绍了结构化程序设计的初步知识，本章主要介绍面向对象程序设计的基础知识。面向对象的程序设计不同于结构化程序设计，它首先要考虑的是为实现某种目标而创建的具有某种功能且操作方便的控件或对象。其中涉及的内容包括对象和类的概念、自定义类以及对象的操作等。通过本章的学习，读者可以对面向对象程序设计的基础知识有所了解，从而为后续表单设计、菜单和工具栏设计以及报表设计的学习奠定一定的知识基础。

教学目标

理解面向对象的程序设计思想，掌握关于对象和类的基本概念以及Visual FoxPro中的类和对象的创建及操作。

重点难点

- 对象和类的概念
- 自定义类
- Visual FoxPro中的类和对象
- 对象的创建及操作

9.1 面向对象基本概念的引入

传统的结构化程序设计（Structured Programming）是一种自顶向下、逐层细化、逐步求精、模块化、过程化程序设计方法，即程序的执行按照程序员编写程序代码的控制结构的顺序工作。这种程序设计方法对程序员的要求较高，程序的编写、调试和运行都比较复杂，程序代码的重复率较高，可重用性差，特别是这种编程方法的工作量巨大，编程周期长，效率低下，不便于软件开发的分工协作和程序的后期调试及维护，修改起来十分不便，从而导致程序处理的时间、通用性、可读性及可移植性都受到一定的影响和限制。因此不适合较大规模程序的编写。

面向对象的程序设计（Object Oriented Programming，OOP）是一种系统化的程序设计方法。它允许抽象化、模块化的分层结构，且具有多态性、继承性和封装性等优点。面向对象的程序设计可以看作在程序设计中不断调用由软件平台提供的已经固化好的模块（由软件编辑人员编写的可供调用的子程序）或其他方式形成的程序，并输入工作模块所需要的特征、要求、参数、实现方法、过程事件等，再由软件平台在内部通过调用各类内部构件自行进行归类、定义、计算、转换、连接、嵌入等各种工作，以最终保证编程工作在程序员的监督下按要求逐步进行。面向对象的程序设计是当前应用软件发展的主流，如Visual FoxPro的程序设计就支持面向对象的程序设计方法。

9.1.1 对象

在结构化程序设计方法中，程序设计人员把一个待求解的问题自顶向下进行分解，以便形成一个个相对简单独立的子问题，然后用子程序或函数来解决这些子问题，用子程序或函数之间的数据通信来模拟这些子问题间的联系，最后把这些子程序或函数装配起来以形成解决问题的完整程序。

在面向对象的程序设计方法中，程序设计人员不是完全按过程对求解问题进行分解，而是按照面向对象的观点来描述问题、分解问题，最后选择一种支持面向对象方法的程序语言来解决问题。在这种方法中，设计人员直接用一种称之为“对象”的程序构件来描述客观问题中的“实体”，并用“对象”间的消息来模拟实体间的联系，用“类”来模拟这些实体间的共性。对象可以是现实世界中的任意物体，对象都具有一定的属性、特征，并可以产生一定的行为。对象是组成程序的构件，就好像在面向过程的结构化程序设计方法（Structured Programming）中的子程序和函数的作用一样。

其实，现实世界就是由各种不同的对象组成的，例如：一个学生是一个对象，一所学校是一个对象，一部电话机也是一个对象。另外，在Windows窗口或对话框中经常使用的按钮或文本框，它们都是对象。有的对象比较简单（如一个具体的命令按钮），而有的对象比较复杂（如一个具体的命令按钮组）。复杂的对象往往可以拆成若干个子对象，构成对象的包容关系。在面向对象程序设计方法中，作为程序构件的“对象”是对现实世界中一个实体的一种模拟工具。例如要设计一个某高校学生学籍管理软件，所涉及的实体包括“学生”、“课程”、“专业”等。要模拟一个学生，需要使用一组特征数据（如姓名、籍贯、性别、身高、年龄等）和一组行为规则来模拟其静态特征和动态特征。

对象具有属性、事件和方法。面向对象程序设计正是用一组称为“属性”的数据模拟所描述实体（如学生）的静态特征，而用一组称为“方法”的程序过程模拟该实体对一些“事件”（如受到学校嘉奖）的反映。把模拟一个实体的“属性”数据和“方法”通过一定的形式进行“封装”就建立起了一个OOP方法中的对象。对象是一种具有属性（数据）和方法（操作方法）的集合体。由于对象是被封装的，所以它本身就包含代码和数据两部分，这比传统的编写代码方法更容易维护。

9.1.2 类

类是对象的原型，是一组具有公共方法和一般属性对象的抽象描述。对象是类的实例化，它继承所属类的所有属性和行为，并且在运行该对象时，可以使之产生特定的动作。类可以产生多个对象，同样多个对象可以同属于一个类。类仅可以在程序的源代码中看到，而对象是类的活动实例，它参与到运行的程序中，对象占据内存空间。

类是概念化的描述，它拥有一组对象的共同属性，对象是类的实例化。类的所有对象具有它们所属类声明的相同结构和特性。例如：可把类看作是切蛋糕的工具，而蛋糕就是切蛋糕工具所创建的实例，这和从类中创建对象的过程相类似。切蛋糕的工具决定了蛋糕的大小和形状（而不是味道）。类似的，类确定了所创建的大小和特性，在问题的面向对象解决方案中，任何东西都可以是类的对象。

在面向对象的编程技术中，类（class）就是具有相同属性和相同操作的一组相似对象，而对象则可以看作是某个类的一个具体实例。在日常生活当中，把具有相似特征的事物归为一类，也就是把具有相同属性的对象看成一类。如把所有的计算机归为“计算机类”，所有的人归为“人类”。

在面向对象的程序设计中，系统中包含了一个基本类的集合，称为基类，它是该系统中所有类的来源。对于Visual FoxPro来说，基类就是在它内部定义的类，可以作为其他用户自定义类的基础。例如：Visual FoxPro中的表单和所有空间就是基类，可以在此基础上创建新类，增添自己需要的功能。类都是由基类或由基类出发的自定义类派生出来的。

类之间是一种层次关系，其中处于上层的类称为父类，处于下层的类称为子类或派生类。这种层级结构称为类的继承，子类（派生类）就是以其他类定义为起点，对某一对象所建立的新类。换句话说，就是在一个基类的基础上派生出一个新类，新类不仅具有基类的属性与方法，而且还可以拥有自己独特的属性和方法。可以在不同的类之间共享数据结构和程序代码，增强系统的灵活性，加快系统的开发进度，从而使系统的维护和修改工作变得容易。

↘ 提示

基类和父类的概念是不同的，父类不一定是基类，同时也可能是某一个自定义类。

类的定义决定了类具有以下4个特性：抽象、继承、封装、多态。

1．抽象

在类的定义中，类也可以说是一组具有内部状态和运动规律对象的抽象。抽象是一种从一般的观点看待事物的方法，是用语言对需要程序解决问题的现实世界进行模拟，在计算机上模拟一个现实世界。面向对象就是用抽象的观点来看待现实世界，也就是说，现实世界是一组抽象的对象——类组成的。

2．继承

继承是指子类沿用父类的特征，可以利用已有的类创建新类。新类可以有父类所有的属性和方法，同时子类还可以定义自己的新属性和新方法。如果父类特征发生了改变，则子类将继承这些新特征。

继承性的概念使在一个类上所做的改动反映到它的所有子类中。这种自动更新节省了用户的时间和精力。如电话制造商用按键电话代替了以前的拨号电话。通过改变主色号及框架，并且基于此框架生产出的电话机就能自动继承这种新特点，而不是逐部电话去改造，这样便节省了大量的时间，也就是说继承性减少了维护代码的难度和工作量。继承性只体现在软件中，而不可能在硬件中实现。若发现类中有一个小错误，用户不必逐一修改子类的代码，只需要在父类中改动，这样该变动即可体现在全部子类中。

3．封装

面向对象技术把数据与处理代码组合在一个类的定义中，这种组合方式称为封装。对象之间并不需要过多了解对方内部的具体状态或运动规律。面向对象的类是封装好的模块，类定义将其说明（用户可见的外部接口）与实现（用户不可见的内部实现）分开，从而其内部实现便可按具体定义的作用域提供保护。类是封装的最基本单位。封装防止了程序之间相互依赖而带来的变动影响。

4．多态

多态性是指一些关联的类包含同名的方法程序，但方法程序的内容可以不同。具体调用哪种方法程序在运行时可根据对象的类确定。例如：可能有两个方法都叫print()，一个是在屏幕上显示字符，另一个用于显示一个位图对象。当调用print()时，最终调用哪一个方法将取决于传递的参数是字符对象还是位图对象。

↘ 提示

多态性使得高层的代码只写一次，而通过提供不同的底层服务来满足复用的要求。在面向对象的程序设计中，各种动态性方法以及其他方法结合使用可以大大提高代码复用。

9.1.3 属性

属性用于描述对象具有的特征。不同的对象有不同的特性，如标签和文本框就有很大的区别。一个对象之所以不同于另一个对象，就是因为它们有不同的属性集。另外，属性值既能在设计时进行设置，也可以在运行时进行设置。对象是由类创建的，因此也将对象说成是类的一个实例。

Visual FoxPro为各种对象提供了共250多个属性。常见的属性有标题（Caption）、名称（Name）、背景色（BackColor）、字体大小（FontSize）、是否可见（Visible）、对齐方式（Alignment）、是否透明（BackStyle）、边框样式（BorderStyle）等。

除表单以外，每种对象的属性个数都是固定不变的，对象的属性个数由它所基于的类决定。要想改变对象的属性个数，必须先改变对象所基于的类。在Visual FoxPro中，对基类的最小属性集介绍如下。

（1）Class：类名，当前对象基于哪个类而生成。

（2）BaseClass：基类名，当前类从哪个基类派生而来。

（3）ClassLibrary：类库名，当前类存放于哪个类库之中。

（4）ParentClass：父类名，当前类从哪个父类直接派生而来。

9.1.4 事件

事件是对象能够识别的动作，是一种预先定义好的，用户无法建立的新事件。对象可以识别和响应一个特定动作，由用户或系统激活。当某个事件发生时，就可以激发对象相应的行为开始执行，从而产生特定的活动。Visual FoxPro为对象提供了50多种不同的事件，这足以应付Windows中绝大部分的操作需要。其常用事件如表9-1所示。

表 9-1 常用事件介绍

常用事件	功能说明
Load	当表单或表单集被加载到内存中时发生的事件
Unload	从内存中释放表单或表单集时发生的事件
Init	创建对象时发生的事件
Destroy	从内存释放对象时发生的事件
Click	用鼠标单击对象时发生的事件
Dblclick	用鼠标双击对象时发生的事件
Error	当类中的方法或事件代码发生错误时引发
RightClick	用鼠标右击对象时发生的事件
KeyPress	当用户按下或释放按键时发生的事件
InteractiveChange	以交互方式改变对象的值时发生的事件
ProgrammaticChange	以编程方式改变对象的值时发生的事件
GotFocus	对象接收到焦点时所发生的事件
LostFocus	对象失去焦点时所发生的事件

↘ 提示

对象接收或失去焦点事件，可能是由用户操作引起，如用户按Tab键或单击鼠标，或者是在程序中使用方法程序SetFocus把焦点移到别的对象上。

9.1.5 事件过程

当事件被触发时，对象可以识别该事件，并且对该事件做出响应，也就是立即执行为该事件编写的程序代码。为事件编写的程序代码称为事件过程。一个对象往往有多个事件，用户可以为不同的事件编写不同的事件过程。

面向对象技术的最主要的工作之一，就是为对象编写事件过程。程序的整个运转过程，也就是对象不断响应事件、事件又不断发生的循环过程。这就是人们常说的事件驱动机制。

在表单设计器中，双击任意对象，将打开代码编辑窗口，用户可以在该代码窗口中使用Visual FoxPro语言为对象编写事件过程。

9.1.6 方法

方法与事件过程不同，方法是对象内部预先编制好的内部过程或内部函数，它不需要用户自己定义或编制。方法独立于事件而存在，不必响应发生的事件。例如，对表单对象打开和关闭的操作是表单所具有的方法，而无须用户自己编写打开与关闭代码，表单所具有的内置代码或默认代码将告诉Visual FoxPro如何打开和关闭它们。

用户可以像调用普通函数那样直接调用对象的方法，以完成某种操作或返回某些感兴趣的值。方法为对象所私有，不同的对象有不同的方法。

9.2 Visual FoxPro中的类和对象

虽然类和对象的概念在面向对象程序设计中大体上都是一样的，但是在不同的编程工具中还是有一定的区别。

9.2.1 Visual FoxPro中的常用基类

Visual FoxPro 6.0中的基类是系统内部定义的基本类。所有用户自定义的类都是从基类派生而来的，派生可以是直接的，也可以是间接的。在系统内部有大量的基类可以直接使用，从而通过这些基类创建所需要的对象或派生出子类。需注意的是，系统中定义的这些基类的所有属性和方法都不可更改。

Visual FoxPro的常用基类可分为容器和控件两类，其具体介绍如下。

1．容器类

容器类可以包含其他对象，并且允许访问这些对象。例如：创建一个含有2个列表框和2个命令按钮的容器类，而后将该类的一个对象加入表单中，那么无论在设计时还是在运行时，都可以对其中任何一个对象进行操作。用户不仅可以轻松地改变列表框的位置和命令按钮的标题，也可以在设计阶段通过编程方式为该用户自定义类，给控件添加列表框和命令按钮等。可以说，容器类提供了一种将多个对象组合起来的能力。一般来说，每个容器类都可以包含若干控件类。下面列出各容器类可以包含的对象，如表9-2所示。

表 9-2　Visual FoxPro 的常用容器类可以包含的对象

容器名	中文类名	可以包含的对象
Column	表格列	表头和除表单集、表单、工具栏计时器和其他列以外的其余任一对象
CommandGroup	命令按钮组	命令按钮
Container	容器	任意控件
Control	控件	任意控件
Form	表单	页框、任意控件、容器和自定义对象
FormSet	表单集	表单、工具栏
Grid	表格	表格列
OptionGroup	选项按钮组	选项按钮
Page	页面	任意控件、容器和自定义对象
PageFrame	页框	页面
ProjectHook	项目	文件、服务程序
ToolBar	工具栏	任意控件、页框和容器

2．控件类

控件类是比容器类封装得更完全的类，其主要用于进行一种或几种相关的控制，但与此同时也会丧失一些灵活性。控件类是用于显示数据、执行操作或使表单更容易阅读的一种图形对象。表9-3列出了Visual FoxPro中的常用控件。

表 9-3　常用控件

类　名	中文类名	说　明
CheckBox	复选框	允许选择开关状态，显示多个选项
CommandButton	命令按钮	执行命令
ComboBox	组合框	下拉式组合框或下拉式列表框，可以从列表项中选择一项或人工输入
CommandGroup	命令按钮组	把相关的命令编成组
Container	容器	将容器控件置于当前的表单上
EditBox	编辑框	保存多行文本，可以在其中输入或更改文本
Grid	表格	在电子表格样式的表格中显示数据
Image	图像	显示图像
Label	标签	保存不希望用户改动的文本
Line	直线	画各种类型的线条
ListBox	列表框	显示供选择的列表项，当列表项不能同时显示时可以滚动
OLEBoundControl	ActiveX 绑定控件	与 OLE 容器控件一样，可向应用程序中添加 OLE 对象，ActiveX 绑定控件在一个通用型字段上
OLEControl	ActiveX 控件	向应用程序中添加 OLE 对象
OptionGroup	选项按钮组	显示多个选项页，用户只能从中选择项
PageFrame	页框	显示多个页面
Seperator	分隔符	在工具栏的控件间加上空格
Shape	形状	画各种类型的形状，如矩形、圆角矩形、正方形等
Spinner	微调控件	接受给定范围内的数值输入
TextBox	文本框	保存单行文本，可以在其中输入或更改文本
Timer	定时器	可以在指定时间或按照设定间隔运行进程，运行时不可见

9.2.2　类的创建

前面讲过系统提供的基类不允许对它的属性和方法进行扩展，而在许多情况下，这些基类并不能满足用户的需要。因此就需要建立自己的类和类库，以提高工作效率。

在建立自定义类时，可以先从某一种基类派生出一个类，然后再在类设计器中设计该类的属性和方法，同时可以再增加新的属性和方法，设定属性的默认值和方法的执行代码等。设计好的类要保存在自己的类库中备用，类库就是包含一个或多个自定义类的文件，其扩展名为“.vcx”。类库还可以添加到任意一个Visual FoxPro项目中，一旦项目中包含了某一个类库，那么该项目就可以任意使用类库中的类来派生自己的对象，或使用类库中的类建立新类。因此，类库不仅为当前项目服务，而在以后建立新的应用程序时，它还是一种利用价值很高的资源。

1．类的创建方法

创建新类有3种方式，即使用菜单方式、使用项目管理器方式和使用命令方式。

下面将通过实例来具体讲解类的创建方法。如创建一个“退出”按钮类，通过它在表单上创建按钮对象，单击该按钮时释放表单。可以在Visual FoxPro命令按钮类的基础上创建一个类，并将它的标题属性设置为“退出”。

1）使用菜单方式创建类

具体操作步骤如下。

（1）选择“文件”/“新建”命令，或者在工具栏上单击“新建”按钮。从打开的对话框中选中“类”单选按钮，再单击“新建文件”按钮，随即弹出“新建类”对话框，如图9-1所示。

“新建类”对话框中各选项的介绍如下。

- 类名：输入创建类的名称，在本例中输入exit。
- 派生于：用于选择派生基类或父类，在本例中从下拉列表框中选择CommandButton。
- 存储于：用于选择新类存储于哪一个类库文件中，在这里选择privateclass类库。

（2）设置结束后，单击“确定”按钮，打开“类设计器”窗口，如图9-2所示。在本例中，将Caption属性设置为Commandl，双击该按钮，打开其相应的代码窗口，从中输入：thisform.release。

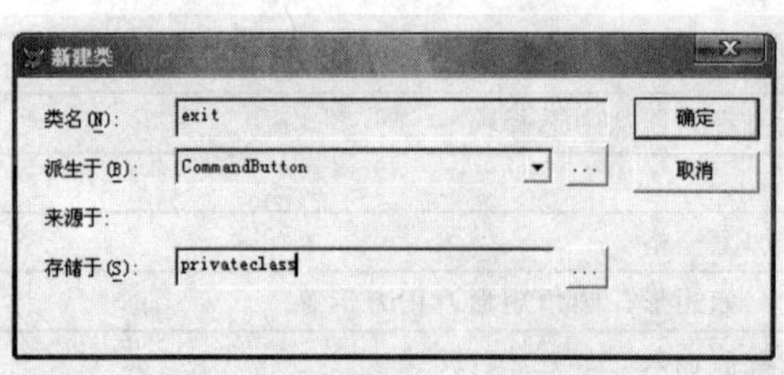

图 9-1 “新建类”对话框

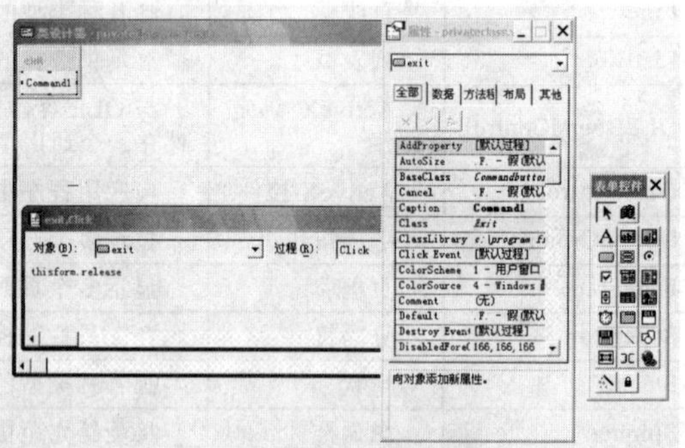

图 9-2 “类设计器”窗口

（3）单击“保存”按钮，保存创建的类，同时关闭“类设计器”窗口。

（4）打开控件工具栏，单击“查看类”按钮，从弹出的快捷菜单中选择“添加”命令，如图9-3所示。再在打开的对话框中选择所建立的库文件Privateclass，即可把新建的类Privatelass添加到表单控件设计器上，如图9-4所示。

图 9-3 添加新类

图 9-4 新类添加完成

2）使用项目管理器方式创建类

打开项目管理器，选择“类”选项卡，然后单击“新建”按钮，随即弹出“新建类”对话框（见图9-1）。接下来的操作同使用菜单方式建立类一样，在此不再重复。

3）以命令方式创建类

命令格式1：

```
create class <类名> [ of <类库名>]
```

命令功能：打开“新建类”对话框，建立新类。

命令格式2：

```
define   class <类名> as <父类>
             [<对象>] <属性>=<属性值>
             [add object <对象>] [as <类名>]
             With <属性列表>
             [procedure <事件名称>]
                          <命令序列>
             Endpro
             Enddefine
```

命令功能：建立一个新类。

【例9-1】定义一个表单类“quitform”，表单上有quitclass类按钮。

```
myform=createobject("quitform")
myform.show
read events
Define   class   quitform   as   form
        Caption="关闭窗体"
        Height=270
        Width=300
        Backcolor=rgb(192,100,92)
        Add   object   quitclass   as   commandbutton
             caption="quit"
             Left=200
             Top=70
             Height=25
             Width=35
Procedure   quitclass.click
      If   messagebox("确定？",4+16+0,"确定")=6
      Thisform.release
      Endif
      Endproc
Enddefine
```

2．添加类的新属性和方法程序

在类的设计中，有时需要为类增加新的属性和方法程序。这时可以向新类中添加任意多的新属性和新方法程序。

为类创建新属性和新方法程序的方式与将属性和方法程序添加到表单的方式相同。这些属性和方法程序属于类，而不属于类的单个组件。为类新建属性的方法如下。

（1）选择“文件”/“打开”命令，或者单击工具栏上的“打开”按钮，在弹出的“打开”对话框中选择需要添加新属性的类。

（2）选择“类设计器”窗口，然后选择“类”/“新建属性”命令，将弹出如图9-5所示的“新建属性”对话框。

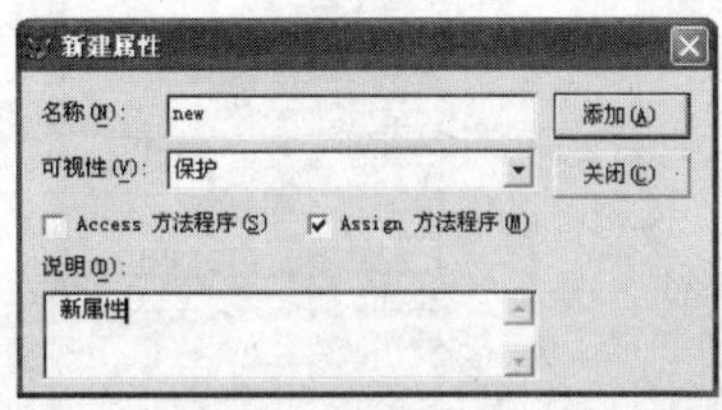

图9-5 “新建属性”对话框

在“新建属性”对话框中，各选项的含义介绍分别如下。

- 名称：在名称对应的文本框中输入新属性的名称，如输入new。
- 可视性：在下拉列表框中有3个选项，其中，“公共”表示属性既可以被子类继承，也可以被对象实例访问；“保护”表示属性不能被对象实例访问，但可以被其子类和该类定义中的方法程序所访问；“隐藏”表示属性不能被对象实例或子类访问，只能被该类定义内的成员所访问，该类的子类也无法“看到”或引用。
- Access方法程序：指定是否为新属性创建Access方法程序。如果为属性创建了Access方法程序，则只要查询该属性，就会执行Access方法程序中的代码。选中该复选框即可为属性创建一个Access方法程序。

↘ 提示

在查询属性值，将执行Access方法程序中的代码，通常可以通过在一个对象的引用中使用属性，将属性值保存到一个变量中或使用问号（?）显示属性的值。

- Assign方法程序：指定是否为新属性创建Assign方法程序，如果为属性创建了Assign方法程序，则只要试图更改属性的值，就会执行Assign方法程序中的代码。选中该复选框即可为属性创建一个Assign方法程序。

↘ 提示

在试图更改属性值时，将执行Assign方法程序中的代码，可以使用STORE命令为属性赋予一个新值。只有在运行时刻查询或更改属性值，才执行Assign和Access方法程序。在设计时可查询或更改属性值，但不会执行Assign和Access方法程序。

- 说明：该文本框用于输入属性窗口底部的属性说明，也就是显示在“类设计器”中“属性”窗口底部的方法程序说明。若该属性不受保护，则显示在“表单设计器”中。

（3）以上选项设置完成后，单击“添加”按钮，即可将新建属性添加到当前类中，如图9-6所示。

（4）新建方法的具体过程为：选中类设计器，选择“类”/“新建方法程序”命令，打开如图9-7所示的“新建方法程序”对话框，从中进行适当的设置，再单击“添加”按钮即可。该对话框中各选项内容与“新建属性”对话框相类似，只是没有Assign和Access方法程序两个选项。新建方法程序的代码编写与类中已存在的方法程序完全相同。

图 9-6　属性设置窗口

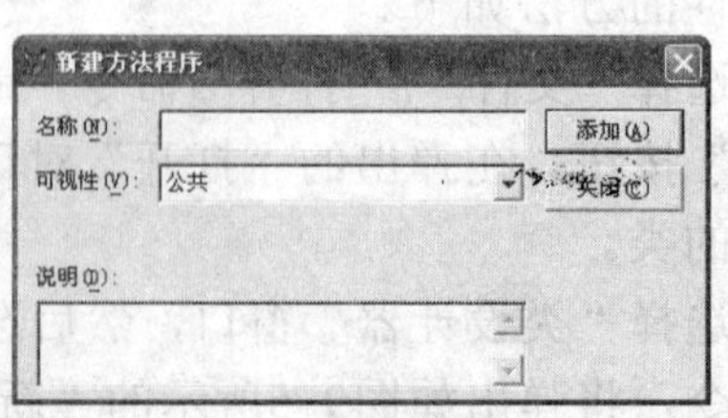

图 9-7　“新建方法程序”对话框

3．类的属性、方法的修改及信息查看

在创建类之后，还可以修改它，对类的修改将影响所有的子类和基于这个类的所有对象，也可以增加类的功能或修改类的错误，所有子类和基于这个类的所有对象都将继承修改。

（1）属性的修改。对类的属性的修改是在“类设计器”中进行的，在项目管理器中，选中要修改的类，单击“修改”按钮，打开“类设计器”窗口，也可以选择“文件”/“打开”命令，在弹出的“打开”对话框中，选择需要修改的类，即可打开“类设计器”窗口。

（2）方法的修改。对方法的修改，首先要打开“类设计器”窗口，然后选择“显示”/“代码”命令，即可打开代码编辑窗口，从中可编辑代码，如图9-8所示。

（3）类的查看。在Visual FoxPro中提供了类浏览器，通过它可以方便地管理和查看类库中类的信息。

例如，在类浏览器中要查看privateclass类库，其具体操作步骤如下。

① 选择“工具”/“类浏览器”命令，打开“类浏览器”窗口，如图9-9所示。

图 9-8　代码编辑窗口

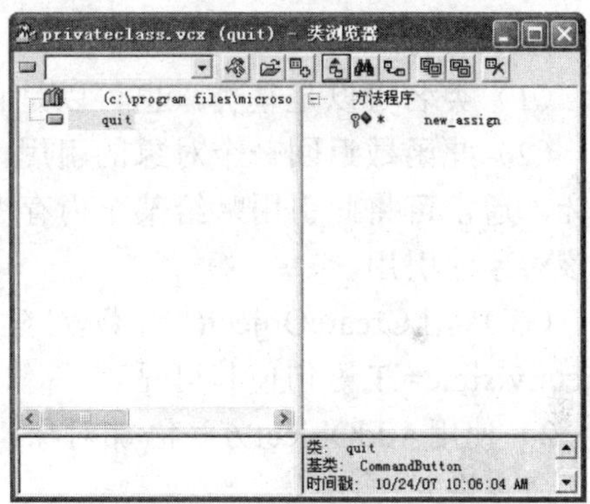

图 9-9　“类浏览器”窗口

② 选择“文件”/“打开”命令，或在工具栏上单击“打开”按钮，在弹出的“打开”对话框中选择要打开的privateclass类库。

③ 在窗口中单击“查看代码”按钮，系统将打开privateclass类库中quitclass类的完整定义，如图9-10所示。

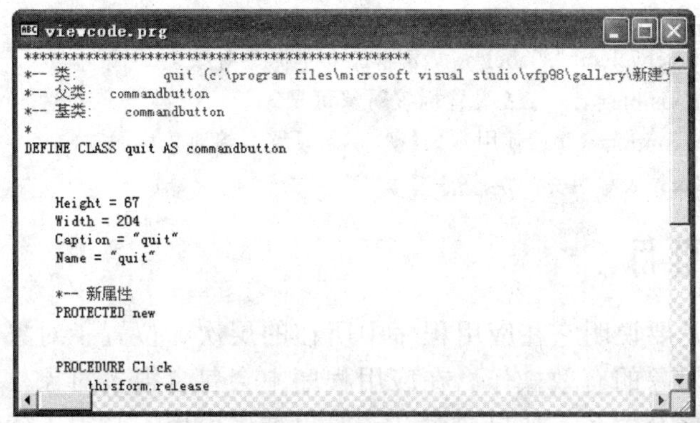

图 9-10　代码查看窗口

9.3 对象的操作

在进行面向对象程序设计时，对象的操作是通过修改对象的属性值或执行对象的方法程序来完成的。属性可以通过属性窗口设置新的属性值，在程序运行阶段属性要通过相应的命令来对属性值进行修改。对象的行为是通过对象的方法实现的，在发生某一事件时为实现对本身或其他对象的操作，只需在相应的事件过程（代码）中加入操作命令即可。

9.3.1 对象的创建

创建对象的方法有两种，下面将对其进行具体介绍。

1）使用CreateObject()函数创建对象

命令格式：

```
CreateObject(<类名>[<参数表达式>])
```

命令功能：从指定的某个类的基础上创建一个具有该类特性的对象，同时返回对象的引用。

命令说明：

（1）类名可以是基类，也可以是自定义类。

（2）此函数返回一个对象的引用，它并不是对象本身，而是只写所创建对象的一个指针，通常可将此引用赋给某个内存变量，在此之后即可通过该内存变量的引用来实现对该对象的引用。

（3）用CreateObject()函数创建的对象是不可见的，可以使用object.show或object.visible=.T.语句使其可见。

2）使用AddObject方法添加对象

命令格式：

```
<容器对象>.AddObject(<控件对象>,<类名>[,参数>])
```

命令功能：向容器对象中添加控件对象。

↘ 提示

添加对象时，对象Visible属性为.F.，表示不可见，将其Visible设置为.T.，表示可见。

【例9-2】创建一个名为form1的表单。并添加一个标题为“欢迎使用本系统”的标签。

```
Form1=createobject("form")      &&建立表单对象
Form1.addobject("labelwelcom","label")   &&添加一个标签对象
Form1.labelwelcom.visible=.t.     &&设置标签对象可见
Form1.labelwelcom.caption="欢迎使用本系统"   &&设置标签对象标题
Form1.show(1)   &&使表单可见
```

9.3.2 对象的引用

对象的引用就是要说明它在应用程序中所在的层次、位置、对象名、属性名和方法名，从而实现对该对象的有效操作。在应用程序中会包含很多对象，对象之间的关系常常会是不同层次的嵌套关系。如果要对某一对象准确引用，必须正确地描述对象引用的

层次关系。其中引用分绝对引用和相对引用两种。

（1）绝对引用：绝对引用是通过引用对象与所有父对象（包含了当前对象的上层对象）的层次关系来描述其位置，包括属性的决定引用和方法的绝对引用。

属性的绝对引用格式：

```
父对象.对象名.属性名
```

方法的绝对引用格式：

```
父对象.对象名.方法名
```

其中，父对象是指包含被引用对象的外层对象。例如：

```
Form1.PageFrame1.Page1.Command1.Caption      （属性的绝对引用）
Form1.PageFrame1.Page1.Command1.Click        （方法的绝对引用）
```

（2）相对引用：在容器层次中引用对象时（如在表单集中，在表单上命令按钮的Click事件里），可以通过快捷方式指明所要处理的对象，引用时可以只指出被引用对象相对于当前表单集、当前表单的位置即可，而不需要列出所有父类对象的对象名，这种引用方式就是相对引用。

在表9-4中列出了一些相对引用中常用的属性和关键字，使用这些属性和关键字引用对象会更加方便地从对象层次中引用对象。

表 9-4 对象相对引用时的常用属性和关键字

属性或关键字	引　用
PARENT	该对象的直接（即上一层）容器
THIS	该对象本身
THISFORM	包含该对象的表单
THISFORMSET	包含该对象的表单集

【例9-3】相对引用示例。

```
THISFORMSET.frm1.cmd1.Caption="OK"
```

包含命令的地方是：在此表单集的任意表单的任意控件相应的事件或方法程序代码中。

```
THISFORM.cmd1.Capton="OK"
```

包含命令的地方是：在cmd1所在的同一表单的任意控件相应的事件或方法程序代码中。

```
THIS.Caption="OK"
```

包含命令的地方是：在需要改变其标题的控件的事件或方法程序代码中。

```
THIS.Parent.BackColor=RGB(192,0,0)
```

包含命令的地方是：在表单的一个控件的事件或方法程序代码中，此例的命令设置表单的背景色为暗红色。

9.3.3 设置对象属性

在Visual FoxPro中，对象的各种属性可以在程序运行时对其进行设置，也可以在程序设计时通过属性窗口进行设置。

1. 在程序运行时设置对象的属性

在程序运行阶段属性要通过相应的命令来对属性值进行修改，有些属性只能在运行阶段通过代码来设置，还可以在程序中对已经建立好的对象属性进行重设。

格式1：

```
<对象>.<属性>=<属性值>
```

格式2：

```
WITH <>   [<.语句>]   ENDWITH
```

命令功能：都是用于设置对象的属性值。

> **↘ 提示**
>
> 属性作为对象的数据，具有确定的数据类型，如字符型、逻辑型、数值型等，在设计属性操作程序时，必须先清楚属性的数据类型，否则可能会发生错误。

【例9-4】利用下面的语句指定对象的属性，并设定具体的值。

```
frmSchool.txtNubmer.Enables=.T.                          &&将 frmSchool 表单上的文本框设为有效
frmSchool.txtNubmer.Name="Mytext"                        &&将文本框 txtNumber 定名为 Mytext
frmSchool.txtNubmer.Value="Hello"                        &&将文本框显示内容设为 Hello
frmSchool.txtNubmer.ForeColor=RGB(0，0，0)               && 将文本框的字体颜色设为黑色
frmSchool.txtNubmer.BackColor=RGB(225，225，128)         &&将文本框的背景设为黄色
```

【例9-5】在表单集的表单中，设置表格列的多个属性，可以使用如下语法结果。

```
WITH THISFORMSET.form1.grdgrid1.grdcolumn1
.width=5
.resizable=.f.
.Forecolor=rgb(0,0,0)
.backcolor=rgb(255,255,255)
.selectonentry=.t.
endwith
```

2．在属性窗口设置属性

在设计阶段属性，可以通过属性窗口设置新的属性值，而不需编写任何代码。用户在程序设计时可以很方便地可视化地设置属性。

如在设计表单时就可以利用属性窗口来对各对象进行属性设置。要进行这种设置，在打开的表单中选中所设置的对象，然后单击“属性窗口”按钮，即可打开“属性”窗口。或者选择“显示”/“属性”命令，或在“表单设计器”或“数据环境设计器”中单击鼠标右键，从弹出的快捷键菜单中选择“属性”选项，都可以打开“属性”窗口，如图9-11所示。

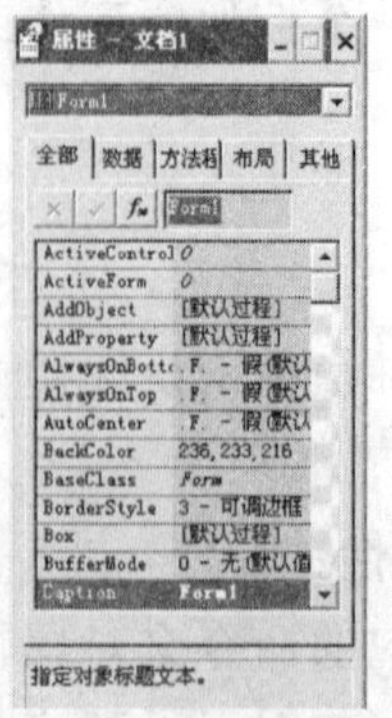

图 9-11 “属性”窗口

9.3.4 方法的调用

方法程序实际上可以分为两类：事件处理程序和一般方法程序。事件处理程序与对象的事件相关联，一般由相应的事件引发程序的执行，也可以用方法程序调用命令。而一般方法程序的执行必须由方法程序调用命令完成。方法程序实际上是封装在对象中的过程或函数，大部分由派生它的类继承而来，当然也可以建立新的方法程序。

调用方法程序的命令格式为：

命令格式：<对象引用>.<对象名>.<方法名>[(<参数名表>)]

↘ 提示

在命令格式中，[]表示可选项，<>表示必选项。如果方法过程带有参数，则选择<参数名表>项，如果参数名表中有多个参数，则参数间由逗号分隔。如在表单上画圆的命令语句为THISFORM.CIRCLE(20,30,20)。

有返回值的方法程序彼此以圆括号结尾（不论是否有参数）。传递给方法程序的参数必须放在方法程序名后面的圆括号中。

例如，下列语句将自定义的Getnewcaption方法程序的返回值设置成表单的标题：

```
Form1.Caption=Form1.GetNewCaption()
Form1.Show(nstyle)      &&将 nstyle 传递给 form1 的 show 方法程序代码
```

习 题 9

一、选择题

1. 下列哪一选项不属于面向对象程序设计的特性？（　　）
   A. 多态性　　B. 继承性　　C. 封装性　　D. 统一性
2. Visual FoxPro中基类的最小属性集介绍正确的是（　　）。
   A. Class父类名，当前类从哪个类直接派生而来
   B. ParentClass类名，当前对象基于哪个类而生成
   C. BaseClass类库名，当前类从哪个基类派生而来
   D. ClassLibrary类库名，当前类存放于哪个类库之中
3. 类库是包含一个或多个自定义类的文件，其扩展名为（　　）。
   A. .doc　　B. .vcx　　C. .dox　　D. .vcy
4. 创建新类的方式不包括下列哪一种？（　　）
   A. 使用菜单方式　　B. 使用项目管理器方式
   C. 使用命令方式　　D. 自定义方式
5. 使用下列哪种函数可以创建对象？（　　）
   A. AddObject()　　B. CreateObject()
   C. AtiObject()　　D. CreatrObject()
6. 在Visual FoxPro中，下面关于属性、事件、方法叙述错误的是（　　）。
   A. 属性用于描述对象的状态
   B. 方法用于表示对象的行为

C. 事件代码也可以象方法一样被显式调用

D. 基于同一个类产生的两个对象的属性不能分别设置自己的属性值

7. 创建表单的命令是（　　）。

A. Create Form　　B. Create Database

C. Modify From　　D. Modify Structure

8. 表单文件的扩展名是（　　）。

A. .dbf　　B. .scx　　C. .qpr　　D. .prg

9. 表单中容纳的对象的Top属性，表示的是对象的（　　）。

A. 下边界与容器上边界的距离　　B. 下边界与容器下边界的距离

C. 上边界与容器上边界的距离　　D. 上边界与容器下边界的距离

10. 在Visual FoxPro 8.0系统中，运行表单MYBT.scx的命令是（　　）。

A. Do MYBT　　B. Run MYBT.scx

C. Modify From MYBT　　D. Do From MYBT

11. 设计表单时可以利用（　　）向表单添加控件。

A. 表单设计器　　B. 表单控件工具栏

C. 表单向导　　D. 布局工具栏

12. 在表单中，ThisForm表示（　　）。

A. 当前对象　　B. 当前对象所在的容器

C. 当前对象所在的表单　　D. 当前对象所在的表单集

二、填空题

1. 传统的编程方法称为________方法，面向对象的程序设计是一种________方法。

2. 类就是一组对象的________和________的抽象描述。创建类可以在类设计器中完成，也可以通过________创建类。

3. ________控件主要是利用系统时钟来控制某些具有规律性的、周期性任务的定时操作。

4. “标签”控件与“文本框”控件的最主要的区别在于它们使用的________有所不同。

5. “类”分为________和________，表单是________类型的对象。

6. 容器类可以包含其他对象，同时________访问这些对象。

7. 在________阶段属性可以通过属性窗口设置新的属性值，而不需编写任何代码。

8. 当表单或表单集被加载到内存中时发生的事件，能实现此功能的事件是________。

三、问答题

1. 简述传统编程方法与面向对象程序设计方法的区别。

2. 简述类和对象的概念。

3. 如何使用项目管理器创建新类？

4. 简述对象的3个要素及创建对象的方法。

5. 简述如何向表单中添加控件。

6. 简述创建表单的几种方法。

7. 事件与方法有何不同？各有什么特征？

8. 如何调用方法程序？

四、上机操作题

1. 用菜单方式创建类（myclass1），实现关闭表单的功能。
2. 用程序代码方式创建一个表单类（myform），并调用此类。
3. 设计表单，调用已有的表单类（myclass1）。
4. 创建表单并添加一个“退出”命令按钮控件，并实现表单的退出功能操作。
5. 用“菜单设计器”创建表单，并分别添加标签、文本框、命令按钮等控件。

第 10 章

表单的设计与应用

内容导读

在Visual FoxPro系统中，表单（Form）是数据库应用系统的主要工作界面。类似于标准窗口或对话框。利用表单，可以让用户在可视化的界面下查看数据或将数据输入数据库。它的设计是一种典型的可视化、面向对象的编程方法，使用户能够方便、高效地设计出基于图形用户界面的应用软件。

教学目标

通过对本章内容的学习，要求掌握表单的创建方法，熟练添加和应用各种表单控件，并能理解和掌握典型的表单实例，并创建出美观的界面。

重点难点

- 表单的创建方法与设计步骤
- 表单控件的使用
- 表单数据环境的设计
- 相关代码的设计

10.1 创建表单

在Visual FoxPro中，创建表单的方法有以下几种。

（1）使用“表单向导”。

（2）使用“表单设计器”。

（3）使用“表单生成器”。

10.1.1 使用表单向导创建表单

在Visual FoxPro中，有两种不同的表单向导用于建立表单，即“表单向导”用于创建基于一个数据表或视图的表单，而“一对多表单向导”用来创建有一对多关系的表的复杂表单。使用表单向导来创建表单时，只需要按照向导的提示操作就可以完成表单的创建。不过，由表单向导创建的表单只能是数据表单。

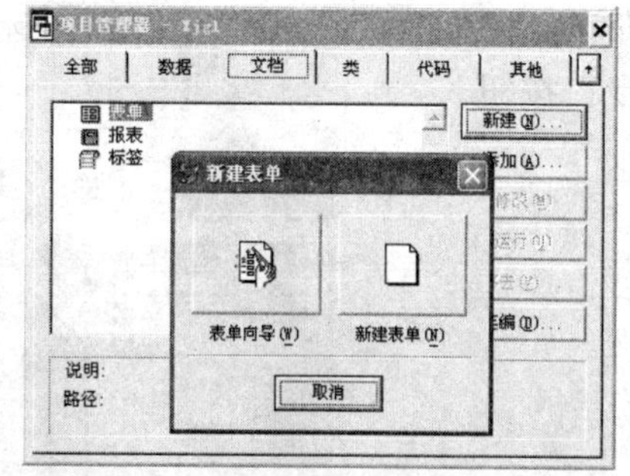

图 10-1　利用项目管理器打开表单向导

打开“向导选取”窗口的方式有以下3种。

（1）打开项目管理器，选择“全部”选项卡，从列表框中选择“文档”/“表单”，再单击“新建”按钮，然后在弹出的“新建表单”对话框中选择“表单向导”图片按钮，如图10-1所示。

（2）选择“文件”/“新建”命令，在“新建”对话框中选择“表单”单选按钮，然后单击“向导”图标按钮，如图10-2所示。

（3）选择“工具”/“向导”/“表单”命令，即可打开“向导选取”对话框，如图10-3所示。

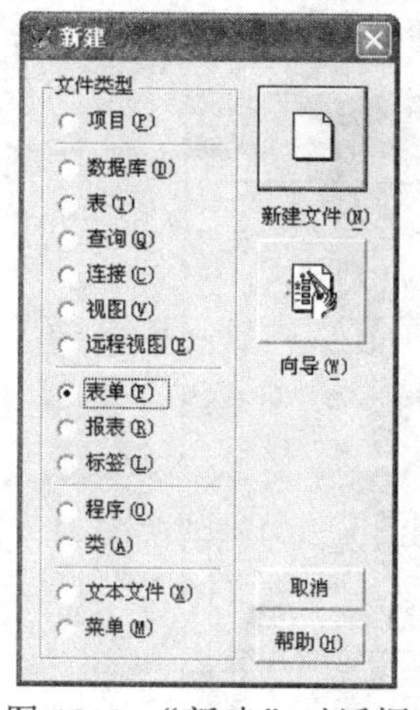

图 10-2 “新建”对话框

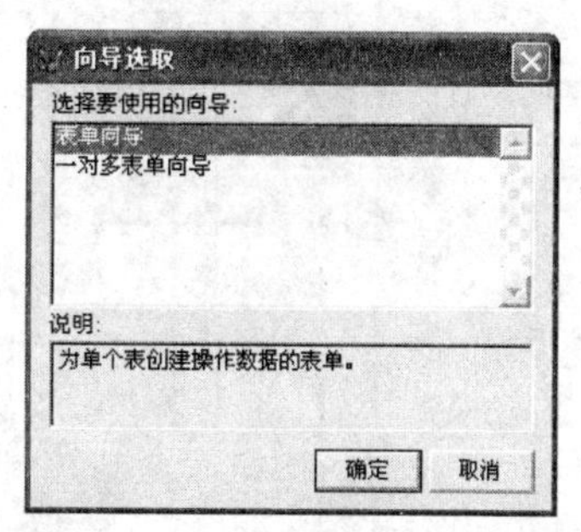

图 10-3 “向导选取”对话框

1．创建单表表单

下面使用表单向导为教师表建立表单。

具体操作步骤如下。

（1）用上述任一方法打开“向导选取”对话框。

（2）在“向导选取”对话框中选择“表单向导”选项，单击“确定”按钮，进入“步骤1-字段选取”对话框，从“数据库和表”中选择需要的表。在此选择“学生成绩管理”数据库，在“数据库和表”对应的列表框中选择“教师”，然后将“可用字段”列表框中需要在表单上显示的字段添加到“选定字段”列表框中，如图10-4所示。最后单击“下一步”按钮。

（3）在“步骤2-选择表单样式”对话框中，可以选择表单输出的样式和按钮的类型，左上角的放大镜显示的是选择的表单样式。表单样式有标准式（默认）、凹陷式、阴影式和边框式4种，按钮的类型也有文本按钮、图片按钮、无按钮和定制4种。一般选择默认值即可，如图10-5所示。在本例中选择“标准式”和“文本按钮”选项，然后单击“下一步”按钮。

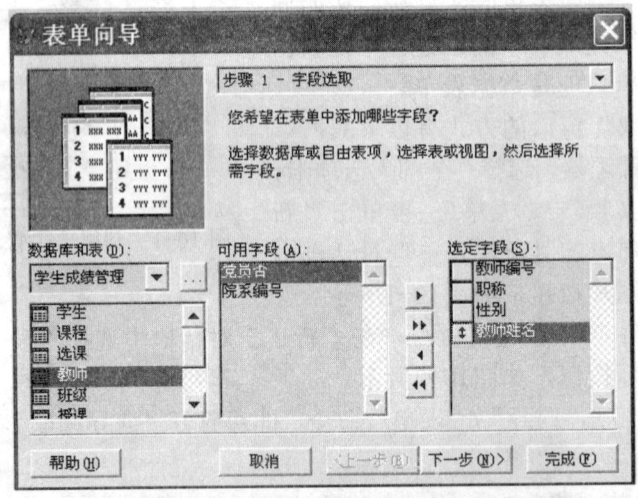

图 10-4 “步骤 1-字段选取”对话框

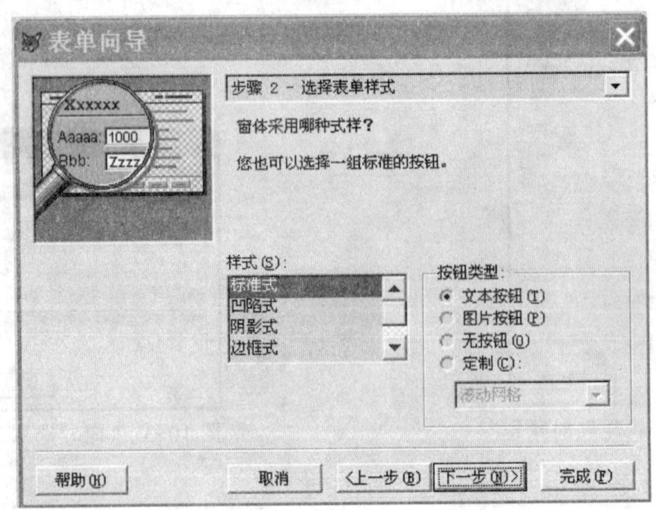

图 10-5 “步骤 2-选择表单样式”对话框

（4）在“步骤3-排序次序”对话框中，可以选择记录的排序字段或索引标识，排序字段最多可以选择3个，还可以根据需要来确定记录的“升序”或“降序”排列。在本例中选择按“教师编号”升序排列，然后单击“下一步”按钮，如图10-6所示。

（5）在“步骤4-完成”对话框中，提示用户输入表单的标题，并选择表单的保存方式，在本例中输入“教师信息”作为表单标题，并选择“保存并运行表单”单选按钮，然后单击“预览”按钮便可查看表单运行效果，最后单击“完成”按钮，如图10-7所示。

（6）在弹出的“另存为”对话框中，输入表单的名称。在本例中输入表单名称为“教师信息表”，并选择相应的表单文件保存路径，设置完成后单击“保存”按钮，如图10-8所示。保存后的表单文件将立即被运行，其运行效果如图10-9所示。

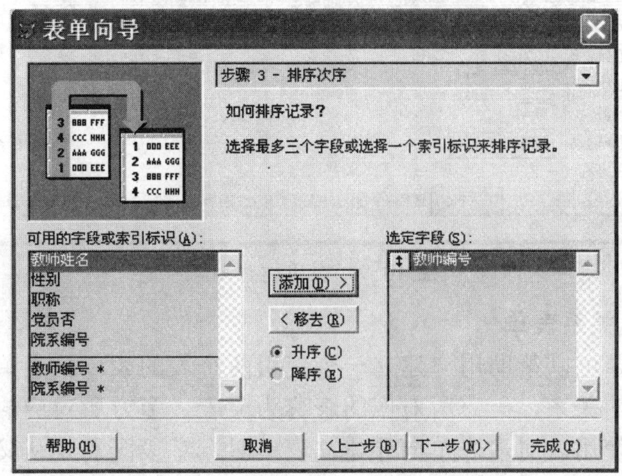

图 10-6 “步骤 3-排序次序”对话框

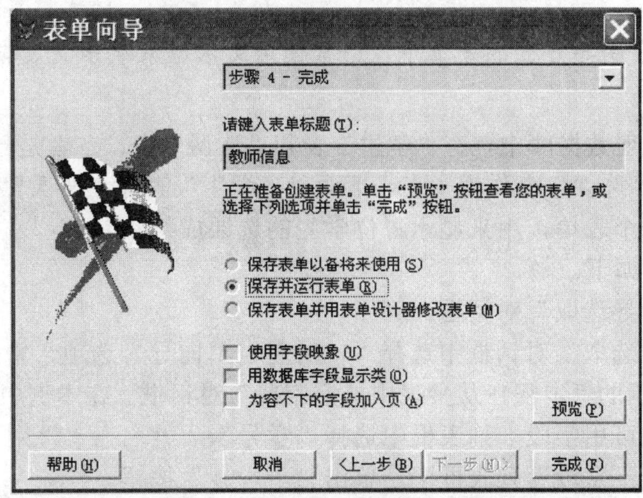

图 10-7 “步骤 4-完成”对话框

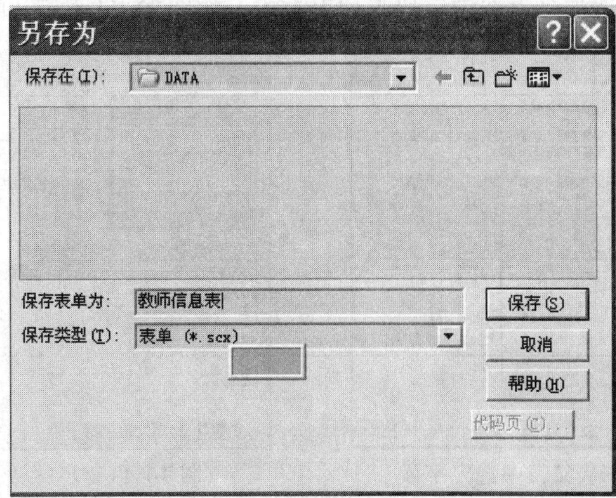

图 10-8　保存表单文件

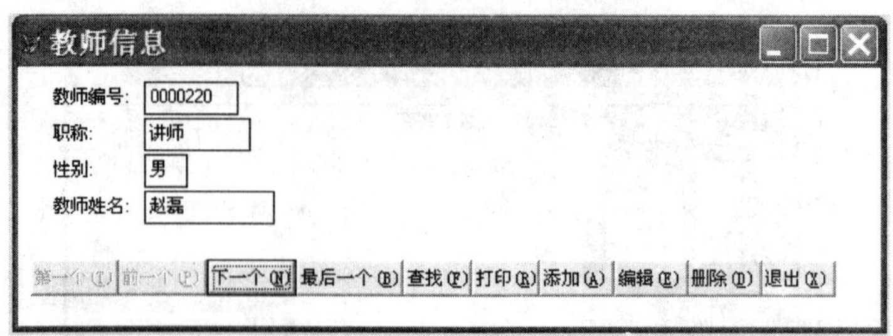

图 10-9　表单运行效果

2. 创建一对多关系表单

一对多表单向导可以帮助用户建立一个使用两个表的表单。表单中所使用的两个表之间要存在一对多的关系，一方所对应的表称为父表，多方所对应的表称为子表。与单表表单不同的是，使用一对多表单向导建立表单时，字段既需要从父表中选取，也需要从子表中选取，同时还要建立两表之间的关联。

↘ 提示

在使用一对多向导建立的表单中，通常使用文本框来表示父表数据，用表格来表示子表数据。

在学生成绩管理数据库中，有“学生”表和“选课”表，二者是一对多的关系，“学生”表作为父表，“选课”表作为子表。下面以“学生”表和“选课”表为例，使用一对多表单向导建立一个表单，用来显示每位学生的选课成绩。

具体操作步骤如下。

（1）打开“向导选取”对话框。

（2）在“向导选取”对话框中选择“一对多表单向导”选项，单击“确定”按钮。打开如图10-10所示的“步骤1-从父表中选定字段”对话框。在本例中，选择“学生”表为父表，然后在“可用字段”列表框中选择“学号”、“姓名”、“性别”、“出生日期”等字段，添加到“选定字段”列表框中。单击“下一步”按钮。

（3）打开“步骤2-从子表中选定字段”对话框，从中选择“选课”表为子表，将“课程号”、“成绩”字段添加到“选定字段”列表框中，如图10-11所示。单击“下一步”按钮。

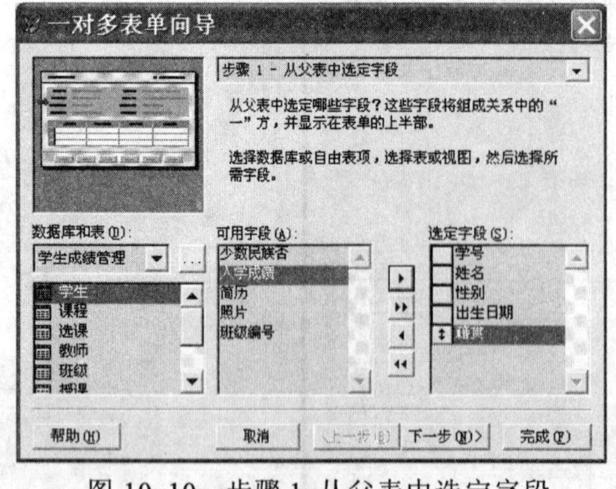

图 10-10　步骤 1-从父表中选定字段

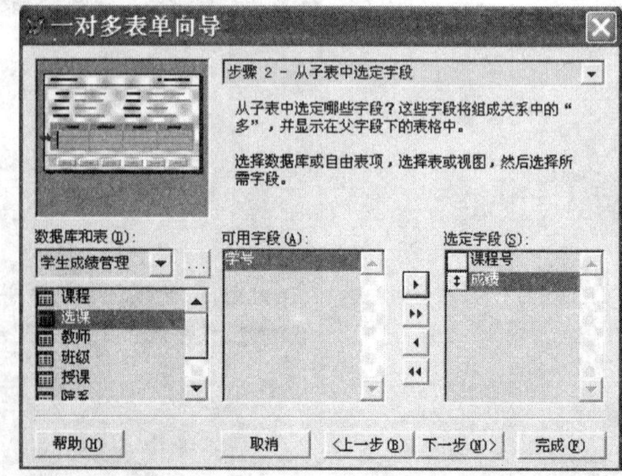

图 10-11　步骤 2-从子表中选定字段

（4）打开“步骤3-建立表之间的关系”对话框，从中确定两个表之间的关联字段。

选择“学号”字段为“学生”表和“选课”表之间的关联字段，如图10-12所示。单击“下一步”按钮。

（5）打开“步骤4-选择表单样式”对话框，该对话框与表单向导类似，从中选择表单输出的样式和按钮类型。在本例中，选择“阴影式”和“文本按钮”选项，如图10-13所示。单击“下一步”按钮。

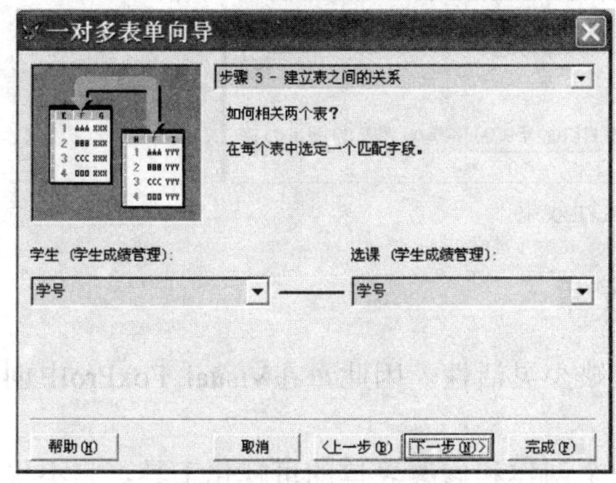

图 10-12　步骤 3-建立表之间的关系

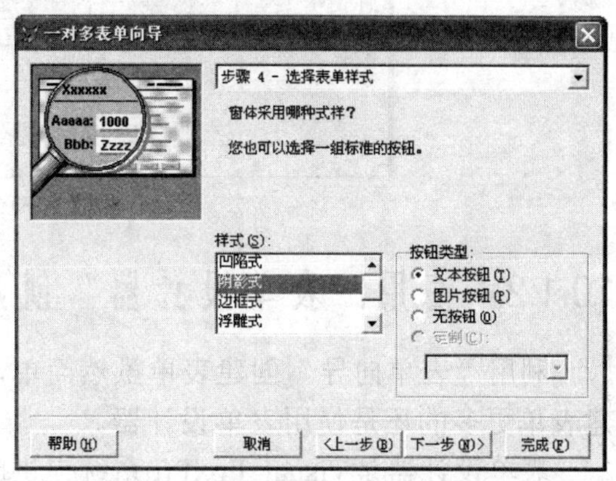

图 10-13　步骤 4-选择表单样式

（6）打开“步骤5-排序次序”对话框，从中选择排序记录的字段或索引标识。在本例中选择按“学号”升序排列，如图10-14所示。设置完成后单击“下一步”按钮。

（7）打开“步骤6-完成”对话框，从中输入表单的标题。在本例中，输入“学生选课情况”，并选中“保存并运行表单”单选按钮，如图10-15所示。然后单击“预览”按钮，便可以查看运行的效果，最后单击“完成”按钮，在弹出的“另存为”对话框中，输入表单文件的名称，并选择相应文件的保存路径。表单的运行效果如图10-16所示。

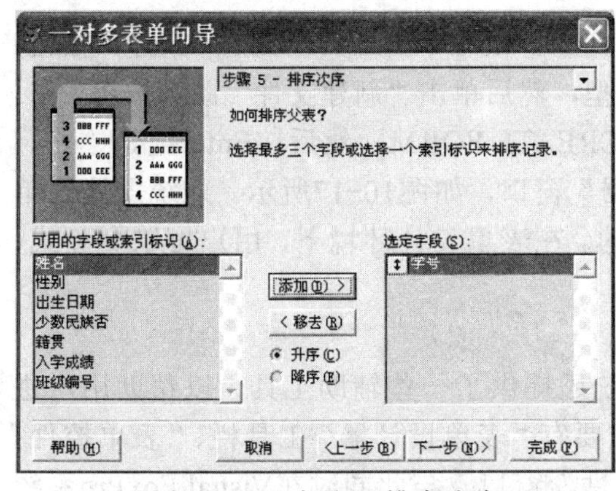

图 10-14　步骤 5-排序次序

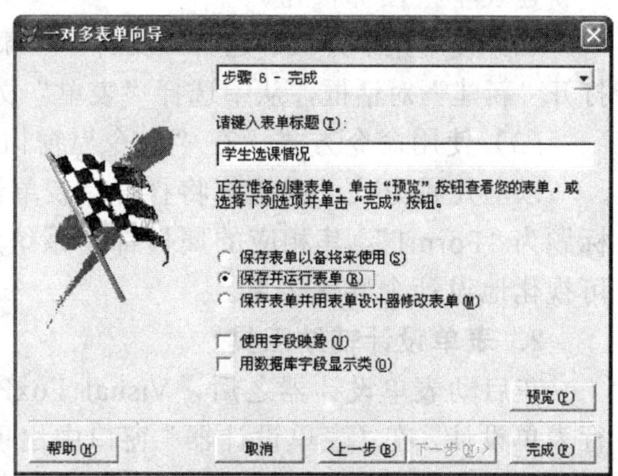

图 10-15　步骤 6-完成

↘ 提示

从上面的例子可以看出，使用表单向导建立的表单含有一系列标准按钮，对于初学者来说，利用表单向导建立一个较为实用的表单是很方便的，但是利用表单向导只能建立一些简单和规范的表单，缺少灵活性且不利于修改。

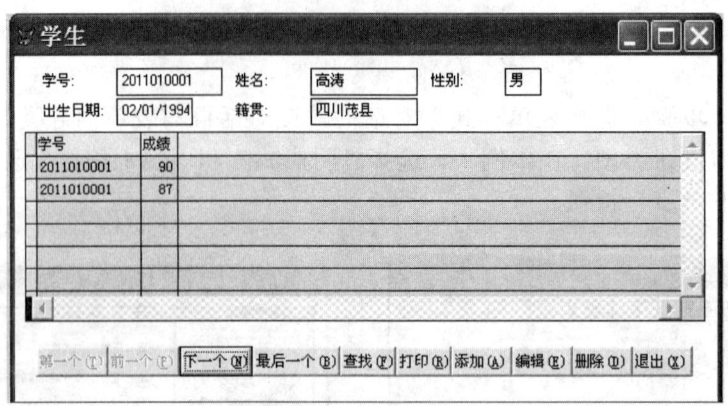

图 10-16　运行效果

10.1.2　使用“表单设计器”创建表单

利用“表单向导”创建表单虽然简单，但缺少灵活性。因此，在Visual FoxPro中创建表单更多的还是使用表单设计器。

表单设计器是Visual FoxPro系统提供的一个创建和修改表单的可视化工具，它不仅能够在表单内添加需要的各种控件，还可以为各控件设置相关的属性以及合理安排它们的布局。同时，还可根据需要为表单及其控件编写特定触发事件的程序代码，从而满足用户的需求，创建出各种复杂、实用的用户界面。

1．打开表单设计器窗口

打开表单设计器常用的方法有如下三种。

（1）使用项目管理器方式。在“项目管理器”的窗口中，选择“文档”选项卡，然后选择其中的“表单”选项，单击“新建”按钮，在弹出的“新建表单”对话框中单击“新建表单”图标按钮。

（2）使用菜单方式。选择“文件”/“新建”命令，或者单击工具栏上的“新建”按钮，打开“新建”对话框，从中选择“表单”文件类型，然后单击“新建文件”图标按钮。

（3）使用命令方式。在“命令”窗口输入CREATE FORM，然后按Enter键。

以上几种方式，系统都将打开“表单设计器”窗口，如图10-17所示。系统默认表单标题为“Form1”，其相应的属性都是系统默认的。在表单设计环境下，用户可以交互式、可视化地设计个性化表单。

2．表单设计辅助工具

在启动表单设计器之后，Visual FoxPro系统还提供了一些辅助工具，以帮助用户进行表单设计，在“表单设计器”窗口中出现的主要有“表单设计器”工具栏、“表单控件”工具栏、“布局”工具栏等，另外还有一个“属性”窗口。与此同时在Visual FoxPro系统的主菜单上增加了一个“表单”菜单。上述窗体及工具便组成了可视化的表单设计环境。

1）“表单设计器”工具栏

“表单设计器”工具栏中存放着表单设计中常用工具的打开与关闭按钮。在进行表单设计时，利用它可以快速打开或关闭工具栏，如图10-18所示。

下面依次对“表单设计器”工具栏中的工具进行介绍。

（1）设置Tab键次序：用于规定表单中多个对象间通过Tab键进行访问的次序。

（2）数据环境：用于打开“数据环境设计器”，允许添加表或视图、设置表之间的关系。

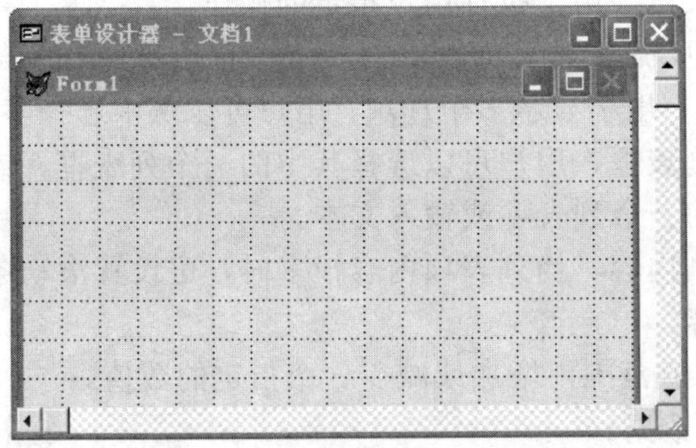

图 10-17 “表单设计器”窗口

图 10-18 “表单设计器”工具栏

（3）属性窗口：用于打开当前选中对象的属性窗口。

（4）代码窗口：用于打开当前选中对象的代码窗口，按字母顺序显示已经编辑和未被编辑的方法代码，并对其进行编辑。

（5）表单控件工具栏：显示或隐藏表单控件工具栏。

（6）调色板工具栏：显示或隐藏调色板工具栏。

（7）布局工具栏：显示或隐藏布局工具栏。

（8）表单生成器：可以用一种简单的交互方式将字段作为控件添加到表单上。

（9）自动格式：为表单上的控件选择一种显示样式。

↘ 提示

当单击“表单设计器”工具栏上的某个按钮时，按钮呈按下状态，即可打开对应的窗口或工具栏；再次单击某个按钮时，按钮呈弹起状态，同时关闭对应的窗口或工具栏。通过选择“显示”/“工具栏”/“表单设计器”命令，可调节“表单设计器”工具栏的显示与否。

2）“表单控件”工具栏

利用“表单控件”工具栏，可以很方便地向表单中添加所需要的任何控件。在“表单控件”工具栏上选择需要添加控件对应的按钮，然后在表单设计窗口的适当位置单击或者拖动鼠标即可画出控件。

选择“显示”/“表单控件工具栏”命令，或者单击“表单设计器”工具栏中的“表单控件”按钮，即可打开“表单控件”工具栏，如图10-19所示。

图 10-19 “表单控件”工具栏

↘ 提示

在Visual FoxPro中，控件分为默认控件和ActiveX控件两类，已全部放在“表单控件”工具栏中，并使用一组预先设定的图标按钮显示出来，方便用户的选择。

“表单控件”工具栏包括21个组件，具体介绍如下。

（1）标签A：创建一个标签控件，用于保存不希望用户改动的文本，起提示作用。

（2）文本框abl：用于保存单行文本，用户可以在其中输入或更改文本。

（3）编辑框：用于保存多行文本，用户可以在其中输入或更改文本。

（4）命令按钮：创建一个命令按钮，用于执行用户指定的操作。

（5）命令按钮组：创建一组命令按钮，用于执行用户指定的操作。

（6）选项按钮组：创建一组选项按钮，用于显示多个选项，每次只能选择其中的一项。

（7）复选框：创建一个复选框对象，用于显示多个选项，用户可以从中选择多项。

（8）组合框：用于创建一个下拉列表框，用户可以选择其中的一个列表框，或创建一个下拉组合框，用户可以选中其中的一个列表项或输入文本。

（9）列表框：用于显示一列或多列内容，当列表项内容很多时，可设置滚动条进行显示，列表框不允许用户输入文本内容。

（10）微调控件：用于在指定的数值范围内增加或减少一个指定的数值。

（11）表格：以电子表格形式显示数据。

（12）图像：创建一个图形，用于显示位图文件。

（13）计时器：在指定的时间间隔内执行一段程序代码，在设计时可见，运行时不可见。

（14）页框：在一个表单上构造多个页面，用于显示多页内容。

（15）ActiveX控件：向应用程序中添加OLE对象。

（16）ActiveX绑定控件：用于显示表中通用型字段的数据，该控件必须与通用型字段关联。

（17）线条：创建一条直线，直线可以是水平线、垂直线或对角线，运行时不能手工修改该直线。

（18）形状：用形状控件可以画出矩形、圆或椭圆等图形控件，且这些图形不能手动直接修改，但是在运行时可以通过响应事件动态地修改。

（19）容器：用来容纳其他控件，并把容器中的控件当作一个整体进行处理。

（20）分隔符：在创建定制工具栏时，给控件间加上空格。

（21）超级链接：用来链接到一个指定的对象上。

这些控件的用法将在10.5节进一步讨论。

另外，还有如下4个辅助按钮。

（1）选定对象：选定一个或多个对象，并把选定的对象移动到表单的指定位置上。当按钮处于按下状态时，表示不可创建控件，此时可以对已创建的控件进行编辑。当按钮处于未按下状态时，表示允许创建控件。

（2）查看类：增加可用的控件。可以将保存在类库中的自定义类添加到表单控件工具栏中。单击“查看类”按钮，然后在弹出的菜单中选择“添加”命令，弹出“打开”对话框，选定所需的类库文件，单击“确定”按钮。

（3）生成器锁定：当按钮处于按下状态时，每次添加到表单中的控件，系统会自动打开相应的生成器对话框，用来对该控件的常用属性进行设置。

（4）按钮锁定：当按钮处于按下状态时，可以连续添加多个相同类型的控件，避免反复单击控件。

3）“布局”工具栏

在表单设计时，为了使表单界面友好清晰，需要在表单中合理地放置各个控件，这时就需要对控件的大小、位置、对齐等布局进行调整。

选择“显示”/“布局工具栏”命令，或者单击“表单设计器”工具栏中的“布局工具栏”按钮，即可打开“布局”工具栏，如图10-20所示。

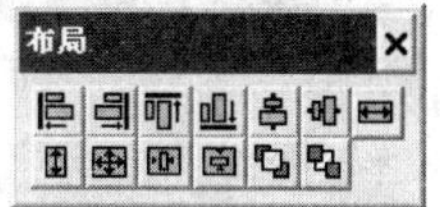

图 10-20 “布局”工具栏

“布局”工具栏中包括左边对齐、右边对齐、顶边对齐、底边对齐、垂直居中对齐、水平居中对齐、相同宽度、相同高度、置前和置后等多个按钮。

4）“属性”窗口

“属性”窗口是表单设计的重要工具，在Visual FoxPro中，每一个对象都有自己的特性，也就是说每个对象都具有各自的“属性”。可以在“属性”窗口中查看、修改或设置每个对象的属性，对对象属性的设置也可以在表单运行阶段由事件的代码进行设置。但是有些属性是只读属性，用户不可以改变。

要打开“属性”窗口，方法一，在“表单设计”窗口的空白处单击鼠标右键，从弹出的快捷菜单中选择“属性”命令；方法二，选择“显示”/“属性”命令；方法三，单击“表单设计器”工具栏上的“属性窗口”按钮，如图10-21所示。

在“属性”窗口中有5个选项卡，它们各自的功能介绍如下。

（1）“全部”选项卡：显示所选对象的全部属性、事件和方法程序的名称。

（2）“数据”选项卡：显示所选对象如何显示或怎样操作数据的属性。

（3）“方法程序”选项卡：显示所选对象的方法程序和事件过程。

（4）“布局”选项卡：显示所选对象的布局属性。

（5）“其他”选项卡：显示所选对象的名称，包括用户自定义属性。

在选项卡下面，就是经常用到的属性设置框，用户可以通过更改属性列表里的属性值来修改对象属性。方法是：选择表单上的某个对象，在属性列表框底部的说明框中将显示相应属性的说明信息；同时在属性列表框上部，将出现一个属性设置框，用户可以对选定的属性进行设置。

在属性设置框里更改属性值后，新的属性值将在属性列表里以“黑体”显示，以区别其他未更改的属性值。同时在表单或表单对象上将反映出属性修改的结果。而有些属性值是以斜体显示的，表示此属性值不能更改。

此外，用户还可以在表单中同时选定多个对象，这时在“属性”窗口将显示这些对象的共同属性，对某个共同属性的设置可同时作用于被选定的多个对象。

5）“代码”窗口

在表单设计过程中，若要编辑表单或表单中的某个控件的方法或事件代码时，就需要在“代码”窗口中进行。

启动代码编辑器的常用方法有3种。

（1）选择“显示”/“代码”命令。

（2）单击“表单设计器”工具栏中的“代码窗口”按钮。

（3）选定表单对象后，双击对象，或者单击右键从快捷菜单中选择“代码”命令。

代码编辑器如图10-22所示。在“代码”窗口中的“对象”下拉列表框中可以选中表单中的所有对象，在“过程”列表框中选取与对象相关的事件或方法，在对象和事件或者过程确定后，然后就可以在下方的编辑区中对相应的程序代码进行编辑了。

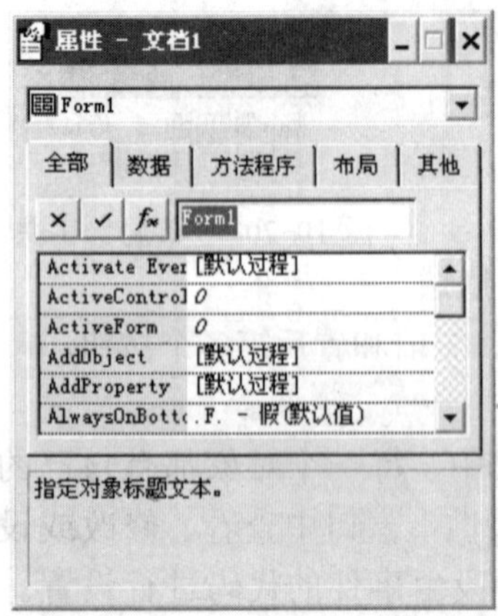

图 10-21 “属性”窗口

图 10-22 “代码”窗口

10.1.3 使用“表单生成器”创建表单

在Visual FoxPro系统中，当打开“表单设计器”之后，如果想把表或视图中的字段快速添加到表单中，可以利用系统提供的“表单生成器”来创建表单。

在打开“表单设计器”之后，可以采用以下三种方式打开“表单生成器”。

（1）在“表单设计器”工具栏上单击“表单生成器”按钮。

（2）在“表单设计器”窗口的空白处，单击鼠标右键，从弹出的快捷菜单中选择“生成器”选项。

（3）选择“表单”/“快速表单”命令。

下面将以学生表为例，使用“表单生成器”来创建表单，其具体操作步骤如下。

（1）选择“文件”/“新建”命令，在弹出的“新建”对话框中选择“表单”单选按钮，然后单击“新建文件”图标按钮。

（2）在“表单设计器”的空白处单击鼠标右键，选择“生成器”命令，打开“表单生成器”对话框，从中选择“字段选取”选项卡，并在“数据库和表”列表框中选择保存在相应文件夹下的学生表。在本例中选择“学生成绩管理”，再从中选择“学生”表，最后把“可用字段”列表框中的部分字段，添加到“选定字段”列表框中，如图10-23所示。

（3）打开“样式”选项卡，从中可以设置选定字段在表单上的显示样式，它与表单向导相类似。在本例中选择“标准式”样式，设置完成后，单击“确定”按钮，如图10-24所示。

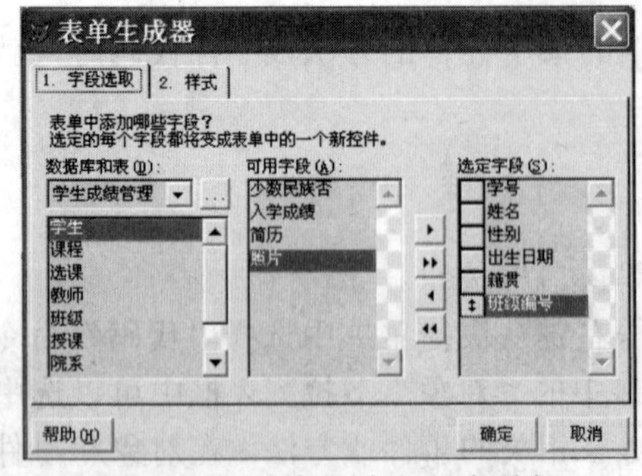

图 10-23 “字段选取”选项卡

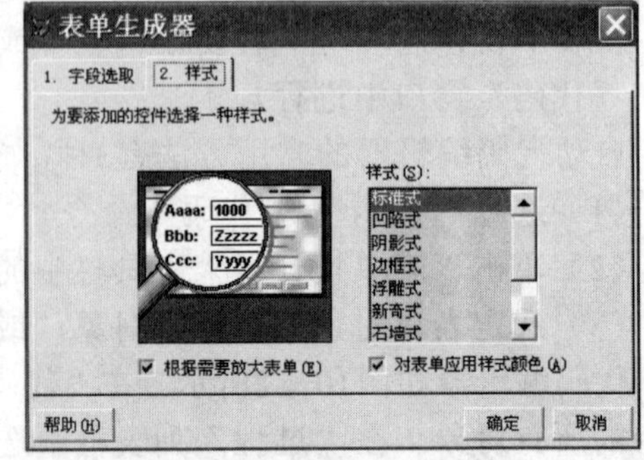

图 10-24 “样式”选项卡

（4）利用“表单生成器”创建的表单效果如图10-25所示。

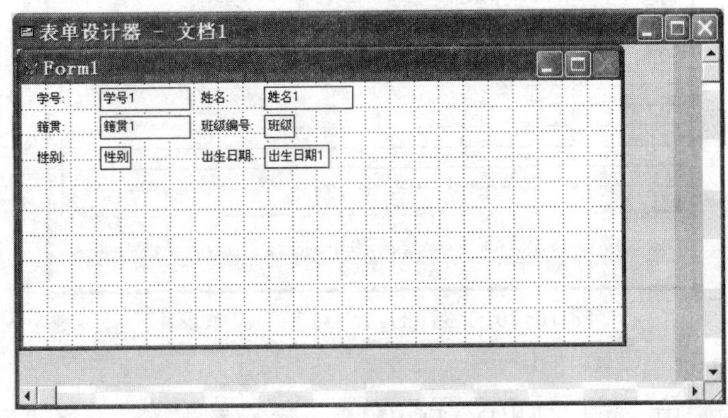

图 10-25　生成的表单效果

利用“表单生成器”生成的表单，虽然能够快速地将表中所需字段的标签控件和显示控件添加到表单中，但是界面单调，且功能和实际需求的差距也较大。

10.2　表单的操作

10.2.1　表单的保存、运行和修改

1．表单的保存

在表单设计器环境下，选择“文件”/“保存”命令，或者单击工具栏上的“保存”按钮，然后在弹出的“另存为”对话框中输入表单文件的名称，并选择相应的保存路径，最后单击“保存”按钮即可。

这样设计的表单将被保存在一个表单文件和一个表单备注文件中。表单文件的扩展名为.scx，表单备注文件的扩展名为.sct。

2．表单的运行

表单创建好后，可以运行表单来查看表单的设计效果。运行表单有菜单方式和命令方式。

1）使用菜单方式

使用菜单方式运行表单时，可以采用如下几种方法。

（1）在“项目管理器”对话框中，选择“文档”选项卡内的“表单”选项，从中选择要运行的表单文件，然后单击“运行”按钮即可。

（2）选择“程序”/“运行”命令，从弹出的“运行”对话框中，选择文件类型为“表单”，然后选择需要运行的表单文件，再单击“运行”按钮即可。

（3）在表单设计器环境下，单击常用工具栏上的!按钮，即可运行表单文件。

（4）在表单设计器环境下，选择“表单”/“执行表单”命令，即可运行表单文件。

（5）在“表单设计器”窗口中，在其空白处单击鼠标右键，从弹出的快捷菜单中选择“执行表单”选项。

图10-26所示为“一对多”的学生选课成绩表单的运行界面。

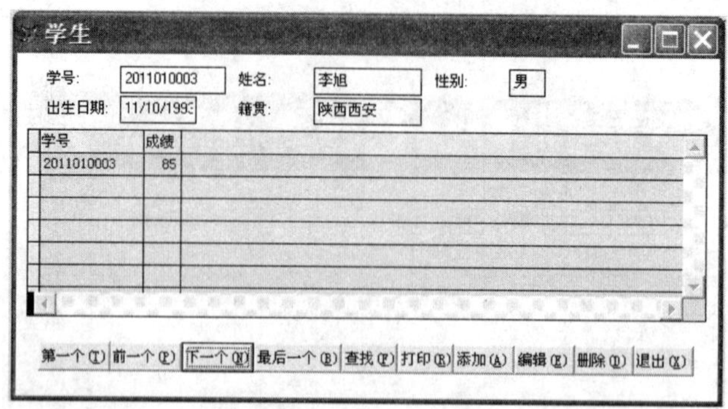

图 10-26 运行的“一对多”关系表单

2）使用命令方式

在“命令”窗口中，可以使用DO FORM命令运行表单。命令格式为：

```
DO  FORM<表单文件名> [NAME<变量名>]
[WITH<参数1>] [,<参数2>,…] [LINKED] [NOSHOW]
```

命令功能：运行指定名称的表单文件。

命令说明如下。

（1）NAME子句，用于建立指定名称的变量，并使它指向表单对象；否则系统将建立与表单文件同名的变量指向表单对象。

（2）WITH子句，表示在表单运行时引发Init事件，系统会将各实参的值传送给该事件代码PARAMETERS或LPARAMTERS子句中的各形参。

（3）LINKED关键字，表示表单对象将随指向它的变量的清除而关闭（释放）；否则即使变量已经清除（如超出作用域、用RELEASE命令清除），表单对象依然存在。但不管有没有LINKED关键字，指向表单对象的变量都不会随表单的关闭而清除，此时，变量的取值为NULL。

试一试：请用命令方式运行图10-26所示的表单。

↘ 提示

一般情况下，运行表单时，在产生表单对象后，将调用表单对象的Show方法显示表单。如果包含NOSHOW关键字，表单运行时将不显示，直至表单对象的Visible属性为.T.或者调用了Show方法。

3．表单的修改

无论是用哪种方式创建的表单，如果感觉不理想，都可以使用“表单设计器”进行修改。修改表单有菜单方式和命令方式两种。

1）使用菜单方式

使用菜单方式运行表单时，可以采用如下两种方法。

（1）在“项目管理器”对话框中，选择“文档”选项卡内的“表单”选项，然后从中选择需要修改的表单文件，单击“修改”按钮即可。

（2）选择“文件”/“打开”命令，在弹出的“打开”对话框中设置文件类型为“表单”，然后选择需要修改的表单文件，单击“确定”按钮，即可打开相应表单文件的“表单设计器”并进行修改。

↘ 提示

如果表单在运行时，需要进行修改，则直接单击常用工具栏上的“修改表单”按钮即可。

2）使用命令方式

在“命令”窗口中，可以使用MODIFY　FORM命令修改表单。命令格式为：

```
MODIFY FORM　<表单文件名>
```

命令功能：打开相应表单文件的“表单设计器”窗口。

↘ 提示

如果指定的表单文件并不存在，系统便会打开“表单设计器”并创建一个指定名称的新表单。

10.2.2　设置表单的属性

表单是用户与计算机进行交流的一种屏幕界面，其主要用于数据的显示、输入、修改。该界面可以自行设计和定义。表单属性大约有100个，但是很多属性都是极少用到的。在表10-1中列出了在设计时常用的表单属性，用来定义表单的外观和行为。

表 10-1　表单的常用属性

属　性	说　明	默 认 值
AlwaysOnTop	控制表单是否总是处在其他打开窗口之上	假(.F.)
AutoCenter	控制表单初始化时是否自动地在 Visual FoxPro 主窗口中居中	假(.F.)
BackColor	决定表单窗口的颜色	255,255,255
BorderStyle	决定表单是否没有边框，还是具有单线边框、双线边框或系统边框。如果 BorderStyle 为 3，系统就可以重新改变表单大小	3
Caption	决定表单标题栏显示的文本	Form1
Closable	控制用户是否能通过双击“关闭”框来关闭表单	真(.T.)
DataSession	控制表单或表单集里的表是否能在可全局访问的工作区中打开，或只能在表单或表单集所属的专有工作区内打开	1
MaxButton	控制表单是否具有最大化按钮	真(.T.)
MinButton	控制表单是否具有最小化按钮	真(.T.)
Movable	控制表单是否能移动到屏幕的新位置	真(.T.)
ScaleMode	控制对象的尺寸和位置属性的度量单位是 foxels 还是像素	在选项对话框中设置
Scrollbars	控制表单所具有的滚动条类型	0-无
TitleBar	控制标题栏是否显示在表单的顶部	1-打开
ShowWindow	控制表单是在屏幕中、悬浮在顶层表单中还是作为顶层表单	0-在屏幕中
WindowState	控制表单是最小化、最大化还是正常状态	0-正常
WindowType	控制表单是非模式表单（默认）还是模式表单，若是模式表单，则用户在访问应用程序用户界面中任何其他单元前必须关闭此表单	0-非模式

此外，还有一些表单的属性说明如下。

（1）左起始位属性（left），用于设定对象的左边起始位置，即该对象的左边界与容纳该对象容器的左边界的距离。

（2）上起始位属性（top），用于设定对象的上边起始位置，即该对象的上边界与容纳该对象容器的上边界的距离。

（3）宽度属性（width），用于设定对象的宽度。在程序设计和运行时都可更改。

（4）高度属性（height），用于设定对象的高度。在程序设计和运行时都可更改。

【例10-1】创建名为“第一个表单”的表单并设置属性。

具体操作如下。

① 选择“文件”/“新建”命令，在弹出的“新建”对话框中设置文件类型为“表单”，然后选择“新建文件”，单击“确定”按钮，打开相应表单文件的“表单设计器”窗口，如图10-27所示。

② 选择“显示”/“属性”命令，打开“属性”窗口，如图10-28所示。

③ 在对象下拉列表框中选择Form1。

④ 在“属性”窗口的“全部”选项卡中，单击BackColor属性，再单击属性设置框右侧的…按钮，弹出“颜色”对话框，选取“红色”选项后，单击“确定”按钮。

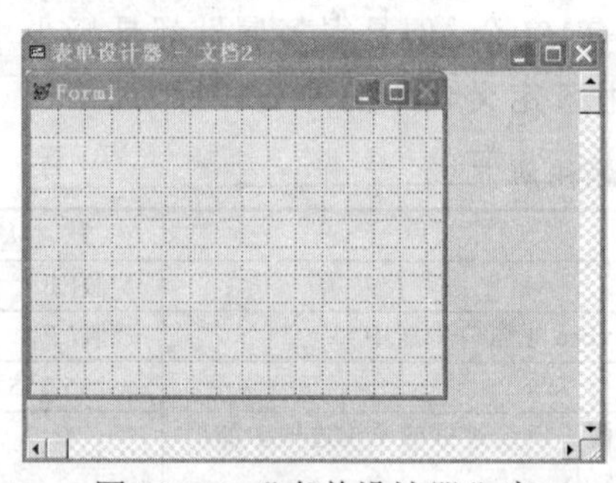

图 10-27 “表单设计器”窗口

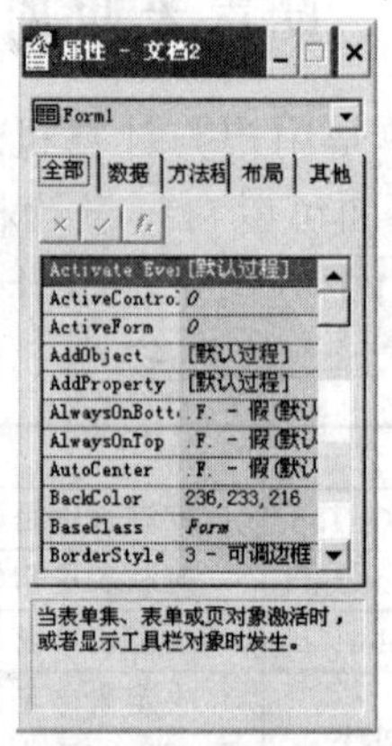

图 10-28 “属性”窗口

⑤ 单击BorderStyle属性，再单击属性设置框右侧的▼按钮，从下拉列表框中选择“0-无边框”选项。

⑥ 单击Caption属性，在属性设置框显示的文本框中输入表单标题“my form”。

⑦ 选择“表单”/“执行表单”命令，运行表单。

⑧ 单击工具栏中“保存”按钮，文件名为“第一个表单”。

10.2.3 表单的事件和方法

1．表单的事件

在表单中常用的事件具体介绍如下。

（1）Init事件。在对象建立时引发，在表单对象的Init事件引发之前，首先引发它所包含的各控件对象的Init事件，因此在表单对象的Init事件代码中能够访问它所包含的所有控件对象。

（2）Load事件。在表单对象建立之前引发，在运行表单时，系统先引发表单的Load事件，再引发表单的Init事件。

（3）Activate事件。在表单、表单集或页面对象激活时引发。即当一个表单、表单集或页面成为当前活动对象时引发。

（4）Destory事件。在对象释放时引发，表单的Destory事件在它所包含的各个控件对象的Destory事件引发之前引发，所以在表单对象的Destory事件代码中能够访问它所包含的所有控件对象。

（5）Unload事件。在表单对象释放时引发，它是表单释放时最后一个要引发的事件。如在关闭含有一个命令按钮的表单时，先引发该表单的Destory事件，然后引发表单内命令按钮的Destory事件，最后引发表单的Unload事件。

（6）Error事件。当某方法（过程）在运行出错时引发，该事件发生后，事件代码将根据系统提供的错误类型和错误发生的位置等信息对出现的错误进行相应的处理。

（7）GotFocus事件。当对象获得焦点时引发，在应用程序中会包含许多对象，但某一时刻只能对被选定的对象进行操作。当选定某对象时，该对象就获得了焦点。如命令按钮获得焦点的标志是在按钮内部出现虚线框。焦点可以通过单击对象或者按Tab键切换对象来获得，也可以通过执行对象的SetFocus方法来获得。

（8）Click事件。用鼠标单击表单的空白处，将引发表单的Click事件。同时单击表单内的某个控件时，也会引发相应控件的Click事件。

（9）DblClick事件。在表单或表单内的对象上双击鼠标左键时引发。

（10）RightClick事件。在表单或表单对象上单击鼠标右键时引发。

（11）KeyPress事件。当按下并释放某个键时引发。

（12）InteractiveChange事件。当通过鼠标或键盘交互式改变一个控件的值时发生。

2．表单的常用方法

有关表单的常用方法具体介绍如下。

（1）Release方法。从内存中释放表单。假如表单上有一个命令按钮，如果单击该命令按钮时就可以关闭表单，那么该命令按钮的Click事件代码设置为Thisform.Release。

（2）Refresh方法。重画表单或控件，并刷新相应的所有值。当一个表单被刷新时，在表单中的所有控件的内容同时也会被刷新；而当一个页框被刷新时，只有当前页被刷新。

（3）Show方法。显示表单。此方法将表单的Visible属性设置为.T.，并使该表单成为活动对象。

（4）Hide方法。隐藏表单。此方法将表单的Visible属性设置为.F.，并且表单不可见。

（5）SetFocus方法。对象获得焦点，并使其成为活动对象。当一个对象的Enable属性值或Visible属性设置为.F.时，则不能获得焦点。

【例10-2】为例10-1的表单编写click事件。

具体操作如下。

① 选择“文件”/“打开”命令，在弹出的“打开”对话框中设置文件类型为“表单”，然后选择“第一个表单”，单击“确定”按钮，打开相应表单文件的“表单设计器”窗口。

② 选择“显示”/“代码”命令，打开“代码”编辑窗口。

③ 在“对象”下拉列表中选择Form1。

④ 在“过程”下拉列表中选择Click。

⑤ 在代码输入区中输入如图10-29所示代码：

```
thisform.caption="单击事件响应"
```

⑥ 保存表单并运行，如图10-30所示。

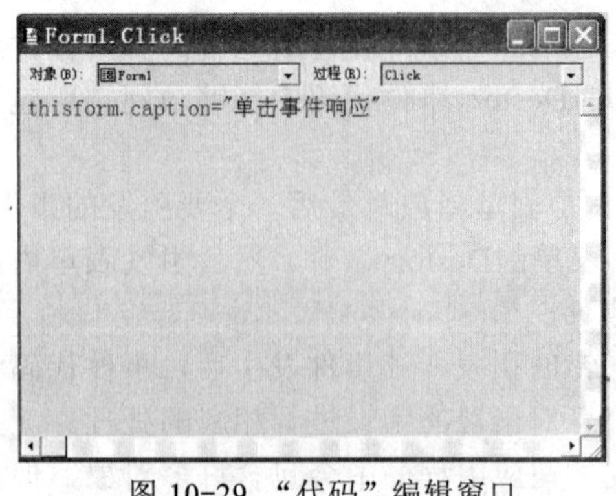

图 10-29 “代码”编辑窗口

图 10-30 运行结果

10.2.4 为表单添加数据环境

当用户的表单显示的是一个表或视图的数据时，就必须设置表单的数据环境。

数据环境用来保存运行表单时所需的一个或多个表及表与表之间的关系。只有当表包含在表单的数据环境中，它们的字段及相关内容才能在表单里显示和编辑。当运行表单时，数据环境能够自动打开或关闭表。

1. 启动数据环境设计器

要设置表单的数据环境必须首先打开表单设计器。

打开“数据环境设计器”有如下几种方法。

（1）在“表设计器”窗口的空白处，单击鼠标右键，从弹出的快捷菜单中选择“数据环境”命令。

（2）选择“显示”/“数据环境”命令。

（3）在“表单设计器”工具栏上单击“数据环境”按钮。

如果数据环境已包含表或视图，则打开数据环境设计器时会同时显示这些表或视图，同时也显示表与表之间的关系，若数据环境是空的，就会显示如图10-31所示的窗口。

图 10-31 “数据环境设计器”窗口

> **提示**
>
> 在打开“数据环境设计器”窗口时，同时在Visual FoxPro系统主菜单栏上出现一个“数据环境”菜单，以便于对数据环境进行操作。

2. 对数据环境的操作

在“数据环境设计器”环境下，可以方便地在当前表单的数据环境中添加、移去数据表或视图。

1）向数据环境中添加表

向数据环境中添加表或视图的方法如下。

（1）选择“数据环境”/“添加”命令，或者在“数据环境设计器”窗口中的空白处单击右键，从弹出的快捷菜单中选择“添加”命令。

（2）在弹出的“添加表或视图”对话框中选择需要添加的表或视图，然后单击“添加”按钮，添加完成后，单击“关闭”按钮即可。

↘ 提示

如果表单的“数据环境设计器”不为空，则直接打开如图10-32所示的“数据环境设计器”。如果表单的“数据环境设计器”为空，则同时打开“数据环境设计器”和“添加表或视图”对话框，如图10-33所示。

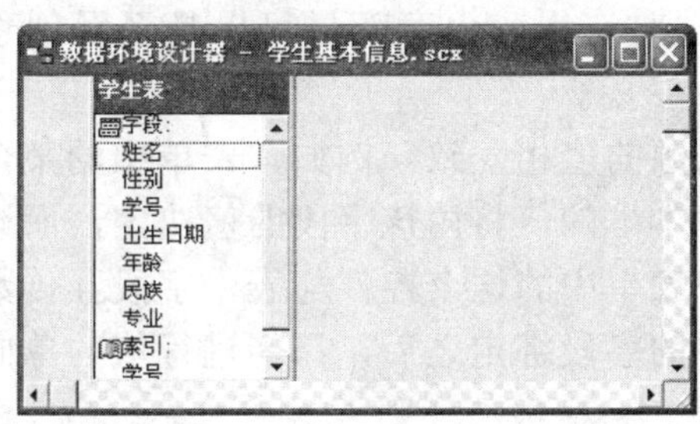

图 10-32 “数据环境设计器”窗口

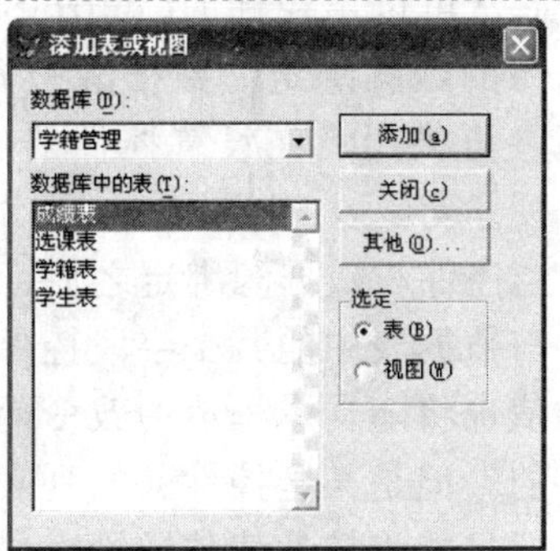

图 10-33 “添加表或视图”对话框

2）从数据环境中移去表或视图

从“数据环境设计器”中移去表或视图时，与该表或视图有关的所有关系也将随之被移出数据环境。将表或视图从数据环境中移去的具体操作步骤如下。

（1）打开“数据环境设计器”窗口，在“数据环境设计器”窗口中选择要移去的表或视图。

（2）选择“数据环境”/“移去”命令，或者在要移去的表或视图上单击鼠标右键，从弹出的快捷菜单中选择“移去”命令即可，如图10-34所示。

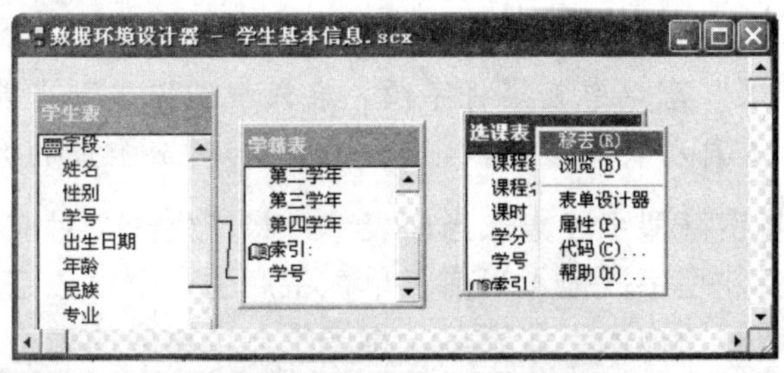

图 10-34 从数据环境中移去表

3. 在数据环境中设置表之间的关系

如果添加到数据环境中的数据表之间具有在数据库中所设置的永久关系，那么这些关系将自动添加到数据环境中；如果数据表之间不存在永久关系，则可以根据需要在数据环境中为其建立关系。

设置关系的方法很简单，只需要将父表的某个字段拖动到子表的相匹配的索引标记上即可。如果子表上没有与父表字段相匹配的索引，也可以将父表字段拖动到子表的某个字段上，这时应根据系统提示创建索引。

> ↘ 提示
>
> 如果要解除数据环境设计器中数据表之间的关系，则可单击表之间表示关系的连线，然后按Delete键即可。

4．数据绑定

数据绑定是指将表单中的控件与数据环境中的数据源关联起来，通过控件来显示和修改表中的数据。

通常可以由控件的ControlSource属性来指定与其相联系的数据源，从而实现控件与数据源的数据绑定。数据源中允许有字段和内存变量：字段是来自数据环境中的表或视图，可供用户在设置控件的ControlSource属性时选用；内存变量可以是已经创建的数组变量等。

当控件与数据源绑定之后，控件值便与数据源的值相一致。例如，表单中的某个文本框与数据表中的某个字段控件绑定后，此时文本框的值将由该字段的值决定，而该字段的值也将随文本框值的改变而改变，从而实现表单中的这个控件与表中字段互传数据的目的。但是某些控件（如列表框）与数据源中的字段绑定之后，只能进行值的单向传递，即只能将控件值传递给字段。

在表单设计中，通过设置有关属性，表单中大多数控件都可以与特定的数据源进行绑定。有关数据源与数据绑定的常用属性如下所述。

（1）ControlSource，表示指定与文本框、编辑框等控件对象绑定的数据源。

（2）RecordSource，表示指定与表格控件绑定的数据源。

（3）RecordSourceType，表示指定与表格控件绑定的数据源类型。

（4）RowSource，表示指定与组合框或列表框绑定的数据源。

（5）RowSourceType，表示指定与组合框或列表框绑定的数据源类型。

> ↘ 提示
>
> 在Visual FoxPro系统中，允许用户从“数据环境设计器”窗口、“项目管理器”窗口或“数据库设计器”窗口中直接将字段、表或视图拖曳到当前表单中，系统将自动产生对应的控件，并自动实现该字段、表或视图与对应控件的数据绑定。

在默认情况下，将字符型字段拖入当前表单，将产生一个对应字段名的标签控件和一个文本框控件；将备注型字段拖入当前表单，将产生一个对应字段名的标签控件和一个编辑框控件；将表或视图拖入当前表单，将产生一个对应的表格控件。

> ↘ 提示
>
> 通过选择“工具”/“选项”命令，打开“选项”对话框中“字段映象”选项卡，从中便可以修改各种类型的字段与有关控件的对应关系。

下面通过实例介绍，使用“数据环境设计器”建立一个“学生”表单。其中所要用到的表就是前面建立的“学生.dbf”，具体操作如下。

（1）选择“文件”/“新建”命令，选择“新建文件”按钮，新建一个表单。在表单空白处右键单击，选择“数据环境”命令，打开“数据环境设计器”窗口，同时打开“添加表或视图”对话框，如图10-35所示。

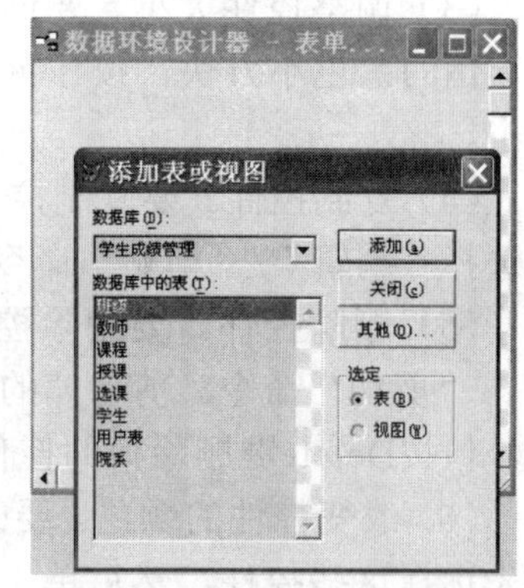

图 10-35 添加表或视图

（2）在“添加表或视图”对话框中，选择“学生”表，单击“添加”按钮。这样“学生”表就添加到“数据环境设计器”中了，如图10-36所示。

（3）单击“关闭”按钮，将“添加表或视图”对话框关闭。

（4）用鼠标将“学生”表中的字段逐一拖入到表单中，如图10-37所示。

（5）保存并运行表单。

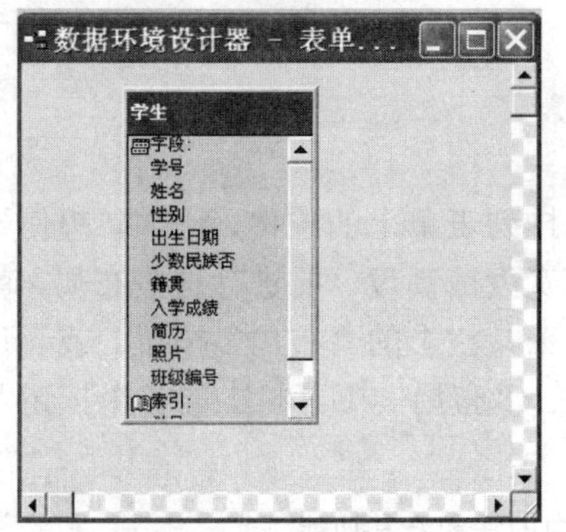

图 10-36 添加到数据环境设计器中的“学生”表

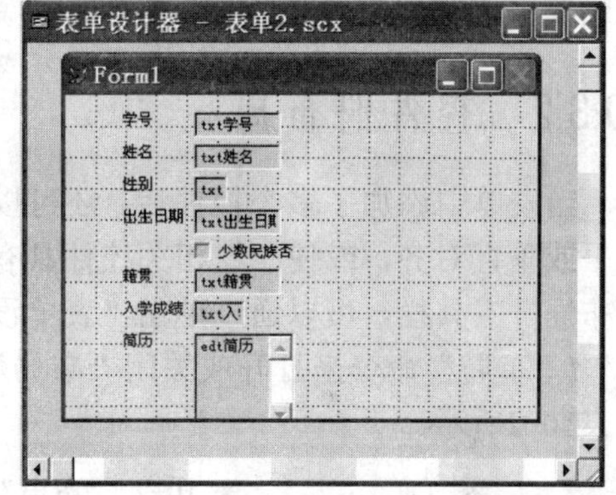

图 10-37 添加到表单中的各个字段

10.3 表单控件的操作

10.3.1 控件的基本操作

当表单上添加了控件后，需要对这些控件进行编辑操作。这些操作包括：对控件的选定、移动、复制、删除、大小的调整以及改变控件的颜色。

（1）选定控件。在对控件修改之前首先要对所修改的控件进行选定。用鼠标左键单击要选择的控件，则被选中的控件周围就会出现8个矩形小方块，以示选中。若要选择一个控件，将指针指向控件并单击即可。若要选择一个区域内多个相邻控件，可以在“表单控件”工具栏中选择“选定对象”按钮，然后按住鼠标左键，拖动鼠标在想选定的控件周围画一个矩形框。要选择不相邻的多个控件，可以按住Shift键，然后单击所选的控件即可。若要选择全部控件，可选择“编辑”/“全部选定”命令，或按Ctrl+A快捷键。

（2）移动控件。要移动一个或多个控件，首先要将其选定，然后用鼠标将控件拖动到新的位置上，再释放鼠标。如果在拖动鼠标时按住Ctrl键，可以使鼠标移动的步长减小。此外还可以用键盘上的方向键来移动控件。

（3）调整控件大小。要调整控件的大小，首先要选择这些控件，然后用鼠标指向控件周围的黑色小方块，按住鼠标左键并拖动，便可以调整这个控件的长度、宽度或整体大小。

（4）复制控件。要复制控件，首先选择这些控件，然后选择“编辑”/“复制”命令，再选择“编辑”/“粘贴”命令，最后用鼠标将复制出的新控件移到正确的位置上。

（5）删除控件。要删除控件，首先选择这些控件，然后按Delete键，或者选择“编辑”/“剪切”命令。剪切掉的控件还可以粘贴到表单的其他位置上，或粘贴到其他表单上，但按Delete键删除掉的控件是不能恢复的。

（6）改变控件的颜色。要改变一个或多个控件的颜色，首先选择这些控件，然后单击“调色板工具栏”按钮，出现如图10-38所示的“调色板”对话框。通过选择“背景色”或“前景色”按钮来改变控件的颜色。若要选择其他颜色，可以单击“其他颜色”按钮。

图 10-38 “调色板”对话框

10.3.2 控件的布局

当表单中添加了多个控件后，还可以精确地排列表单上的控件，比如，想使一组控件水平或垂直对齐，或使一组相关控件具有相同的宽度或高度。要进行这些布局，就要使用“布局”工具栏。可以通过单击“表单设计器”工具栏上的“布局”按钮，或者选择“显示”/“布局”命令来打开或关闭“布局”工具栏。“布局”工具栏上的各个按钮及其功能如表10-2所示。

表 10-2 “布局”工具栏中的按钮及其功能

按　钮	按钮名称	说　明
	左边对齐	按最左边界对齐选定控件。当选定多个控件时可用
	右边对齐	按最右边界对齐选定控件。当选定多个控件时可用
	顶边对齐	按最上边界对齐选定控件。当选定多个控件时可用
	底边对齐	按最下边界对齐选定控件。当选定多个控件时可用
	垂直居中对齐	按照一垂直轴线对齐选定控件的中心。当选定多个控件时可用
	水平居中对齐	按照一水平轴线对齐选定控件的中心。当选定多个控件时可用
	相同宽度	把选定控件的宽度调整到与最宽控件的宽度相同
	相同高度	把选定控件的高度调整到与最高控件的高度相同
	相同大小	把选定控件的尺寸调整到最大控件的尺寸
	水平居中	按照通过表单中心的垂直轴线对齐选定控件的中心
	垂直居中	按照通过表单中心的水平轴线对齐选定控件的中心
	置前	把选定控件放置到所有其他控件的前面
	置后	把选定控件放置到所有其他控件的后面

10.3.3 设置控件的Tab次序

运行表单时，表单中的多个控件只能有一个直接接收用户的输入，也就是说这个控件获得了表单的当前焦点。一个文本框只有获得焦点才能直接接收键盘的输入。

用鼠标单击表单中的一个控件，这个控件便获得了表单的当前焦点。另外，如果按Tab键，也可以按一定的顺序在表单中的控件之间转移当前焦点。默认情况下系统是按照添加的先后顺序进行访问的。

↘ 提示

通常在设计表单时，需要将表单上控件的Tab顺序设计好，以免在运行时当前的焦点不能按照用户的要求移动。

在Visual FoxPro中提供了两种方式来设置Tab键次序，即使用交互方式和使用列表方式。在设置时的具体操作方法如下。

首先选择“工具”/“选项”命令，打开“选项”对话框，选择“表单”选项卡，然后在“Tab键次序”下拉列表框中选择“交互”或“按列表”选项，如图10-39所示。

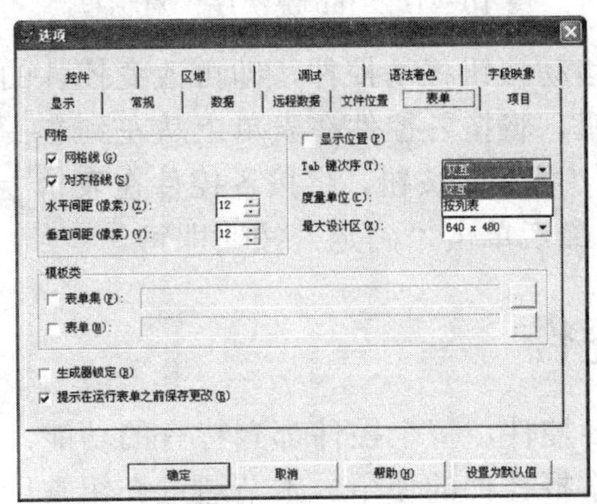

图 10-39 “选项”对话框

在交互方式下，设置Tab键次序的具体操作步骤如下。

（1）选择“显示位置”/“Tab键次序”命令，或者单击“表单设计器”工具栏上的“设置Tab键次序”按钮，即可进入Tab键次序设置状态。这时，在各个控件左上方出现深色小方块，称为Tab键次序盒，从中显示该控件的Tab键次序号码，如图10-40所示。

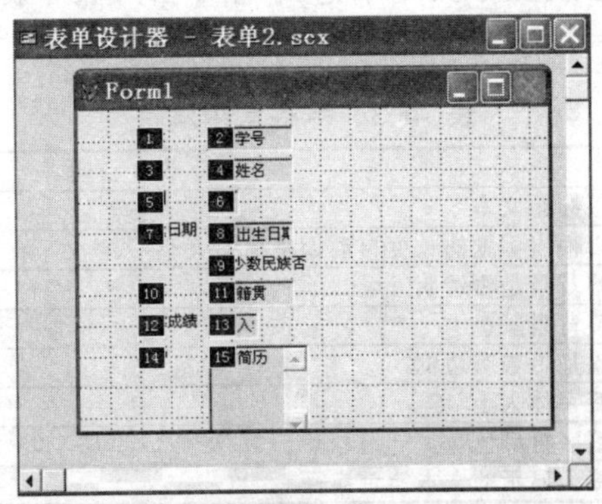

图 10-40 交互式设置 Tab 键次序

（2）双击某个控件的Tab键次序盒，该控件就可以成为Tab键次序中的第一个控件。

（3）按需要依次单击其他控件，就可改变该控件设置Tab键次序号码。

（4）单击表单空白处，确认设置并退出设置状态；按Esc键，放弃设置并退出设置状态。

在列表方式下设置Tab键次序的具体操作步骤如下。

（1）选择“显示”/“Tab键次序”命令，或者单击“表单设计器”工具栏上的“设置Tab键次序”按钮，打开“Tab键次序”对话框，如图10-41所示。

图 10-41 “Tab 键次序”对话框

（2）拖动控件左侧的移动按钮移动控件，即可改变控件的Tab键次序。

（3）单击“按行”按钮，将按各控件在表单上从左到右，从上到下自动设置各个控件的Tab键次序；如果单击“按列”按钮，将按各控件在表单上从上到下、从左到右自动设置各控件的Tab键次序。最后单击“确定”按钮即可。

10.4 常用表单控件

在表单设计中用到许多控件，每个控件都有特有的功能，需要很好地了解各个控件的属性、方法和事件才能掌握控件的使用。本节通过介绍常用的控件的用法来加深对表单设计的掌握。

10.4.1 标签控件和文本框控件

1. 标签控件（Label）

标签控件是按照一定格式显示文本信息，它可以为表单提供说明性和提示性信息，标签常用属性见表10-3。

表 10-3 标签常用属性

属 性	说 明
Caption	标签标题文本
AutoSize	是否根据标题的长度自动调整标签大小
BackStyle	标签背景是否透明
BackColor	标签背景颜色
BorderStyle	标签是否带有边框
FontSize	标签字体大小
FontColor	标签字符颜色
WordWrap	标签上显示的文本能否换行

本节重点介绍以下属性。

1）Caption属性

该属性用于指定标签的标题文本。标签的标题文本不能在屏幕上直接编辑修改，但可以在代码中通过重新设置Caption属性间接修改。标签标题文本最多可包含的字符数目是256。很多控件都具有Caption属性，如表单、复选框、选项按钮、命令按钮等。用户可以利用该属性为所创建的对象指定标题文本。标题文本显示在屏幕上以帮助使用者识别各对象。标题文本的显示位置视对象类型不同而不同，如标签的标题文本显示在标签区域内，表单的标题文本显示在表单的标题栏上。

需要注意的是，在设计代码时，应该用Name属性值（对象名称）而不能用Caption属性值来引用对象。在同一作用域内两个对象（如一个表单内的两个命令按钮）可以有相同的Caption属性值，但不能有相同的Name属性值。用户在产生表单或控件对象时，系统给予对象的Caption属性值和Name属性值是相同的，如Label1，Form1，Command1等，但用户可以分别重新设置它们。

2）AutoSize属性

该属性表示是否根据文本内容的长度来自动调整标签大小。

3）BackStyle属性

该属性表示标签是否透明。其中0表示透明，1表示不透明。

4）BorderStyle属性

该属性表示标签是否带有边框。其中0表示无边框，1表示有边框。

5）WordWrap属性

该属性表示标签上显示的文本是否换行。

标签控件常用的事件有Click事件和DblClick事件。

【例10-3】设计一个表单，包含3个标签，当单击其中一个标签时，其他两个标签的文本互换。

要求：3个标签均有边框，文本内容都是居中显示，效果如图10-42所示。

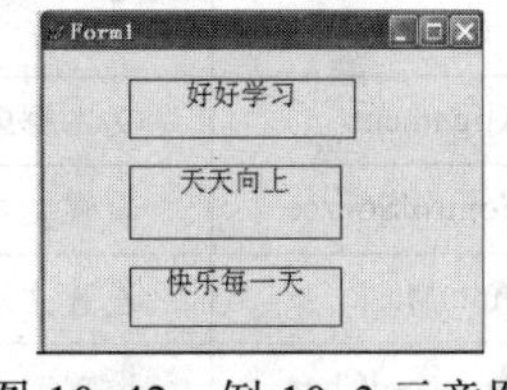

图 10-42　例 10-3 示意图

设计的具体步骤如下。

① 新建一个表单，然后向表单上添加3个标签。

② 设置3个标签的属性，如表10-4所示。

表 10-4　例 10-3 属性值的设置

对　　象	属　　性	属 性 值
Label1	Caption	好好学习
	BorderStyle	1
	Alignment	2
Label2	Caption	天天向上
	BorderStyle	1
	Alignment	2
Label3	Caption	快乐每一天
	BorderStyle	1
	Alignment	2

③ 分别设置3个标签的Click事件，其代码如下。

Label1的Click事件代码：

```
A=thisform.label2.caption
Thisform.label2.caption=thisform.label3.caption
Thisform.label3.caption=A
```

Label2的Click事件代码：

```
A=thisform.label1.caption
Thisform.label1.caption=thisform.label3.caption
Thisform.label3.caption=A
```

Label3的Click事件代码：

```
A=thisform.label1.caption
Thisform.label1.caption=thisform.label2.caption
Thisform.label2.caption=A
```

2. 文本框控件（Text）

文本框用来进行文本数据的输入，它可以向程序输入各种类型的数据，也可以将程序的结果显示输出，还可以添加或编辑保存在数据表中非备注字段中的数据。文本框一般包含一行数据，且可以编辑任何类型的数据，如字符型、数据型、逻辑型、日期型和日期时间型等。如果编辑的是日期型或日期时间型数据，那么在整个内容被选定的情况下，按“＋”或“-”键，可以使日期增加一天或减少一天。文本框的常用属性见表10-5。

表 10-5　文本框常用属性

·	说　明
Alignment	文本框中的内容是左对齐、右对齐、居中还是自动对齐
ControlSource	设置文本框的数据来源
InputMask	设置文本框中输入值的格式和范围
PasswordChar	设置输入密码时显示的字符
ReadOnly	确定文本框是否为只读
Value	文本框中显示的字符串、数据（默认为字符串类型），初值决定了文本框值的类型

重点介绍以下属性。

1）ControlSource属性

该属性表示在文本框中显示字段或变量的值。可以利用该属性为文本框指定一个字段或内存变量。运行时，文本框首先显示该变量的内容。而用户对文本框的编辑结果，也会最终保存到该变量中。

↘ 提示

该属性在设计和运行时均可使用。除文本框外，还适用于编辑框、命令组、选项组、复选框、列表框、组合框等控件。

2）InputMask属性

该属性用于指定在一个文本框中如何输入和显示数据，其属性值是一个字符串。该字符串通常由一些模式符组成，每个模式符规定相应位置上数据的输入和显示行为。

各种模式符及其功能见表10-6。

表 10-6　模式符及其功能

模 式 符	功　　能
X	允许输入任何字符
9	允许输入数字和正负号
#	允许输入数字、空格和正负号
$	在固定位置上显示当前货币符号（由 SET CURRENCY 命令指定）
$$	在数值前面相邻的位置上显示当前货币符号（浮动货币符）
*	在数值左边显示星号*
.	指定小数点的位置
,	分隔小数点左边的数字串

↘ 提示

InputMask属性值中包含的其他字符，这些字符在文本框的内容将会原样显示。该属性在设计和运行时可用。除了文本框，还适用于组合框、列表框等控件。

3）PasswordChar属性

该属性用于指定文本框控件内是显示用户输入的字符还是显示占位符，并指定用作占位符的字符。该属性的默认值是空串，此时没有占位符，文本框内将只显示用户输入的实际内容。当为该属性指定一个占位符（通常为*）时，文本框内只显示占位符，而不显示用户实际输入的内容。

↘ 提示

PasswordChar属性在设计登录密码框时经常用到。此属性不会影响Value属性的设置以及Value的内容。该属性在设计和运行时均可用，但仅适用于文本框。

4）ReadOnly属性

该属性表示指定用户能否编辑文本框，如果要使在文本框显示的内容不被用户修改，则将其ReadOnly属性设置为.T.。

5）Value属性

该属性表示返回文本框的当前内容，其默认值是空串。如果ControlSource属性指定了字段或内存变量，则该属性将与ControlSource属性指定的变量具有相同的数据和类型。

【例10-4】设计一个判断闰年的表单。用户输入年份后，系统判断用户输入的年份是闰年还是平年，并显示结果。

设计步骤如下。

向表单中添加2个标签控件Label1，Label2，2个文本框控件Text1，Text2，3个按钮控件Command1，Command2，Command3，如图10-43所示。

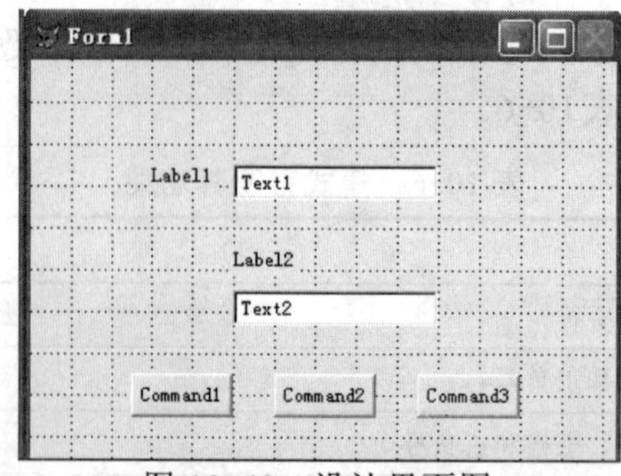

图 10-43　设计界面图

用户在Text1文本控件输入年份，单击Command1按钮，程序会判断输入的年份是否为闰年，并将结果输出到Text2文本框和Label2标签中，如果是闰年Label2标签显示蓝色字符，否则显示红色。单击Command2按钮会清除Text1、Text2、Label2中的文本，把输入焦点设置在Text1中，单击Command3，系统退出。并且要求Label1中只能接受四位数字的输入（通过InputMask实现）。

表单中各个控件的属性见表10-7所示，在表单运行时，部分控件的属性将被修改。

表 10-7　控件属性设置

控 件 名 称	属　性	属 性 值
Form1	Caption	判断闰年
Command1	Caption	判断
Command2	Caption	清除
Command3	Caption	退出
Text1	Value	""
	InputMask	9999
Text2	Value	""
	Readonly	.T.
Label1	Caption	请输入：
Label2	Caption	""

事件代码如下。

编写“Command1”控件的“Click”事件代码：

```
years=VAL(ThisForm.Text1.Value)            &&获取用户输入的年份
If ((years%4=0 and years%100 <> 0) or years%400 = 0)    &&如果是闰年
    ThisForm.Text2.Value=AllTrim(Str(years))+"年是闰年！"
     ThisForm.Label2.ForeColor=RGB(0,0,255)          &&设置字符为蓝色
     ThisForm.Label2.Caption=AllTrim(Str(years))+"年是闰年！"
Else                                                  &&不是闰年
    ThisForm.Text2.Value=AllTrim(Str(years))+"年不是闰年！"
    ThisForm.Label2.ForeColor=RGB(255,0,0)           &&设置字符为红色
    ThisForm.Label2.Caption=AllTrim(Str(years))+"年不是闰年！"
EndIf
ThisForm.Text1.Setfocus                     &&将输入焦点设置在 Text1 控件
```

编写“Command2”控件的“Click”事件代码：

```
ThisForm.Text1.Value=0
ThisForm.Text2.Value=""
ThisForm.Label2.Caption=""
ThisForm.Text1.SetFocus
```

编写“Command3”控件的“Click”事件代码：

```
ThisForm.Release
```

程序说明：①RGB()函数功能是返回一个用红绿蓝3个颜色分量表示的颜色；②AllTrim()函数是从指定的字符串中除去前后的空格。

表单运行结果如图10-44所示。

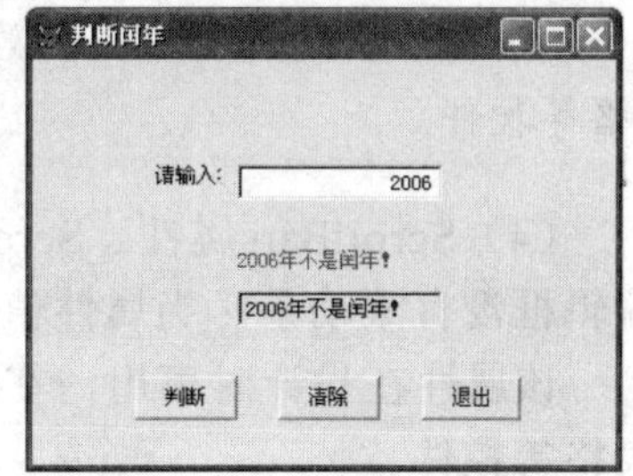

图10-44　表单运行结果

10.4.2　编辑框、列表框和组合框控件

1. 编辑框（EditBox）控件

编辑框可以用于输入、编辑数据，但它与文本框有如下区别。

（1）在编辑框中，能够选择、剪切、粘贴及复制正文，可以实现自动换行，还可以有自己的垂直滚动条；能够使用箭头按键在正文中移动光标。

（2）编辑框只能输入、编辑字符型数据，其中包括字符型内存变量、数组元素、字段以及备注字段中的内容。

（3）编辑框可以显示更多字符（多达2 147 483 647个字符）。当来自文本内容过多时，编辑框就会出现滚动条，允许用户滚动显示全部内容。

前面介绍的文本框的有关属性（不包括InputMask属性）对编辑框来讲同样适用。除此之外，编辑框还有以下常用属性。

（1）AllowTabs属性。AllowTabs属性表示在编辑框控件中能否使用Tab键。其属性值的设置情况如下所述。

① .T.（真）：表示在编辑框内允许使用Tab键，按Ctrl + Tab键时将焦点移出编辑框。

② .F.（假）：（默认值）表示在编辑框内不能使用Tab键，按Tab键时焦点移出编辑框。

> **↘ 提示**
> 该属性在设计时和运行时都可以使用，但仅适用于编辑框。

（2）HideSelection属性。该属性表示当编辑框失去焦点时，编辑框中选定的文本是否仍显示为选定状态。其属性值的设置情况如下所述。

① .T.（真）：（默认值）当失去焦点时，编辑框中选定的文本不再显示为选定状态；而当编辑框再次获得焦点时，选定的文本重新显示为选定状态。

② .F.（假）：当失去焦点时，编辑框中选定的文本仍为选定状态。

> **↘ 提示**
> 该属性在设计时和运行时都可以使用。除编辑框外，还适用于文本框、组合框等控件。

（3）ReadOnly属性。该属性表示用户能否编辑编辑框中的内容。其属性值的设置情况如下所述。

① .T.（真）：表示不能编辑编辑框中的内容。

② .F.（假）：（默认值）表示能够编辑编辑框中的内容。

ReadOnly属性和Enabled属性是有区别的。在ReadOnly属性为.T.和Enabled属性为.F.两种情况，都使编辑框具有只读的特点，但在前种情况下，用户仍能够移动焦点至编辑框上并使用滚动条，而后种情况下则不能。

> ↘ 提示
>
> 该属性在设计时可用，在运行时只允许读写。除了编辑框，还适用于文本框、表格等控件。

（4）ScrollBars属性。ScrollBars属性表示编辑框是否具有滚动条。当属性值为0时，编辑框没有滚动条；当属性值为2（默认值）时，编辑框包含垂直滚动条。

该属性在设计时可用，在运行时只允许读写。除适用于编辑框外，还适用于表单、表格等控件。

（5）SelStart属性。该属性用于返回用户在编辑框中所选文本的起始位置或插入点位置（没有文本选定时），也可用于指定要选文本的起始位置或插入点位置。属性的有效取值范围是从0开始，到编辑区中的字符总数为止。

SelStart属性在设计时不可用，在运行时只允许读写。除适用于编辑框外，还适用于文本框、组合框等控件。

（6）SelLength属性。该属性用于返回用户在控件的文本输入区中所选定字符的数目，或指定要选定的字符数目。属性的有效取值范围是0至编辑区中的字符总数之间，若小于0，将产生错误。

SelLength属性在设计时不可用，在运行时只允许读写。除适用于编辑框外，还适用于文本框、组合框等控件。

（7）SelText属性。该属性用于返回用户编辑区内选定的文本，如果没有选定任何文本，则返回空串。把SelStart、SelLength、SelText属性配合使用，可以完成诸如设置插入点位置、控制插入点的移动范围、选择字串、清除文本等任务。

在使用这些属性时，需要注意以下几点。

① 若SelLength属性值设置为小于0，将发生错误。

② 若SelStart属性值大于文本总字符数，系统会自动将其调整为文本的总字符数，即插入点位于文本末尾。

③ 若改变SelLength属性值，系统将自动把SelLength属性值设置为0。

④ 若把SelText属性设置成一个新值，那么这个新值就会自动置换编辑区中的所选文本，并将SelLength属性值设置为0；若SelLength属性值本来就为0，那么新值将会被插入到插入点处。

> ↘ 提示
>
> SelText属性在设计时不可用，在运行时只允许读写。除适用于编辑框外，还适用于文本框、组合框等控件。

【例10-5】设计一个表单，表单上包含一个编辑框Edit1和两个命令按钮Command1

（查找）和Command2（替换），如图10-45所示。

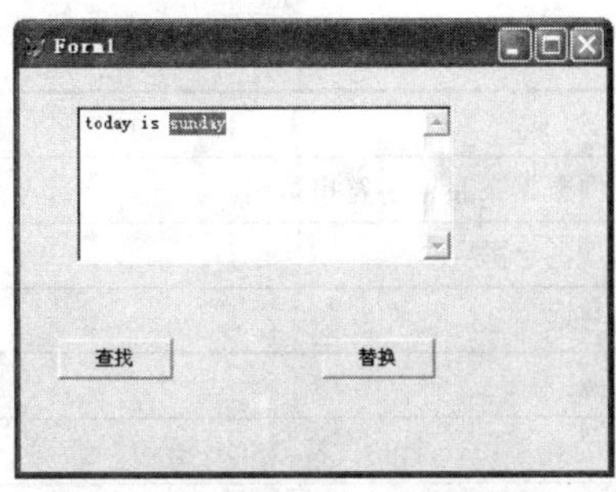

图 10-45　例 10-5 示意图

要求：单击“查找”按钮时，查找编辑框中的单词sunday；当单击“替换”按钮时，将单词sunday替换为friday。

具体设计步骤如下。

① 新建一个表单，然后向表单中添加一个编辑框和两个命令按钮。

② 各对象的属性值设置如表10-8所示。

表 10-8　例 10-5 属性值的设置

对　　象	属　　性	属　性　值
Edit1	HideSelection	.F.
	Value	today is sunday
Command1	Caption	查找
Command2	Caption	替换

③ 设置命令按钮Command1的Click事件代码为：

```
n=at("sunday",thisform.edit1.value)
If n<>0
  Thisform.edit1.selstart=n-1
  Thisform.edit1.sellength=len("sunday")
Else
  Wait window "没有匹配的单词" timeout 1
endif
```

④ 设置命令按钮Command2的Click事件代码为：

```
If thisform.edit1.seltext="sunday"
  Thisform.edit1.seltext="friday"
Else
  Wait window "没有找到要替换的单词" timeout 1
endif
```

2. 列表框控件(List)

列表框是可供用户选择的选择项。一般情况下，列表框显示其中的若干选择项，用户可以从列表框中选择一个或多个数据项。用户还可以通过滚动条来浏览列表框中的其他条目。列表框的常用属性如表10-9所示。

表 10-9 列表框的常用属性

属 性	说 明
List	用以存取列表框中数据条目的字符串数组
ListCount	指定列表框中选项的个数
ListIndex	当前选项的索引号
RowSource	列表框的数据来源
RowSourceType	确定 RowSource 的类型：一个值、表、SQL 语句、查询、数组、文件列表或字段列表
Value	指定列表中选项的值
ColunmCount	指名列表框的列数
Selected	指定列表框内的某个条目是否处于选定状态
MultiSelect	指定用户是否能在列表框中进行多重选择

对几个常用属性进行详细说明。

（1）List属性。该属性用于存取列表框中数据条目的字符串数组。如将列表框中第5个条目第2列上的数据项设置为OK的代码为：

```
thisform.myList.List(5,2)= "ok"
```

↘ 提示

该属性在设置时不可用，在运行时只允许读写。除适用于列表框外，还适用于组合框。

（2）ListCount属性。该属性用于指明列表框中数据条目的数目，且在设置时不可用，在运行时只允许读写。除适用于列表框外，还适用于组合框。

（3）RowSourceType属性与RowSource属性。RowSourceType属性表示列表框中条目数据源的类型，RowSource属性表示列表框的条目数据源。RowSourceType属性的取值范围及含义描述如下。

① 0-无（默认值）。在程序运行时，通过AddItem方法添加列表框条目，通过RemoveItem方法移去列表框条目。

② 1-值。通过RowSource属性手工指定具体的列表框条目，如RowSource= "one,two,three,four"。

③ 2-别名。将表中的字段值作为列表框的条目。ColumnCount属性指定要取的字段数目，也就是列表框的列数。指定的字段总是表中最前面的若干字段。如ColumnCount属性值为0或1，则列表将显示表中第一个字段的值。

④ 3-SQL语句。将SQL SELECT语句的执行结果作为列表框条目的数据源，如Rowsource= "SELECT *FROM GZ INTO CURSOR LIST1"。

⑤ 4-查询。将.qpr文件执行后产生的结果作为列表框条目的数据源，例如Rowsource= "myquery.qpr"。

⑥ 5-数组。将数组中的内容作为列表框条目的来源。

⑦ 6-字段。将表中的一个或几个字段作为列表框条目的数据源，例如Rowsource=

"gz.xm,zc"。与RowSourceType值为2（别名）时不同，这里可以指定所需的字段，如指定gz表中xm和zc字段。如果想在列表中包含多个表的字段，应该将RowSourceType值设为3（SQL语句）。

⑧ 7-文件。将某个文件名作为列表框的条目。在运行时，用户可以选择不同的驱动器和目录。可以利用文件名框架指定一部分文件，如要在列表框中显示当前目录下Visual FoxPro表文件清单，可将Rowsource属性设置为*dbf。

⑨ 8-结构。将表中的字段名作为列表框的条目，由Rowsource属性指定表。若Rowsource属性为空，则列表框显示当前表中的字段名清单。

⑩ 9-弹出式菜单。将弹出式菜单作为列表框条目的数据源。

> ↘ 提示
>
> 以上两个属性在设计和运行时都可以使用。不仅适用于列表框，还适用于组合框。

（4）Value属性。该属性返回列表框中选定的条目。该属性既可以是数值型，也可以是字符型。若为数值型，返回的则是被选择条目在列表框中的次序号；若为字符型，返回的是被选择条目本身的内容。如果列表框不止一列，则返回由ButtonCount属性指明的列上的数据项。

> ↘ 提示
>
> 对于列表框和组合框，该属性只读。该属性的取值和类型与ControlSource属性所指定的字段或内存变量的取值和类型是保持一致的。

（5）ColumnCount属性。该属性用于指定列表框的列数。对于列表框和组合框，该属性在设计和运行时可用。除了适用于列表框和组合框外，还适用于表格。对于表格，该属性在设计时可以使用，在运行时也可以读写。

（6）ControlSource属性。该属性在列表框中的用法与其他控件中有所不同。用户可以通过该属性指定一个字段或变量，用以保存用户从列表框中选择的结果。

（7）Selected属性。该属性用于表示列表框内的某个条目是否处于选定状态。如下面代码用以判断第5个条目是否被选中：

```
IF ThisForm.MyList.Selected（5）
    WAIT  WINDOW"It's selected! "
ELSE
    WAIT WINDOW"It's not"
ENDIF
```

利用此属性也可以在多选列表框中方便地找出所有被选的条目。

> ↘ 提示
>
> 该属性在设计时不可用，在运行时可读写。除适用于列表框之外，还适用于组合框。

（8）MultiSelect属性。该属性用于表示用户能否在列表框控件内进行多重选定。该属性的设置情况描述如下。

① 0或.F.：（默认值）表示不允许多重选择。

② 1或.T.：表示允许多重选择。当选择多个条目时，按住Ctrl键并用鼠标单击条目。

↘ 提示

上述属性在设计时可用，在运行时允许读写，且仅适用于列表框。

常用方法：

AddItem(Item)：用于向列表框中添加数据项Item。使用方法参考例10-6。

RemoveItem(Item)：用于从列表框中删除数据项Item。

【例10-6】编辑框和列表框示例。

设计图10-46所示的表单。完成以下功能：在文本框中输入字符，单击“添加”按钮即可将字符添加到列表框中，在列表框中选中适当的条目，单击“>>”按钮，即可把选中的条目添加至编辑框中进行编辑。

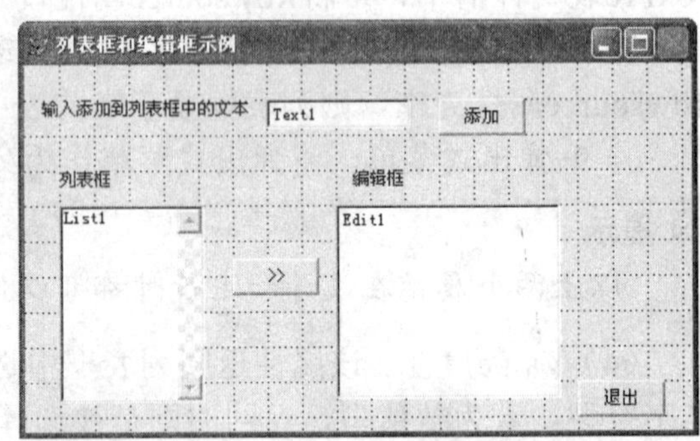

图 10-46　设计界面图

设计步骤：

向表单添加3个标签控件Label1、Label2、Label3；1个文本框控件Text1；1个列表框控件List1；1个编辑框控件Edit1；3个命令按钮控件Command1、Command2、Command3。表单及各个控件属性见表10-10。

表 10-10　控件属性设置

控 件 名 称	属　　性	属 性 值
Form1	Caption	列表框和编辑框示例
Label1	Caption	输入添加到列表框中的文本
Label2	Caption	列表框
Label3	Caption	编辑框
Command1	Caption	添加
Command2	Caption	>>
Command3	Caption	退出
Text1	Value	""
List1	Value	""
Edit1	Value	""

事件代码如下。

编写“Command1”控件的“Click”事件代码：

```
if not empty(ThisForm.Text1.Value) &&如果文本框不为空
    ThisForm.List1.AddItem(AllTrim(ThisForm.Text1.Value))
endif
ThisForm.Text1.value=""    && 将文本框清空
ThisForm.Text1.SetFocus    &&将输入焦点设置在 Text1 控件
```

编写“Command2”控件的“Click”事件代码：

```
*将列表框中选中的条目加入编辑框中
ThisForm.Edit1.Value=ThisForm.Edit1.Value+ThisForm.List1.Value
```

编写“Command3”控件的“Click”事件代码：

```
ThisForm.Release  &&退出表单
```

运行结果如图10-47所示。

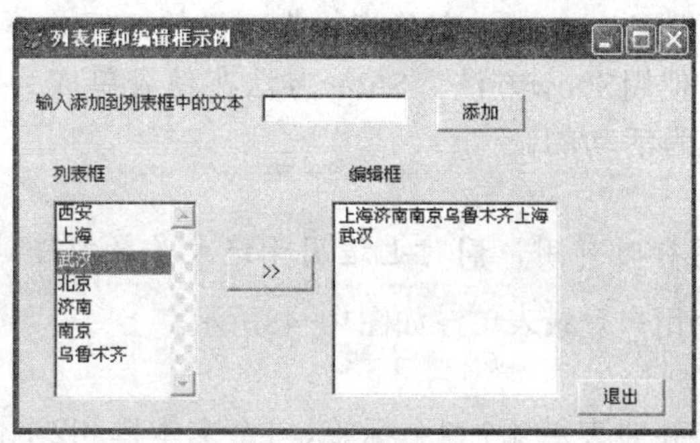

图 10-47　表单运行结果

10.4.3　命令按钮控件和命令组控件

命令按钮控件和命令按钮组控件在应用程序中起控制作用，其主要用于完成某一特定的任务。因此，也称之为控制类控件，本节将对这两类控件的使用进行介绍。

1．命令按钮（CommandButton）控件

命令按钮用于启动某个事件代码、完成特定功能，其操作代码常常放在Click事件过程中。命令按钮的常用属性介绍如下。

（1）Default属性。当Default属性值为.T.时，命令按钮称为“确认”按钮。命令按钮的Default属性默认值为.F.。一个表单内只能有一个“确认”按钮，当用户将某个命令按钮设置为“确认”按钮时，先前存在的“确认”按钮将自动变为“非确认”按钮。

> **↘ 提示**
> 该属性在设计和运行时均可以使用，主要适用于命令按钮。

（2）Cancel属性。当Cancel属性值为.T.时，命令按钮称为“取消”按钮。命令按钮的Cancel属性默认值为.F.。在“取消”按钮所在的表激活的情况下，按Esc键可以激活“取消”按钮，执行该按钮的Click事件代码。

> **↘ 提示**
> 该属性在设计和运行时均可以使用，主要适用于命令按钮。

（3）Enabled属性。该属性用于指定表单或控件能否响应由用户引发的事件。默认值为.T.，即对象是有效的，能被选择，能响应用户引发的事件。

对Enabled属性的设置可以随时决定一个对象是有效的还是无效的，也可以限制一个对象的使用，如用一个无效的编辑框（Enablde=.F.）来显示只读信息。

> **↘ 提示**
> 如果一个容器对象的Enabled属性值为.F.，那么它里面的所有对象也都不会响应用户引发的事件，而不管这些对象的Enabled属性值如何。该属性在设计和运行时都可用，且适用于绝大多数控件。

（4）Visible属性。该属性用于指定对象是可见还是隐藏。在表单设计器中，默认值为.T.，即对象是可见的；在程序代码中，默认值为.F.，即对象是隐藏的。但一个对象即使是隐藏的，在代码中仍可以访问它。

当一个表单由活动变成隐藏时，最近活动的表单或其他对象将成为活动的。当一个表单的Visible属性由.F.设置为.T.时，表单将成为可见的，但并不成为活动的。要使一个表单成为活动的，可以使用Show方法。Show方法在使表单成为可见（Visible属性设置为.T.）的同时，使其成为活动的。

> **提示**
>
> 该属性在设计和运行时可用，同时也适用于绝大多数控件。

【例10-7】设计一个用户登录表单，如图10-48所示。

设计时的具体步骤如下。

① 新建一个表单，并向表单添加2个标签、1个文本框和2个命令按钮。

② 设置对象的属性。本例中各对象的设置如表10-11所示。

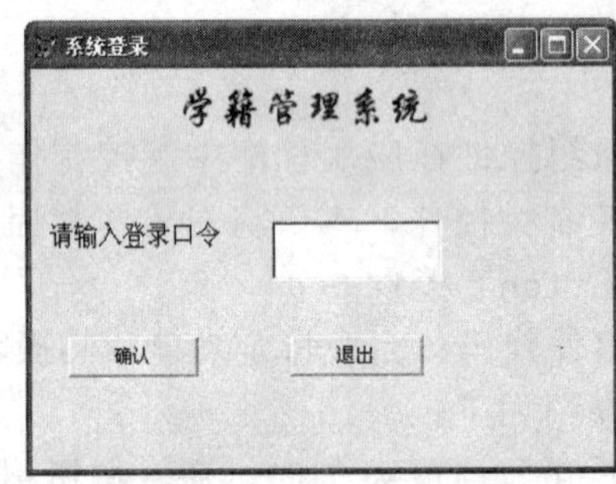

图 10-48 例 10-7 示意图

表 10-11 例 10-7 各对象属性的设置

对　象	属　性	属　性　值
Form1	Caption	系统登录
Command1	Caption	确认
Command2	Caption	退出
Label1	Caption	学籍管理系统
	Autosize	.T.
	Fontname	华文行楷
	Fontsize	20
Label2	Caption	请输入登录口令
	Autosize	.T.
	Fontsize	12
Text1	Password	*
	Value	空

③ Command1的Click事件代码如下：

```
If  alltrim(thisform.text1.valur)<>"acbd123"
  If  messagebox("对不起，口令错误，请重新输入！", 0+16, "提示")=1
      Thisform.text1.setfocus
  Endif
Else
    Wait("欢迎使用本系统！")window  timeout  10
    Thisform.release
Endif
```

Command2的Click事件代码如下：

```
Thisform.release
```

2．命令按钮组（CommandGroup）控件

命令按钮组控件是包含一组命令按钮的容器控件，用户可以单个或作为一组操作其中的按钮。命令按钮的一些常用属性与命令按钮组相同，命令按钮组中的每个按钮都可以有自己的属性、事件和方法。

在表单设计器中，为了选择命令组中的某个按钮，以便为其单独设置属性、方法或事件，可采用以下两种方法：一是从属性窗口的对象下拉式组合框中选择所需的命令按钮；二是单击鼠标右键，然后从弹出的快捷菜单中选择“编辑”选项。这种编辑操作方法对其他容器类控件（如选项组控件、表格控件）同样适用。

命令按钮组的常用属性介绍如下。

（1）ButtonCount属性。该属性表示指定命令组中命令按钮的数目。在表单中创建一个命令按钮组时，ButtonCount属性的默认值是2，即包含两个命令按钮。可以通过改变ButtonCount属性的值来重新设置命令组中包含的命令按钮数目。例如，修改ButtonCount属性为4，即可创建包含4个命令按钮的命令按钮组。新增加的命令按钮名称由系统自动给定，用户也可以自行设置。

（2）Buttons属性。该属性用于存取命令按钮组中各按钮的数组。其中，该属性数组在创建命令组时建立，用户可以利用该数组为命令按钮组中的命令按钮设置属性或调用其他方法。例如，下面代码可以放在命令组CommandGroup1处于同一表单中的某个对象的方法或事件代码中，将命令组中的第3个按钮设置为隐藏的语句为：

```
Thisform.CommandGroup1.Buttons(3).Visible=.F.
```

属性数组下标的取值范围是在1至ButtonCount属性值之间。

↘ 提示

Buttons属性在设计时不可用。除适用于命令按钮组外，还适用于选项按钮组。Value属性在设计和运行时可以使用。除了适用于命令按钮组外，该属性还适用于复选框、选项按钮组、列表框、组合框、文本框、编辑框、表格等控件。

（3）Value属性。该属性表示指定命令按钮组的当前状态。该属性的类型可以是数值型（默认），也可以是字符型。若为数值型值*n*，则表示命令按钮组中第*n*个命令按钮被选中；若为字符型值C，则表示命令按钮组中Caption属性值为C的命令按钮被选中。

【例10-8】命令按钮组示例。

设计如图10-49所示表单，浏览“学生.dbf”中相关字段的信息，使用包含4个按钮的命令按钮组控件。

设计步骤如下。

进入表单设计器，打开数据环境，将“学生.dbf”添加入数据环境，把“学号”、“姓名”、“出生日期”、“入学成绩”字段选中，用鼠标左键拖入表单，放在表单适当位置。向表单中添加一个命令按钮组控件CommandGroup1，在命令按钮组控件上单击鼠标右键，

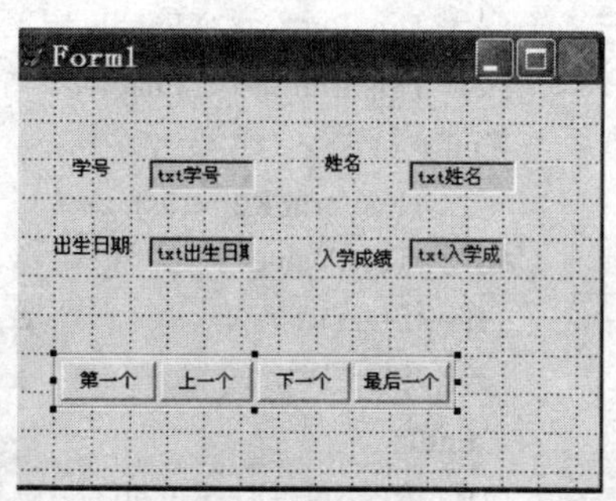

图 10-49　表单设计图

在快捷菜单中选取“生成器...”，按图10-50所示设置生成器。

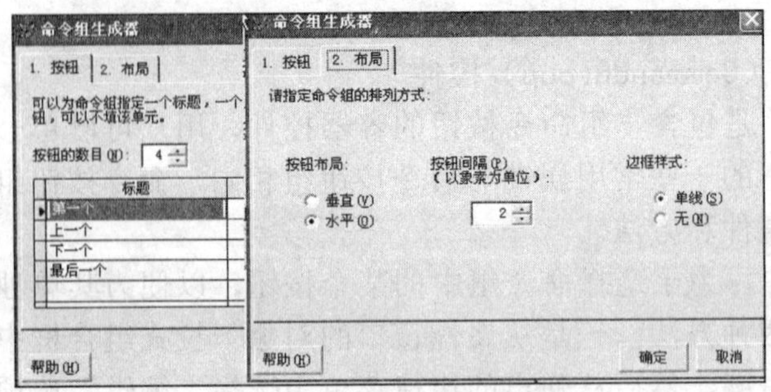

图 10-50　命令按钮生成器

用户可以再添加一个按钮控件Command1，按钮功能为终止窗体的运行。

编辑命令按钮组控件的“Click”事件代码：

```
Do  CASE
CASE  This.Value=1      &&如果“第一个”按钮被单击
   Go Top               &&记录指针指向第一条记录
   This.Buttons(1).Enabled=.F.
   This.Buttons(2).Enabled=.F.    && “第一个”“上一个”按钮无效
   This.Buttons(3).Enabled=.T.
   This.Buttons(4).Enabled=.T.    &&“下一个”“最后一个”按钮可用
   ThisForm.Refresh()             &&刷新表单
CASE  This.Value=2                &&如果“上一个”按钮被单击
   If  !BOF()                     &&如果不在表的起始位置
     Skip -1                      &&记录指针前移一个位置
   EndIf
   If  RecNo()=1                  &&如果记录指针指向第一条记录
        This.Buttons(1).Enabled=.F.
        This.Buttons(2).Enabled=.F.
        This.Buttons(3).Enabled=.T.
        This.Buttons(4).Enabled=.T.
   Else
        This.Buttons(1).Enabled=.T.
        This.Buttons(2).Enabled=.T.
        This.Buttons(3).Enabled=.T.
        This.Buttons(4).Enabled=.T.
   EndIf
        ThisForm.Refresh()
CASE  This.Value=3               &&如果“下一个”按钮被单击
   If  !EOF()                    &&如果记录指针未到表尾
        Skip 1                   &&记录指针向后移动一条记录
   EndIf
   If  RecNo()=RecCount()        &&如果记录指针指向最后一条记录
     This.Buttons(1).Enabled=.T.
```

```
        This.Buttons(2).Enabled=.T.
        This.Buttons(3).Enabled=.F.
        This.Buttons(4).Enabled=.F.
      Else
        This.Buttons(1).Enabled=.T.
        This.Buttons(2).Enabled=.T.
        This.Buttons(3).Enabled=.T.
        This.Buttons(4).Enabled=.T.
      EndIf
        ThisForm.Refresh()
CASE  This.Value=4                  &&如果“最后一个”按钮被单击
        Go Bottom
        This.Buttons(1).Enabled=.T.
        This.Buttons(2).Enabled=.T.
        This.Buttons(3).Enabled=.F.
        This.Buttons(4).Enabled=.F.
         ThisForm.Refresh()
EndCase
```

表单Form1的Click事件代码：

```
if  RecNo()=1
        Thisform.Commandgroup1.Buttons(1).Enabled=.F.
        Thisform.Commandgroup1.Buttons(2).Enabled=.F.
EndIf
If  RecNo()=RecCount()
        Thisform.Commandgroup1.Buttons(3).Enabled=.F.
        Thisform.Commandgroup1.Buttons(4).Enabled=.F.
EndIf
```

程序说明：在代码中有对按钮组中的按钮可用性设置的语句，目的是当记录指针指向第一条记录时候，“第一个”和“上一个”按钮无效；如果记录指针指向数据表的最后一条记录时，“后一个”和“最后一个”按钮无效；其他时候按钮组的按钮都是可用的。

RecNo()是记录号测试函数，返回值是记录指针指向的记录号。

RecCount()是记录个数测试函数，返回值是当前数据表中的记录数。

运行结果如图10-51所示。

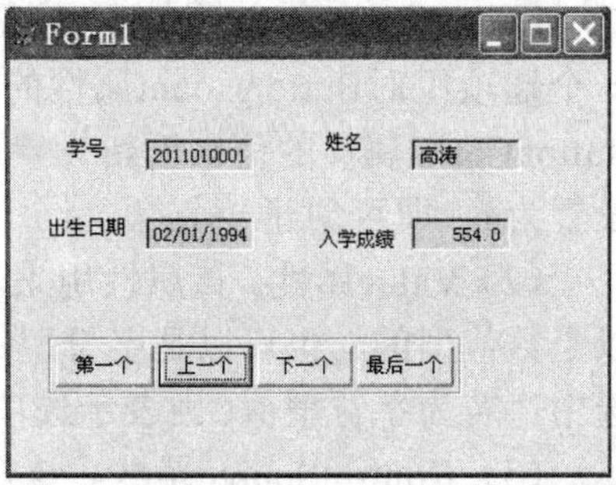

图 10-51　运行结果

10.4.4　复选框控件和选项按钮组控件

1. 复选框（CheckBox）控件

复选框一般用来显示和设置逻辑型字段或变量的值，表示为真（.T.）或假（.F.）两个状态，可以单击复选框来改变其值。当处于“真”状态时，复选框内显示一个对勾；否则，复选框内为空白。与选项按钮有所不同，复选框允许同时选择多项，复选框可以在表单中独立存在，而选项按钮只能在它的选项按钮组中。

复选框的常见属性介绍如下。

（1）Caption属性。Caption属性用来指定显示在复选框旁边的文字。

（2）Value属性。Value属性用来指明复选框的当前状态，作为复选框未从数据源获得数据时的默认值。复选框值的设置有3种情况，分别介绍如下。

① 0或.F.（默认值），表示未被选中。

② 1或.T.，表示被选中。

③ 2或.Null.，表示不确定。

（3）ControlSource属性。ControlSource属性用来指明与复选框建立联系的数据源。作为数据源的字段变量或内存变量，其类型可以是逻辑型或数值型。对于逻辑型变量，值.F.、.T.、.Null.分别对应复选框未被选中、被选中和不确定。对于数值型变量，值0、1、2（或.null.）分别对应复选框未被选中、被选中和不确定。用户对复选框操作的结果会自动存储到数据源变量以及Value属性中。

复选框的不确定状态与不可选状态（Enablde属性值为.F.）不同。不确定状态只表明复选框的当前状态值不属于两个正常状态值中的一个，但用户仍能对其进行选择操作，并使其变为确定状态。而不可选状态则表明用户现在不适合针对它做出某种选择。在屏幕上，不确定状态复选框以灰色显示，标题文字正常显示。而不可选状态复选框标题文字的显示颜色由DisabledBackColor和DisabledForeColor属性值决定，通常是浅色。

2．选项按钮组（OptionGroup）控件

选项按钮组控件是包含选项按钮的一个容器，一个选项按钮组包含若干个选项按钮，但用户只能从中选择一个按钮。当用户选择某个选项按钮时，该按钮即将成为被选中状态，被选中的选项按钮中会显示一个圆点，而选项组中的其他选项按钮，不管原来是什么状态，都变为未选中状态。

选项按钮组控件常见的属性介绍如下。

（1）ButtonCount属性。该属性用于指定选项组中选项按钮的数目。在表单中创建一个选项组时ButtonCount属性的默认值是2，即包含两个选项按钮。用户可以通过改变ButtonCount属性的值来重新设置选项组中包含的选项按钮数目。如将ButtonCount属性值设置为4，即可创建一个包含4个选项按钮的选项组。

（2）Value属性。该属性用来表示选项组中哪个选项按钮被选中。该属性值的类型可以是数值型的，也可以是字符型的。若为数值型值*n*，则表示选项组中第*n*个选项按钮被选中；若为字符型值C则表示选项组中Caption属性值C的选项按钮被选中。

（3）ControlSource属性。该属性用来表示与选项组建立联系的数据源。作为选项组数据源的字段变量或内存变量，其类型可以是一个字符型、逻辑型或数值型字段或变量，分别用于显示和选择一组字符值。比如，变量值为数值型3，则选项组中第3个按钮被选中；若变量值为字符型Option，则Caption标题为Option的按钮被选中。用户对选项组的操作结果自动存储到数据源变量以及Value属性中。每个选项的ControlSource属性或者为空，或者是一个逻辑型字段或变量。

（4）Buttons属性。该属性用于存取选项组中每个按钮的数组。用户可以利用该属性为选项组中的按钮设置属性或调用其方法。

例如，下面的代码可以放在与选项组OptionGroup处于同一表单中的某个对象的方法或事件代码中，为选项按钮组中的第3个按钮设置Caption属性为“讲师”：

```
Thisform.OptionGroup.Buttons(3). Caption="讲师"
```

【例10-9】使用复选框和选项按钮组设置编辑框中字符的字体、字形和字体颜色。

设计步骤如下。

打开表单设计器，在新表单中添加四个标签控件Label1、Lable2、Label3、Label4，三个复选框控件Check1、Check2、Check3，1个文本框控件Text1，；两个选项按钮组控件OptionGruop1、OptionGroup2，一个按钮控件Command1。如图10-52所示。

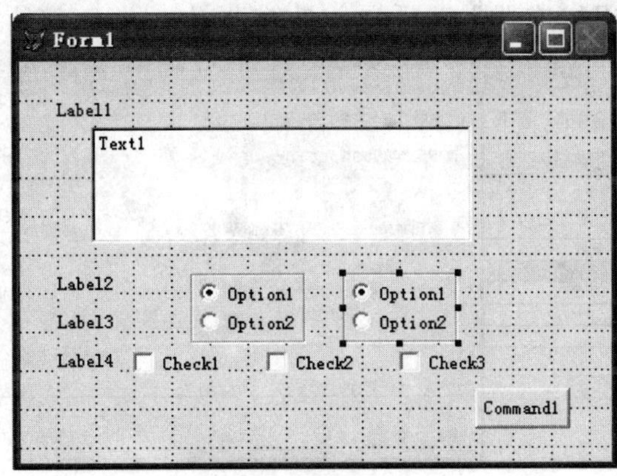

图 10-52　表单设计图

设置控件属性见表10-12。

表 10-12　控件属性设置

控件名称	属　性	属性值
Form1	Caption	复选框和选项按钮组演示
Label1	Caption	演示文本
Label2	Caption	文字颜色
Label3	Caption	字体
Label4	Caption	字型
Command1	Caption	退出
Text1	Value	复选框和选项按钮组使用
	FontSize	24
Check1	Caption	粗体
Check2	Caption	斜体
Check3	Caption	下划线

在选项按钮组控件OptionGroup1上单击鼠标右键，在弹出的快捷菜单中选择“生成器”命令，弹出“选项组生成器”对话框，具体设置如图10-53所示。

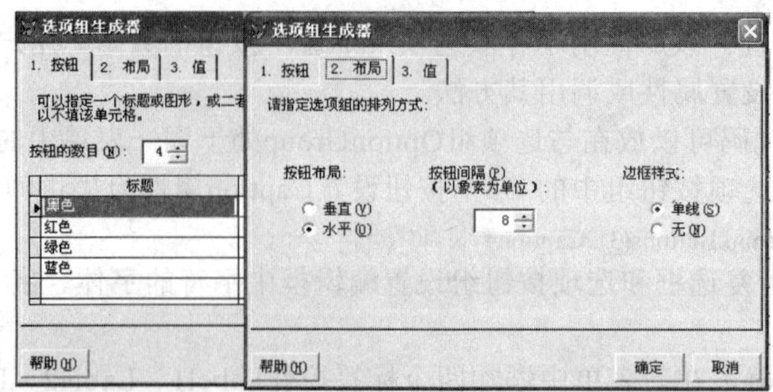

图 10-53 “选项组生成器”的按钮和布局选项卡 1

在选项按钮组控件OptionGroup2上单击鼠标右键，在弹出的快捷菜单中选择“生成器”命令，弹出“选项组生成器”对话框，具体设置如图10-54所示。

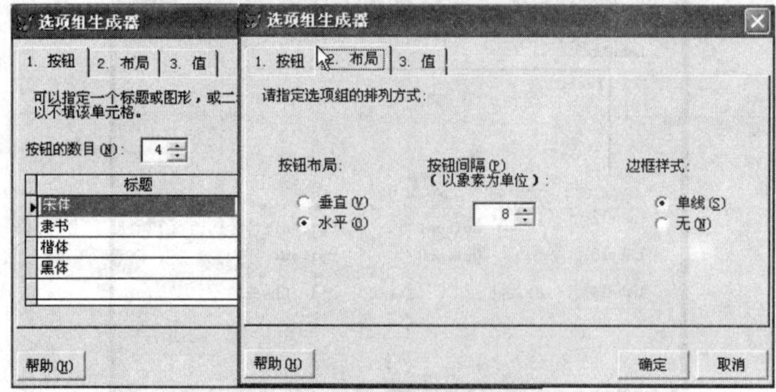

图 10-54 “选项组生成器”的按钮和布局选项卡 2

编写OptionGroup1控件的Click事件代码：

```
Do Case
Case This.Value=1     &&单击选项组控件 OptionGroup1 中“黑色”单选按钮
      ThisForm.Text1.ForeColor=RGB(0,0,0)
Case This.Value=2     &&单击选项组控件 OptionGroup1 中“红色”单选按钮
      ThisForm.Text1.ForeColor=RGB(255,0,0)
Case This.Value=3     &&单击选项组控件 OptionGroup1 中“绿色”单选按钮
      ThisForm.Text1.ForeColor=RGB(0,255,0)
Case This.Value=4     &&单击选项组控件 OptionGroup1 中“蓝色”单选按钮
      ThisForm.Text1.ForeColor=RGB(0,0,255)
EndCase
```

编写OptionGroup2 控件的Click事件代码：

```
Do Case
Case This.Value=1     &&单击选项组控件 OptionGroup2 中“宋体”单选按钮
      ThisForm.Text1.FontName="宋体"
Case This.Value=2     &&单选项组控件 OptionGroup2 中“隶书”单选按钮
      ThisForm.Text1.FontName="隶书"
Case This.Value=3     &&单击选项组控件 OptionGroup2 中“楷体”单选按钮
      ThisForm.Text1.FontName="楷体_GB2312"
```

```
Case This.Value=4      &&单击选项组控件 OptionGroup2 中“黑体”单选按钮
    ThisForm.Text1.FontName="黑体"
EndCase
```

编写Check1控件控件的Click事件代码：

```
ThisForm.Text1.FontBold=This.Value            &&单击复选框 Check1“粗体”按钮
```

编写Check2控件控件的Click事件代码：

```
ThisForm.Text1.FontItalic=This.Value      &&单击复选框 Check2“斜体”按钮
```

编写Check3控件控件的Click事件代码：

```
ThisForm.Text1.FontUnderline=This.Value  &&单击复选框 Check3“下划线”按钮
```

编写Command1控件的Click事件代码：

```
ThisForm.release       &&单击“退出”按钮
```

表单的运行结果见图10-55所示。

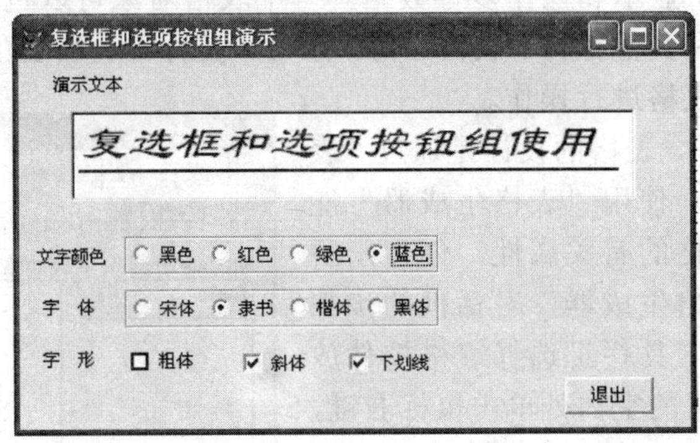

图 10-55　表单运行结果

10.4.5　组合框控件与表格控件

1. 组合框（ComboBox）控件

组合框控件兼有列表框与文本框的功能，也是提供一组条目可让用户进行选择。组合框和列表框的主要区别在于以下几点。

（1）在组合框内，通常只有一个条目是可见的。用户可以单击组合框上的下拉箭头按钮打开条目列表，以便从中选择。与列表框相比，组合框能够节省表单中的显示空间。

（2）组合框没有多重选择的功能，即没有MultiSelect属性。

（3）组合框有下拉组合框和下拉列表框两种形式。通过设置Style属性可选择想要的形式。其中，0表示下拉组合框，用户可以从列表框中选择，也可以从编辑区输入，同时输入的内容可以从Text属性中获得；2表示下拉列表框，用户只能从列表中选择。

组合框的常见属性如表10-13所示。

表 10-13　组合框的常用属性

属　性	说　明
ControlSource	设置组合框的数据来源
DisplayCount	指定在列表中允许显示的最大数目
InputMask	设置组合框中允许输入的数据格式和范围

续表

属　性	说　明
IncrementalSearch	指定当用户输入每一个字母时，控件是否和列表中的项匹配
RowSource	指定组合框中数据的来源
RowSourceType	指定组合框中数据源类型。和列表框的 RowSourceType 一样
Style	指定组合框的类型。0-下拉组合框，1-下拉列表框
ColumnCount	指定组合框包含的列数

组合框控件常用的事件和方法有：Click事件、DblClick事件、AddItem方法、RemoveItem方法和Clear方法。

2. 表格（Grid）控件

表格控件主要用于显示和操作多行数据。一个表格对象可以包含若干个列对象，每一列都包含一个标头和其他控件。表格、列、标头和控件都有自己的属性、事件和方法，用户可以很灵活地对表格进行操作。

在Visual FoxPro中，表格的设计是通过“表格生成器”来进行的。使用“表格生成器”能够交互地快速设置表格的有关属性，创建出所需的表格。打开“表格生成器”对话框的步骤为：在“表单控件”工具栏上选择表格控件放到表单上，然后在表格的空白处单击鼠标右键，从弹出的快捷菜单中选择“生成器”命令，即可打开“表格生成器”对话框，如图10-56所示。

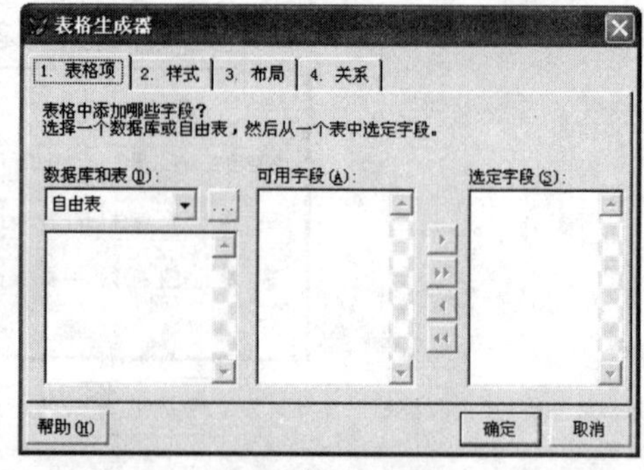

图 10-56　“表格生成器”对话框

在“表格生成器”对话框中有4个选项卡，各选项卡的功能及其含义介绍如下。

（1）“表格项”选项卡：选择数据源，指明要在表格内显示的字段。

（2）“样式”选项卡：选择表格显示的样式，如标准型、专业型、账务型、浮雕型。

（3）“布局”选项卡：用于指明各列的标题、控件类型以及调整各列列宽。

（4）“关系”选项卡：用于设置一个一对多表单中，父表的关键字段与子表的相关索引。

在“表格生成器”中设置完有关选项之后，单击“确定”按钮关闭对话框，Visual FoxPro系统会根据指定的选项参数设置表格的属性。

> **提示**
>
> 除了表单、表格之外，其他大部分控件也有自己的生成器，启动的方法也是右击相应地控件，然后从弹出的快捷菜单中选择“生成器”命令。利用这些生成器，可以方便地设置控件的一些主要属性。

表格的常用属性介绍如下。

（1）RecordSourceType属性与RecordSource属性。RecordSourceType属性是指明表格数据源的类型，RecordSource属性是指定表格数据源。RecordSourceType属性的取值范围

以及描述介绍如下。

① 0-表。表示数据源是由RecordSource属性指定的表，该表能自动打开。

② 1-别名（默认值）。表示数据源是已经打开的表，由RecordSource属性指定表的别名。

③ 2-提示。表示在运行时，由用户根据提示选择表格数据源。

④ 3-查询。表示数据来源于查询，有RecordSource属性指定查询文件（.qbr）。

⑤ 4-SQL语句。表示数据来源于SQL语句，由RecordSource属性指定SQL语句。

↘ 提示

设置了表格的RecordSource属性后，可以通过ControlSource属性为表格中的一列指定它所要显示的内容。如果不指定，该列将显示表格数据源中下一个还没有显示的字段。这两个属性在设计时可以使用，在运行时只允许读写，都仅适用于表格。

（2）ColumCount属性。该属性表示指定表格的列数，即一个表格对象所包含列对象的数目。该属性的默认值为-1时，表示该表格将创建足够多的列显示数据源中的所有字段。

↘ 提示

该属性在设计时可以使用，在运行时只允许读写。

（3）LinkMaster属性。该属性用来指定表格控件中所显示子表的父表名称，其主要用于在父表和表格中显示的子表（由Recordsource属性指定）之间建立一对多关系。要在两个表之间建立这种一对多关系，还要用到ChildOrder和RelationalExpr两个属性。

↘ 提示

该属性在设计时可以使用，在运行时只允许读写，并且仅适用于表格。

（4）ChildOrder属性。该属性用来指定为建立一对多的关联关系子表所要用到的索引，类似于SET ORDER TO命令，该属性在设计时可以使用，在运行时只允许只读。

（5）RelationalExpr属性。该属性用于确定基于主表（由LinkMaster属性指定）字段的关联表达式。当主表中的记录指针移至到新位置时，系统会先计算出关联表达式的结果，然后从子表中找出在索引表达式（由ChildOrder属性指定）上的取值与结果相匹配的所有记录，并将它们显示于表格中。

↘ 提示

该属性在设计时可以使用，在运行时只允许读写。

（6）ControlSource属性。该属性用于指定在列中显示数据源，常见的是表中的一个字段。如果不设置该属性，列中将显示表格数据源（由RecordSource属性指定）中下一个还没有显示的字段。

（7）CurrentControl属性。该属性用于指定列对象中的一个控件，该控件用以显示和接收列中活动单元格的数据。列中非活动单元格的数据将在默认的TextBox中显示。

在一般情况下，表格中的一个具体对象包含一个标头对象（名称为Header1）和一个文本框对象（名称为Text1），CurrentControl属性的默认值是文本框Text1。还可以根据需要往列对象中添加所需要的控件，并将CurrentControl属性设置为其中的某个控件。如可以使用复选框来显示和接收逻辑型字段的数据。

此外，还可以在表单设计器环境下，交互式地往表格列中添加控件，其具体操作步骤为：首先从“属性”窗口的对象框中选择表格中需要添加控件的列（也可以是其他表格元素），这时的表格将处于编辑状态；然后从“表单控件”工具栏上选择所需要的控件，并用鼠标单击表格中需要添加该控件的列。

↘ 提示

新添加的控件可以在“属性”窗口的对象框列表中看到。如果添加的控件是复选框，通常将复选框的Caption属性设置为空串。如果将复选框指定为列的CurrentControl属性值，一般将列的Sparse属性设置为.F.。

同时，还可以从表格列中移去控件，其具体操作步骤为：首先从“属性”窗口的对象框中选择不需要的控件；然后单击“表单设计器”窗口的标题栏，激活“表单设计器”，若“属性”窗口可见，则控件的名称仍显示在对话框中；最后按Delete键即可。

↘ 提示

该属性在设计时可以使用，在运行时只允许读写，仅适用于列。

（8）Sparse属性。该属性用于确定CurrentControl属性是影响列中所有单元格，还是只影响活动单元格。其中说明如下。

（1）.T.（默认值）。表示只有列中活动单元格使用CurrentControl属性所指定的控件显示和接收数据，其他单元格的数据用默认的TextBox显示。

（2）.F.。表示列中所有的单元格都使用CurrentControl属性所指定的控件显示数据，活动单元格可接收数据。

↘ 提示

该属性在设计时可以使用，在运行时只允许读写，仅适用于列。

（9）Caption属性。该属性用来表示对象的标题文本，显示在列的顶部。

（10）Alignment属性。该属性用来表示标题文本在对象中显示的对齐方式，对标题对象和列对象的设置值见表10-14。

表 10-14　Alignment 属性的设置值及其含义

属　性　值	含　　义	属　性　值	含　　义
0	居中靠左	5	右上对齐
1	居中靠右	6	中上对齐
2	居中	7	左下对齐
3	自动（默认值）	8	右下对齐
4	左上对齐	9	中下对齐

【例10-10】设计表单，包含组合框和表格。在组合框中显示“学生学籍管理”数据库中的数据表名称，选中数据表后，在表格中显示相应的数据表内容。

设计步骤：打开表单设计器，添加一个组合框Combo1，一个表格Grid1，一个命令按钮Command1，一个标签Label1，如图10-57所示。

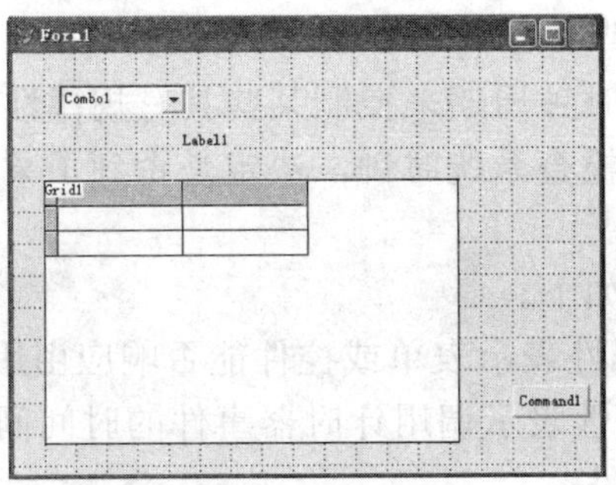

图 10-57　表单设计图

按照表10-15修改表单和控件的属性。

表 10-15　控件属性设置

控件名称	属　性	属 性 值
Form1	Caption	浏览数据表
Command1	Caption	退出
Label1	AutoSize	.T.

编写表单Form1的Init事件代码：

```
ThisForm.Label1.Caption=""
ThisForm.Combo1.additem("学生")   &&向组合框中添加项目
ThisForm.Combo1.additem("教师")
ThisForm.Combo1.additem("班级")
* 打开数据库“学生学籍管理”（要求该数据库在系统默认目录中）
open database 学生学籍管理
```

编写组合框Combo1的Click事件代码：

```
ThisForm.Grid1.RecordSource=ThisForm.Combo1.Value   &&向表格控件添加数据源
ThisForm.Label1.Caption=This.Value+".dbf 数据"   &&标签控件显示字符
```

编写Command1控件控件的Click事件代码：

```
ThisForm.release        &&点击“退出”按钮
```

表单的运行结果如图10-58所示。

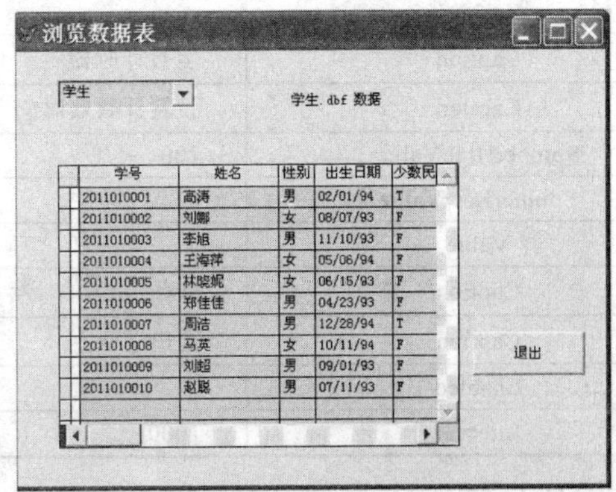

图 10-58　表单运行结果

10.4.6 计时器控件和微调控件

1．计时器（Timer）控件

计时器控件是利用系统时钟周期来控制某些具有规律性的周期任务的定时操作。计时器控件最主要的应用就是检查系统时钟，决定是否到了某个程序执行的时间。计时器控件在表单运行时不可见。

计时器控件的主要属性如下。

（1）Enabled属性。该属性表示表单或控件能否响应由用户引发的事件。

（2）Interval属性。该属性表示调用计时器事件的时间间隔，通常是以毫秒为单位。

2．微调（Spinner）控件

微调控件用于接受给定范围内的数值输入。使用微调按钮控件，可以代替键盘接受一个值，还可以在当前值的基础上做微小的增量或减量调节。

微调控件的常见属性介绍如下。

（1）Increment属性。该属性表示在单击微调控件的向上或向下箭头键时，增加或减少值。

（2）SpinnerHighValue属性。该属性表示在通过单击向上箭头按钮或者按下向上箭头光标键时，微调控件可达到的最大值。

（3）SpinnerLowValue属性。该属性表示在通过单击向下箭头按钮或者按下向下箭头光标键时，微调控件可达到的最小值。

【例10-11】设计一个倒数计时器，使用微调控件设定倒计数时间（秒），用按钮控制计数开始，在倒计数时显示当前剩余时间，计数结束显示“倒数计时器时间到”。

设计步骤：打开表单设计器，在新表单中放三个标签控件Label1、Label2、Label3，两个命令按钮控件Command1、Command2，一个定时器控件Timer1，一个微调控件Spinner1，如图10-59所示。

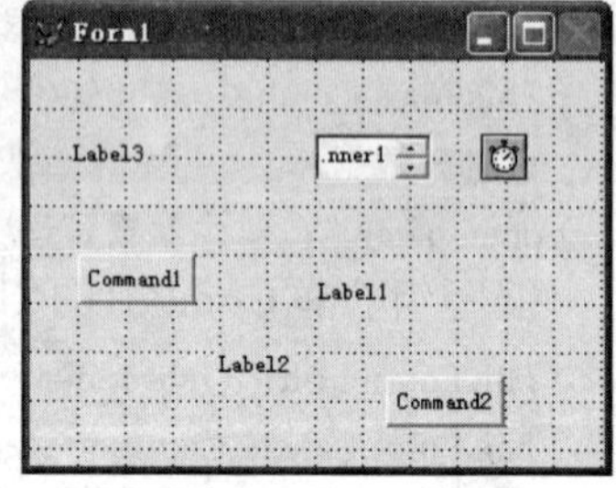

图 10-59 表单设计图

控件常用属性见表10-16。

表 10-16 控件属性设置

控 件	属 性	属 性 值
Form1	Caption	倒数计时器
Label3	Caption	设置计数器时间（秒）
Spinner1	SpinnerHighValue	100
	SpinnerLowValue	0
	Value	5
Command1	Caption	开始
Command2	Caption	退出
Timer1	Enabled	.F.
	Interval	1000

编写表单Form1的Init事件代码：

```
ThisForm.Label1.Caption=""
ThisForm.Label2.Caption=""          &&设置表单开始运行时 Label1、Label2 不显示字符
```

编写Command1的Click事件代码：

```
* 获取微调控件中设置的数据
ThisForm.Label1.Caption=AllTrim(ThisForm.Spinner1.Text)
ThisForm.Label2.Caption=""
ThisForm.Timer1.Enabled=.T.   &&计时器开始工作
```

编写Timer1的Timer事件代码：

```
n=Val(ThisForm.Label1.Caption)   &&将 Label1 中的字符转换为数值送入变量 n
n=n-1
*将变量 n 转换为字符送入 Label1，显示当前剩余计数时间
ThisForm.Label1.Caption=AllTrim(Str(n))
If n=0     &&计时结束
      ThisForm.Label2.Caption="倒数计时器时间到"     &&显示结束信息
      ThisForm.Timer1.Enabled=.F.              &&计时器停止工作
EndIf
```

编写Command2的Click事件代码：

```
ThisForm.release          &&  退出表单
```

运行结果如图10-60所示。

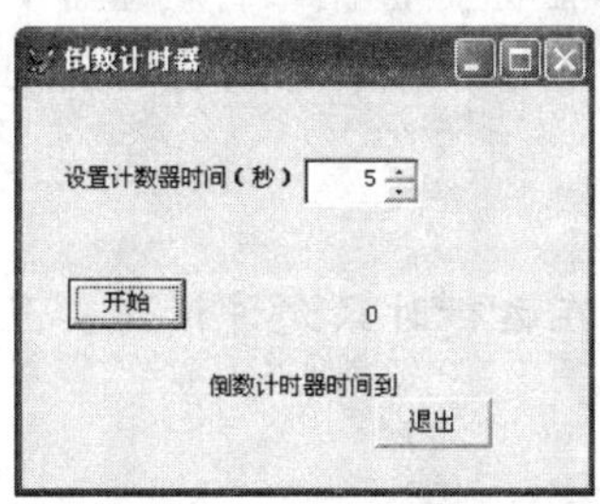

图 10-60　表单运行结果

10.4.7　页框控件和图像控件

1. 页框（PageFrame）控件

页框是包含页面的容器类控件，在其中包含有所需要的其他控件。使用页框、页面和相应的控件可以创建一些常见的选项卡对话框，这种对话框包含了若干选项卡，其中的选项卡就是所说的页面。页框定义了页面的总体特性，包括大小、位置、边界类型以及哪个页面是活动的等。页面在页框的左上角定位，并可以随页框在表单中的移动而移动。

页框的常见属性介绍如下。

（1）PageCount属性。该属性表示一个页框对象所包含页面对象的数量。PageCount属性的最小值为0，最大值为99。当用户递减设置Alignment属性时，超出页框页数新设置的所有页及其中的对象也将丢失。

> ↘ 提示
>
> 该属性在设计和运行时可以使用，且仅适用于页框。

（2）Pages属性。该属性是一个数组，用来存取页框中某个页对象。例如，要将页框PageFrame1中第3页的Caption属性值设置为“选课表”，可用如下代码：

```
Thisform.pagefram1.page(3)= "选课表"
```

同时，页面的Caption属性值显示在页面标签上，还可以用页面的名称来引用某个具体的页面对象。

> ↘ 提示
>
> 该属性在运行时可以使用，且仅适用于页框。

（3）Tabs属性。该属性用来指定页框中是否显示页面标签栏。如果属性值为.T.（默认值），则页框中包含页面标签；如果属性值为.F.，则在页框中不显示页面标签栏。

> ↘ 提示
>
> 该属性在设计和运行时均可以使用，但仅适用于页框。

（4）TabStretch属性。该属性用来指定页面标签标题文本的显示方式。如果页面标题文本内容太长，标签栏就无法在指定宽度的页框内显示，用户可通过设置TabStretch属性来指明其显示方式，具体TabStretch属性的设置描述如下。

① 0-多重行。表示标签栏可根据需要分行显示，显示出所有的标签文本。

② 1-单行（默认值）。表示在标签栏在一行内显示，多余文本将被截取。

（5）ActivePage属性。该属性用来表示返回活动页的页号，或指定页框中的页成为活动的。

> ↘ 提示
>
> 该属性在设计时可以使用，在运行时只允许读写，且仅适用于页框。

2. 图像（Picture）控件

图像控件允许在表单中显示图片，其可以在程序运行的动态过程中加以改变。

图像控件的常见属性介绍如下。

（1）Picture属性。该属性表示要显示的图片。

（2）Stretch属性。该属性表示图片的显示方式。

① 0-将图像超出部分裁剪掉。

② 1-等比例填充。

③ 2-变比例填充。

除了上述介绍的这些控件之外，在控件工具栏中还有形状、线条等，系统还提供了ActiveX控件和ActiveX绑定控件，在此将不再介绍。

10.5 表单应用实例

本节通过几个实例说明表单的应用，在学习过程中应重点领会表单的设计过程，以及一些常用控件的用法，从而设计出实际工作中所需的表单。

10.5.1　设计表单的一般过程

设计表单的一般过程如下。

（1）创建表单，设置表单的属性或方法。

（2）在表单中添加控件，设置表单控件的属性或方法。

（3）设计表单控件的操作。

（4）编写表单及表单控件的事件代码。

（5）运行并保存。

10.5.2　设计系统说明表单

系统说明表单是关于系统功能或系统使用的说明窗口，设计者可以通过它向用户说明系统相关信息。

在系统启动时，程序往往会弹出一个说明界面，也就是开始界面，该界面显示一段时间后会自动消失，进入主程序。这里通过一个例子介绍如何设计系统说明表单。

【例10-12】设计系统说明表单。显示系统信息，运行3 000 ms后会自动退出。

设计步骤：新建一个表单，向表单上添加两个标签控件Label1、Label2、一个定时器控件Timer1，将该表单的Picture属性设置为一幅图片，就可以在表单背景显示图片，如图10-61所示。

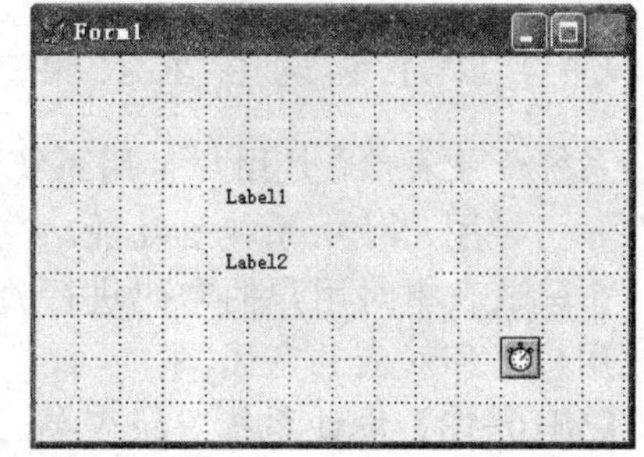

图 10-61　表单设计图

属性设置见表10-17。

表 10-17　控件属性设置

控　件	属　性	属 性 值
Form1	TitleBar	0
	AutoCenter	.T.
	Picture	添加一幅图片
	BorderStyle	0
Label1	Caption	学生成绩管理系统 1.0
	FontSize	36
	FontColor	0,0,255
	BackStyle	0
Label2	Caption	欢迎使用
	FontSize	18
	FontColor	0,0,255
	BackStyle	0
Timer1	Interval	3 000

Form1的Picture属性的设置是通过添加一幅图片操作实现的。

添加定时器控件Timer1的Timer事件代码：

```
ThisForm.release
```

说明：将表单的TitleBar属性设置为0，可以去掉表单的标题栏，表单开始执行后，定时器就会工作，3 000 ms后，触发定时器的Timer事件，在事件代码中会退出表单。表单运行结果如图10-62所示。

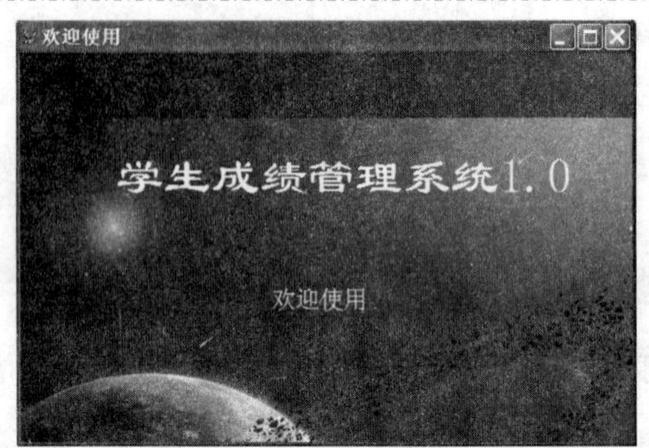

图 10-62　表单运行结果

10.5.3　设计系统登录表单

系统登录表单，是用户使用系统的第一个工作表单，具有启动系统、验证操作员“密码”、引导用户使用系统等功能。

在登录表单对用户的密码进行验证时，往往采用一个密码表，也就是用一个数据表存放用户名和对应的密码。

【例10-13】设计系统登录表单。在表单中输入用户名和密码并确认后，表单查询密码数据表，如果用户名和密码正确，可以进入下一步的主界面，否则出现错误提示。

设计步骤：进入表单设计器，添加两个标签Label1、Label2，两个命令按钮控件Command1、Command2，一个组合框控件Combo1，一个文本框控件Text1，如图10-63所示。

表单及控件属性见表10-18。

表 10-18　控件属性设置

控　件	属　性	属 性 值
Form1	Caption	系统登录
	AutoCenter	.T.
	MaxButton	.F.
	MinButton	.F.
Label1	Caption	用户名:
Label2	Caption	密码:
Text2	PasswordChar	*
Command1	Caption	确定
Command2	Caption	退出

建立数据表“密码.dbf”，其包含两个字段：“用户”、“密码”。这两个字段均为字符型，10位，如图10-64所示。将建立的“密码.dbf”存放在系统默认打开目录。

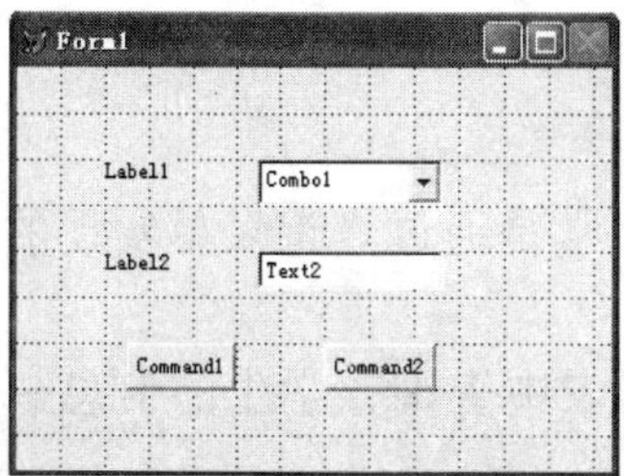

图 10-63　表单设计图

密码

用户	密码
张三	123
李四	456
王五	789

图 10-64　密码表

编写Command1的Click事件代码：

```
use 密码.dbf          &&打开数据表“密码.dbf”
*将 Text1 中的文本去除前后空格后送入变量 UseName 中
UseName=AllTrim(ThisForm.Text1.value)
*将 Text2 中的文本去除前后空格后送入变量 Passwd 中
Passwd=AllTrim(ThisForm.Text2.value)
*如果变量 UseName 和变量 Passwd 均包含非空格字符
If  !Empty(UseName)  .AND.  !Empty(Passwd)
    Locate  For 用户=UseName          &&定位
    If  Found()  .AND. 密码=Passwd     &&如果数据表中的记录与用户输入的数据匹配
      Do Form  主界面.scx       &&打开“主界面.scx”
    Else
      MessageBox("用户名或密码错误",16,"错误")  &&出错信息框
    EndIf
EndIf
```

编写Command2的Click事件代码：

```
ThisForm.release            &&  退出表单
```

程序说明：

Empty()函数功能是判断字符串是否为空。

MessageBox()为系统函数，功能是弹出用户定义的信息对话框。

用法：

```
MessageBox（”对话框中显示的字符”[,对话框类型（数值）,[”对话框标题（字符串）”]]）
```

程序流程：

用户单击“确定”按钮后，系统首先获取Text1和Text2文本框中文本，送入变量UseName和Passwd中，判断两变量是否为空，如果不为空，说明有用户输入，在“密码.dbf”数据表中定位“用户”字段为UseName的记录，如果存在则判断该记录的“密码”字段是否为Passwd，如果是说明用户名和密码输入正确，打开主界面表单（假设存在该表单），否则，弹出出错信息框。图10-65是表单运行中用户名或密码输入错误的情况。

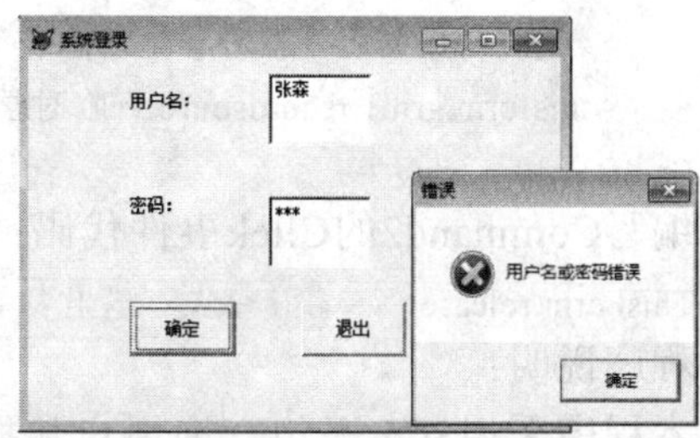

图 10-65　表单运行结果

10.5.4 设计数据查询表单

在数据库应用程序中用到大量的数据查询，这通常是通过查询表单实现的。下面举例说明查询表单的设计。

【例10-14】输入学生姓名，在“学生.dbf”数据表中查询该学生的信息，并将查询结果送入表格中显示。

设计步骤：

建立新表单，在表单中放一个标签控件Label1，一个文本框控件Text1，两个命令按钮控件Command1、Command2，一个表格控件Grid1，如图10-66所示。

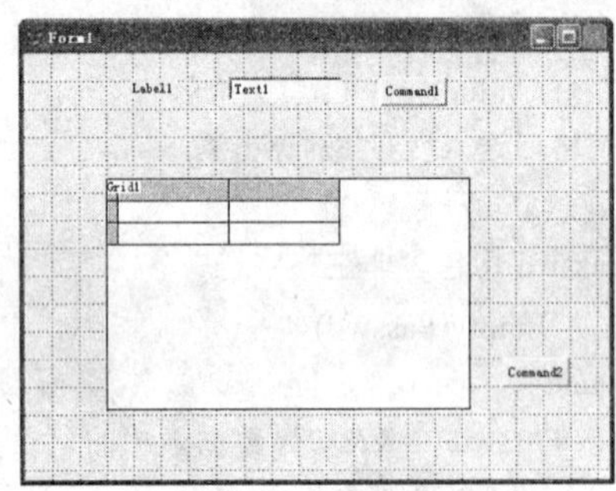

图 10-66　表单设计图

按表10-19设置表单和控件属性。

表 10-19　控件属性设置

控　　件	属　　性	属　性　值
Form1	Caption	学生信息查询
Label1	Caption	请输入学生姓名：
Command1	Caption	查询
Command2	Caption	退出

编写Command1的Click事件代码：

```
If Empty(ThisForm.Text1.Value)              &&如果没有输入查询信息
      MessageBox("请输入查询信息",16)   &&则提示用户输入信息
Else
     *用 SQL 查询，将查询结果送入临时数据表“临时学生信息表”中
     Select * from  学生  where  姓名= alltrim(thisform.text1.value);
     Into cursor  临时学生信息表
     *把临时数据表“临时学生信息表”作为表格控件的数据源
     thisform.grid1.recordsource='临时学生信息表'
EndIf
```

编写Command2的Click事件代码：

```
ThisForm.release              &&  退出表单
```

程序说明：

本程序采用SQL语句查询用户数据表，在查询过程中，创建一个名称为“临时学生信息表”的临时数据表存放查询结果，并将该临时数据表作为“表格”控件的数据源，在表格控件中显示。

习 题 10

一、选择题

1. 表单文件的扩展名为（ ）。

A. .doc B. .sox C. .scx D. .xls

2. 使用命令方式修改表单时，相应的命令格式为（ ）。

A. MODIFY FORM() B. MOIFY FORM()

C. CREATE FORM() D. MODIFY FORM<表单文件名>

3. 一般用于显示和设置逻辑型字段或变量的值，同时有.T.或.F.两个状态的控件类型是（ ）。

A. 复选框 B. 命令按钮 C. 微调 D. 单选按钮

4. 下列不属于文本框常见属性的选项是（ ）。

A. ControlSource属性 B. Value属性

C. AllowTabs属性字段 D. PasswordChar属性

5. 下列属于容器类控件的选项是（ ）。

A. 表格 B. 标签 C. 计时器 D. 文本框

6. 在Visual FoxPro中，创建对象时会发生（ ）事件。

A. LostFocus B. Click C. Init D. Destroy

7. 有关控件的Click事件的正确的说法是（ ）。

A. 双击对象激发 B. 单击对象激发

C. 右键单击对象时激发 D. 右键双击对象时激发

8. 以下关于表单数据环境的说法，正确的是（ ）。

A. 当表单运行时，数据环境中的表处于只读状态，只能显示不能修改

B. 当表单关闭时，不能自动关闭数据环境中的数据表

C. 当表单运行时，自动打开数据环境中的数据表

D. 当表单运行时，与数据环境中的表无关

9. 下面关于列表框和组合框的陈述，正确的是（ ）。

A. 列表框和组合框都可以设置为多重选择

B. 列表框可以设置成多重选择，而组合框不能

C. 组合框都以设置成多重选择，而列表框不能

D. 列表框和组合框都不能设置成多重选择

10. 如果要创建一个包含5个命令按钮的命令按钮组，应该将（ ）属性的值改为5。

A. Cancel B. ButtonCount C. Buttons D. ControlSource

11. 使用（ ）工具栏可以在报表或表单中对齐和调整控件位置。

A. 调色板 B. 布局 C. 表单控件 D. 表单设计器

12. 要使表单在执行时自动居中，需要设置的属性是（ ）。

A. ActiveControl B. AutoCenter

C. BorderStyle D. AutoSize

二、填空题

1. 在Visual FoxPro中，建立表单有两种方法，其中__________用于创建基于一个数据表或视图的表单，而__________用于创建有一对多关系的表的复杂表单。

2. 在Visual FoxPro中，控件分为____________控件和____________控件两类。

3. 用当前窗体的label1控件显示系统时间的语句是______。

4. 在表单运行过程中，当用户单击其中某一对象而释放表单时，则该对象的事件是_______，其代码中需要______命令。

5. Visual FoxPro表单中，将______属性设置为 0，可以使表单不显示标题栏。

6. 要想使表单中的标签控件的宽度和输入的文字宽度一致，需要把标签控件的_______属性设置为.T.。

7. 如果想为表单换一个标题，可以在属性窗口中选取_______属性项。

8. 组合框控件有两种类型，分别是______和______。

三、问答题

1. 简述使用向导创建表单的过程。

2. 简述使用表单生成器创建表单的方法。

3. 控件的基本操作包括哪些？

4. 简述设计表单的一般步骤。

5. 如何运行表单？运行表单有哪几种方法？

四、上机操作题

1. 设计一个“学生基本情况”表单（可以用“学生成绩管理”数据库中的“学生”表）。该表单具有如下功能：单击其底部的“第一个”按钮将显示“学生表.dbf”的第一条记录，单击“上一个”按钮将显示上一条记录，单击“下一个”按钮将显示下一条记录，单击“最后一个”按钮将显示最后一条记录。

2. 使用表单设计器创建标题为“电脑配置”的表单，表单中包含了标签、选项按钮组、复选框、组合框、编辑框、列表框、命令按钮等多种常用控件。

3. 用户用鼠标单击各个控件，选中电脑品牌、CPU型号、内存和硬盘容量以及其他配件，当单击“决定”按钮后，系统根据用户的选择生成电脑配置表，显示在编辑框中，表单以“电脑配置.scx”为名存盘。如图1所示。

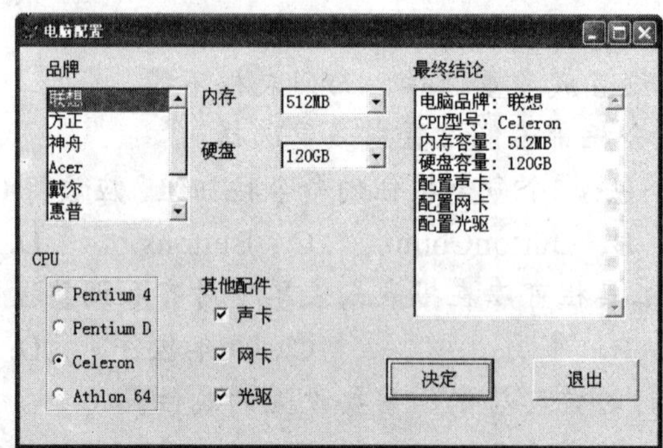

图1　运行“电脑配置.scx”的表单界面

第11章 菜单和工具栏设计

内容导读

在Visual FoxPro应用程序中，用户首先接触到的就是菜单系统。菜单系统为用户提供了直观的、友好的操作环境。同时用户还可以根据自己的需要创建用户菜单和工具栏，以方便进一步设计时使用。

教学目标

通过对本章内容的学习，读者可以了解相关菜单设计的概念，掌握菜单设计的方法，熟练定制适合自身需要的工具栏。

重点难点

- 菜单的创建
- 菜单的操作
- 工具栏的定制

11.1 菜单系统概述

11.1.1 菜单结构与组成

1. 菜单结构

Visual FoxPro支持两种类型的菜单：条形菜单和弹出式菜单。它们都有一组菜单选项供用户选择。用户选择其中的某个选项时都会有一定的动作。这个动作可以是下面三种情况中的一种：执行一条命令、执行一个过程或激活另一个子菜单。

每个菜单选项都可以有选择地设置一个热键（也叫键盘访问键）和一个快捷键。热键通常是一个字符，当菜单激活时，可以按菜单项的热键快速选择该菜单项。快捷键通常是Ctrl键或Alt键和另一个字符键组成的组合键，不管菜单是否激活，都可以通过快捷键选择相应的菜单项。

典型的菜单系统一般是一个下拉式菜单，它由一个条形菜单和一组弹出式菜单组成。其中条形菜单作为主菜单，弹出式菜单作为子菜单。当选择一个条形菜单选项时，自动激活相应的弹出式菜单。

快捷菜单一般由一个或一组上下级联的弹出式菜单组成。

2. 菜单组成

菜单及菜单系统都是由以下几个项目组成的。

（1）菜单。由一系列命令或文件名组成的清单列表。当从菜单栏上选择某个菜单标题时，菜单将从菜单栏上向下拉出，以供选择。

（2）菜单栏。出现在屏幕的上部，包括各菜单名的一条水平区域。

（3）菜单项。位于菜单上的菜单命令或文件名。可以使用菜单设计器为应用程序创建或定义菜单项。

（4）菜单标题。位于菜单栏上用以表示菜单的一个单词、短语或图标。菜单标题也称为菜单名。

（5）菜单系统。由菜单栏、菜单、菜单项和菜单标题组成的集合称为菜单系统。

11.1.2 系统菜单的结构与定制

在Visual FoxPro中，每一个条形菜单都有一个内部名字和一组菜单选项，每个菜单选项都有一个名称（标题）和内部名字。每一个弹出式菜单也有一个内部名字和一组菜单选项，每个菜单选项则有一个名称（标题）和选项序号。

Visual FoxPro系统菜单是一个典型的下拉式菜单系统，其主菜单是一个条形菜单，选择条形菜单中的每一个菜单项都会激活一个弹出式菜单。条形菜单的内部名字为_MSYSMENU，其中常用的菜单选项的名称及内部名字见表11-1。

表 11-1　部分主菜单内部名字

选 项 名 称	内 部 名 字
文件	_MSM_FILE
编辑	_MSM_EDIT
显示	_MSM_VIEW
工具	_MSM_TOOLS
程序	_MSM_PROG

选择条形菜单中的每一个菜单项都会激活一个弹出式菜单，常用的弹出式菜单的内部名字见表11-2。

表 11-2　部分弹出式菜单的内部名字

弹出式菜单	内 部 名 字
“文件”菜单	_MFILE
“编辑”菜单	_MEDIT
“显示”菜单	_MVIEW
“工具”菜单	_MTOOLS
“程序”菜单	_MPROG

通过SET SYSMENU命令可以允许或者禁止在程序执行时访问系统菜单，也可以重新定制系统菜单，其命令格式如下：

```
SET SYSMENU   ON | OFF | AUTOMATIC
 | TO [ <条形菜单项名列表> ]
 | TO [< 弹出式菜单名列表> ]
 | TO [ DEFAULT ] | SAVE | NOSAVE
```

各选项功能如下。

ON：允许程序执行时访问系统菜单。

OFF：禁止程序执行时访问系统菜单。

AUTOMATIC：可使系统菜单显示出来，可以访问系统菜单。

TO<条形菜单项名列表>：重新配置系统菜单，以条形菜单项内部名字列出可用的子菜单。例如，命令SET SYSMENU TO _MSM_FILE,_MSM_EDIT,_MSM_TOOLS将使系统菜单只显示文件、编辑和工具三个子菜单。

TO<弹出式菜单名列表>：重新配置系统菜单，以内部名字列出可用的弹出式菜单。例如，上面的系统菜单配置命令也可以写成：SET SYSMENU TO _MFILE, _MEDIT, _MTOOLS。

TO DEFAULT：将系统菜单恢复为缺省配置。

SAVE：将当前的系统菜单配置保存为缺省配置。如果执行了SET SYSMENU SAVE命令后，修改了系统菜单，则执行SET SYSMENU TO DEFAULT就可以恢复SET SYSMENU SAVE命令执行之前的菜单配置。

NOSAVE：将缺省配置恢复成Visual FoxPro系统菜单的标准配置。要将系统菜单恢复成标准配置，可先执行SET SYSMENU NOSAVE命令，后执行SET SYSMENU TO DEFAULT命令。

不带参数的SET SYSMENU TO命令将屏蔽系统菜单，使系统菜单不可用。

11.1.3 建立菜单系统的步骤

创建菜单系统通常是按以下步骤进行的。

（1）规划与设计菜单系统。确定需要哪些菜单项、菜单项出现在界面的什么位置、哪些菜单需要有了菜单、哪些菜单要执行相应的操作等。

（2）定义菜单项和子菜单。使用“菜单设计器”可以定义菜单标题、菜单项和子菜单。

（3）按实际要求为菜单系统指定任务。指定菜单所要执行的任务，例如显示表单或对话框等。菜单建立好之后将保存在一个以.mnx为扩展名的菜单文件和以.mnt为扩展名的菜单备注文件中。

（4）使用已建立的菜单文件，生成扩展名为.mpr的菜单程序文件。

（5）运行生成的菜单程序文件。

值得注意的是，在规划菜单系统时，需要注意以下事项。

（1）菜单组织。按照用户所要执行的任务组织系统，而不是按应用程序的层次组织系统。由于应用程序最终是面向用户的，用户的习惯、完成任务的方法将直接决定用户对应用程序的满意程度。用户通过查看菜单和菜单项，就可以对应用程序的组织方法有一个感性认识。要想创建好的菜单系统，就必须清楚用户思考问题的角度和完成任务的方法。

（2）给每个菜单指定一个有意义的简明的菜单标题。此标题只是对菜单任务做简单明了的说明。

（3）在菜单项的逻辑组之间放置分割线，有助于菜单项之间清楚明了。

（4）最好将菜单中菜单项的数目限制在一屏幕之内。若菜单项的数目超过了一屏，则应为其中的一些菜单创建子菜单。

（5）为菜单和菜单项设置访问键或键盘快捷键。

（6）使用能够准确描述菜单项的文字。描述菜单项时要使用日常用语，不要使用计算机术语。

11.2 创建下拉式菜单

下拉式菜单是一种最常用的菜单，用Visual FoxPro提供的“菜单设计器”可以方便地进行下拉式菜单的设计，完成菜单系统设计的全部操作。

11.2.1 菜单设计器窗口

1. 打开“菜单设计器”窗口

可以使用下面4种方法打开“菜单设计器”。

（1）使用“项目管理器”。在项目管理器中，选择“其他”选项卡，在列表框中选择“菜单”选项，然后单击“新建”按钮，即可打开“菜单设计器”窗口，如图11-1和图11-2所示。

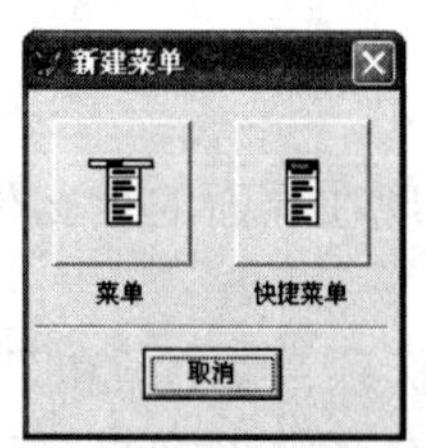

图 11-1 “新建菜单”对话框

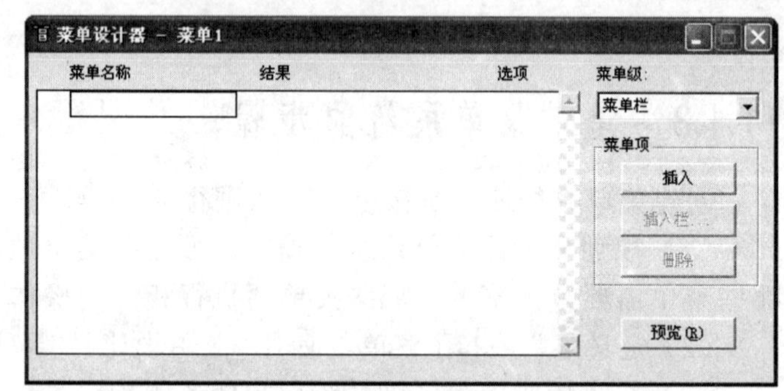

图 11-2 “菜单设计器”窗口

（2）使用菜单方式。选择“文件”/“新建”命令，或者单击工具栏上的“新建”按钮，在弹出的“新建”对话框中选择“菜单”选项，然后单击“新建文件”按钮，打开“新建菜单”对话框，从中单击“菜单”图标按钮，即可打开“菜单设计器”窗口。

（3）使用“新建”对话框。单击“常用”工具栏 中的“新建”按钮，在“新建”对话框选择“菜单”，单击“新建文件”按钮，选择“新建菜单”对话框，从中单击“菜单”按钮，即可打开“菜单设计器”窗口。

（4）使用“命令窗口”。输入命令：CREATE MENU [菜单文件名]。

如果缺省菜单文件名，系统将自动赋予一个默认的文件名，如“菜单1”等。

> ↘注意
>
> “菜单设计器”打开后主窗口会自动出现“菜单”菜单项。

2．“菜单设计器”的组成

“菜单设计器”窗口左边有一个列表框，在该列表框中每行定义一个菜单项，列表中的菜单名称、结果、选项三列表示菜单项属性。窗口右边有1个下拉列表框和4个按钮，其中的“菜单级”下拉列表框用于从下级菜单页返回到上级菜单页；插入、插入栏、删除、预览按钮分别用于插入菜单项、插入系统菜单项、删除菜单项和预览菜单显示效果。下面分别说明。

（1）“菜单名称”列：该列用来输入菜单项的菜单标题，此标题只用于显示，并非内部名字。在菜单标题中可以定义热键，以方便利用键盘进行菜单操作。具体用法将在下节讲述。

（2）“结果”列：该列为一个下拉列表，用来指定当选择某一菜单项时发生的动作。其选项如下所述。

① 命令：如果当前菜单项是执行一条命令，则应选择该选项。当选中该选项后，在其右侧出现一个文本框，可在其中输入要执行的命令。

② 子菜单：如果当前菜单项还有子菜单，则应选择该选项。当选中该选项后，在其右侧出现一个“创建”按钮，单击该按钮，将切换到子菜单设计窗口来设计子菜单。

③ 过程：如果当前菜单项的功能是执行一组命令，则应选择该选项。当选中该选项后，在其右侧出现一个“创建”按钮，单击该按钮，可进入代码编辑窗口，供用户输入所需要执行的过程代码。

④ 填充名称/菜单项#：用来定义主菜单的菜单项内部名字或子菜单的菜单项序号。如果当前是主菜单就显示“填充名称”，表示定义菜单项的内部名字；如果当前是子菜单则显示“菜单项#”表示定义菜单项序号。定义时将名字或序号输入到其右边的文本框中。

（3）“选项”列：单击该列的“无符号”按钮将打开一个“提示选项”对话框，可在其中为当前菜单项设置附加属性，后面详细叙述其具体操作。

（4）“菜单级”下拉列表框：该下拉列表框含有当前可切换到的所有菜单项，其中“菜单栏”选项表示主菜单。

（5）“插入”按钮：单击该按钮，在当前菜单项之前插入一个新菜单项。

（6）“插入栏”按钮：其功能是在当前菜单项之前插入一个Visual FoxPro系统菜单项。单击该按钮后显示“插入系统菜单栏”对话框，可以在其中选择一个系统菜单项来插入。仅当创建或编辑子菜单时该选项才有效，否则以灰色显示。

（7）“删除”按钮：单击该按钮，将删除当前的菜单项。

（8）“预览”按钮：单击该按钮，可以对所设计的菜单进行预览，看是否符合要求，以便随时修改。

11.2.2 设置菜单的属性

1. 分组

在定义子菜单的各菜单项时将具有相关功能的菜单项分成一组，会使菜单的界面更加清晰，同时可以方便用户的操作。例如Visual FoxPro的“文件”菜单中，“关闭”和“保存”菜单项之间用一条直线分隔，该直线为分组线。

分组菜单项就是在需要分组的菜单项之间插入分组线，具体操作是：在“菜单设计器”窗口需要分隔的位置插入一个新菜单项，并在“菜单名称”列输入“\-”（反斜杠和减号字符）即可。

2. 访问键

设置访问键（即热键）的方法是：在“菜单设计器”窗口中，选择某一菜单项，在访问键字母前加上“\<”两个字符放入“菜单名称”列的标题后即可。例如，要给“浏览”菜单项设置访问键B，则只要把该菜单项的标题改为“浏览（\<B）”即可，如要给“新建”菜单项设置访问键N，则要把该菜单项的标题改为“新建（\<N）”。

3. “提示选项”对话框

每个菜单项的“选项”列都有一个“无符号”按钮，单击该按钮就会出现“提示选项”对话框，如图11-3所示，供用户定义菜单项的附加属性。一旦定义过属性，“选项”按钮上就会显示“√”符号。

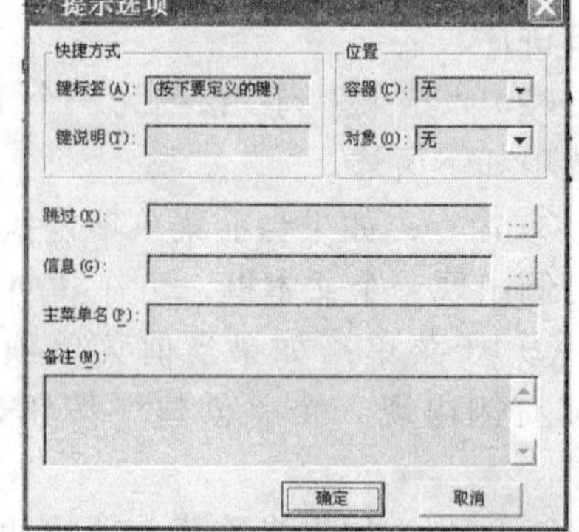

图 11-3 “提示选项”对话框

在该对话框中可以为菜单项设置如下属性。

（1）设置快捷键。先用鼠标单击“键标签”文本框，然后在键盘上按下快捷键。例如，按下Ctrl+S，则“键标签”文本框就会显示Ctrl+S，同时，“键说明”文本框也会显示相同的内容，但该内容可以修改，当菜单激活时，“键说明”文本框的内容将显示在菜单项标题的右侧，作为对快捷键的说明。快捷键通常是Ctrl或Alt与另一个字母的组合。要取消已定义的快捷键，只需在“键标签”文本框中按空格键即可。

（2）启动或禁止菜单项。有时应用程序需要根据具体情况启动或禁止某菜单项，以增加菜单的灵活性。要为菜单项设置启动条件，只需在“跳过”文本框中输入一个逻辑表达式即可。当该表达式的值为.F.时，该菜单项为启动状态，否则，该菜单项为禁止状态，显示为灰色。

（3）设置状态栏信息。状态栏信息通常用来说明菜单项的功能，当鼠标指向该菜单项时，该信息会显示在Visual FoxPro主窗口的状态栏上。其设置方法是在“信息”文本框中输入相应的字符串信息即可。

（4）设置菜单项的内部名字。主菜单（条形菜单）的菜单项的内部名字在“主菜单名”文本框中输入即可，子菜单（弹出式菜单）的菜单项的序号在“菜单项#”文本框中输入即可。主菜单的菜单项的“提示选项”对话框中自动出现的是“主菜单名”，如图11-3所示，而子菜单的菜单项的“提示选项”对话框中自动出现的是“菜单项#”，如图11-4所示。

4. “显示”菜单

在“菜单设计器”环境下，主窗口的“显示”菜单会出现两条命令：“常规选项”和“菜单选项”。

（1）“常规选项”对话框。选择“显示”/“常规选项”命令，就会打开“常规选项”对话框，如图11-5所示。在该对话框中可以定义整个下拉式菜单系统的总体属性。

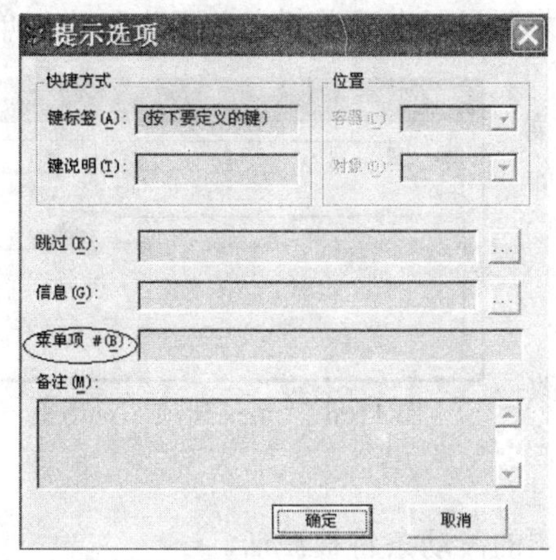

图 11-4 “提示选项”对话框

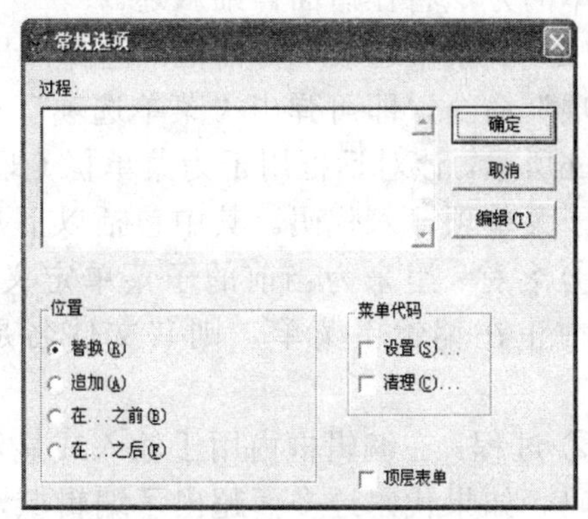

图 11-5 “常规选项”对话框

该对话框中各选项的功能介绍如下。

① 过程：为整个菜单系统指定一个过程代码。如果菜单系统中的某个菜单项没有规定具体动作，那么当选择此菜单项时，将会执行该默认过程代码。在“过程”框内直接输入过程代码，当代码过多且超出编辑区域时，右侧的滚动条将自动被激活。也可以单击“编辑”按钮打开一个专门的代码编辑窗口，单击“确定”按钮可以激活该文本编辑窗口。

例如，在开发一个应用程序时，其中有的菜单还没有设计好子菜单或过程。这时，可以为这些菜单创建一个临时的过程：MessageBox（“正在开发中…”）。当选择这些菜单时，执行此过程。

② 位置：指明正在定义的下拉菜单与当前系统菜单的关系。在“位置”选项区内包括4个单选按钮，其各自的意义见表11-3。

表 11-3 位置选项区中各单选按钮的意义

名　称	意　义
替换	表示以用户定义的菜单替换Visual FoxPro系统菜单，这是默认选项
追加	表示将用户定义的菜单添加到当前系统菜单的右面
在...之前	表示将用户定义的菜单插入到某个菜单项前面。选择该选项后，其右边出现一个下拉列表，用于选择插入位置的菜单项
在...之后	表示将用户定义的菜单插入到某个菜单项后面。选择该选项后，其右边出现一个下拉列表，用于选择插入位置的菜单项

③ 菜单代码：包括“设置”和“清理”两个复选框。无论选择哪个复选框，都会打开一个相应的代码编辑窗口，单击“确定”按钮，可以激活代码编辑窗口。如果选择“设

置”复选框，可以为菜单系统加入一段初始化代码，且这段代码放置在菜单程序文件中菜单定义代码的前面，同时在菜单产生之前执行。如果选择“清理”复选框，可以为菜单系统加入一段结束代码。且这段代码放置在菜单程序文件中菜单定义代码后面，同时在菜单显示出来之后执行。

④ 顶层表单：如果不选该复选框，则正在定义的下拉式菜单将作为一个定制的系统菜单，显示在菜单栏；如果选中该复选框，则可以将正在定义的下拉式菜单添加到一个顶层表单里，此时该下拉式菜单就不能作为系统菜单显示在菜单栏。关于为顶层表单添加菜单的方法将在后面详细叙述。

（2）“菜单选项”对话框。选择“显示”/“菜单选项”命令，即可弹出“菜单选项”对话框，如图11-6所示。该对话框用于为菜单栏（即顶层菜单）或各子菜单项输入代码。其中包括以下几个选项。

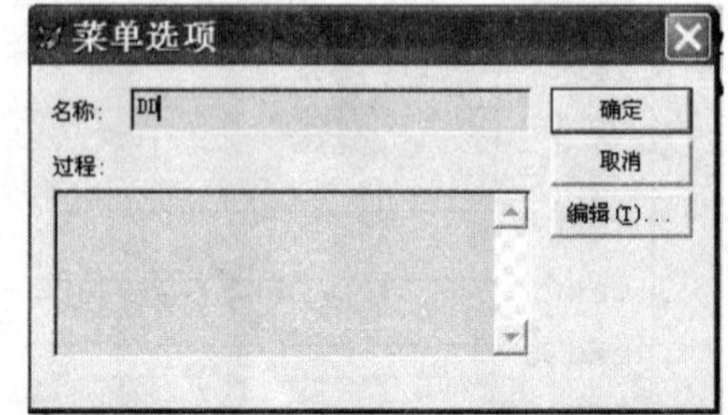

图 11-6 “菜单选项”对话框

① 名称：用来为当前的子菜单定义内部名字。若当前正在编辑主菜单，则其文件名是不可以改变的。

② 过程：在编辑框内用于输入或显示菜单的过程代码。如果代码过多而超出了编辑域，则其右侧的滚动条将被激活。

③ “编辑”按钮：用鼠标单击此按钮，将打开一个文本编辑窗口，其功能与“过程”框基本相同，即在这里可以输入过程代码，若要进入打开的“代码编辑”窗口，单击“菜单选项”对话框中的“确定”按钮即可。

11.2.3 创建下拉菜单实例

前两节介绍了有关“菜单设计器”窗口的使用，在本节中将通过创建一个菜单文件，来学习创建菜单的操作步骤。

【例11-1】为学生成绩管理数据库系统创建一个菜单文件，其中主菜单中包括“浏览”、“编辑”、“维护”、“退出”，它们的子菜单如下。

浏览	编辑	维护	退出
学生表	撤销	数据输入	
教师表	剪切	数据查询	
选课表	复制	数据修改	
	粘贴	数据打印	

具体要求为：“浏览”菜单下包括“学生表”、“教师表”、“选课表”，它们分别打开对应的“学生.dbf”、“教师.dbf”、“选课.dbf”；“编辑”菜单下包括“撤销”、“剪切”、“复制”和“粘贴”四个子菜单项，它们分别调用相应的系统标准功能；“维护”菜单下包括“数据输入”、“数据查询”、“数据修改”、“数据打印”四个子菜单项，它们的快捷键分别是Ctrl+R、Ctrl+C、Ctrl+X、Ctrl+D，它们的结果分别是执行程序文件sr.prg、cx.prg、xg.prg、dy.prg（四个程序文件读者可参考以前章节自己编写）。

其具体设计步骤如下。

（1）创建主菜单。

打开“菜单设计器”窗口，设置条形菜单的菜单项，如图11-7所示。

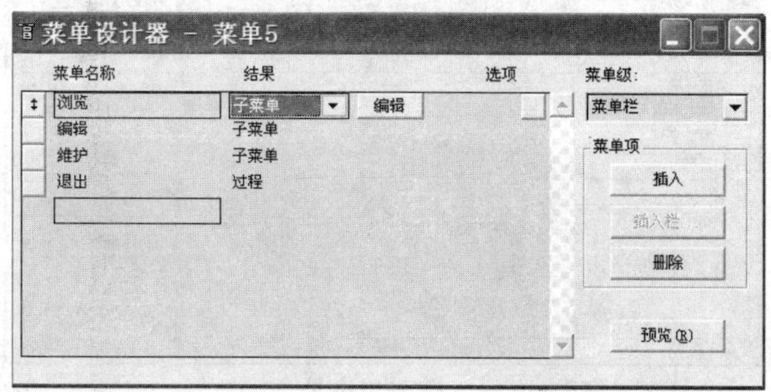

图 11-7　设置主菜单

（2）创建子菜单。

① 定义“浏览”弹出式菜单。单击“浏览”菜单项“结果”列上的“创建”按钮，使菜单设计器窗口切换到子菜单页。对其进行如图11-8所示的设置。

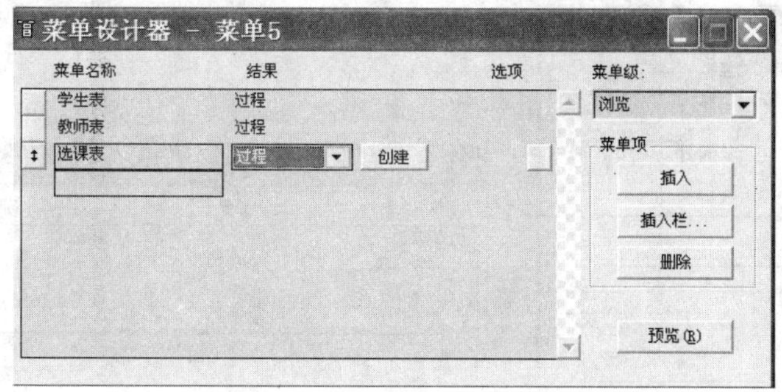

图 11-8　“浏览”菜单的子菜单

② 定义“编辑”弹出式菜单。单击“编辑”菜单项“结果”列上的“创建”按钮，使菜单设计器窗口切换到子菜单页。单击“插入栏”按钮，打开“插入系统菜单栏”对话框，如图11-9所示。从中选择“撤销”选项，并单击“插入”按钮。用同样的方法插入“剪切”、“复制”、“粘贴”选项，最终结果如图11-10所示。

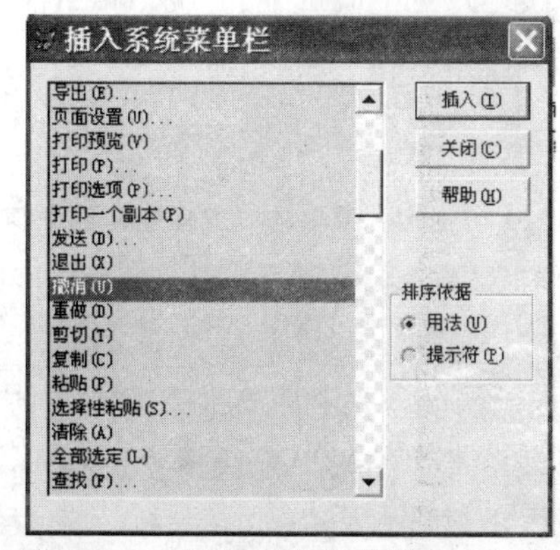

图 11-9　“插入系统菜单栏”对话框

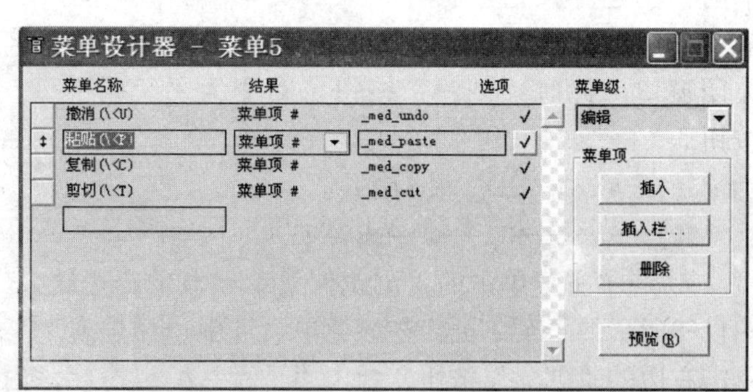

图 11-10　设置“编辑”子菜单

③ 定义“维护”弹出式菜单。选中“维护”菜单项，从中单击“创建”按钮，菜单设计器窗口将切换到子菜单页，然后对其进行如图11-11所示的设置。

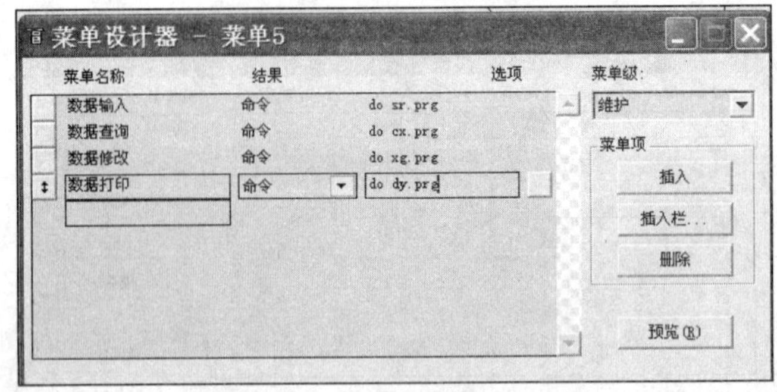

图 11-11　设置“维护”子菜单

④ 为“维护”的各菜单项设置快捷键。单击“数据输入”菜单项“选项”列上的按钮，弹出“提示选项”对话框，然后单击“键标签”文本框，并在键盘上按组合键Ctrl+R即可，如图11-12所示。用同样的方法为其他菜单项设置快捷键，设置完成后，相应菜单项的“选项”列上便会出现对号“√”，如图11-13所示。

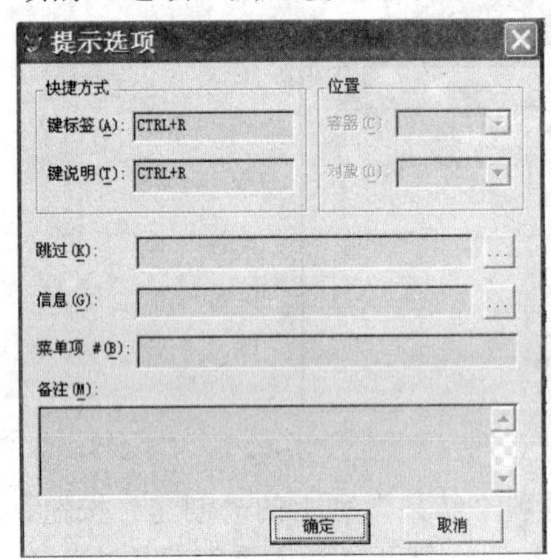

图 11-12　“提示选项”对话框

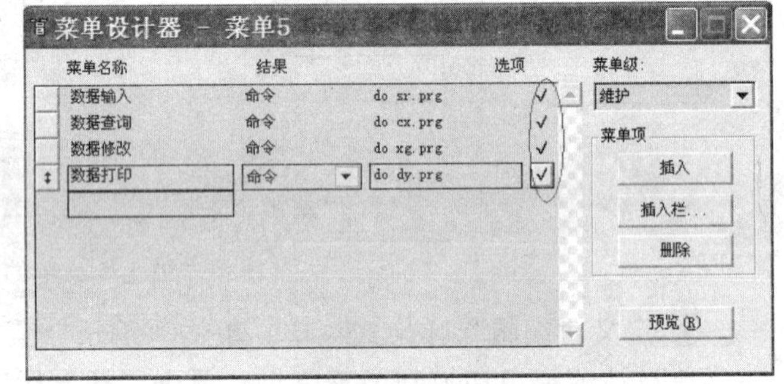

图 11-13　设置快捷键

（3）为菜单项指定任务。

① 为菜单项“退出”定义过程代码。单击其中的“创建”按钮，打开相应的文本编辑窗口，输入如下代码，如图11-14所示，输入以下代码后关闭窗口，此时“创建”按钮自动变为“编辑”按钮。

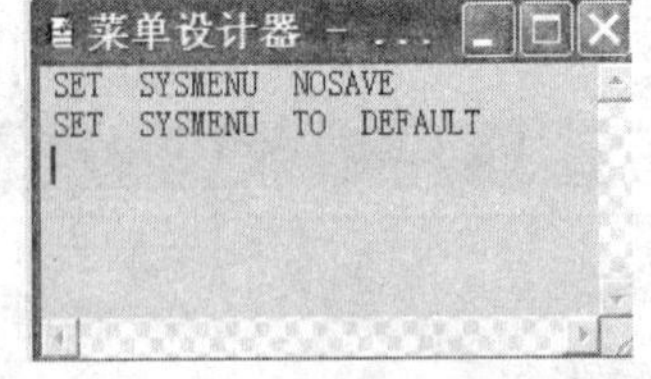

图 11-14　“退出”菜单的“过程”编辑窗口

```
SET  SYSMENU  NOSAVE
SET  SYSMENU  TO  DEFAULT
```

② 选中主菜单中的“浏览”菜单项，单击“结果”列右边的“编辑”按钮，切换到如图11-8所示的子菜单页。在该菜单页选中“学生表”菜单项，在“结果”列选择“过程”，单击右边的“创建”按钮，弹出“过程”编辑窗口，输入以下过程代码：

```
SELECT  0
```

```
USE  学生
BROWSE
USE  IN  学生
```

用同样的方法，在“课程表”菜单项的“过程”编辑窗口输入过程代码：

```
SELECT  0
USE 教师
BROWSE
USE  IN  教师
```

在“成绩表”菜单项的“过程”编辑窗口输入过程代码：

```
SELECT  0
USE  选课
BROWSE
USE  IN  选课
```

（4）保存菜单定义。

选择“文件”/“保存”命令，或者单击工具栏上的“保存”按钮，在弹出的“另存为”对话框中，选择菜单要保存的位置并输入菜单文件名称“学生成绩管理.mnx”，系统会自动产生相应的菜单备注文件“学生成绩管理.mnt”。

（5）菜单的测试与生成。

在设计菜单的过程中，可以单击“菜单设计器”对话框中的“预览”按钮或“菜单”/“预览”命令，预览设计的菜单系统。如果对设计的菜单系统不满意，则可以反复进行修改直到满意为止，对于设计好的菜单可以按以下步骤生成菜单。

① 选择“菜单”/“生成”命令，打开“生成菜单”对话框，从中可调整“输出文件”的路径。

② 设置结束后，单击“生成”按钮即可，此时系统将自动生成一个扩展名为.mpr的菜单程序文件。如图11-15所示，在对话框中指定菜单程序文件的文件名后单击“生成”按钮完成。本例的菜单程序文件取默认的文件名“学生成绩管理.mpr”。

（6）菜单的运行和修改。

菜单的运行可以直接在“命令”窗口输入DO<文件名>，但注意扩展名.mpr不能省略。运行菜单也可以使用“项目管理器”或主窗口中的“程序”菜单实现。此时Visual FoxPro的系统菜单被当前菜单所代替，如图11-16所示。单击“退出”菜单项可恢复Visual FoxPro的系统菜单。在菜单生成后，还可以随时修改，其常用的方法有以下三种。

图 11-15　“生成菜单”对话框

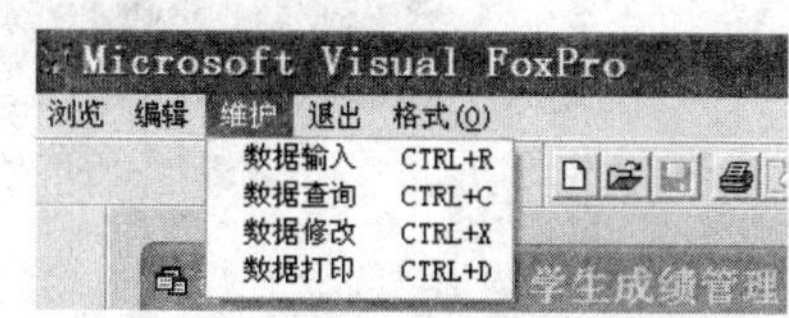

图 11-16　菜单运行效果

① 在“项目管理器”中选择“其他”选项卡，从中选择需要修改的菜单文件，然后单击“修改”按钮。

② 选择“文件”/“打开”命令，从“打开”对话框中选择需要修改的菜单文件，单击“确定”按钮。

③ 与建立菜单类似，在“命令”窗口中输入“MODIFY　MENU<文件名>”，其中修改菜单的界面与建立菜单的界面是一样的。

11.2.4　为顶层表单添加菜单

通过上节实例可以看到，使用菜单设计器设计的菜单是在Visual FoxPro的窗口中运行的，要使下拉式菜单显示在顶层表单上，就需要设置菜单的顶层表单属性，要实现此功能，可按如下步骤操作。

（1）在“菜单设计器”窗口中设置下拉式菜单。

（2）在菜单设计时，把“常规选项”对话框中的“顶层表单”复选框选中。

（3）将表单的ShowWindow属性设置为2，使其成为顶层表单。

（4）在表单的Init事件代码中添加调用菜单程序的命令，命令格式为：

```
DO<文件名>WITH THIS[,"<菜单名>"]<文件名>
```

指定被调用的菜单程序文件，其扩展名为.mpr且不能省略。THIS表示当前表单对象的引用。通过<菜单名>可以为被添加的下拉菜单的条形菜单指定一个内部名字。

（5）在表单的Destroy事件代码中添加清除菜单的命令，使得在关闭表单时能同时清除菜单，释放其所占用的内存控件。命令格式为：

```
RELEASE  MENU<菜单名>[EXTENDED]
```

其中，EXTENDED表示在清除条形菜单时一起清除其下属的所有子菜单。

【例11-2】设计如图11-17所示的“学籍管理系统”界面表单，并将例11-1修改过的下拉式菜单显示于表单顶层。

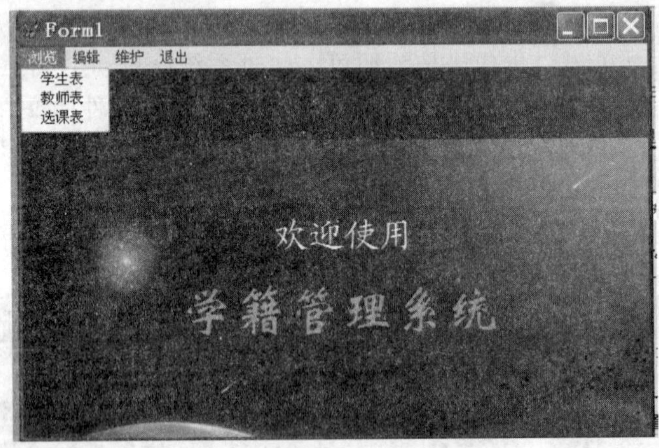

图 11-17　添加了菜单的“学籍管理系统”界面

操作步骤如下。

（1）打开例11-1中的“学生成绩管理.mnx”文件，从主窗口的“显示”菜单打开“常规选项”对话框，选中“顶层表单”复选框，关闭对话框。

（2）将修改后的菜单文件另存为“学籍管理顶层菜单.mnx”，并生成“学籍管理顶层菜单.mpr”菜单程序文件。

（3）打开“表单设计器”窗口，添加两个“标签”控件，其标题分别为“欢迎使用”、“学籍管理系统”，再添加一个图像控件，选择一张图片作为背景，设置各控件的属性值。

（4）在表单的Init事件代码中添加调用菜单程序的命令：

```
DO  学籍管理顶层菜单.mpr  WITH  This, “cjgl”
在表单的 Destroy 事件代码中添加清除菜单的命令：
RELEASE  MENU  xjglcd  EXTENDED
```

（5）将以上所设计的表单保存到“学籍管理表单.scx”文件中，运行该表单即可显示如图11-16所示的窗口界面，并可通过菜单项调用相应的功能。

注意

在该例中涉及在表单中调用菜单和在菜单中引用表单的方法。在表单中调用菜单用菜单程序名调用，并给条形菜单定义了内部名字“cjgl”，释放菜单用该内部名字引用菜单，若未给条形菜单定义内部名字，则可用菜单程序名引用菜单。

11.3 创建快捷菜单

下拉式菜单作为一个应用程序的菜单系统，列出了整个应用程序所具有的功能。而快捷菜单一般是从属于某个界面对象，当单击该对象时，就会在单击处弹出快捷菜单。快捷菜单通常列出的是与处理相应对象有关的一些功能命令。

利用系统提供的快捷菜单设计器可以很方便地定义与设计快捷菜单，与下拉式菜单相比，快捷菜单没有条形菜单，只有弹出式菜单。快捷菜单一般是一个弹出式菜单，或者由几个具有上下级关系的弹出式菜单组成。

创建快捷菜单的操作步骤如下。

（1）选择“文件”/“新建”命令，或者单击工具栏上的“新建”按钮，在弹出的“新建”对话框中单击“菜单”按钮，然后单击“新建文件”图标按钮。

（2）打开“新建菜单”对话框，从中单击“快捷菜单”按钮，打开“快捷菜单设计器”窗口。与设计下拉菜单的方法类似，在“快捷菜单设计器”窗口中设计快捷菜单，如图11-18所示。

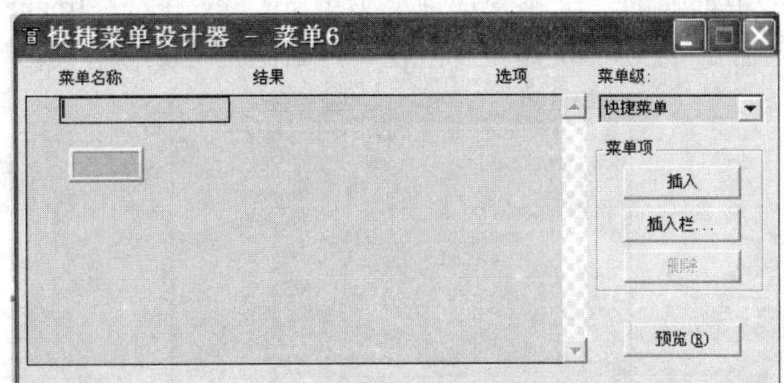

图 11-18 “快捷菜单设计器”窗口

（3）在快捷菜单的“清理”代码中添加清除菜单的命令，使得在选择、执行菜单命令后能及时清除菜单，并释放其所占的内存空间。命令格式为：

```
RELEASE POPUPS <快捷菜单名>[EXTENDED]
```

其中的“快捷菜单名”默认用菜单程序文件的文件主名，也可以在“菜单选项”对话框中定义内部名字，用菜单的内部名字。

（4）保存所设计的快捷菜单（.mnx文件），并生成相应的快捷菜单程序文件（.mpr文件）。

（5）在表单设计器环境下，选定需要添加快捷菜单的对象，在选定对象的RightClick事件代码中添加调用快捷菜单程序的命令：

```
DO <快捷菜单程序文件名>
```

需注意的是文件名的扩展名.mpr是不能省略的。

【例11-3】给例11-2中的顶层表单设计快捷菜单，使其能执行条形菜单中的常用命令。

操作步骤如下。

（1）打开“快捷菜单设计器”窗口，按照上述方法创建快捷菜单，如图11-19所示。其中各菜单项所执行的动作与例11-2中的下拉式菜单相同。

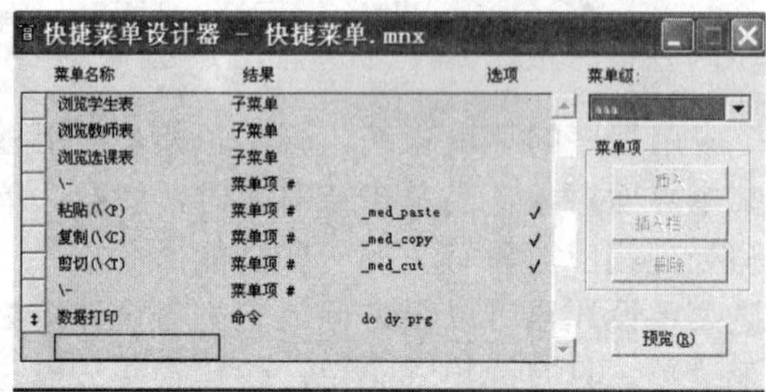

图 11-19　为“学籍管理表单”设计的快捷菜单

（2）从主窗口的“显示”菜单打开“菜单选项”对话框，定义该快捷菜单的内部名字为aaa。再从主窗口的“显示”菜单打开“常规选项”对话框，在“清理”代码框中输入命令：

```
RELEASE   POPUPS   aaa   EXTENDED
```

（3）将该菜单保存到“快捷菜单.mnx”菜单文件中，并生成“快捷菜单.mpr”菜单程序文件。

（4）打开例11-2中创建的“学籍管理顶层菜单.scx”文件，在Image1对象的RightClick事件代码窗口中输入命令“DO　快捷菜单.mpr”，如图11-20所示，并保存对表单的修改。

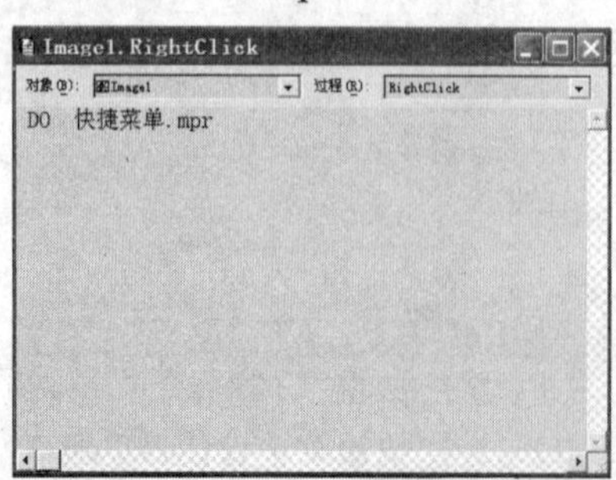

图 11-20　Image1 的事件代码

（5）运行“学籍管理表单.scx”文件，在表单上单击鼠标右键，显示如图11-21

所示的快捷菜单。

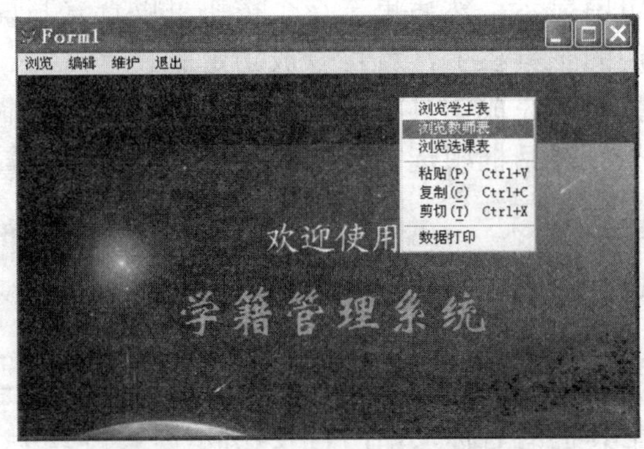

图 11-21　显示快捷菜单的顶层表单

11.4　工具栏的设计

工具栏和菜单一样是数据库应用程序界面中常见的部分。工具栏是一组图标按钮，单击后可执行一组常用的任务。当在应用程序中包含一些用户经常重复执行的操作，每次使用时都需要从菜单中选择，显得非常麻烦。为此，Visual FoxPro系统提供了工具栏来方便用户操作。

11.4.1　定制工具栏

在进行程序开发时，用户可以根据需要将Visual FoxPro固有的命令按钮的位置进行调整，也可以将一些命令按钮重组，以创建适合自己需要的工具栏。

1．定制Visual FoxPro工具栏

定制Visual FoxPro工具栏的具体操作步骤如下。

（1）选择“显示”/“工具栏”命令，进入如图11-22所示的“工具栏”对话框。

（2）在“工具栏”对话框中，选择要定制的工具栏，单击“定制”按钮，此时所选择的工具栏将显示在屏幕上，同时也将打开图11-23所示的“定制工具栏”对话框。

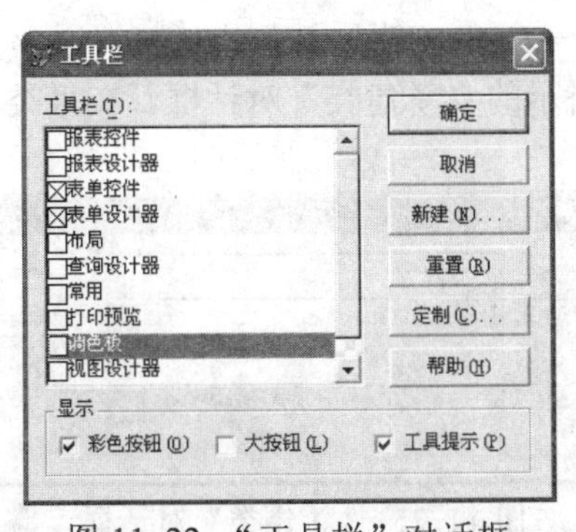

图 11-22　“工具栏”对话框

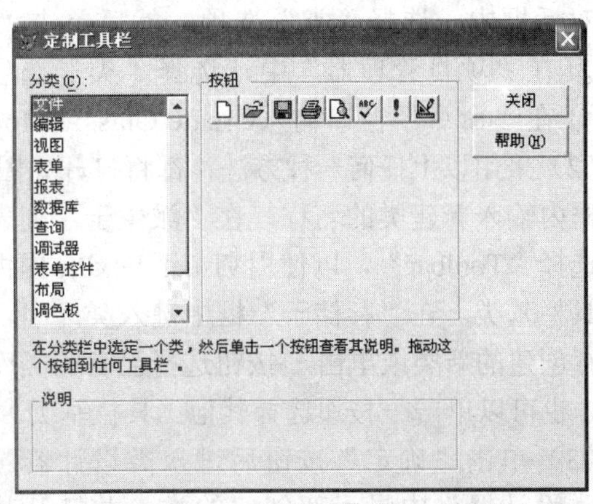

图 11-23　“定制工具栏”对话框

（3）在“定制工具栏”对话框中的“分类”列表框中选择一个分类，其中包含的按钮就会在“按钮”选项组中显示，然后单击一个按钮可以查看其说明，选择需要的工具栏按钮，将其拖到要定制的工具栏上，就可以成功定制。

（4）单击“关闭”按钮，完成工具栏的定制。如果希望将定制的工具栏还原到原来的按钮配置，在“工具栏”对话框中选择该工具栏后，单击“重置”按钮即可。

2．创建自己的工具栏

若要创建自己的工具栏，其具体的操作步骤介绍如下。

（1）选择“显示”/“工具栏”命令，在打开的“工具栏”对话框中单击“新建”按钮，随即弹出“新工具栏”对话框，从中输入工具栏的名称，如图11-24所示。

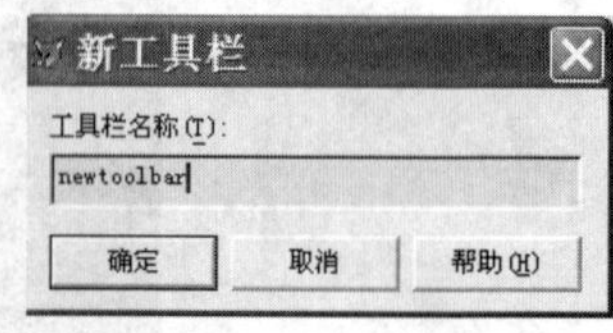

图 11-24 “新工具栏”对话框

（2）单击“确定”按钮，将弹出“定制工具栏”对话框和newtoolbar工具栏。在“定制工具栏”对话框中，选择“分类”列表框中选择一个分类，其中包含的按钮就会在“按钮”选项组中显示，然后单击一个按钮以查看其说明，从中选择需要的工具栏按钮，将其拖到newtoolbar工具栏上即可。

（3）单击“关闭”按钮，关闭“定制工具栏”对话框，完成工具栏的定制。

↘ 提示

用户不能重置自己定制的工具栏，若要删除自己创建的工具栏，“工具栏”对话框中选择要删除的工具栏，单击“删除”按钮即可。需要注意的是，用户不能删除Visual FoxPro系统提供的工具栏。

在用Visual FoxPro进行应用程序开发时，Visual FoxPro系统提供了功能强大、简捷方便的工具栏。与此同时，用户还可以自定义设计符合自己习惯的工具栏。

1）定义工具栏类

要创建自定义工具栏，必须首先为它定义一个类。Visual FoxPro提供了一个工具栏基类，可以在此基础上创建自己所需要的工具栏类，创建工具栏类的具体操作步骤如下。

（1）打开“新建类”对话框。打开“新建类”对话框常用的方法有如下几种。

① 选择“文件”/“新建”命令，或者单击工具栏上的“新建”图标，在弹出的“新建”对话框中，选择“类”选项，然后单击“新建文件”图标按钮。

② 在“项目管理器”中，选择“类”选项卡，然后单击“新建”按钮。

③ 在“命令”窗口输入Create Class或Modify Class命令，然后按Enter键。

（2）采用以上任何一种方法，都将打开如图11-25所示的“新建类”对话框。在“类名”文本框内输入新建类的名称，在“派生于”列表框中选择“Toolbar”，以使用Visual FoxPro提供的工具栏基类。在“存储于”框中键入类库名，以保存创建的新类或单击…按钮选择已有的类库保存，也可以单击…按钮选择其他工具栏基类。

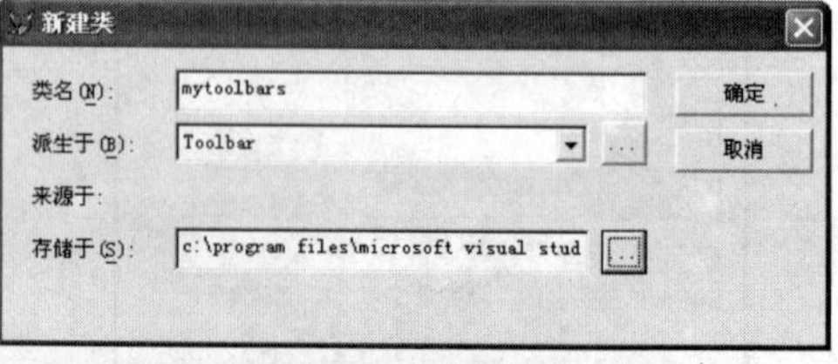

图 11-25 “新建类”对话框

（3）单击“确定”按钮后进入类设计器。在“类设计器”中显示新创建的类，并打开其

“属性”对话框，如图11-26所示。

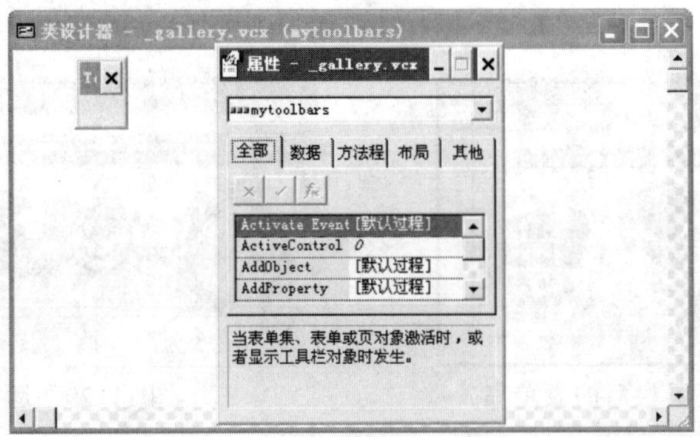

图 11-26　在“类设计器”中显示新建的类

（4）使用表单控件工具栏，可以向新建的工具栏类中添加对象。在创建了工具栏类之后，可以向工具栏中添加任何Visual FoxPro所支持的对象，其方法与向表单中添加对象相似。它所使用的也是表单控件工具栏。在添加对象之后，同样也可以调整对象的大小、位置，删除、复制以及设置各对象的属性等操作。

例如，向工具栏类中添加如图11-27所示的命令按钮控件，并分别设置它们的Picture属性。

图 11-27　添加控件后的工具栏

（5）为工具栏中的各个控件编写处理程序代码，这与为表单中的控件编写程序代码的方法一样。

2）添加自定义工具栏

在定义了一个工具栏类之后，便可以用这个类创建一个工具栏，还可以把工具栏添加到一个表单集中，但是不能直接向某个表单中添加工具栏。向表单集中添加工具栏有两种方法：一是利用表单设计器，二是利用程序代码。

（1）利用表单设计器。利用表单设计器向表单集中添加自定义工具栏的具体步骤如下。

① 打开要使用此工具栏的表单集，在“表单控件”工具栏中选择“查看类”按钮，在弹出的快捷菜单中选择“添加”选项，然后在“打开”对话框中选择包含自定义工具栏的可视类库文件并单击“打开”按钮，则“表单控件”工具栏中将包含被选定的类图标。

② 从“表单控件”工具栏中选择新添加的类按钮，在表单上的空白处单击，自定义的工具栏便添加到表单集中了，如图11-28所示。

③ 保存并运行表单，可以看到工具栏出现在表单中，如图11-29所示。当用户关闭表单时，该工具栏也同时被关闭。

（2）利用程序代码。要使用程序代码在表单集中添加工具栏，可以在表单集的Init

事件中使用SET PROCEDURE TO命令，指定包含工具栏类的类库，然后在表单集中由此类创建工具栏。

图 11-28　添加工具栏后的表单集

图 11-29　运行后的表单

例如：要把上面自定义的基于工具栏类的mytoolbars工具栏添加到一个表单集中去，可以在表单集的Init事件中添加下列代码。

```
SET  CLASSLIB  TO  mytoolbars
This.AddObject ( "toolbar1", "mytoolbars" )
This.toolbar1.show
```

3）工具栏与菜单的关联

在创建包含菜单和工具栏的应用程序时，有些工具栏的按钮与菜单项的功能可能会相同。使用工具栏可以让用户更方便、快捷地实现某种功能或进行某种操作，为了协调菜单和用户自定义的工具栏，需要在设计应用程序时要注意以下几点。

（1）不管用户使用的是菜单项，还是与菜单项相关联的工具栏按钮，都可以执行相同的操作。

（2）相关的工具栏按钮与菜单项具有相同的可用或不可用属性，即是否能使用的属性设置必须保持一致。

协调菜单和自定义工具栏按钮的工作时，首先要创建工具栏，添加命令按钮，然后将要执行的代码包括在此命令按钮的Click事件中，最后创建与工具栏相协调的菜单。创建菜单的具体过程如下。

（1）在“菜单设计器”对话框中，根据工具栏上的每个按钮相对应地创建子菜单。

（2）在每个子菜单项的“结果”列中，选择“过程”选项，然后在其对应的文本框中输入调用相关工具栏按钮的Click事件的代码。

（3）单击“选项”按钮，在弹出的“提示选项”对话框中的“跳过”文本框中输入表达式，指出当工具栏的命令按钮失效时，其对应的菜单项不可以使用。

例如，如果工具栏按钮的名字为command1，则可以在文本框中输入代码：

```
not formset1.toolbar1.command1.enabled
```

（4）选择“菜单”/“生成”命令，将设计好的菜单生成扩展名为.mpr的菜单文本，然后把菜单添加到用于此工具栏的表单集中，并运行表单集。

（5）在表单集的Load事件中，保存已有的菜单，运行菜单程序。

例如，有菜单名为mymenu，可使用的代码如下：

```
push   menu_mymenu
do   mymenu.mpr
```

↘ 提示

在表单集的unload事件中，使用pop menu命令恢复原有的菜单，命令为pop menu_msysmenu。当用户打开菜单时，系统计算“跳过”条件的值，如果相关的工具栏命令不可用，则菜单也不可用。当用户选择菜单项时，可执行相关工具栏命令按钮的Click事件代码。

习　题　11

一、选择题

1. 由菜单栏、菜单、菜单项和菜单标题组成的集合称为（　　）。

A. 菜单系统　　B. 菜单面板

C. 菜单工具　　D. 以上都不是

2. （　　）通常是一个字符，当菜单激活时，可以按此键快速选择该菜单项。

A. 快捷键　　B. 热键

C. 组合键　　D. 自定义键

3. 在指定菜单名称时，可以为其设置菜单项访问键，其方法是在作为访问键的字符前面加上（　　）两个字符即可。

A. “/<”　　B. “\ >”

C. “\<”　　D. “/ >”

4. 在Visual FoxPro中，菜单程序文件的默认扩展名是（　　）。

A. mnx　　B. mnt　　C. mpr　　D. prg

5. 用户（　　）删除Visual FoxPro系统提供的工具栏。

A. 不能　　B. 能

C. 通过系统设置决定　　D. 以上都正确

6. Visual FoxPro支持两种类型的菜单，即条形菜单和（　　）。

A. 弹出式菜单　　B. 主菜单

C. 下拉式菜单　　D. 快捷菜单

7. 在Visual FoxPro中，用于在代码中引用的是条形菜单的（　　）。

A. 名称　　B. 标题

C. 内部名字　　D. 选项序号

8. 在运行用户菜单后，要返回到Visual FoxPro系统菜单，可用命令（　　）。

A. SET　SYSMENU　TO　DEFAULT

B. SET　SYSMENU　TO

C. SET　SYSMENU　OFF

D. RELEASE　MENU　菜单名

9. 扩展名为mnx的文件是（　　）。

A. 备注文件　　B. 项目文件

C. 表单文件　　D. 菜单文件

10. 将一浏览成功的菜单存盘，再运行该菜单，却不能执行，这是因为（　　）。

A. 没有放到项目中　　B. 没有生成菜单程序文件

C. 要用命令方式　　D. 要编入程序

二、填空题

1. 在Visual FoxPro中，支持______和______两种类型的菜单。

2. 利用命令方式打开菜单设计器时，需要在“命令”窗口中输入的命令是______。

3. 在“命令”窗口输入______命令将打开“新建类”对话框。

4. 在“菜单设计器”中建立菜单项时，如果它所对应的任务是执行一条命令，则该菜单项的“结果”框中应选择______。

5. 在Visual FoxPro中，可以在______对话框中为菜单项指定快捷键。

6. 在“提示选项”对话框中的“跳过”文本框中指定的表达式值为______时，则菜单项以灰色显示，表示不可用。

7. 要为表单设计下列拉式菜单，首先需要在菜单设计时，在______对话框中选中“顶层表单”复选框；其次要将表单的ShowWindow属性值设置为______，使其成为顶层表单；最后需要在表单的______事件代码中添加调用菜单程序的命令。

8. 向表单集中添加工具栏有两种方法：其一是利用______，其二是利用______。

三、问答题

1. 菜单的组成包括哪些项？

2. 简述菜单系统的创建过程。

3. 打开菜单设计器常用的有哪几种方法？

4. 如何对菜单进行测试和生成？

5. 如何创建自己的工具栏？

四、上机操作题

1. 假设有职工管理数据库ZG_DB，数据库中有ZG表和ZC表。其中ZG表的结构是职工编码C（4）、姓名C（8）、职工代码C（1）、工资N（7，2），新工资N（8，2）。ZC表的结构是职称代码C（1）、职称名称C（10）、增加百分比N（6，2）。编写并运行符合下列要求的程序。

（1）设计一个菜单MENU2，菜单中有两个菜单项：“计算”和“退出”。

（2）程序运行时，单击“计算”菜单应完成下列操作。

给每个人增加工资，请计算ZG表的新工资字段，计算方法是根据ZC表中的相应职称的增加百分比，新工资=工资*（1+增加百分比/100），单击“退出”菜单项，程序终止运行。

2. 设计如下表所示的“学生成绩管理”下拉式菜单。

表 “学生成绩管理”下拉式菜单

数据编辑（B）	数据统计（T）	信息查询（C）	打印输出（D）	退出系统（X）
成绩录入	学生统计 成绩统计	按学号查询 按班级查询	课程成绩打印 个人成绩打印	
成绩修改 成绩删除		按课程查询		

其中各菜单项的任务由学生自行编写相应的命令、程序、表单或报表来完成。将该菜单作为系统菜单，显示到Visual FoxPro的菜单栏。

（1）设计一个界面表单，将上题设计的菜单作适当的修改并显示到表单顶层。

（2）给上题的界面表单设计一个快捷菜单，其菜单项包括：成绩录入、成绩统计、按学号查询、按课程查询、课程成绩打印。

（3）调试并运行以上各题的菜单和表单。

第12章

报表设计

内容导读

数据库管理信息系统的最终结果是输出数据处理结果，因此打印输出各种形式的报表是应用系统的关键一环。打印报表的前提是先创建和设计好报表，创建和设计报表的主要操作是确定报表的数据源和布局。

报表的组成主要包括数据源和布局两个元素。数据源指的是报表的数据来源，它可以是数据库中的表，也可以是查询、视图或临时表等，而布局就是报表的打印格式。它指定了报表中各个输出内容的位置和格式。Visual FoxPro 6.0提供的报表工具，可以将数据源的数据经统计处理后以指定的格式显示在屏幕上或打印到纸张上。

本章主要介绍各种报表的创建和设计方法。通过对本章内容的学习，读者可以熟悉报表的创建方法，掌握报表的设计过程以及将报表以各种方式进行输出。

教学目标

- 了解创建报表的基本方法
- 掌握报表在实际工作中的应用

重点难点

- 报表控件的添加与设计
- 报表的布局设计
- 报表的输出与打印

12.1 创建报表

报表文件是最常用的打印文档，它为显示并总结数据提供了灵活的途径。因此，报表设计是应用程序开发的一个重要组成部分。

报表文件保存了数据打印输出的格式和应用的数据信息，并存储在以.frx为扩展名的文件中。在报表设计中，需要将数据源中的数据进行筛选、排序、分组，直到完成对数据源的设置后，再对各个控件在报表中的位置、所占空间以及颜色等进行调整。与此同时，还可以增加一些必要的说明或装饰作用的标签及图形文件等，最后得到的布局文件样式就是即将打印输出的报表文件。

在Visual FoxPro系统中，通常有三种创建报表的方法。

（1）使用“报表向导”创建报表。

（2）使用“快速报表”创建简单规范报表。

（3）使用“报表设计器”创建自定义报表。

12.1.1 报表布局及布局文件

在创建报表文件之前，首先应当根据报表的数据源和应用需要来设计报表的打印格式，即报表的布局。其中包括报表的表头、字段以及变量的安排、报表的表尾设计等工作。

报表的布局一般可分为列报表、行报表、一对多报表、多栏报表和标签报表。表12-1列出了各类布局的说明和用途。当选定了满足需要的常规布局之后，便可利用“报表设计器”来创建和设计报表了。

表 12-1 报表布局分类及说明

布局类型	说明	示例
列报表	每个字段为一列，字段名在页面的上方，字段与其数据在同一列，每一行一条记录	分组/总计报表、财政报表、存货清单、销售报表
行报表	每个字段为一行，字段名在数据左侧，字段与其数据在同一行	列表
一对多报表	一条记录或一对多关系，其内容包括父表的记录及其相关子表的记录	发票、会计报表
多栏报表	每条记录的字段沿分栏的左边缘垂直放置	电话号码簿、名片
标签报表	多列记录，每条记录的字段沿左边缘垂直放置，打印在特殊纸上	邮件标签

报表文件还指定了需要的域控件，要打印的文本以及信息在页面上的位置。为在页面上打印数据库中的一些信息，可通过打印报表文件达到目的。报表文件并不存储指定的字段值，只存储数据位置和格式信息。因此，每一次运行报表，其值都可能是不同的，报表文件是随数据库内容的改变而改变的。

12.1.2 使用报表向导创建报表

使用报表向导创建报表首先要打开报表的数据源，然后按照“报表向导”对话框的提示进行操作即可。通常，启动报表向导可以通过以下三种方式。

（1）选择“文件”/“新建”命令，或单击工具栏上的“新建”按钮，在弹出的“新建”对话框的“文件类型”栏中选择“报表”选项，然后单击“向导”按钮。

（2）选择“工具”/“向导”/“报表”命令，打开如图12-1所示的“向导选取”对话框，如果数据源是一个表，应选取“报表向导”选项，如果数据源包括父表和子表，则应选取“一对多报表向导”选项。

（3）打开“项目管理器”，在“文档”选项卡内选择“报表”选项，然后单击“新建”按钮。在弹出的“新建报表”对话框中，选择“报表向导”图标按钮，如图12-2所示。

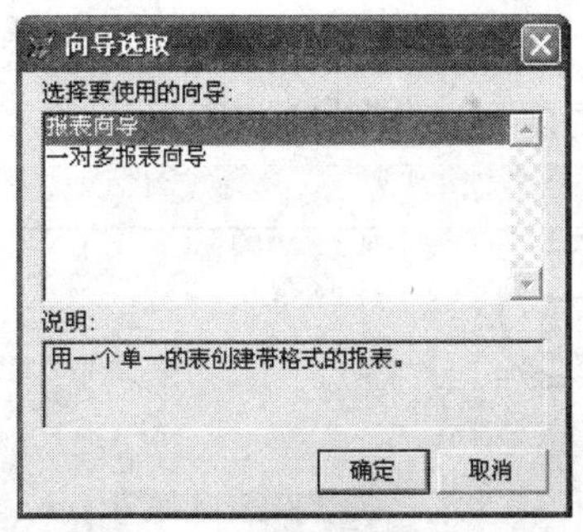

图 12-1 “向导选取”对话框

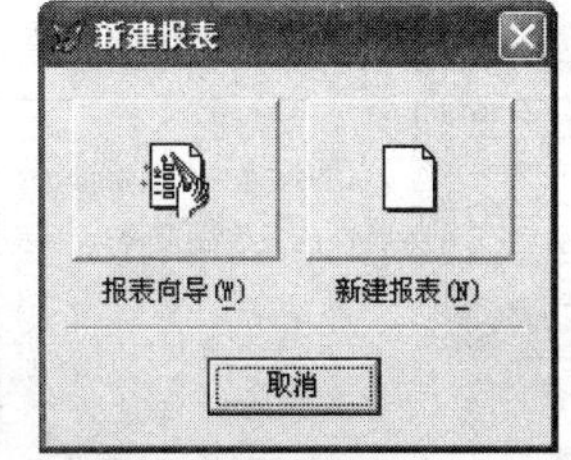

图 12-2 “新建报表”对话框

下面通过例子来说明使用报表向导的具体操作步骤。

【例12-1】以“学生表.dbf”为数据源，使用报表向导创建报表。

其具体操作步骤如下。

（1）打开“项目管理器”，在“文档”选项卡内选择“报表”选项，然后单击“新建”按钮。从弹出的“新建报表”对话框中，选择“报表向导”按钮并单击“确定”按钮。

（2）打开“步骤1-字段选取”对话框，在“数据库和表”下拉列表框中选择“学生成绩管理”数据库，接着在下面的列表框中选择“学生”表，即为指定该报表的数据源。此时在“可用字段”列表框中会自动出现学生表中的所有字段，然后从中选择需要在报表中显示的字段将其添加到“选定字段”列表框中。单击单个蓝色箭头，用于选择单个字段，单击双箭头用于选择全部字段。如图12-3和图12-4所示。

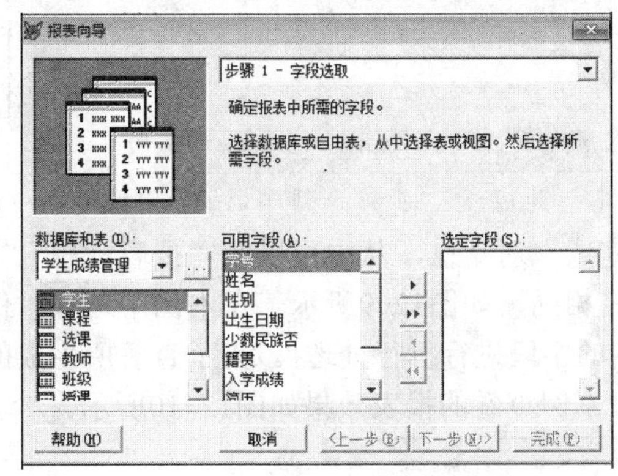

图 12-3 “步骤 1 字段选取”对话框（1）

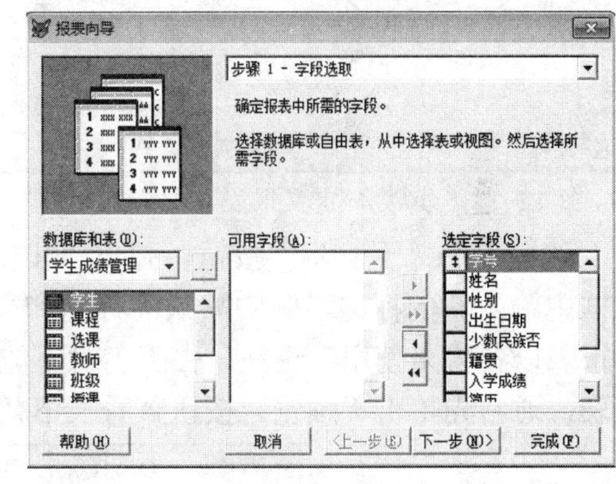

图 12-4 “步骤 1 字段选取”对话框（2）

（3）单击“下一步”按钮，弹出如图12-5所示的“步骤2-分组记录”对话框，从中可确定数据的分组方式。只有按照分组字段建立索引后才能正确地分组，并且最多可建立3层分组。在本例中没有指定分组选项。

（4）单击“下一步”按钮，弹出“步骤3-选择报表样式”对话框，从中可以选择不同的报表输出样式。不同的报表是用不同格式的线条分隔数据的。单击“样式”名称，会在左上角框内即时显示该样式效果。在本例中选择“经营式”样式，如图12-6所示。

（5）单击“下一步”按钮，弹出“步骤4-定义报表布局”对话框，通过微调按钮从中设置报表的列数、字段布局和打印方向。在本例中选择纵向、单列的报表布局，如图12-7所示。

（6）单击“下一步”按钮，弹出“步骤5-排序记录”对话框，从中可设置表文件的记录在报表中输出时的排列属性，且最多可以设置3个字段排序。同时还可以选择是升序排列还是降序排列。在本例中选择按“学号”升序排列，如图12-8所示。

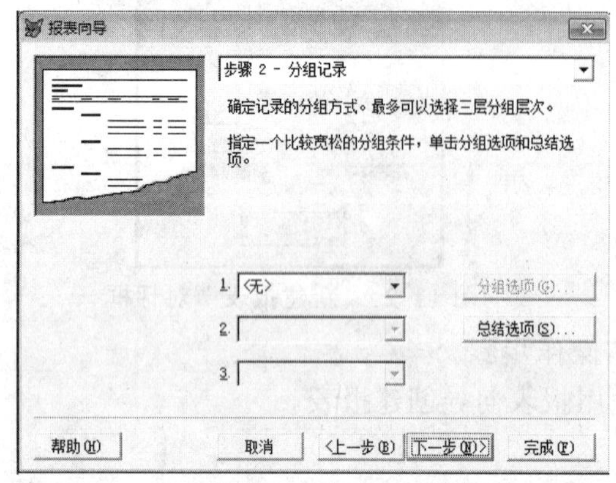

图 12-5 “步骤 2-分组记录”对话框

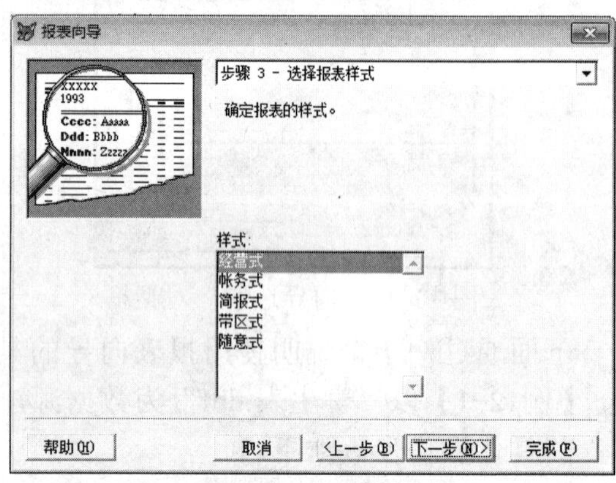

图 12-6 “步骤 3-选择报表样式”对话框

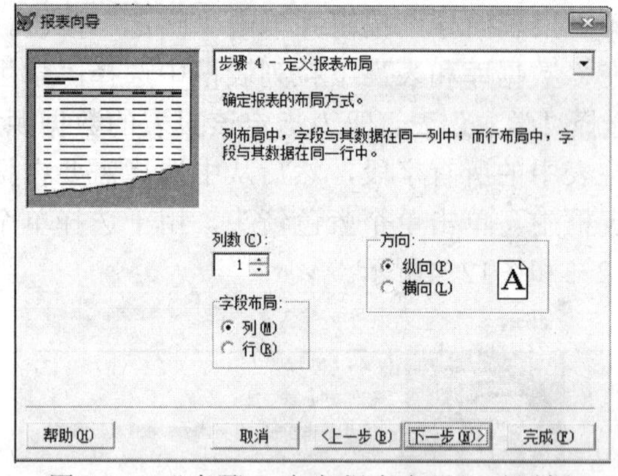

图 12-7 “步骤 4-定义报表布局”对话框

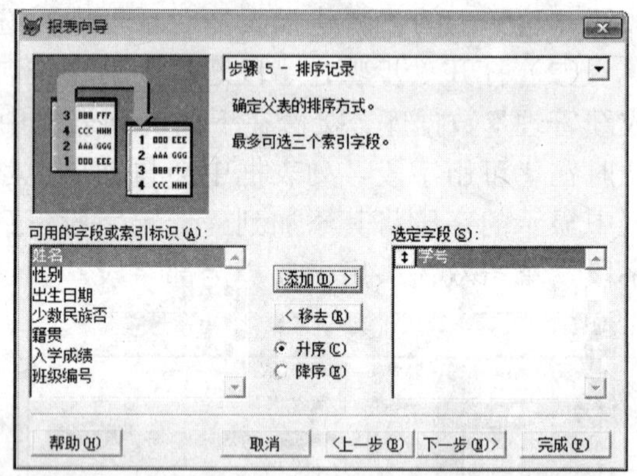

图 12-8 “步骤 5-排序记录”对话框

（7）单击“下一步”按钮，弹出“步骤6-完成”对话框，从中可以在“报表标题”文本框中输入新的标题，其中默认的标题和文件名相同，如图12-9所示。在本例中选择“保存报表以备将来使用”选项，去除“对不能容纳的字段进行拆行处理”。为了查看所生成的报表，通常先单击“预览”按钮查看一下效果。本例查看的报表效果如图12-10所示。

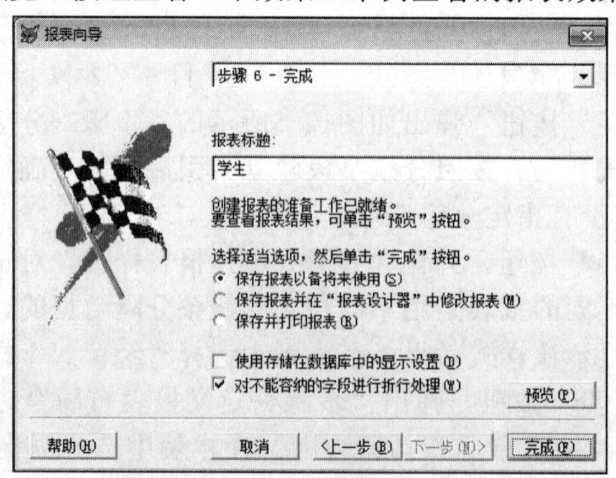

图 12-9 “步骤 6-完成”对话框

如果对报表感到满意，可以选择“打印预览”中的“打印”按钮将该报表输出到打印机；如果不满意，则可以单击“关闭预览”按钮，返回到前面步骤进行相应修改。

> **↘ 提示**
>
> 在预览窗口中，出现“打印预览”工具栏，单击相应的图标按钮就可以退出预览、打印报表以及改变显示的百分比。

（8）修改完毕后，单击“完成”按钮，在系统弹出的“另存为”对话框中，选择报表保存的位置并输入报表文件的名称，然后单击“保存”按钮，即可创建一个扩展名为.frx的报表文件。

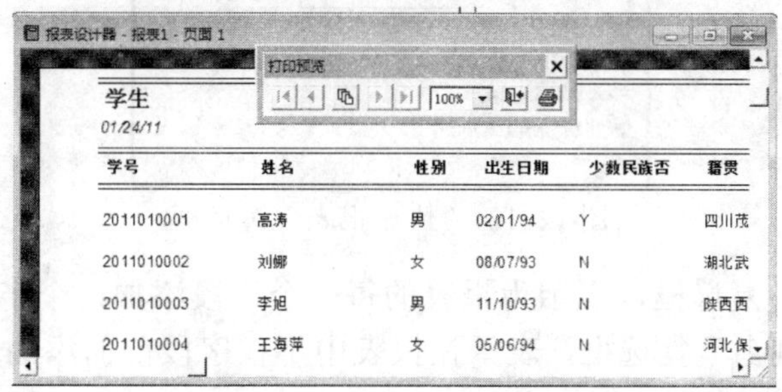

图 12-10　报表预览效果

> **↘ 提示**
>
> 使用“一对多报表向导”创建报表与使用“一对多表单向导”创建表单的方法类似，它的步骤为：①选择父表字段；②选择子表字段；③建立父表和子表之间的关联；④对记录进行排序；⑤选择报表样式；⑥完成。

12.1.3　使用快速报表创建简单规范报表

除了使用报表向导创建报表之外，还可以使用系统提供的“快速报表”功能来创建一个格式简单的报表，然后在此基础上再做修改，达到快速构建所需报表的目的。

下面以例子的形式来说明创建快速报表的方法。

【例12-2】为“教师.dbf”创建一个快速报表，其具体的操作步骤如下。

（1）打开项目管理器，单击“文档”选项卡，选择“报表”项目，再单击“新建”按钮，打开“新建报表”对话框，选择“新建报表”按钮，打开“报表设计器”。或者单击工具栏上的“新建”按钮，从弹出的“新建”对话框中选择“报表”文件类型，单击“新建文件”按钮，打开“报表设计器”，出现一个空白报表，如图12-11所示。

图 12-11　报表设计器

（2）选择“报表”/“快速报表”命令，由于事先没有打开数据源，因此系统将弹出“打开”对话框，从相应的文件下选择“教师.dbf”。

（3）打开如图12-12所示的“快速报表”对话框，从中可以选择字段布局、标题和字段。其中各选项的含义如下。

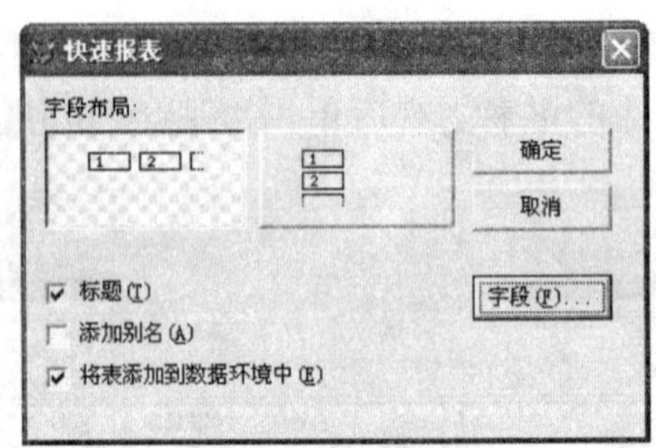

图 12-12 “快速报表”对话框

① 选中“标题”复选框，表示为报表的每一个字段添加一个字段名标题。

② 不选“添加别名”复选框，表示在报表中不在字段前面添加表的别名。由于数据源是一个表，因此其别名无实际意义。

③ 选中“将表添加到数据环境中”复选框，表示将打开的表文件添加到报表的数据环境中作为报表的数据源。

（4）在“字段布局”列表框中有两个较大的命令按钮，它们用来指定表字段在报表中的布局。左边为“横排”布局，选择它之后，每个字段名和该字段所有数据在同列输出，即常用的“列报表”格式；右边为“竖排”布局，表示每条记录的每个字段和字段值都占同一行，即“行报表”格式。在本例中选择“横排”布局。

（5）单击“字段”按钮，在打开的“字段选择器”中为报表选择可用的字段，如图12-13所示。在默认情况下，快速报表选择表文件中除通用型字段以外的所有字段。单击“添加”为报表选择所需的字段，如图12-14所示。然后，单击“确定”按钮，关闭“字段选择器”返回到“快速报表”对话框。

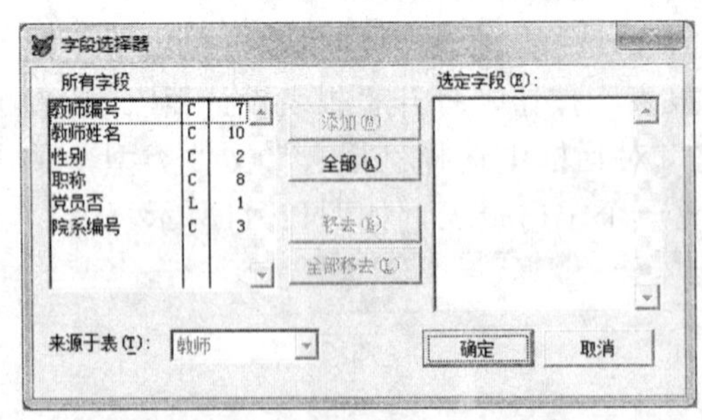

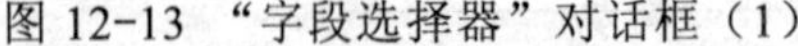
图 12-13 “字段选择器”对话框（1）

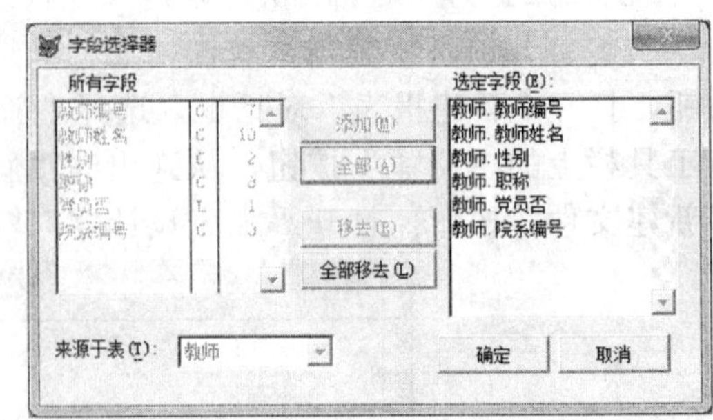

图 12-14 “字段选择器”对话框（2）

（6）在“快速报表”对话框中，单击“确定”按钮，在“报表设计器”中将出现快速报表，如图12-15所示。

（7）单击工具栏上的“打印预览”按钮，或者选择“显示”/“预览”命令，即可打开快速报表的预览窗口，如图12-16所示。

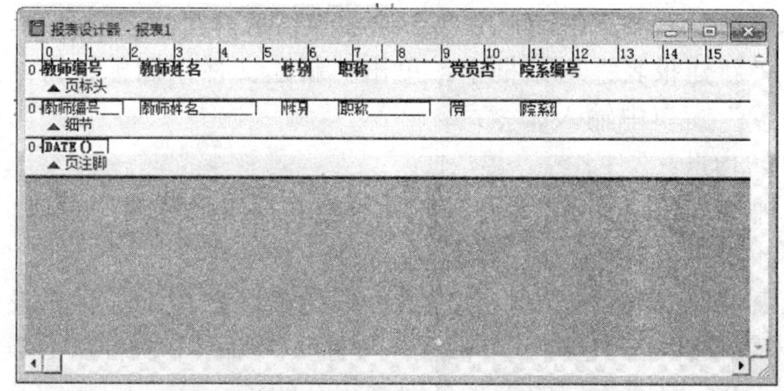

图 12-15　在“报表设计器”中的快速报表

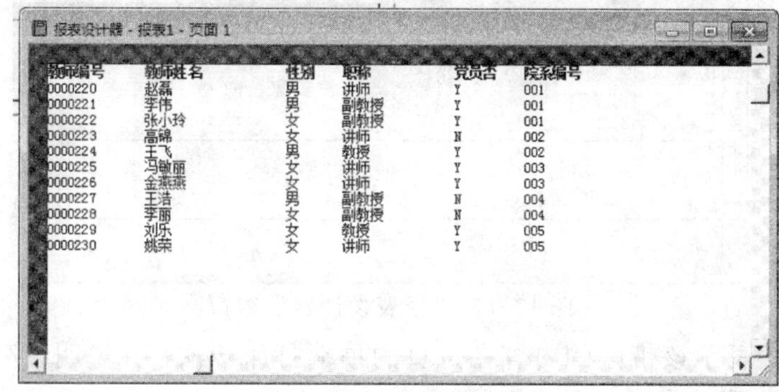

图 12-16　预览快速报表

（8）创建结束后，单击工具栏上的“保存”按钮，将该报表以“教师报表.frx”为名称进行保存。

12.1.4　使用报表设计器创建自定义报表

利用报表向导和快速报表可以简单、快捷地创建出所需要的报表，但创建的报表样式比较固定，不能满足实际的要求，当要输出要求较高的报表时，就需使用报表设计器来进行修改，或直接通过报表设计器重新创建一个报表。

使用报表设计器设计报表的一般操作过程如下。

（1）启动报表设计器，打开报表设计器的设计界面。

（2）设置数据环境，即设置报表的数据源，操作方式类似于表单的数据环境的设置。

（3）设置标题、总结、分组带区，对于一些简单的报表可以省略。

（4）利用“报表控件”工具栏提供的工具向设计器中添加需要的各种控件，设计报表的输出内容。

（5）设计报表中数据的输出格式、线条分布和各带区的大小等。

（6）预览报表，以打印报表的格式在屏幕上显示报表，查看设计效果。对预览效果不满意，还可以进行再修改、设计，直到满意为止。

1．启动报表设计器

启动报表设计器常用的方法有如下几种。

（1）选择“文件”/“新建”命令，或者单击工具栏上的“新建”按钮，在弹出的“新建”对话框中，单击“报表”单选按钮，再单击“新建文件”图标按钮。

（2）打开“项目管理器”中的“文档”选项卡，选择“报表”选项，并单击“新建”按钮。在弹出的“新建报表”对话框中，单击“新建文件”图标按钮。

（3）在“命令”窗口中输入命令：

```
CREATE REPORT<报表文件名>
```

使用以上三种方式都能打开如图12-17所示的“报表设计器”窗口。

2.“报表设计器”窗口

在打开“报表设计器”窗口中，有许多不同的带区，用来显示报表中不同的内容。默认情况下，“报表设计器”包含三个带区：页标头、细节和页注脚。设计报表时可根据需要添加新带区。下面将对不同的带区分别进行介绍。

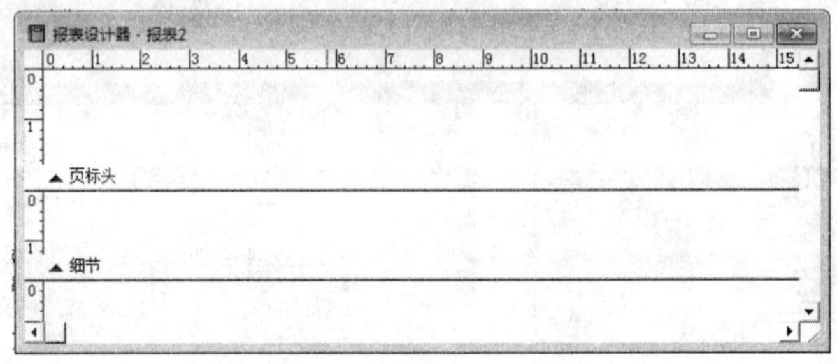

图 12-17 “报表设计器”窗口

（1）页标头。表示该带区的内容在每页的顶端打印一次，并说明该列细节区的内容，通常就是该列所打印字段的字段名。

（2）细节。细节带区紧随在页标头内容之后，是报表中最主要的带区，用来输出表中记录的内容，每条记录打印一次。

（3）页注脚。页注脚与页标头类似，每页只打印一次，但它是打印在每页的尾部。

选择“报表”/“标题/总结”命令，可以根据需要另增加两个带区，即标题和总结带区。

（1）标题。每个报表只打印一次，打印在报表第一页的顶部。若要在每页报表都显示标题，可以选择“报表”/“标题/总结”命令，在弹出的“标题/总结”对话框中选中报表标题页框内的“新页”复选框即可。

（2）总结。每个报表只打印一次，打印在报表细节区的尾部。一般而言，常用来打印整个报表中数值字段的合计值。同“标题”区一样，也可以设置显示在每页上。其设置方法是，选择“报表”/“标题/总结”命令，在弹出的“标题/总结”对话框中选中报表总结页框内的“新页”复选框即可。

若是对报表进行了分组或设计成多栏打印，则会自动增加“组标头”、“组注脚”、“列标头”、“列注脚”带区，它们的作用同“页标头”、“页注脚”相似，分别在每个组或列的开始与结尾处打印一次。可以通过选择“文件”/“页面设置”命令来进行设置。

↘ 提示

报表带区的主要作用是控制数据在页面上的打印位置。带区用来放置报表所需的各种控件，用以显示报表的标题、日期、标志、页码等信息，可以包含文本、自定义函数、图片、线条和框等。通过拖动分隔带区的带区条，可以随意改变每个带区的高度，如果要精确的设置带区的高度，可以双击带区条，打开“设置带区高度”对话框，在对话框中输入带区的高度值。

3．设置报表数据环境

报表的数据源可以是数据库中的表、视图、查询的结果，也可以是计算结果等，数据源在每次运行报表时就被打开，而不必以手工方式打开所使用的数据源。使用“报表向导”和创建快速报表的方法而建立的报表文件，在报表设计时就指定了相关表的数据源。在使用“报表设计器”创建一个空报表时，需要指定数据源。下面将通过一个例子来说明如何在报表中设置数据源。

【**例12-3**】使用“报表设计器”建立报表并添加数据源，其具体的操作步骤如下。

（1）打开“报表设计器”创建一个空白报表，选择“显示”/“数据环境”命令，或者在“报表设计器”窗口的空白处单击右键，从弹出的快捷菜单中选择“数据环境”选项，系统将打开“数据环境设计器”窗口。

（2）在打开“数据环境设计器”窗口之后，系统菜单中将出现“数据环境”菜单，从中单击“添加”命令，或者在“数据环境设计器”窗口的空白处单击右键，从弹出的快捷菜单中选择“添加”选项，打开“添加表或视图”对话框，如图12-18所示。

（3）在“添加表或视图”对话框中，从“数据库”框中选择一数据库，在“选定”区域中选取“表”或“视图”，在“数据库中的表”框中，选取一个表或视图，选择“添加”按钮，数据环境设计器就会出现选择的数据源的字段列表，若要选择多个数据源，重复选择添加即可，最后单击“关闭”按钮。在本例中打开“学生成绩管理”数据库，添加其中的“授课”表和“教师”表，如图12-19所示。

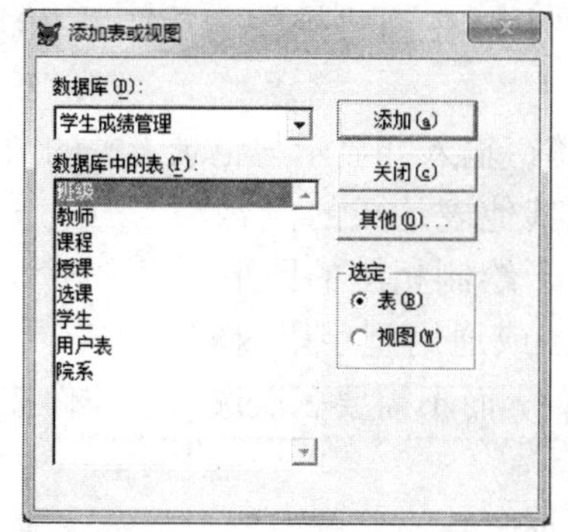

图 12-18　“添加表或视图”对话框

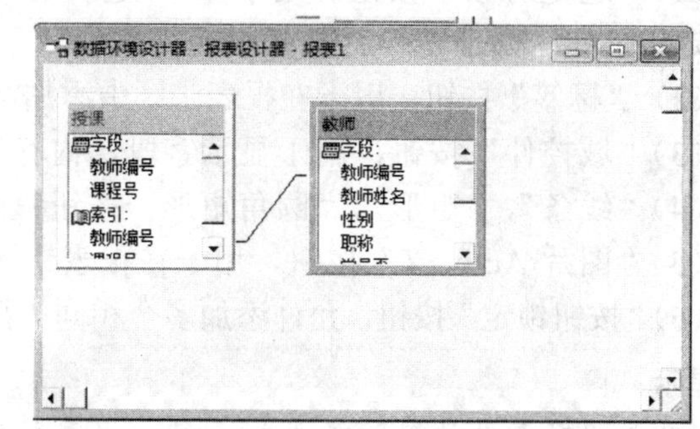

图 12-19　添加数据源后的“数据环境设计器”窗口

12.2　设计报表

创建报表文件之后，还需要进一步设计报表。打开报表文件时，报表类型文件.frx将在报表设计器中打开。此外，可以使用MODIFY REPORT<报表文件名>命令打开报表。在报表设计器中，可以设置报表数据源、更改报表的布局、添加报表的控件和设置数据分组等。

12.2.1　报表的控件设计

与报表设计有关的工具栏主要有“报表设计器”工具栏和“报表控件”工具栏，在打开“报表设计器”的同时，这两个工具栏也被打开了。利用“报表控件”工具栏可以向“报表设计器”中添加需要的各种控件，设计报表的输出内容。“报表设计器”工具栏和“报表控件”工具栏如图12-20（a）和图12-20（b）所示。

（a）

（b）

图 12-20　与报表设计有关的工具栏
（a）“报表设计器”工具栏；（b）“报表控件”工具栏

1．“报表设计器”工具栏

在图12-20（a）中，从左向右各个图标按钮的功能如下。

（1）“数据分组”按钮，用于打开“数据分组”对话框，创建数据分组并指定其属性。

（2）“数据环境”按钮，用于打开报表的“数据环境设计器”窗口，设置报表的数据环境。

（3）“报表控件工具栏”按钮，用于显示或隐藏“报表控件”工具栏。

（4）“调色板工具栏”按钮，用于显示或隐藏“调色板”工具栏。

（5）“布局工具栏”按钮，用于显示或隐藏“布局”工具栏。

↘ 提示

在报表设计时，利用“报表设计器”工具栏中的按钮，可以很方便地进行操作。

2．“报表控件”工具栏

在图12-20（b）中，从左向右各个图标按钮的功能如下。

（1）“选定对象”按钮，用于移动或更改控件的大小，在创建控件之后，系统将自动选定该按钮，除非选中“按钮锁定”按钮。

（2）“标签”按钮，用于在报表带区中添加文本标签，输入并显示与记录无关的数据。

（3）“域控件”按钮，用于显示字段、内存变量或其他表达式的内容。

（4）“线条”、“矩形”、“圆角矩形”按钮，分别用于绘制相应的图形。

（5）“图片/ActiveX”按钮，用于在报表中添加位图或通用型字段内容。

（6）“按钮锁定”按钮，允许添加多个相同类型的控件，而不需要多次选中该控件按钮。

↘ 提示

单击“报表设计器”工具栏上的“报表控件工具栏”按钮，可以随时显示或关闭“报表控件”工具栏。

3．控件的添加与设计

要合理地设计报表就应该首先确定报表的类型，添加数据环境，再根据需要设置带区，最后在相应的带区添加相应的控件。

1）域控件的设置

在报表设计时，域控件用于打印表或视图中的字段、变量和表达式的计算结果。下面将对域控件的设置方法进行介绍。

（1）添加域控件。向报表中添加域控件的方法有两种。其一是直接从“数据环境设计器”中添加，其二是使用“报表控件”工具栏中的“域控件”按钮。具体方法如下。

使用“数据环境设计器”向报表中添加字段，是最简便的方法。操作时只需选择要使用的表或视图，然后把相应的字段拖曳到报表指定的带区中即可。

在“报表控件”工具栏中单击“域控件”按钮，然后在报表带区的指定位置上单击鼠标，即可弹出“报表表达式”对话框，如图12-21所示。用户可在“表达式”文本框中输入字段名，或单击后面的…按钮，从打开的“表达式生成器”中的“字段”列表框中选择所需的字段名，如图12-22所示。

↘提示

如果“表达式生成器”对话框中的“字段”列表框为空，说明还没有设置数据源，应该向数据环境中添加表或视图。

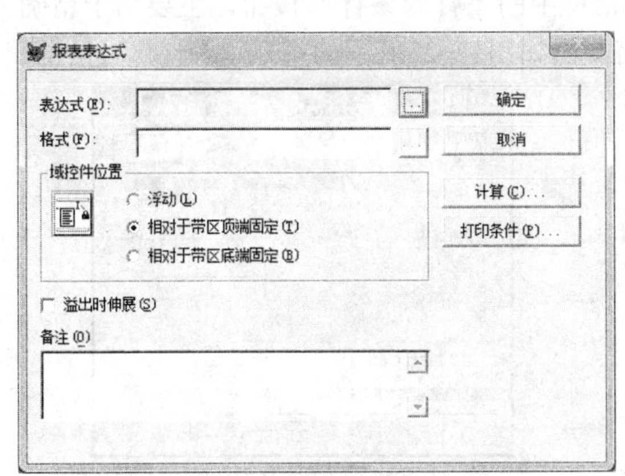

图 12-21 “报表表达式”对话框

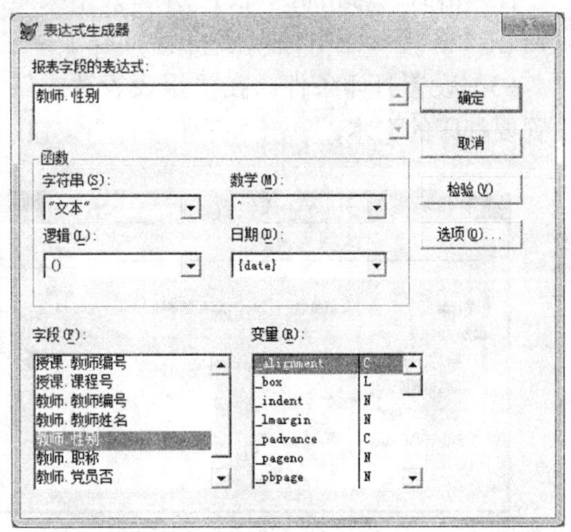

图 12-22 “表达式生成器”对话框

这样就在报表中添加了一个域控件，该控件按照指定的格式显示指定的字段或表达式的值。利用域控件还可以创建计算字段，显示表或视图中没有的数据。单击“计算”按钮，打开“计算字段”对话框，如图12-23所示，可以选择一个表达式通过计算来创建一个域控件。“计算字段”对话框用于创建一个计算结果，在“重置”列表框中有报表尾、页尾和列尾三个选项，该值为表达式重置的初始值。若使用“数据分组”对话框在报表中创建分组，该列表框为报表中的每一组显示一个重置项。

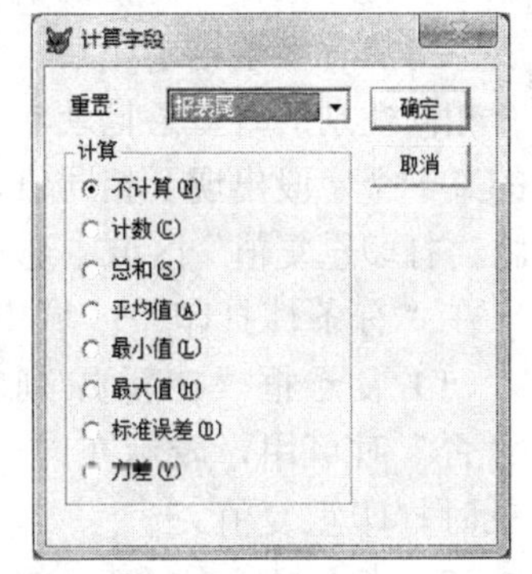

图 12-23 “计算字段”对话框

在“报表表达式”对话框的“域控件位置”区域中，有3个选项和1个“备注”文本框，其各选项功能介绍分别如下。

（1）浮动，用于指定域控件相对于周围控件的大小浮动。

（2）相对于带区顶端固定，可使域控件在“报表设计器”中保持固定的位置，并维持其相对于带区顶端的位置。

（3）相对于带区底端固定，可使域控件在“报表设计器”中保存固定的位置，并维持其相对于带区底端的位置。

（4）备注。可以输入备注文本，其文本内容添加到.frx文件中，而并不出现在当前的报表中。

↘ 提示

如果字段内容较长，可选择“溢出时伸展”复选框，使字段显示到报表的底部，这样便可以显示字段的全部内容了。

（2）设置域控件的格式。在插入“域控件”之后，还可以更改控件的数据类型。在“报表表达式”对话框中，单击“格式”文本框后面的...按钮，将弹出“格式”对话框，如图12-24所示。在“格式”对话框中，选择域控件的数据类型，可以是字符型、数值型或日期型。这些数据类型仅用于报表控件，它反映了表达式的数据类型，但并不改变表中字段的数据类型。

在“格式”对话框中根据所选数据类型显示不同的选项，也可以创建一个格式模板，只需在“格式”框中输入字符就可以了。

（3）设置打印条件。在“报表表达式”对话框中的“打印条件”按钮，主要用于精确设置要打印的文本。单击“打印条件”按钮，将弹出如图12-25所示的“打印条件”对话框。

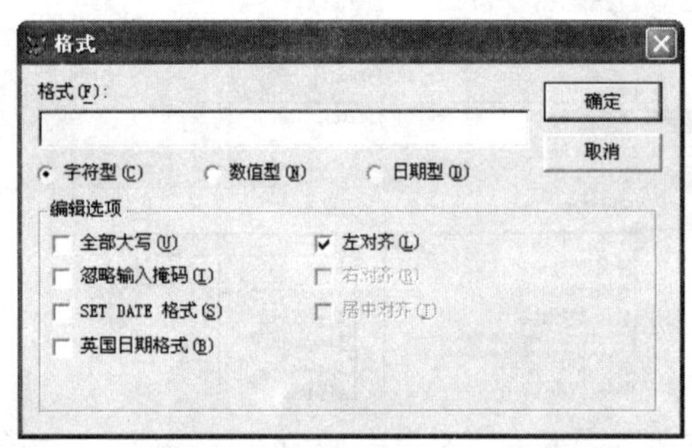

图 12-24 “格式”对话框

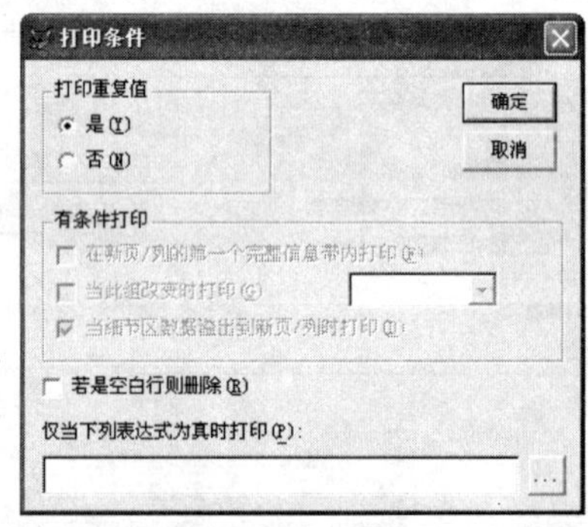

图 12-25 “打印条件”对话框

在“打印条件”对话框中，对于不同类型的对象，该对话框显示的内容也有所不同。若在表中可能有多条记录在某一个字段取值是相同的。例如，在表中设计有“性别”字段，其具有相同性别的有多条记录，即“性别”字段的内容相同，则在打印报表时，若连续几条记录的某一个字段出现了相同值，而用户又不希望打印相同值，就可以在“打印条件”对话框中将“打印重复值”区域中选择“否”单选按钮即可，这样报表将只打印一次相同值。

在“有条件打印”区域中包含三个复选框，其各自的功能介绍如下。

（1）复选框“在新页/列的第一个完整信息带区打印”，在“打印重复值”区域内选择“否”时可用，表示在同一页或同一列中不打印重复值，换页或换列后遇到第一个新记录时打印重复值。

（2）当不打印重复值，报表已进行数据分组时，复选框“当此组该表时打印”可用，选择它表示当某个组方式变化时，需要打印重复值，然后从列出的报表分组中选择一个分组。

（3）选择“当‘细节’带区数据溢出到新页/列时打印”复选框时，表示“细节”带区的数据溢出到新页或列时希望打印。

↘ 提示

有些记录可能是一个空白记录，在默认情况下报表会留出一块区域。如果希望报表的内容紧凑，可不留这样的区域，即选中“若是空白行则删除”复选框。

在Visual FoxPro中还可以设置打印表达式，如果表达式的结果为“真”，就允许打印该字段，否则，就不打印该字段。在“打印条件”对话框中的“仅当下列表达式为真时打印”文本框中输入表达式，或者单击该文本框右侧的小按钮，弹出“表达式生成器”对话框，从中输入或选择打印表达式即可。

（4）设置域控件的大小位置。单击需要调整的域控件，在域控件的四周会出现8个控制点，将鼠标移到控制点的位置上，便可以改变控件的宽度和高度，也可以使用方向键来精确地调整域控件的位置。

（5）排列对象。可以在“格式”菜单中选择命令来对多个带区的对象进行排列。

2）标签控件的设置

标签控件在报表中用于说明信息，如报表的标题、字段名称等。对标签控件的设置如下。

（1）添加标签控件。在“报表控件”工具栏上单击“标签”按钮，然后在报表的指定位置上单击鼠标，便出现一个插入点，此时即可在当前位置输入文本。

（2）设置标签控件的格式。选中报表上的标签控件之后，可以选择“格式”/“字体”命令，在“字体”对话框中设置标签的字体、大小及颜色等。

3）线条、矩形和圆角矩形控件设置

为了使报表在输出时美观，可以使用“报表控件”工具栏上的线条、矩形或圆角矩形控件，在报表的适当位置添加相应的几何图形，不仅能增强报表布局的视觉效果，而且可以用它们分割或强调报表中的部分内容。

（1）添加控件。在“报表控件”工具栏上，单击线条、矩形或圆角矩形按钮后，再在报表的一个带区中拖曳鼠标，就可以生成线条、矩形或圆角矩形。

由于细节带区格式是重复输出表文件中的每一条记录，因此，在该带区画一条横线，打印时就可以输出所有记录的表格线。

↘ 提示

如果在细节带区画的竖线高度不合适，所画的线段在打印时会上下连接不上。但是可以通过调整线段的长短或者带区的高度来解决。若要使用较多的同样长的竖线，则最好采用复制、粘贴手段。

（2）更改样式。可以更改垂直、水平线条、矩形或圆角矩形所用的线条的粗细以及更改线条的样式。具体操作为：选择需要更改的线条，选择“格式”/“绘图笔”命令，然后从中选择合适的大小或样式即可。

还可以设置圆角矩形的圆角样式，选中圆角矩形控件，随即弹出如图12-26所示的“圆角矩形”对话框，在“样式”区域选择想要的圆角样式，同时也可以根据需要设置“对象位置”、“打印条件”等，最后单击“确定”按钮。

（3）调整控件。首先选择控件，然后拖动控件四周的控制点可以改变控件的高度和宽度。

对于多余的线条，可以选择该线条并按Delete键将其删除。拖动线条两头的小黑块可以调整线条的长短，按住Alt键拖动可以微调线条的位置和长短。用鼠标拖动线条或者使用键盘上的方向键可以设置线条的位置。

↘ 提示

根据报表设计的需要，通常要选择多个控件，具体操作是：选定一个控件后，按住Shift键再单击其他控件。还有一种方法就是，在控件周围拖动以画出选择框，这种方法对选定相邻控件很方便。

（4）设置控件布局。利用“布局”工具栏可以很方便地调整报表设计器中被选中控件的相对大小和对齐方式。

4）图片/ActiveX绑定控件设置

该控件用于在报表中添加图片，如学生的照片，单位的徽标等，都可以以图片的形式添加到报表中去。

（1）添加图片。首先在“报表控件”工具栏中单击“图片/ActiveX”绑定控件按钮，然后在报表的相应带区内单击鼠标，弹出“报表图片”对话框，如图12-27所示。在该对话框中可知图片来源有“文件”和“字段”两种方式。

在“报表图片”对话框中的“图片来源”区域中，单击“文件”单选按钮，再单击右侧的...按钮，可选择图片文件，如.jpeg、.gif、.bmp、.ico文件等，其中文件内的图片是静态的，它不随每条记录的变化而变化。

如果想根据记录更改显示，则应插入通用字段。在“报表图片”对话框中的“图片来源”区域中，单击“字段”单选按钮，在“字段”框中输入字段名，或者单击右侧的...按钮，从弹出的“选择字段/变量”对话框中选取字段。

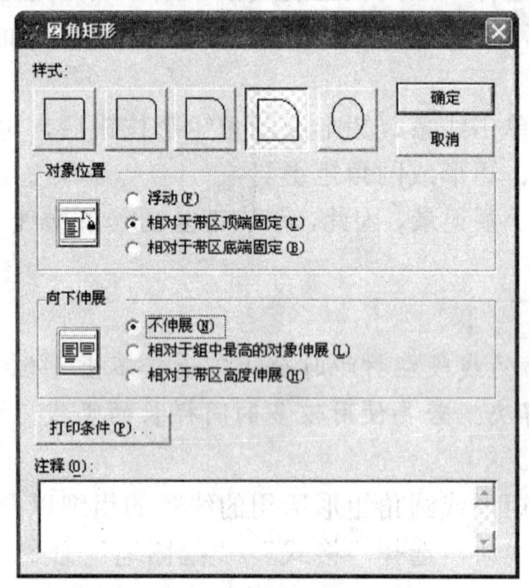

图 12-26 “圆角矩形”对话框

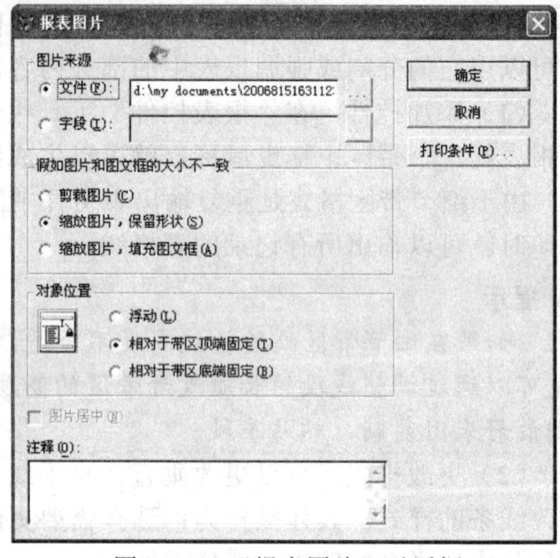

图 12-27 “报表图片”对话框

↘ 提示

通用型字段的占位符出现在定义的图文框内，若图文框较大，则图片会保持其原来大小。若通用型字段所包含的内容不是图片或图表，则代表对象的图表将出现在报表上。

（2）整图片。当添加到报表中的图片不适合报表所设定的图文框，即图片与图文框的大小不一致时，可以在“报表图片”对话框中选择相应的选项调整图片。

① 裁剪图片，这是系统默认的单选项，图片将以图文框的大小显示图片。

② 缩放图片，保留形状，表示可以在图文框中放置一个完整、不变形的图片，但是在这种情况下，有可能图片无法完全填满整个图文框。

③ 缩放图片，以填充图文框，表示将图片填满整个图文框，在这种情况下，图片的比例可能会改变。

对于通用型字段中的图片，选中“报表图片”对话框中的“图片居中”复选框，表示要居中位置放置，可以保证比图文框小的图片能够在控件的正中位置显示。如果图片来源是“文件”，则该复选框不可用。这是因为存储在文件中的图片形状和尺寸都是固定的，没有必要居中显示。

(3) 对象位置。与其他控件一样，图片的位置有以下三种选择。

① 浮动，表示图片相对于周围控件的大小浮动。

② 相对于带区顶端固定，表示可以将图片保持在报表中指定的位置上，并保持其相对于带区顶端的距离。

③ 相对于带区底端固定，表示可以将图片保持在报表中指定的位置上，并保存其相对于带区底端的距离。

5）插入当前日期和页码

使用“报表控件”工具栏的域控件，可以在报表中插入当前日期和页码。具体操作如下。

首先在“报表控件”工具栏中，单击“域控件”按钮。然后在“页标头”带区单击，出现“报表表达式”对话框，单击“表达式”后的...按钮，出现“表达式生成器”对话框。在“表达式生成器”中，双击“日期”列表框中的DATE()函数，即可插入当前日期；若要插入页码，则在“页注脚”带区单击，在“表达式生成器”中，双击“变量”列表框中的“_pageno”，最后单击“确定”按钮。

↘ 提示

可以在“注释”编辑框中输入对图片的注释文本，这些文本仅供参考，并不出现在报表中。

12.2.2 美化报表

在应用了域、标签、线条等控件之后，可以使设计的报表更符合实际的需要。下面对报表的总体布局调整及美化进行介绍。

1．设置报表布局

在根据需要添加了带区之后，就可以往带区中添加需要的各种控件，可以使用左侧标尺作为指导，调整带区的高度，标尺量度仅指带区高度，不包含页边距。但是带区的高度不能小于布局中控件的高度，可以把控件移近带区内，然后减少其高度。

系统默认的报表带区的高度有时候不能符合实际用户的要求，常常需要重新调整各个带区的高度，其调整方法如下。

(1) 拖动带区分隔条。将鼠标指针放在灰色带区分隔条上，鼠标变成双箭头，这时拖动鼠标就可以改变带区的高度。

(2) 双击带区分隔条。用鼠标双击某个带区分隔条，随即弹出一个调整该带区高度的对话框，如图12-28所示。在该对话框中可以单击“高度”微调按钮，或用户直接输入数值，即可调整带区的高度。

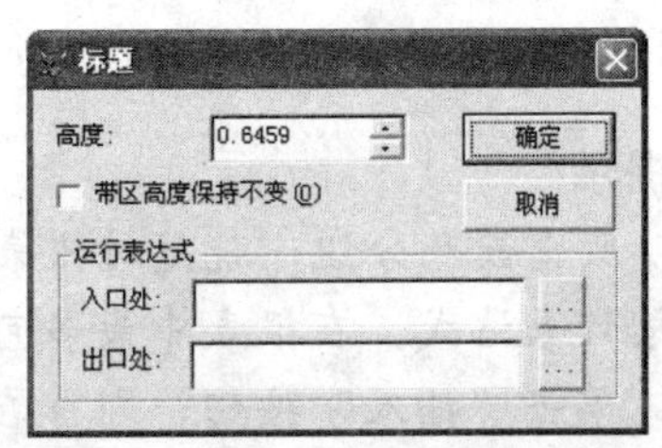

图 12-28 “标题”带区高度调整对话框

在“标题”对话框中，微调框下面有“带区高度保持不变”复选框，选中该复选框时表示可以防止报表带区因为容纳过长的数据或从数据表中移去数据而移动。

另外，在各个带区对话框中还可以设置两个表达式：入口处运行表达式和出口处运行表达式。如果设置了入口处表达式，则系统将在打印该带区内容之前计算表达式，如果设置了出口处表达式，系统将在打印该带区内容之后计算表达式。

2．数据分组报表

在设计报表时，有时需要报表的数据是成组出现的，这就需要以组为单位对报表进行处理。例如，在创建学生报表时，为了信息清晰，通常按照所在班级将学生分组。利用分组可以明显地分隔每组记录，使数据以组的形式显示。一个报表可以设置一个或多个数据分组，组的分隔基于分组表达式，这个表达式通常是由一个或多个字段组成的，对报表进行数据分组，报表会自动添加“组标头”和“组注脚”带区。“组标头”带区中一般包含该组所用字段的“域控件”，可以添加标签、线条、矩形等控件；“组注脚”一般包含该组的总结性信息。

要使数据源适合于分组处理记录，必须对数据源进行适当的索引或排序，通过为表设置当前索引，或者在数据环境中使用视图、查询作为数据源才能达到合理分组显示记录的目的。

在数据环境中设置索引的具体操作如下。

（1）选择“显示”/“数据环境”命令，或者单击“报表设计器”工具栏上的“数据环境”按钮，也可以在报表设计器的空白处，单击鼠标右键从弹出的快捷菜单中选择“数据环境”命令，打开“数据环境设计器”。

（2）在数据环境设计器中，单击鼠标右键，从弹出的快捷菜单中选择“属性”选项，打开“属性”对话框。

（3）在“属性”对话框中选择“对象”框中的“Cursor1”对象。

（4）在“属性”对话框中选择“数据”选项卡中，选择Order属性，输入索引名，或者在索引列表中选定一个索引。

对报表中的记录进行数据分组的具体操作步骤如下。

（1）在“报表设计器”中设置数据环境后，选择“报表”/“数据分组”命令，打开如图12-29所示的“数据分组”对话框。

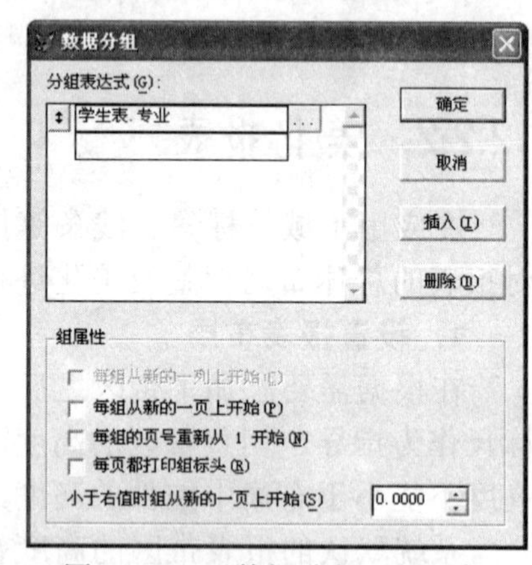

图 12-29 “数据分组”对话框

（2）在“分组表达式”框中输入分组表达式，或者单击右侧的...按钮，从弹出的“表达式生成器”对话框中创建表达式。该表达式可以是字段名、函数，也可以是复杂的表达式。

提示

所谓嵌套分组，就是对报表进行多个数据分组。这样有助于组织不同层次的数据和总计表达式。在报表中最多可以定义20级的数据分组。在设置完第一个分组表达式后，单击“插入”按钮，即可在“分组表达式”框中插入一个空文本框，用于输入一个新的分组表达式，如此重复操作，即可产生多个数据分组。

（3）在“组属性”区域内选择需要的属性。在该区域内有4个复选框，根据不同的报表，可以选择不同的复选框（其中各选项的意义见表12-2），然后单击“确定”按钮。报表设计完成后便可预览运行效果。

表 12-2 组属性选项区中各复选框的意义

复选框名称	意 义
每组从新的一列上开始	表示当组的内容改变时，是否打印到下一列上
每组从新的一页上开始	表示当组的内容改变时，是否打印到下一页上
每组的页号重新从 1 开始	表示当组的内容改变时，是否在新的一页上开始打印，并把页号重置为 1
每页都打印组标头	表示当组的内容分布在多页上时，是否每一页都打印组标头

提示

有时因为页面剩余的行数比较少，而在页面上只打印了组标头而未打印组内容，所以就会在页面上出现孤立的组标头。设置组标头距页面底部的最小距离可以避免孤立的组标头出现。在“数据分组”对话框中，可以在下面的“小于右值时组从新的一页上开始”微调器中输入一个数值，该数值就是打印组标头距页面底部的最小距离，应当包括组标头和至少一个行记录及页脚的距离。这样在打印报表时就可以避免孤立标头的出现。

3. 设计分栏报表

分栏报表是一种分为多个栏目打印输出的报表，如果打印的内容较少，横向只占用小部分页面时，则应设计成多栏报表比较合适。常用的有两栏报表和三栏报表。

设计分栏报表的具体操作步骤如下。

（1）设置“列标头”和“列注脚”带区。选择“文件”/“页面设置”命令，弹出如图12-30所示的对话框。在列区域中，把“列数”微调器的值调整为栏目数，如3，则将整个页面平均分成三栏。在报表设计器中将添加一个“列标头”带区和一个“列注脚”带区，同时“细节”带区也相应缩短，如图12-31所示。

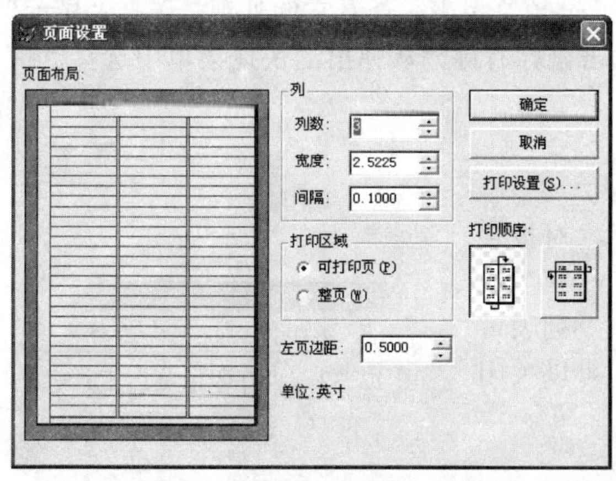

图 12-30 “页面设置”对话框

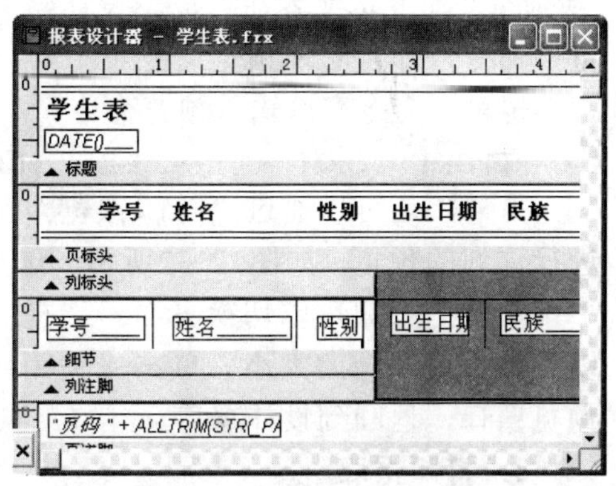

图 12-31 设计多栏报表

（2）添加控件。在向多栏报表添加控件时，注意不要超过报表设计器中带区的高度，否则可能使打印的内容相互重叠。

（3）设置页面。在打印报表时，对“细节”带区中的内容系统默认为“自上而下”的打印顺序，这不适合于多栏报表。因此，我们需要在“页面设置”对话框中把打印顺序设置为“自左向右”打印。

12.2.3 报表输出

设计报表的最终目的是要按一定的格式输出符合要求的数据。报表文件的扩展名为.frx，该文件存储报表设计的详细说明。每个报表文件还带有文件扩展名为.frt的相关文件。报表文件不存储每个数据字段的值，只存储数据源的位置和格式信息。

1．设置报表的页面

在报表打印之前，还要考虑页面的外观（如页边距）、纸张类型和所需的布局等。如果更改了纸张的大小和方向的设置，应该确认该方向适用于所选纸张的大小。例如纸张类型定为信封，则方向必须设置为横向。

（1）设置左边距。在图12-30所示的“页面设置”对话框中，在“左页边距”数值框中输入页边距数值，页面布局将按新的页边距显示。

（2）选择纸张的大小和方向。在“页面设置”对话框中，单击“打印设置”按钮，打开“打印设置”对话框，可以从“大小”列表中选定纸张大小。默认的打印方向为纵向，如果要改变纸张方向，可从“方向”区域中选择横向，最后单击“确定”按钮。

2．预览结果

使用“报表设计器”创建的报表布局文件只是一个外壳，它把要打印的数据组织成令人满意的格式，然后按数据源中记录出现的顺序处理记录。在打印一个报表文件之前，应该确认数据源中已对数据进行了正确的排序。

如果报表文件的数据源已经更新，每次打印输出报表时，报表中的数据是数据源的当前值。如果数据源的表结构被修改过，那么报表所需要的域控件就会被删除，运行报表时就会出现出错信息。

为确保报表文件的正确输入，我们可以通过预览报表，查看它的外观。选择“显示”/“预览”命令，或者在“报表设计器”中单击鼠标右键，从弹出的快捷菜单中选择“预览”命令，即可实现预览功能。

也可在命令窗口输入预览命令：

```
REPORT  FORM  <报表文件名>  PREVIEW
```

另外，还可以通过“打印预览”工具栏，对报表进行详细的预览，如图12-32所示。选择“上一页”或“下一页”按钮可以切换页面。选择“缩放”列表可以更改报表图像的大小。单击“关闭按钮”可以关闭预览窗口，返回到设计窗口。

图12-32 “打印预览”工具栏

3．打印报表

当预览完成得到满意的效果之后，就可以打印报表了。打开报表文件，选择“文件”/“打印”命令，或者在“报表设计器”中单击鼠标右键，从弹出的快捷菜单中选择“打印”命令，

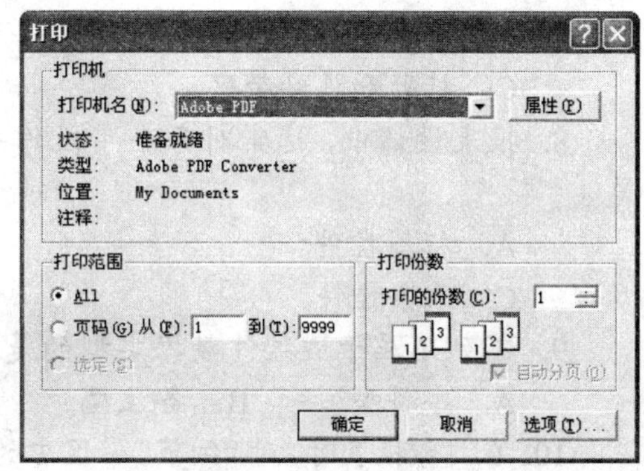

图 12-33 “打印”对话框

系统将打开如图12-33所示的“打印”对话框。

“打印”对话框与Word等应用程序的“打印”对话框很相似，在“打印机名”下拉列表框中列出了当前系统已经安装的打印机，可以从中选择所要使用的打印机。“属性”按钮主要用于设置打印纸张的尺寸、打印精度等选项。在“打印范围”区域，可以设置要打印数据的范围。如果选择了“All”单选项，那么将打印报表的全部内容；如果选择了“页码”单选项，将打印在其后指定的页数。“打印份数”数值框用来设置所要打印报表的份数。设置完打印参数后，单击“确定”按钮即可打印。

也可在命令窗口中输入打印命令：

```
REPORT  FORM  <报表文件名>  PREVIEW
```

提示

如果报表已经符合要求，便可以在指定的打印机上打印报表了，单击“打印预览”工具栏中的“打印报表”按钮，或者单击“常用”工具栏中的“打印”按钮，就可以将报表直接送往Windows的打印管理器中进行打印。

习　题　12

一、选择题

1. 在用报表向导创建一对多报表的步骤中，第一步是要确定（　　）。
   A. 报表样式　　B. 父表
   C. 子表　　D. 父表与子表的关联
2. 报表的数据源可以是（　　）。
   A. 数据库表、自由表和视图　　B. 表、视图和查询
   C. 由表或其他表　　D. 数据库表、自由表或查询
3. 报表控件没有（　　）。
   A. 标签　　B. 线条　　C. 矩形　　D. 命令按钮
4. 使用（　　）工具栏可以在报表上对齐和调整控件的位置。
   A. 调色板　　B. 布局　　C. 控件　　D. 报表设计器
5. 在 Visual FoxPro中，在屏幕上预览报表的命令是（　　）。
   A. PREVIEW REPORT　　B. REPORT FORM … PREVIEW
   C. DO REPORT … PREVIEW　　D. RUN REPORT … PREVIEW
6. 使用报表向导创建报表时，若数据源包括父表和子表，则应选取（　　）选项。
   A. 列报表向导　　B. 一对多报表向导
   C. 行报表向导　　D. 其他报表向导
7. 在“报表设计器”窗口中，通过选择“报表”/“标题/总结”命令，可以根据需要增加两个带区，它们分别是（　　）。

A. 页标头和总结带区　　　　B. 页注脚和总结带区

C. 标题和总结带区　　　　D. 页标头和页注脚

8. 报表设计中，通常对每个字段作一个说明性的文字，完成这种说明性文字的控件是（　　）。

A. 标签控件　　　　B. 域控件

C. 线条控件　　　　D. 矩形控件

9. 下列不属于域控件数据类型的是（　　）。

A. 字符型　B. 备注型　C. 日期型　D. 数值型

10. 在打印报表时，对"细节"带区中的内容进行打印时，系统默认的打印顺序为（　　）。

A. 自上而下　B. 自下而上　C. 自左至右　D. 自右至左

二、填空题

1. 报表文件的扩展名是______。

2. 在Visual FoxPro中，通常有三种创建报表的方法，分别是______、______、______。

3. 利用命令启动报表设计器时，应在窗口输入______命令。

4. ______是报表中最主要的带区，其紧随在页标头内容之后，用来输出表中记录的内容，每条记录打印一次。

5. 在控件设计过程中，如果想根据记录更改显示，则应插入______字段。

6. 对报表进行数据分组，报表会自动包含______带区和______带区。

7. 报表按______中记录出现的内容和顺序处理记录。

8. 多栏报表的栏目数可以通过"页面设置"对话框中的______设置。

三、问答题

1. 用"报表向导"设计报表有什么优点？

2. 报表在应用程序中的主要作用是什么？

3. 报表有几种输出方式和布局方式，各自的优点是什么？

4. 利用"报表向导"创建一对多报表的前提是什么？

5. 调整系统默认的报表带区高度的方法是什么？

四、上机操作题

1. 利用"报表设计器"建立如下图所示的报表。

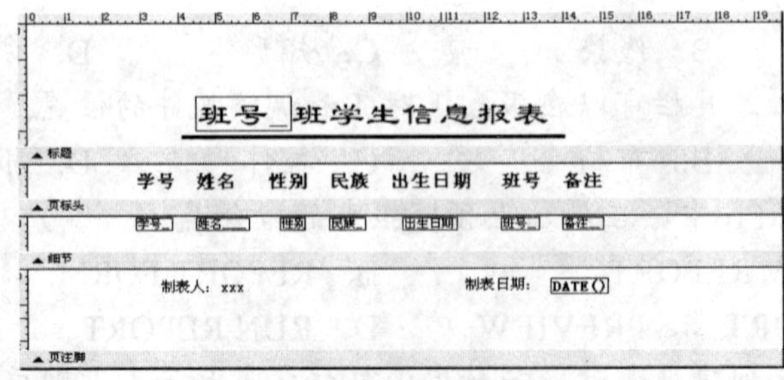

图　班级学生信息报表

2. 根据"学生"表，设计一个单表的列报表（"学生自然信息报表"）。

3. 根据"学生"表，设计一个分组报表（"学生基本信息一览表"）。

4. 根据"课程"表和"成绩"表，设计一个多表的列报表（"课程成绩报表"）。